山东现代农业气象综合服务手册

薛晓萍 等 著

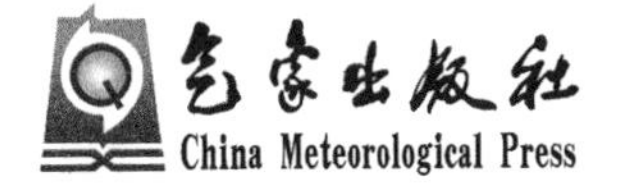

内 容 简 介

本书利用 1991—2020 年山东省地面观测资料，分析了气温、降水、日照、大风等主要气象要素的分布规律，并收集整理了 41 种作物的农业气象指标、主要农业气象灾害指标及主要病虫害气象指标，作物种类涵盖粮棉油作物、果品作物、特色作物及设施作物；结合服务需求整理了不同阶段的服务重点，提出有针对性的措施和建议，形成各类作物的周年服务方案，可为山东省农业生产开展全程保障服务提供技术支撑。本书适合农业气象业务技术人员参考使用。

图书在版编目（CIP）数据

山东现代农业气象综合服务手册 / 薛晓萍等著. --北京 : 气象出版社, 2021.12
ISBN 978-7-5029-7642-2

Ⅰ. ①山… Ⅱ. ①薛… Ⅲ. ①农业气象—气象服务—山东—手册 Ⅳ. ①S165-62

中国版本图书馆CIP数据核字(2022)第010519号

山东现代农业气象综合服务手册
Shandong Xiandai Nongye Qixiang Zonghe Fuwu Shouce

出版发行：气象出版社
地　　址：北京市海淀区中关村南大街 46 号　　**邮政编码**：100081
电　　话：010-68407112(总编室)　010-68408042(发行部)
网　　址：http://www.qxcbs.com　　**E-mail**：qxcbs@cma.gov.cn
责任编辑：张　媛　　**终　　审**：吴晓鹏
责任校对：张硕杰　　**责任技编**：赵相宁
封面设计：博雅锦
印　　刷：北京中石油彩色印刷有限责任公司
开　　本：787 mm×1092 mm　1/16　　**印　　张**：20
字　　数：512 千字
版　　次：2021 年 12 月第 1 版　　**印　　次**：2021 年 12 月第 1 次印刷
定　　价：140.00 元

本书编写组

组　长：薛晓萍

副组长：陈　辰

成　员（按拼音顺序排序）：

陈清峰　褚子禾　崔兆韵　丁锡强　董智强　范永强

管　蕾　胡园春　李　君　李　楠（山东省气候中心）

李　楠（聊城市气象局）　李雪源　刘春涛　刘奕辰

荣云鹏　史春彦　孙卫卫　孙　颖　王国清　王　倩

王逸鹏　吴霭霞　信志红　杨恩海　袁　静　张翠英

张继波　张　乾　赵　华　朱秀红　朱雨晴　邹俊丽

前 言

山东省四季分明、气候温和、光照充足、热量丰富、雨热同季，适宜多种农作物生长发育，是中国种植业的发源地之一。主要作物有小麦、玉米、大豆、棉花、花生、烤烟、麻类、蔬菜、水果、茶叶、药材、牧草、蚕桑等，是全国粮食、棉花、花生、蔬菜、水果的主要产区之一，其产品产量和质量均名列全国前茅。山东也是设施农业主要种植区域，日光温室等设施蔬菜播种面积约占全国设施蔬菜的1/4，位居全国首位。

山东省气象灾害种类多，对农业生产影响较大，近年来强降水、干旱、冬春季气温异常等极端天气气候事件呈现多发频发趋势，给全省农业生产造成了较大的损失。为了强化趋利避害的气象为农服务，赋能山东乡村振兴，特制作本服务手册。

本手册是山东省“十三五”“山东现代农业气象服务保障工程”项目的研究成果。本手册基于1991—2020年山东省地面观测资料，分析了山东省农业气候概况；收集了各地主要及特色作物种植基础，通过走访、调研、试验、专家咨询等途径，结合实际业务服务经验，确定了主要种植作物及特色农产品的关键发育期、作物生长特性及其对气象条件需求，确定了各类作物农业气象指标、主要农业气象灾害致灾指标、主要病虫害类型及适宜其发生发展气象指标；制定了各类作物的周年服务方案，为开展农业气象服务提供科技支撑，同时为农业气候区划、农业气候资源利用、农业气象灾害防御等提供基础依据。

本手册内容包括山东省农业气候概况和农业气象服务两大部分，涉及粮棉油作物、果品、特色及设施作物等41种作物，由薛晓萍和陈辰负责整体设计与技术把关和审核。全书具体分工如下：第1章，山东省气候概况，由陈辰、张乾分工负责；第2章，粮棉油作物农业气象服务，由陈辰、崔兆韵、董智强、李楠（聊城市气象局）、信志红分工负责；第3章，果品农业气象服务，由陈清峰、丁锡强、胡园春、李君、李楠（聊城市气象局）、李雪源、孙卫卫、孙颖、王国清、王逸鹏、吴霭霞、邹俊丽分工负责；第4章，特色农业气象服务，由褚子禾、范永强、管蕾、刘春涛、刘奕辰、荣云鹏、史春彦、王倩、张翠英、赵华、朱秀红、朱雨晴分工负责；第5章，设施果蔬农业气象服务，由袁静、杨恩海、赵华分工负责。陈辰、李楠（山东省气候中心）、张继波、张乾负责统稿、返修意见汇总、协调联系等工作。

农业气象服务是一项不断发展的业务工作，本手册以实际服务需求为基础，目的是为全省农业气象服务提供参考工具。本书不足之处敬请各位读者批评指正，以期不断完善和改进，充分发挥其指导作用。

在手册编写过程中，得到了各地农业气象服务人员的大力支持和帮助，在此表示衷心的感谢！

作者

2021年7月

目　　录

前言
第1章　山东省气候概况…………（1）
1.1　气温…………（1）
1.2　降水…………（8）
1.3　日照…………（10）
1.4　大风…………（12）
第2章　粮棉油作物农业气象服务…………（14）
2.1　冬小麦…………（14）
2.2　夏玉米…………（22）
2.3　棉花…………（29）
2.4　花生…………（37）
2.5　大豆…………（44）
第3章　果品农业气象服务…………（49）
3.1　烟台富士苹果…………（49）
3.2　阳谷鲁丽苹果…………（61）
3.3　烟台酿酒葡萄…………（75）
3.4　平度大泽山葡萄…………（82）
3.5　莱阳梨…………（87）
3.6　冠县鸭梨…………（97）
3.7　德州金丝小枣…………（111）
3.8　沾化冬枣…………（117）
3.9　肥城桃…………（134）
3.10　少山红杏…………（140）
3.11　枣庄石榴…………（144）
3.12　烟台大樱桃…………（152）
3.13　黄岛蓝莓…………（163）
第4章　特色农业气象服务…………（174）
4.1　日照茶…………（174）
4.2　崂山茶…………（182）
4.3　长清茶…………（190）

4.4　金乡大蒜 …………………………………………………………………… (198)
4.5　莱芜生姜 …………………………………………………………………… (205)
4.6　章丘大葱 …………………………………………………………………… (210)
4.7　潍县萝卜 …………………………………………………………………… (217)
4.8　滕州马铃薯 ………………………………………………………………… (221)
4.9　桓台山药 …………………………………………………………………… (223)
4.10　文登西洋参……………………………………………………………… (230)
4.11　诸城黄烟………………………………………………………………… (237)
4.12　菏泽牡丹………………………………………………………………… (243)
第 5 章　设施果蔬农业气象服务……………………………………………… (255)
5.1　番茄 ………………………………………………………………………… (255)
5.2　黄瓜 ………………………………………………………………………… (260)
5.3　草莓 ………………………………………………………………………… (265)
5.4　辣椒 ………………………………………………………………………… (268)
5.5　茄子 ………………………………………………………………………… (272)
5.6　菜豆 ………………………………………………………………………… (278)
5.7　苦瓜 ………………………………………………………………………… (284)
5.8　丝瓜 ………………………………………………………………………… (289)
5.9　西瓜 ………………………………………………………………………… (294)
5.10　芹菜……………………………………………………………………… (298)
5.11　大樱桃…………………………………………………………………… (301)
参考文献…………………………………………………………………………… (307)

第 1 章　山东省气候概况

山东地处东亚中纬度，属于暖温带季风气候，四季分明。春季天气多变，多风少雨；夏季盛行偏南风，炎热多雨；秋季天气清爽，冷暖适中；冬季多偏北风，寒冷干燥。

1991—2020 年，全省年平均气温为 13.8 ℃，最冷月是 1 月，平均气温为 −1.2 ℃，最热月是 7 月，平均气温为 26.7 ℃；极端最低气温为 −22.6 ℃（2016 年 1 月 23 日，阳信），极端最高气温为 43.0 ℃（2005 年 6 月 23 日，邹平）；年平均 35 ℃以上高温日数为 8.9 d。年平均降水量为 665.9 mm，其中，夏季为 418.5 mm；年平均降雨日数为 73.0 d；日极端最大降水量为 619.7 mm（诸城，1999 年 8 月 12 日）。年平均日照时数为 2323.5 h。

1.1　气温

1.1.1 平均气温

全省年平均气温基本遵循由西向东递减的分布规律，各地在 12.0（成山头）～15.3 ℃（薛城），其中鲁南大部及鲁西北、鲁中部分地区在 14 ℃以上，半岛大部地区在 13 ℃以下，其他地区在 13～14 ℃（图 1.1）。年平均气温总体呈现增加趋势，平均每 10 年增加 0.3 ℃（图 1.2）。各地气温冬季最低，1—7 月，气温逐渐升高；夏季气温最高，主要出现在 7 月、8 月，8 月开始气温逐渐下降（图 1.3）。

图 1.1　1991—2020 年山东省平均气温分布（单位：℃）

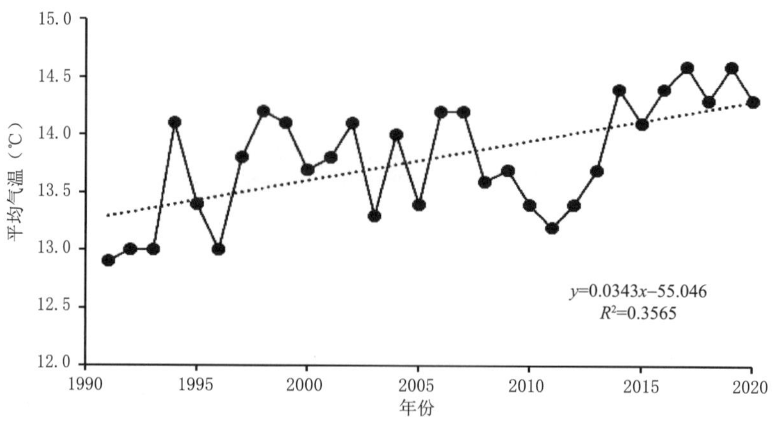

图 1.2　1991—2020 年山东省平均气温年际变化

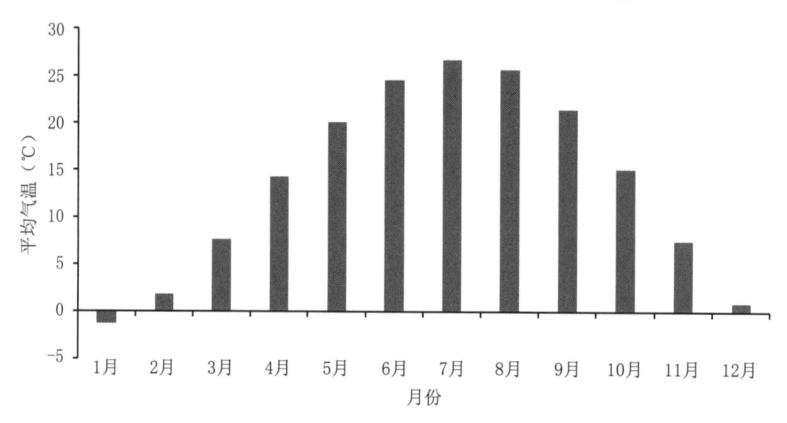

图 1.3　1991—2020 年山东省各月平均气温

1.1.2　最高气温

各地极端最高气温在 32.7(成山头)～43.0 ℃(邹平)，其中鲁南、鲁西北西部、鲁中部分地区在 41 ℃以上，半岛东部地区在 39 ℃以下，其他地区在 39～41 ℃(图 1.4)。各地 35 ℃以上

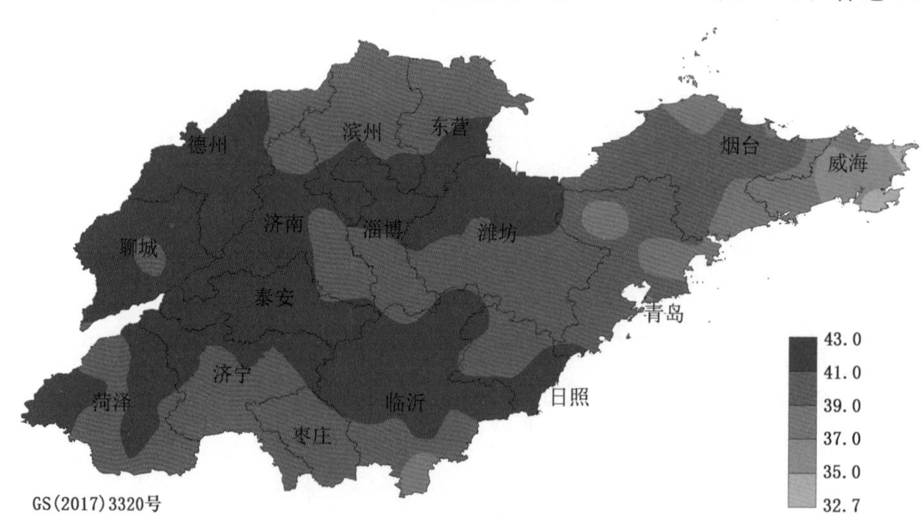

图 1.4　1991—2020 年山东省最高气温分布(单位：℃)

高温日数在 0(石岛、成山头)～17.6 d(淄博)，半岛部分地区在 3 d 以下，鲁中北部、鲁西北西部、鲁西南部分地区在 12 d 以上，其他地区在 3～12 d(图 1.5)。

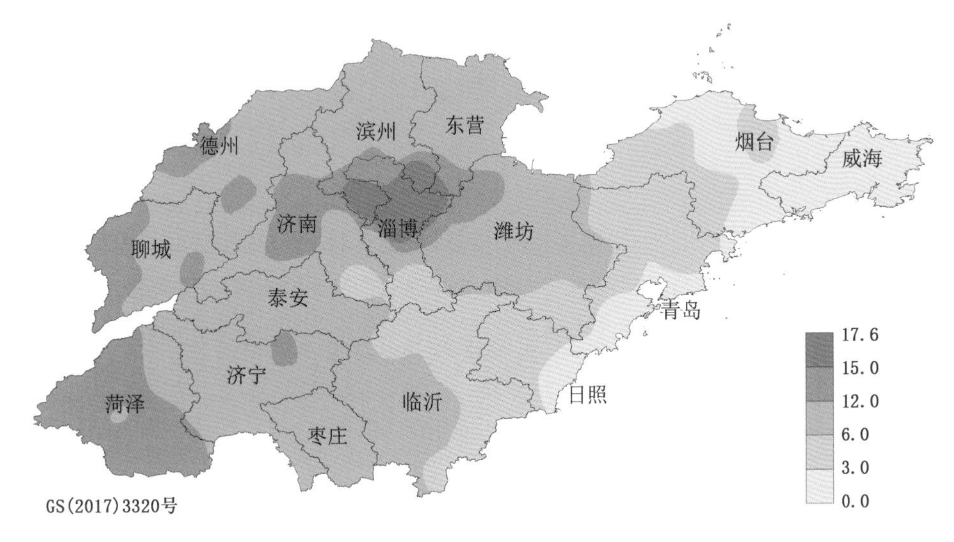

图 1.5　1991—2020 年山东省 35 ℃以上高温日数分布(单位：d)

1.1.3　最低气温

各地极端最低气温在－22.6(阳信)～－12.9 ℃(成山头)，鲁西北、鲁中部分地区及鲁南、半岛局部在－18 ℃以下，鲁南、半岛部分地区在－15 ℃以上，其他地区在－18～－15 ℃(图 1.6)。

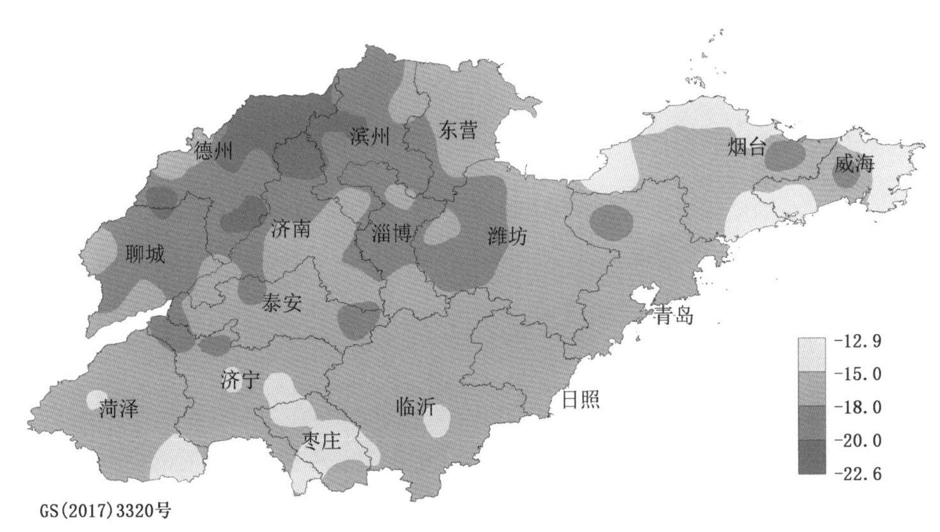

图 1.6　1991—2020 年山东省最低气温分布(单位：℃)

1.1.4　≥0 ℃积温

各地≥0 ℃积温在 4433.9(成山头)～5671.8 ℃ · d(邹城)，半岛部分地区在 4800 ℃ · d 以下，鲁南部分地区及鲁中局部在 5400 ℃ · d 以上，其他地区在 4800～5400 ℃ · d(图 1.7)。

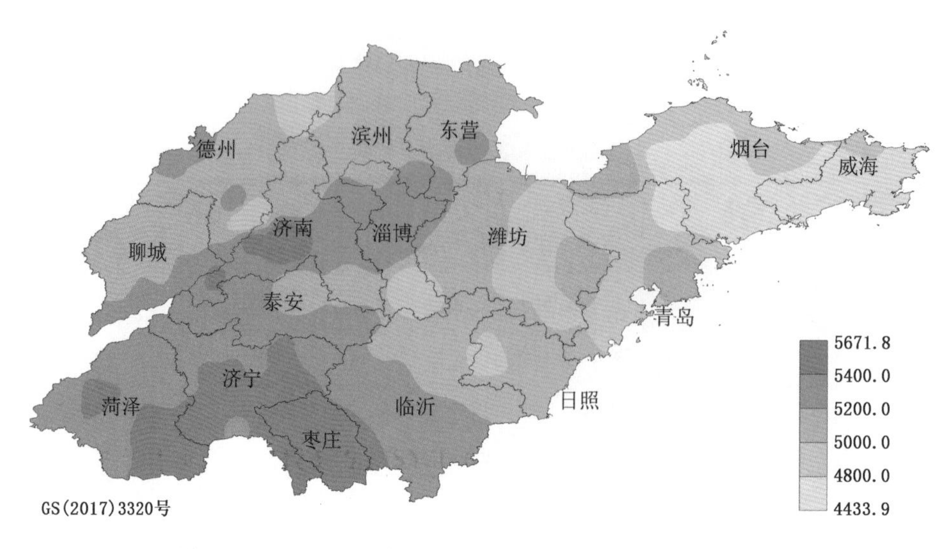

图 1.7　1991—2020 年山东省≥0 ℃积温分布(单位:℃ · d)

1.1.5　平均气温稳定通过≥0 ℃的初终日

日平均气温稳定通过≥0 ℃的初日,表示寒冬已过,土壤解冻,春耕开始。小麦开始返青扎根,果木开始萌动。≥0 ℃终日,为田间耕作停止,越冬作物停止生长,草木休眠,冬小麦进入越冬期。≥0 ℃初日至终日之间的日数可作为农业耕作期。各地日平均气温稳定通过≥0 ℃的初终日日期呈由南向北逐渐变晚的分布规律。鲁南部分地区初日在 2 月 2—9 日,半岛部分地区在 2 月 22—28 日,其他大部地区在 2 月 9—22 日(图 1.8);而鲁南部分地区终日在 9 月 3 日—10 月 26 日,鲁西北、鲁中、半岛大部地区在 12 月 1—10 日,其他大部地区在 10 月 26 日—12 月 1 日(图 1.9)。

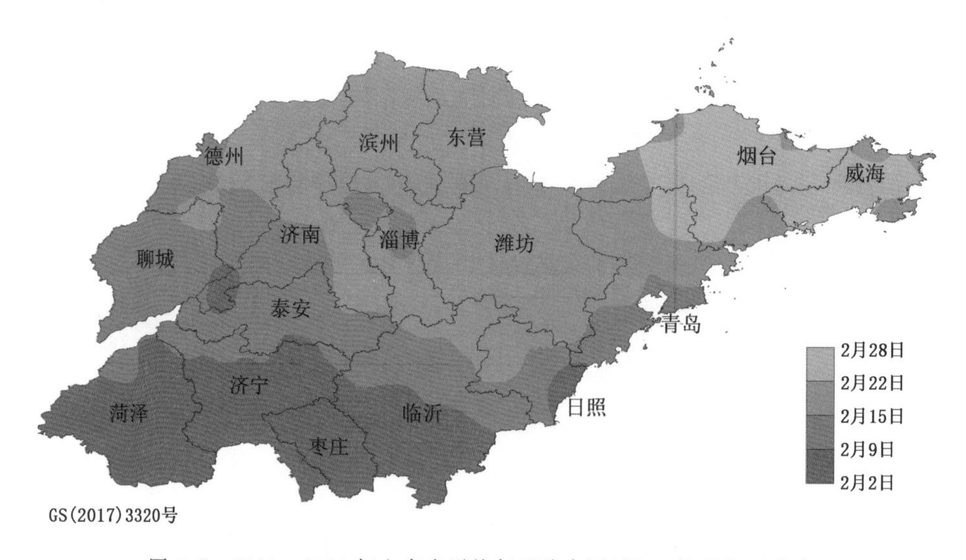

图 1.8　1991—2020 年山东省平均气温稳定通过≥0 ℃的初日分布

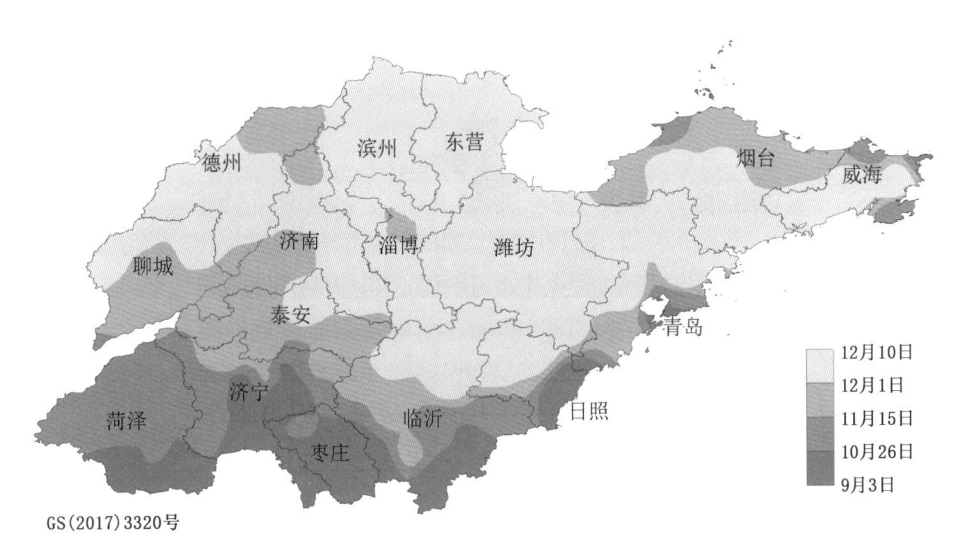

图1.9　1991—2020年山东省平均气温稳定通过≥0 ℃的终日分布

1.1.6　平均气温稳定通过≥5 ℃的初日

当日平均气温稳定通过≥5 ℃时，苹果等果树开始恢复生长，日平均气温5 ℃以上的持续期可作为其生长期长短的标志。各地日平均气温稳定通过≥5 ℃的初日日期呈由西向东逐渐变晚的分布规律。鲁南、鲁西北部分地区及鲁中局部在3月2—10日，半岛部分地区在3月20—26日，其他大部地区在3月10—20日(图1.10)。

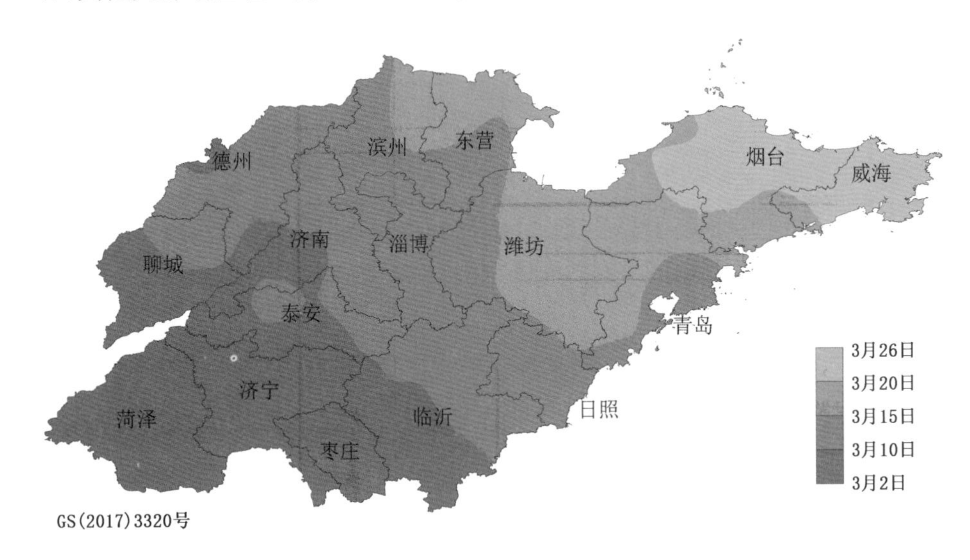

图1.10　1991—2020年山东省平均气温稳定通过≥5 ℃的初日分布

1.1.7　平均气温稳定通过≥10 ℃的初日

日平均气温稳定通过≥10 ℃时，一般是喜温作物生长的开始，10 ℃是早稻播种的最低临界温度，>10 ℃期间是其光合作用制造干物质较为有利的时期。各地日平均气温稳定通过≥10 ℃的初日日期呈由西向东逐渐变晚的分布规律。鲁南、鲁西北、鲁中部分地区在3月26

日—4 月 1 日，半岛部分地区在 4 月 10—26 日，其他大部地区在 4 月 1—10 日(图 1.11)。

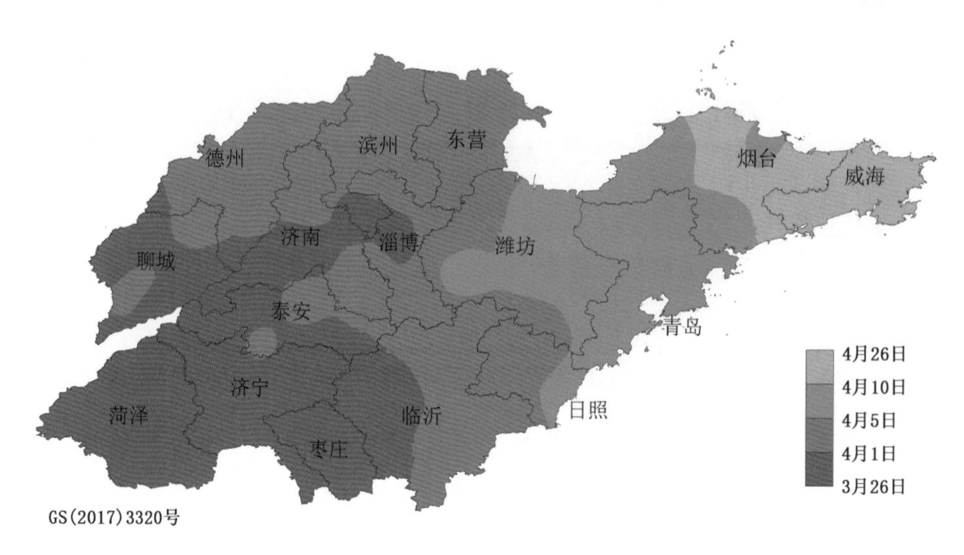

图 1.11　1991—2020 年山东省平均气温稳定通过≥10 ℃的初日分布

1.1.8　平均气温稳定通过≥12 ℃的初日

日平均气温稳定通过≥12 ℃的初日是棉花等作物适宜播种的开始日期。各地日平均气温稳定通过≥12 ℃的初日日期呈由西向东逐渐变晚的分布规律。鲁南大部及鲁西北、鲁中部分地区在 4 月 5—10 日，半岛部分地区在 4 月 20 日—5 月 9 日，其他大部地区在 4 月 10—20 日(图 1.12)。

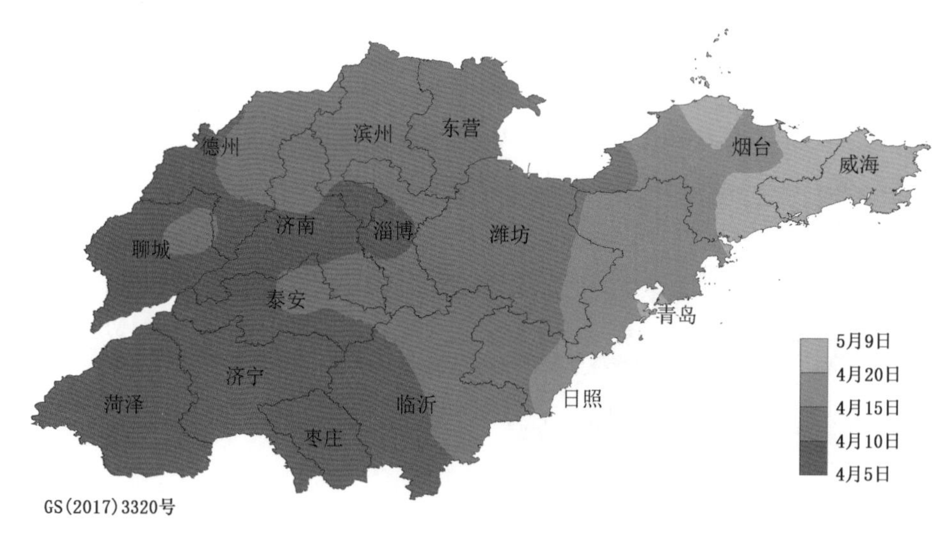

图 1.12　1991—2020 年山东省平均气温稳定通过≥12 ℃的初日分布

1.1.9　平均气温稳定通过≥15 ℃的初日

日平均气温稳定通过≥15 ℃的初日是花生等作物适宜播种的开始日期。各地日平均气温稳定通过≥15 ℃的初日日期呈由西向东逐渐变晚的分布规律。鲁南大部及鲁西北、鲁中部分地区在4月17—25日，半岛大部及鲁中、鲁东南局部在5月1—27日，其他地区在4月25日—5月1日(图1.13)。

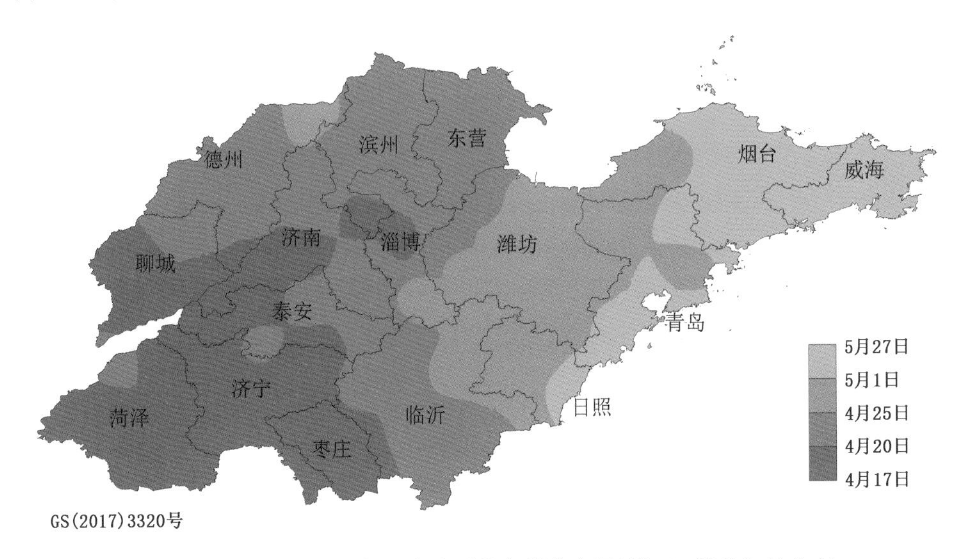

图1.13　1991—2020年山东省平均气温稳定通过≥15 ℃的初日分布

1.1.10　平均气温稳定通过≥16 ℃、≥18 ℃的终日

日平均气温稳定通过≥16 ℃的终日是半冬性小麦适宜播种的开始日期，适宜播种期内播种，利于冬前形成壮苗，播种过早易旺苗，冬小麦受冻害风险增加，播种过晚，则易形成弱苗。各地日平均气温稳定通过≥16 ℃的终日日期呈由南向北、由平原向山区逐渐变晚的分布规律。鲁南、半岛局部在10月11—15日，鲁西北大部及鲁中、半岛部分地区，鲁南局部在9月30日—10月4日，其他地区在10月4—11日(图1.14)。

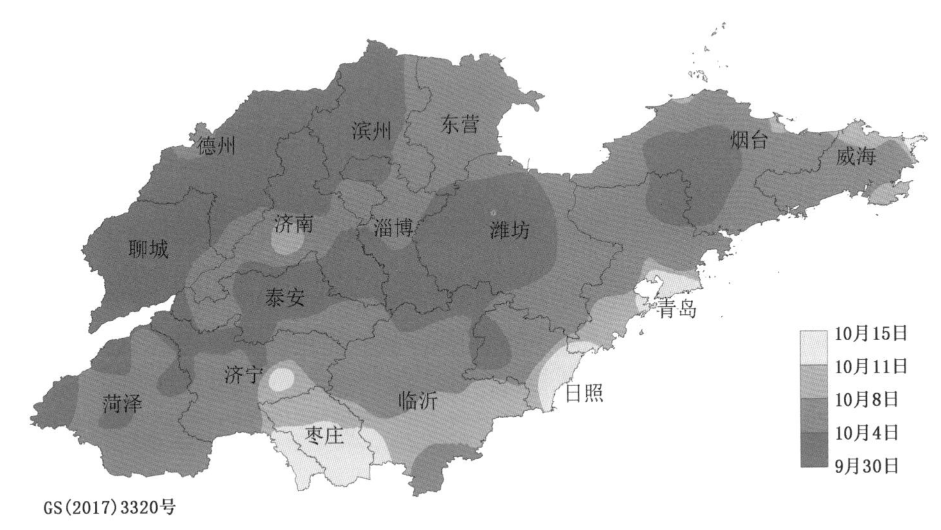

图1.14　1991—2020年山东省平均气温稳定通过≥16 ℃的终日分布

日平均气温稳定通过≥18 ℃的终日是冬性小麦适宜播种的开始日期，适宜播种期内播种，利于冬前形成壮苗，播种过早易旺苗，冬小麦受冻害风险增加，播种过晚，则易形成弱苗。

各地日平均气温稳定通过≥18 ℃的终日日期呈由西向东逐渐变晚的分布规律。鲁南、半岛局部在10月1—4日，鲁西北、鲁中部分地区及鲁西南局部在9月20—24日，其他地区在9月24日—10月1日(图1.15)。

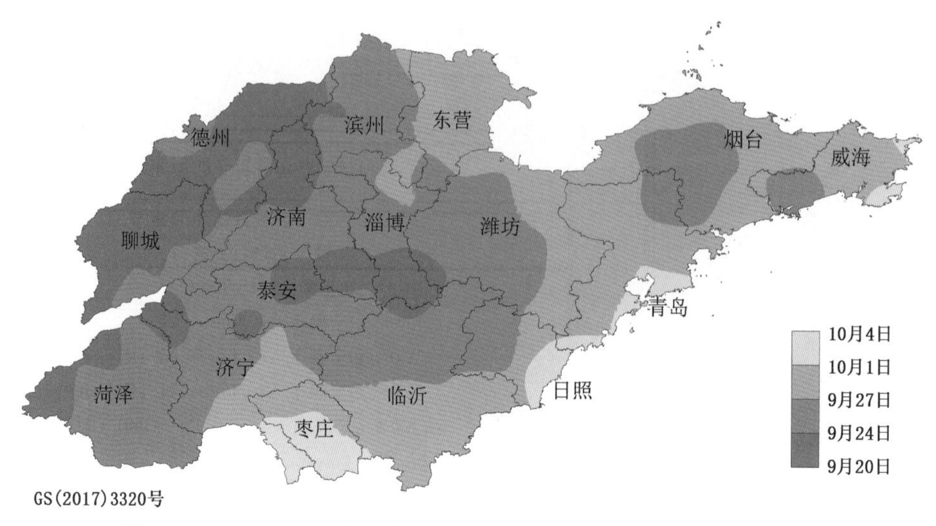

图1.15　1991—2020年山东省平均气温稳定通过≥18 ℃的终日分布

1.2　降水

1.2.1　平均降水量

全省年平均降水量呈南多北少分布，各地在510.3(武城)～881.8 mm(临沂)，其中鲁南、鲁中、半岛东部部分地区在700 mm以上，鲁西北部分地区及鲁中、鲁西南局部在600 mm以下，其他地区在600～700 mm(图1.16)。年平均降水量总体呈现略增趋势，平均每10年增加15.6 mm(图1.17)。各地降水量冬季最少，1—7月，降水逐渐增多；夏季降水量最多，出现在7月、8月，8月之后降水逐渐减少(图1.18)。

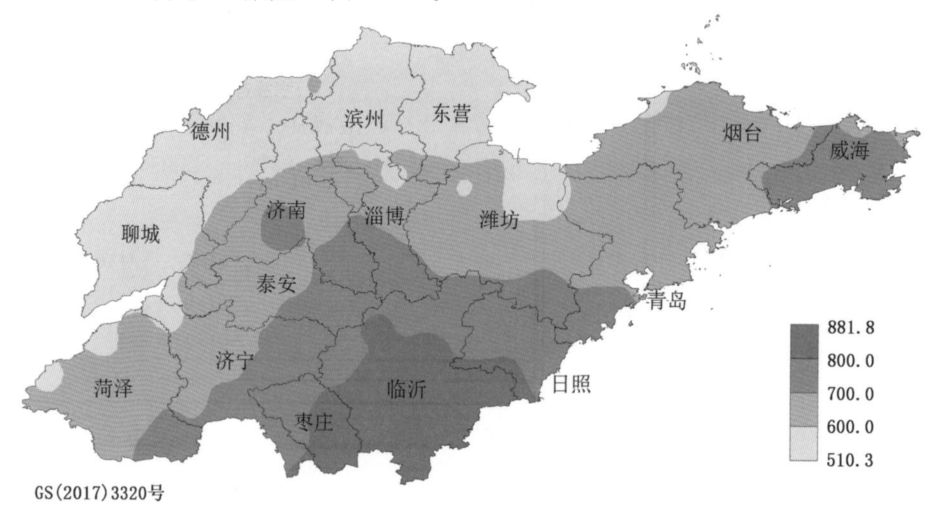

图1.16　1991—2020年山东省平均降水量分布(单位:mm)

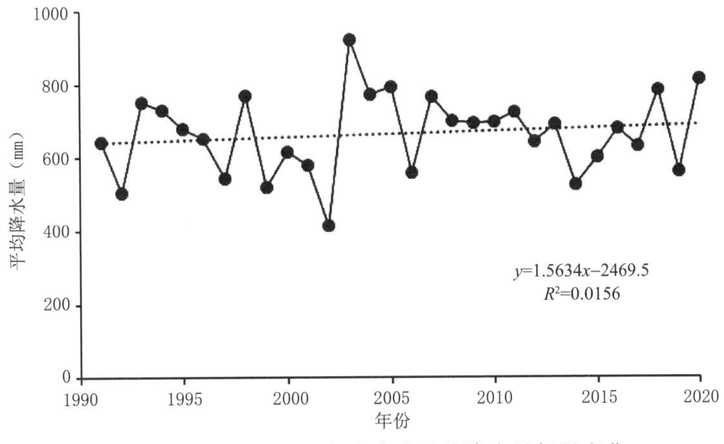

图 1.17　1991—2020 年山东省平均降水量年际变化

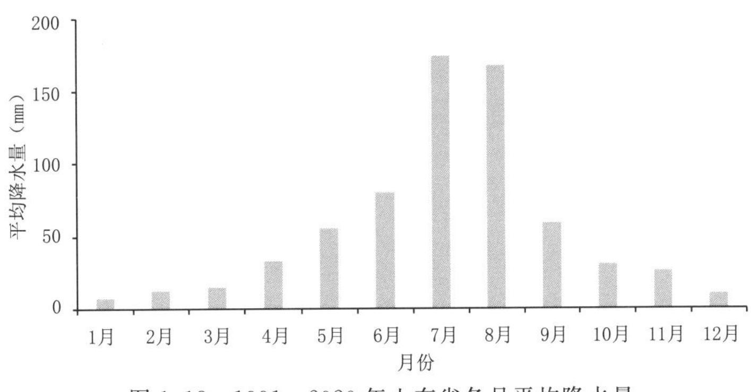

图 1.18　1991—2020 年山东省各月平均降水量

1.2.2　平均降水日数

观测到降水的日数为降水日数。各地降水日数在 56.4(齐河)～89.3 d(文登)，其中半岛局部在 85 d 以上，鲁西北部分地区在 65 d 以下，其他地区在 65～85 d(图 1.19)。

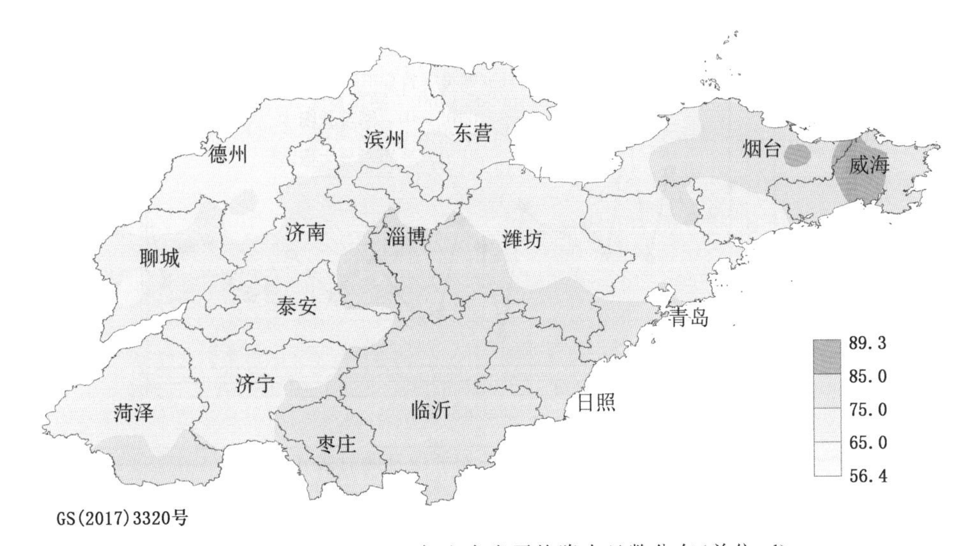

图 1.19　1991—2020 年山东省平均降水日数分布(单位:d)

1.3 日照

1.3.1 平均日照时数

全省年平均日照时数呈北多南少分布，各地在 1923.4(成武)～2654.8 h(龙口)，其中半岛大部、鲁西北部分地区及鲁中局部在 2400 h 以上，鲁南部分地区及鲁中、鲁西南局部在 2200 h以下，其他地区在 2200～2400 h(图 1.20)。年平均日照时数总体呈现减少趋势，平均每 10 年减少 62.9 h(图 1.21)。各地日照时数冬季最少，1—5 月，日照时数逐渐增多；春季最多，主要了现在 4 月、5 月，6 月开始日照时数逐渐减少(图 1.22)。

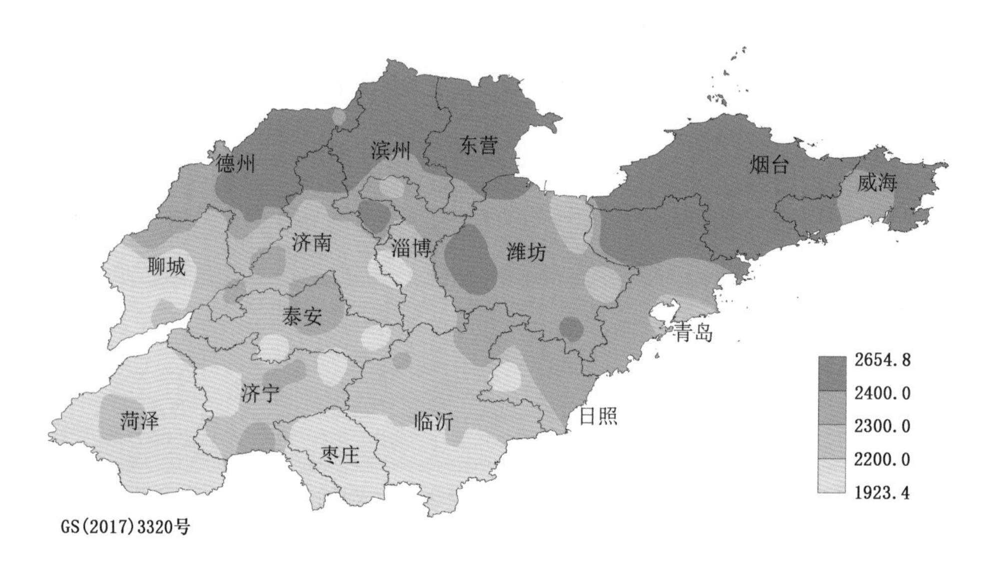

图 1.20　1991—2020 年山东省平均日照时数分布(单位:h)

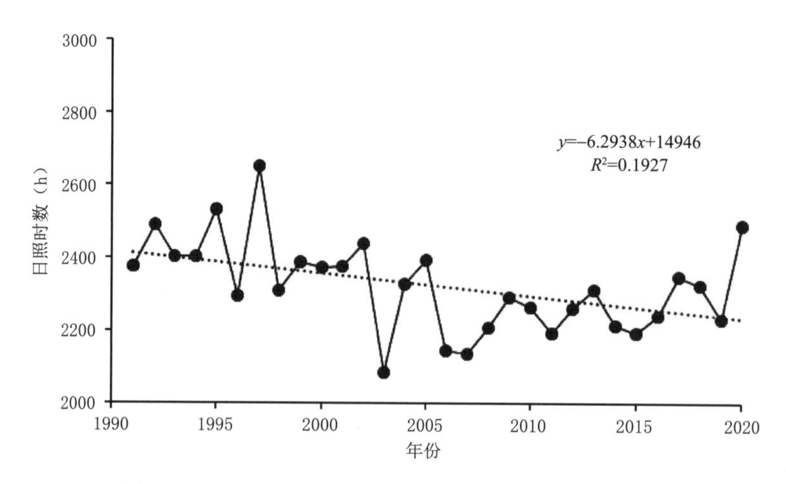

图 1.21　1991—2020 年山东省平均日照时数年际变化

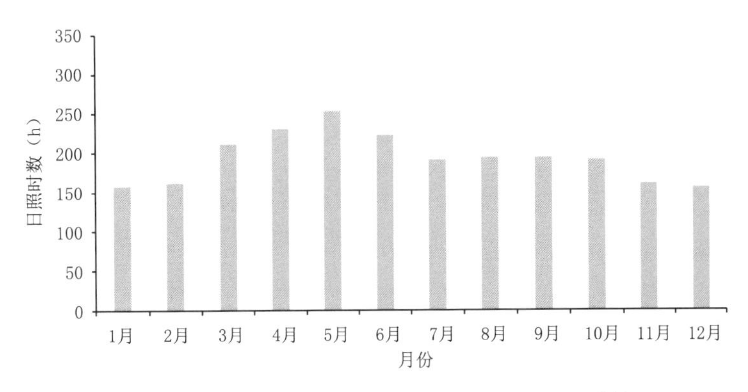

图 1.22　1991—2020 年山东省各月平均日照时数

1.3.2　连阴天次数

连续 3 d 日照时数<3 h 为一次连阴天过程。各地全年平均连阴天次数在 4（蓬莱、福山）～14 次（东明、曹县、枣庄），呈现出自西南向东北减少的趋势，鲁南大部、鲁中和鲁西北西部部分地区在 9 次以上，其中鲁南部分地区和鲁西北局部地区在 12 次以上；半岛大部、鲁西北东部部分地区和鲁中局部在 7 次以下（图 1.23）。

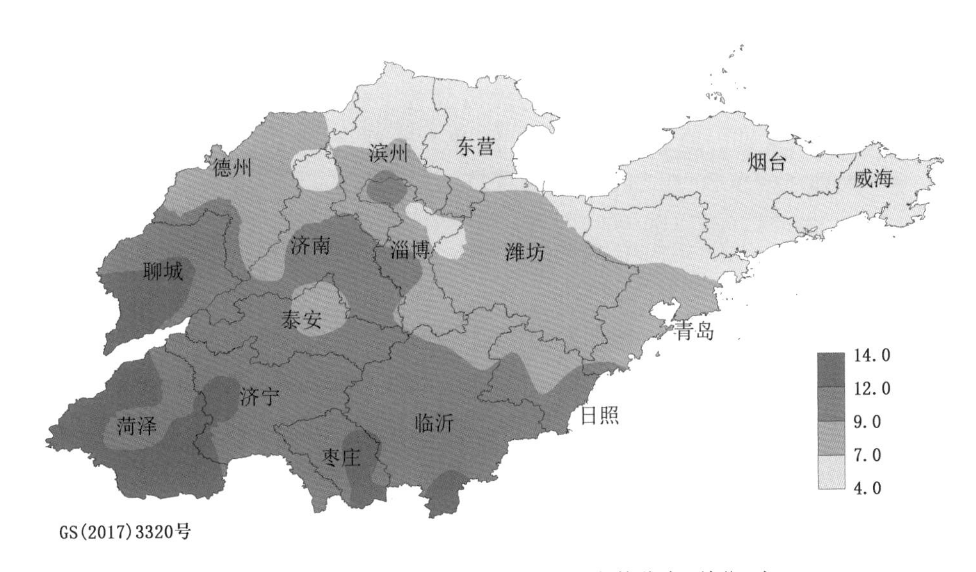

图 1.23　1991—2020 年山东省连阴天次数分布（单位：次）

1.3.3　最长连续寡照日数

日照时数<3 h 的日数为寡照日数。各地最长连续寡照日数在 7～22 d，鲁西南大部、鲁中和鲁西北西部部分地区在 18 d 以上，半岛和鲁东南大部、鲁中和鲁西北东部部分地区在 11 d以下，其他地区在 11～18 d（图 1.24）。

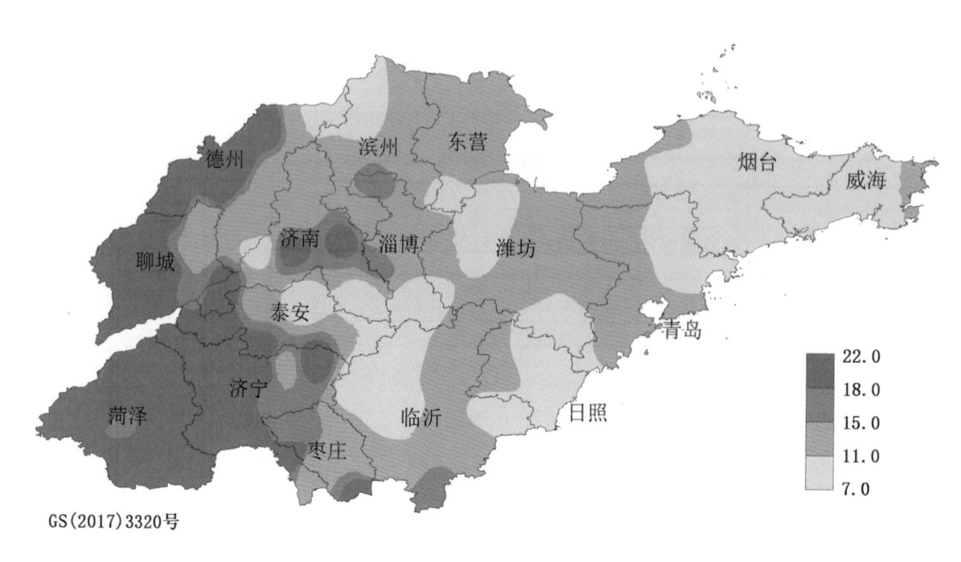

图 1.24　1991—2020 年山东省最长连续寡照日数分布(单位:d)

1.4　大风

1.4.1　平均大风日数

瞬时极大风速在 17.0 m·s^{-1} 的日数为大风日数。各地平均大风日数在 0.3(郓城)～79.6 d(成山头),全省大部分地区在 5.0 d 以下,半岛大部,鲁中和鲁东南部分地区在 10.0 d 以上,其中半岛局部地区在 20.0 d 以上(图 1.25)。

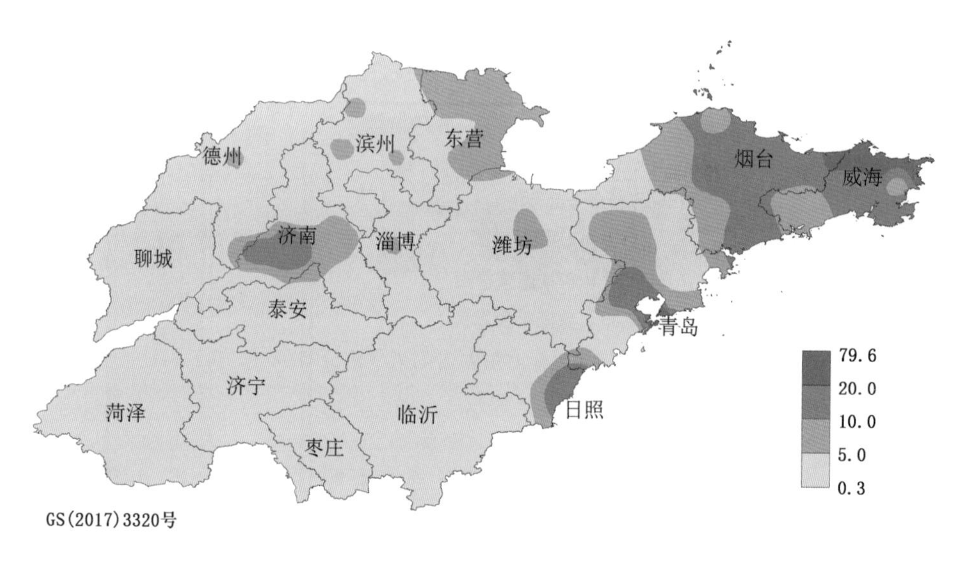

图 1.25　1991—2020 年山东省平均大风日数分布(单位:d)

1.4.2　极大风速

各地瞬时极大风速在20.3(聊城)～44.9 m·s^{-1}(成山头),大部地区极大风速在25.0～30.0 m·s^{-1},半岛、鲁西南和鲁西北部分地区及鲁中局部在30.0 m·s^{-1}以上,其中半岛局部地区可达40.0 m·s^{-1}以上(图1.26)。

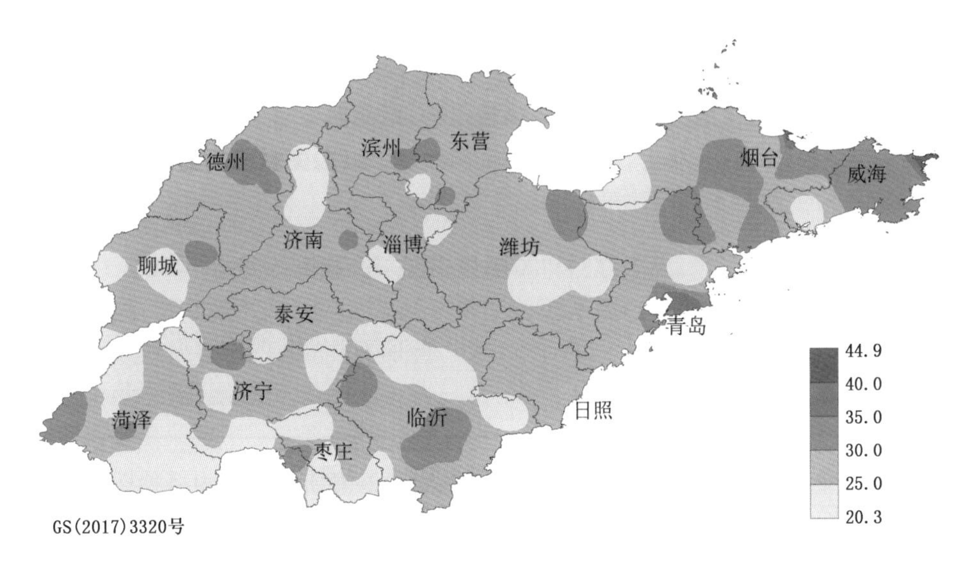

图1.26　1991—2020年山东省极大风速分布(单位:m·s^{-1})

第 2 章　粮棉油作物农业气象服务

山东省四季分明，气候温和，光照充足，热量丰富，雨热同季，是我国种植业的发源地之一，主要作物有小麦、玉米、棉花、花生、大豆等，是全国粮食、棉花、油料作物的主要产区之一，产品产量和质量均名列全国前茅，素有“粮棉油之库”之称。

2.1　冬小麦

冬小麦为山东省主要粮食作物之一，2014 年以来全省冬小麦种植面积稳定在 400 万 hm^2 左右，总产量为 2400 万 t 左右，均位居全国第二。

2.1.1　农业气象指标

山东省冬小麦多在 9 月下旬至 10 月上旬播种，整个发育阶段可分为播种期、出苗期、分蘖期、越冬期、返青期、拔节期、抽穗期、灌浆成熟期、收获期。

2.1.1.1 播种至出苗期(10 月上旬至中旬)

(1)适宜气象指标

①温度：适宜播种的温度指标为日平均气温 16～18 ℃；种子发芽的最适温度为 15～20 ℃。

②水分：播种时适宜土壤相对湿度为 60%～85%，适宜的土壤水分有利于苗齐、苗全，促进冬前分蘖。

(2)不利气象指标

①温度：冬小麦出苗的下限温度为 1～2 ℃，上限温度为 35～40 ℃。日平均气温低于 10 ℃时播种，冬前积温易<400 ℃·d，形成晚弱苗；日平均气温高于 20 ℃时播种，冬前积温易超过750 ℃·d，形成旺苗，越冬期易发生冻害，不利于安全越冬；温度超过 30 ℃，根系生长受到抑制。

②水分：土壤相对湿度>85%，或地表板结时，会由于缺氧影响出苗质量，甚至种子霉烂；土壤相对湿度<60%时，不利于种子膨胀发芽，影响出苗。

(3)关键农事活动及指标

冬小麦播种的适宜温度为日平均气温 16～18 ℃，当日平均气温低于 10 ℃时播种，冬前一般不能分蘖；当日平均气温高于 20 ℃时播种，冬前易拔节；当日平均气温低于 3 ℃时播种，一般当年不能出苗。播种适宜土壤相对湿度为 60%～85%，土壤相对湿度过大或过小均影响种子发芽，播种前降水过多，易导致土壤表层过湿，不利于播种作业，甚至烂种；播种前降水异常偏少，会发生干旱，当 10～20 cm 土壤相对湿度<60%时，影响冬小麦适时播种，出苗率低；低于 35%，不能出苗。

(4)农事建议

各地根据墒情条件，关注播种期的降水和温度预报，抢墒、造墒，适时播种；播种前进行拌种，可提高出苗率，防虫防病；播种后遇雨或浇蒙头水后，要及时采取松土通气措施，破除板结，以利出苗；出苗后，进行查苗补种或补水等工作。

2.1.1.2 苗期至分蘖期（10月下旬至11月下旬）

（1）适宜气象指标

①温度：分蘖期根系生长的最适宜日平均气温为16～20 ℃，当日平均气温为13～18 ℃时，分蘖最快；冬小麦出苗以后每长一片叶约需75 ℃·d的积温，麦苗在冬前有5～7片叶，叶色发绿，单株分蘖为3～5个，次生根为2～3条，蘖大而壮时，麦苗个体为壮苗，冬前积温在550～700 ℃·d时，易形成壮苗。

②水分：适宜土壤相对湿度为70%～80%，无连阴雨天气。

（2）不利气象指标

①温度：温度过高或过低都会抑制分蘖生长，日平均气温高于18 ℃或低于6 ℃时，影响正常分蘖，成穗率降低；日平均气温＜3 ℃时，一般不会发生分蘖。

②水分：土壤相对湿度超过80%时，土壤缺氧，会抑制分蘖生长，甚至造成黄苗；土壤相对湿度＜70%时，水分条件差，影响冬小麦分蘖；土壤相对湿度＜55%时，会抑制分蘖的产生，发生分蘖缓慢或缺位的现象。

③光照强度减弱时，冬小麦单株分蘖数、次生根数和分蘖干重都显著降低，遇长时间连阴雨时，冬小麦会出现黄苗、烂根现象。

（3）关键农事活动及指标

冬小麦分蘖期是决定穗数和奠定大穗的重要时期，若遇秋季干旱，需浇灌分蘖水，冬小麦灌溉宜选取平均气温高于3 ℃且无明显降水的天气进行。

（4）农事建议

冬前要及早疏苗、间苗，疏苗后出现脱肥的麦田应酌情追肥浇水，促其健壮生长；缺苗的麦田，及时移苗补栽。对于播种期偏早、播种量过大等旺苗麦田，可采取镇压措施，以控制主茎和大蘖徒长，控旺转壮；由于地力弱、墒情不足、播种时期偏晚、整地质量和播种质量差等原因而导致生长瘦弱的麦苗，应采取追肥、补水、松土或镇压等相应措施，促进生长。

2.1.1.3 越冬期（12月上旬至次年2月中旬）

（1）适宜气象指标

①温度：日平均气温稳定降至2～3 ℃，冬小麦基本停止分蘖，降至0 ℃以下，停止生长；不同品种冬小麦安全越冬的临界温度略有不同。半冬性品种分蘖节最低温度为－16～－12 ℃，冬性品种为－20～－17 ℃，这是冬小麦安全越冬的临界温度指标。

②水分：土壤相对湿度＞55%。

（2）不利气象指标

①温度：冬小麦越冬期间，若最低气温低于－16 ℃，半冬性品种可能受冻；若最低气温低于－20 ℃，冬性品种可能受冻，对越冬不利。此外，若初冬最低气温骤降10 ℃左右，达－10 ℃以下，持续2～3 d，冬小麦的幼苗未经过抗寒性锻炼，抗冻能力较差，也易形成冻害。

②水分：越冬期间气候严寒，若土壤相对湿度＜55%，土壤悬虚，可能发生冻害。

（3）关键农事活动及指标

浇灌越冬水可缓和冬季地温的剧烈变化，防止冻害死苗，并为次年返青保蓄水分，做到冬水春用，要根据温度、土壤墒情、苗情、降水等因素适时适量进行。越冬水不宜浇灌太早，太早易引起主苗徒长，不利于分蘖；也不宜浇灌太晚，最好在主苗分蘖大部分长出后，在未来 72 h 内无降水、24 h 内最高温度≥4 ℃，且 72 h 内最低温度>0 ℃等气象条件下，适宜浇灌；在未来 72 h 内降水量≤10 mm、未来 24 h 日最高温度在 3～4 ℃的气象条件下，较适宜浇灌；满足下列任意一条均为不适宜浇灌：未来 72 h 内降水量>10 mm、未来 24 h 日最高温度≤3 ℃。

(4)农事建议

冬小麦越冬期间，可采取镇压、盖土杂肥等措施，加强冬小麦冬季田间管理，确保冬小麦安全越冬。

2.1.1.4　返青期(2 月下旬至 3 月中旬)

(1)适宜气象指标

①温度：日平均气温>0 ℃，根系开始活动，心叶微弱生长；日平均气温稳定回升至 3 ℃时，5 cm 地温>5 ℃，冬小麦开始返青；返青期适宜温度为日平均气温 3～7 ℃。

②水分：适宜土壤相对湿度为 65%～75%。

(2)不利气象指标

①温度：日平均气温<2 ℃，温度低不利于返青生长；尤其是在拔节前 15 d 左右，当最低气温降到－3～－5 ℃时，可能受冻。

②水分：冬小麦返青后需水量增加，春季降水少，易出现麦田干旱，土壤相对湿度低于 60% 时，可能出现干旱，影响冬小麦返青生长；土壤相对湿度超过 80%，不利于地温回升，影响早发。

(3)关键农事活动及指标

返青期是第二次分蘖高峰，返青后的穗分化，决定了亩①穗数和穗粒数。一般农事活动以促进返青，巩固冬前分蘖，减少无效分蘖，确保亩收获穗数为主。可适时浇灌返青水，浇灌返青水的适宜气象指标：日平均气温为 3 ℃以上、土壤相对湿度低于 60%、未来无明显降水。返青期可适当追肥，促进弱苗生长，施肥的适宜气象指标：日平均气温为 25 ℃以下、日降水量≤10 mm、风力≤3 级、土壤相对湿度≤90%。此外，在冬小麦起身后到拔节前，麦田若有杂草，可为麦田进行化学除草，拔节后禁止用药，喷药的适宜气象指标：48 h 内无降水，风力≤3 级。

(4)农事建议

冬小麦进入返青期后，尤其是浇过水的麦田，在返青期至拔节前建议及时中耕，以破除板结，疏松土壤，提高地温，促进冬小麦根系生长发育和分蘖生长，增强冬小麦的抗旱能力。冬前分蘖少、个体弱、群体不足的晚茬麦田，要注重返青期管理，促麦苗早发、快长，促弱转壮，促蘖增穗。对于旺长麦田，可结合适当镇压控制旺长，同时应加强病虫害监测和防治。

2.1.1.5　拔节至孕穗期(3 月下旬至 4 月中旬)

(1)适宜气象指标

①温度：平均气温为 10 ℃以上时，冬小麦节间开始伸长；冬小麦拔节期适宜平均气温为 9～13 ℃，12～16 ℃对形成矮、短、粗、壮的茎秆最为有利；冬小麦孕穗期适宜平均气温为 16～18 ℃。

②水分：冬小麦拔节到孕穗需水量占全生育期的 1/3～1/4，是冬小麦发育期内的需水关键期，适宜土壤相对湿度为 70%～80%。

---

① 1 亩＝1/15 hm^2，下同。

(2)不利气象指标

①温度:平均气温低于 12 ℃,麦生长慢;平均气温高于 20 ℃,茎秆易徒长,后期倒伏;拔节后抗寒能力下降,拔节后一周遇 −1 ℃以下低温,或拔节后两周遇 0 ℃以下低温,植株可能受冻,影响穗分化。

②水分:土壤相对湿度<50%,小穗结实率降低。

③拔节期光照不足、连阴雨天气易引起小花退化。

(3)关键农事活动及指标

关注土壤墒情情况,当遇干旱时,应浇灌拔节水,缺肥地段结合追肥,灌溉、施肥适宜气象条件参见 2.1.1.4 节。

(4)农事建议

拔节至孕穗期以调控分蘖成穗数,促进壮秆大穗,防倒伏为主;同时应预防晚霜冻,在寒流来临之前及时浇水,可预防冻害发生;春季冻害发生后,要在低温后 2~3 d 及时观察幼穗受冻程度,发现茎蘖受冻死亡的麦田要及时追肥,促其恢复生长。

2.1.1.6 抽穗至开花期(4 月下旬至 5 月上旬)

(1)适宜气象指标

①温度:冬小麦抽穗期适宜平均气温为 13~20 ℃,扬花期适宜平均气温为 18~24 ℃。

②水分:适宜土壤相对湿度为 60%~80%。

(2)不利气象指标

①温度:平均气温低于 9 ℃,开花延迟,影响授粉。

②水分:土壤相对湿度<50%,影响授粉结实。

③连阴雨天气易引起麦穗缺粒,影响籽粒形成,且有利于病害发生。

(3)关键农事活动及指标

遇连续阴雨天气,日平均气温在 15 ℃以上,空气相对湿度在 85%以上,连续 3~4 d 湿热,光照不足,会引起赤霉病等病害的爆发;可选择在 48 h 内无降水、风力≤3 级的天气下进行喷药,防治病虫害的发生。

(4)农事建议

抽穗至开花期以减少小花不孕,提高结实率为主;同时应加强病虫害的防治。

2.1.1.7 灌浆至成熟期(5 月中旬至 6 月上旬)

(1)适宜气象指标

①温度:冬小麦灌浆初期最适宜的温度条件为 18~22 ℃,其中乳熟到腊熟阶段,适宜温度为日平均气温 20~22 ℃。

②水分:适宜土壤相对湿度为 70%~80%,其中腊熟后以 60%~70%为宜。

(2)不利气象指标

①温度:日平均气温为 25 ℃以上,灌浆受阻,日最高气温达 30 ℃,灌浆基本停止。

②水分:土壤相对湿度<60%,影响灌浆。

③连阴雨天气会导致灌浆缩短,粒重降低,同时易发生感染病虫害;收获晾晒时遇连阴雨,影响冬小麦品质。

④冬小麦灌浆期间,当 20 cm 土壤相对湿度<60%,日最高气温>31 ℃,14 时空气相对湿

度≤30%,14时风速≥3 m·s^{-1}时或20 cm土壤相对湿度>60%,日最高气温>33 ℃,14时空气相对湿度≤30%,14时风速≥3 m·s^{-1}时,会发生干热风,导致粒重下降,造成减产(杨霏云 等,2015;毛留喜 等,2015b)。

(3)关键农事活动及指标

根据麦田墒情状况,浇好灌浆水,增加千粒重,防干热风危害。若遇干热风天气,可注意喷洒药物防御干热风。关注天气情况,适时收获冬小麦,冬小麦适宜收获气象条件为:过去48 h内降水量<25 mm(过去24 h内降水量≤10 mm),且未来24 h内无降水;土壤过湿或降水天气不适宜冬小麦收获。

(4)农事建议

灌浆至成熟期以保持绿叶功能,防止倒伏和根系早衰,保花增粒,促进灌浆,增加千粒重为主,冬小麦蜡熟末期是最适宜的收获时期,建议利用晴好天气,集中力量抢收、抢打、抢晒,同时要提前做好对阴雨天气的防范,确保冬小麦丰产、丰收。

2.1.2 主要农业气象灾害

山东省冬小麦多于10月上旬开始播种,次年6月中下旬收获。常见的主要农业气象灾害有干旱、干热风、晚霜冻等。

2.1.2.1 干旱

干旱是指作物生长季内,因水分供应不足导致农田水利供需不平衡,阻碍作物正常生长发育的现象。冬小麦由于土壤干旱或大气干旱,根系从土壤中吸收到的水分难以补偿蒸腾的消耗,使植株体内水分收支平衡失调,生长发育受到严重影响乃至死亡,并最终导致减产和品质降低。干旱在冬小麦整个生长季均有可能发生,在播种期、拔节至抽穗期、灌浆至成熟期3个时期影响最大。可用降水量负距平百分率(P_a)对冬小麦干旱灾害等级进行划分(中国气象局政策法规司,2007),其干旱灾害等级指标见表2.1。

表2.1 冬小麦干旱灾害等级指标 单位:%

时段	轻旱	中旱	重旱	严重干旱
全生育期	$P_a<15$	$15\leqslant P_a<35$	$35\leqslant P_a<55$	$P_a\geqslant 55$
播种期	$P_a<40$	$40\leqslant P_a<60$	$60\leqslant P_a<80$	$P_a\geqslant 80$
拔节至抽穗期	$P_a<30$	$30\leqslant P_a<65$	$P_a\geqslant 65$	
灌浆至成熟期	$P_a<35$	$35\leqslant P_a<55$	$P_a\geqslant 55$	

某时段降水量负距平百分率(P_a)是指冬小麦生育阶段的降水量与常年同期气候平均降水量的差值占常年同期气候平均降水量的百分率的负值,按公式(2.1)计算:

$$P_a=\frac{P-\overline{P}}{\overline{P}}\times 100\%\ (P<\overline{P}) \tag{2.1}$$

式中,P_a为冬小麦生育阶段的降水量负距平百分率(单位:%);P为冬小麦生育阶段的降水量(单位:mm);$\overline{P}$为同期气候平均降水量(单位:mm),一般计算30年的平均值。

2.1.2.2 干热风

在冬小麦扬花灌浆期间出现的一种高温低湿并伴有一定风力的灾害性天气,它可使冬小麦失去水分平衡,严重影响各种生理功能,使千粒重明显下降,导致冬小麦显著减产。山东省冬小麦干热风主要为高温低湿型,在冬小麦扬花灌浆过程中都可能发生,一般发生在冬小麦开花后 20 d 左右至蜡熟期。干热风等级指标见表 2.2(全国农业气象标准化技术委员会,2019)。

表 2.2 冬小麦干热风等级指标

20 cm 土壤相对湿度(%)	轻度			中度			重度		
	日最高气温(℃)	14 时空气相对湿度(%)	14 时风速(m·s^{-1})	日最高气温(℃)	14 时相对湿度(%)	14 时风速(m·s^{-1})	日最高气温(℃)	14 时相对湿度(%)	14 时风速(m·s^{-1})
<60	≥31	≤30	≥3	≥32	≤25	≥3	≥35	≤25	≥3
≥60	≥33	≤30	≥3	≥35	≤25	≥3	≥36	≤25	≥3

2.1.2.3 晚霜冻

冬小麦在拔节至抽穗期间(3 月下旬至 4 月中旬),生长旺盛,抗寒力很弱,对低温极为敏感,若遇气温突然下降,极易形成晚霜冻,冬小麦晚霜冻害指标见表 2.3(山东省农业标准化技术委员会,2014)。

表 2.3 冬小麦晚霜冻害指标

冬小麦拔节后天数		1～5 d	6～10 d	11～15 d	≥16 d
轻度	最低气温(℃)	−2.5～−1.5	−1.5～−0.5	−0.5～0.5	0.5～1.5
	最低地表地温(℃)	−4.1～−3.1	−3.1～−2.1	−2.1～−1.1	−1.1～0
	最低叶面温度(℃)	−5.5～−4.5	−4.5～−3.5	−3.5～−3.0	−3.0～−1.0
重度	最低气温(℃)	<−2.5	−2.5～−1.5	−1.5～−0.5	−0.5～0.5
	最低地表地温(℃)	<−4.1	−4.1～−3.1	−3.1～−2.1	−2.1～−1.1
	最低叶面温度(℃)	<−5.5	−5.5～−4.5	−4.5～−4.0	−4.0～−1.5

2.1.3 主要病虫害

2.1.3.1 赤霉病

冬小麦赤霉病是高温、高湿条件下发生的病害,在整个生长季内都有可能发生,主要引起苗枯、茎基腐、秆腐和穗腐,其中危害最严重的是穗腐,表现白穗或半截穗。冬小麦赤霉病发病的温度条件为平均气温在 15 ℃以上,湿度条件为 3 d 以上连续阴雨,或连续大雾,或空气相对湿度在 85%以上。一般只要初侵染菌源量大,冬小麦抽穗扬花期间降雨多,雨日多,湿度大,病害就可以流行。

2.1.3.2 条锈病

冬小麦条锈病是冬小麦生产中的重大流行性病害之一,喜高湿环境。冬小麦条锈病的侵染循环主要包括夏季以夏孢子状态在最热一旬(7 月上旬至 8 月中旬)旬平均气温为 20 ℃以下地区越夏;越夏的菌源随秋季西北方向的气流传到冬麦区后,遇到适宜的湿度、温度条件夏孢子萌发侵入秋麦苗;平均气温降到 1～2 ℃后,在麦叶组织内越冬;早春旬平均气温回升到 2～3 ℃,次年冬小麦返青后,如遇春雨或结露,病害扩展蔓延迅速,引起越冬区春季流行。随西南季风逐渐向东北方向蔓延,4 月底 5 月初进入黄淮麦区,冬小麦条锈病病菌侵入冬小麦的最适温度为 9～13 ℃,最低不能低于 2 ℃,最高不能超过 29 ℃,遇温度适宜和降雨、雾、露日多的气候条件,有利于冬小麦条锈病病菌的入侵。

2.1.3.3 白粉病

白粉病一般在生育后期发生较重,尤其在温度较低、湿度大、田间通气不好、光照不足的条件下容易流行。白粉病在 5～25 ℃都能发展,在 16～20 ℃发展最快;超过 25 ℃,对孢子生成和再侵染不利。光照太强时，不利于病菌侵染；低温高湿，通风不良，光照不足利于病菌侵染。一般背阴潮湿、生长茂密或倒伏的麦田病情较重。

2.1.3.4 纹枯病

冬小麦纹枯病属半知菌亚门真菌，病菌以菌丝或菌核在土壤和病残体上越冬或越夏。播种后开始侵染危害，冬小麦受纹枯病侵染后，在各生育阶段出现烂芽、病苗枯死、花秆烂茎、枯株白穗等症状，冬小麦拔节后，纹枯病危害逐渐加重。在田间发病有5个重要阶段，即冬前发病期、越冬期、横向扩展期、严重度增长期及枯白穗发生期。发病适宜温度为20 ℃左右。冬季偏暖，早春气温回升快，阴雨多，光照不足的年份发病重，反之则轻。

2.1.3.5 蚜虫

冬小麦蚜虫属同翅目蚜科。危害冬小麦的蚜虫有多种，常见的主要种类有麦长管蚜和麦二叉蚜等。蚜虫对冬小麦的危害包括直接危害和间接危害两个方面：直接危害主要以成蚜、若蚜吸食叶片、茎秆、麦穗的汁液，导致冬小麦粒重下降、品质降低，减产幅度较大；间接危害是指麦蚜能在危害的同时，传播冬小麦病害，其中以传播冬小麦黄矮病危害最大，严重时可造成绝产。从发生时间上看，麦二叉蚜早于麦长管蚜，麦二叉蚜喜欢在作物苗期危害，被害部形成枯斑，其他蚜虫无此症状；麦长管蚜多在植物上部叶片正面危害，抽穗灌浆后，迅速增殖，集中穗部危害。蚜虫喜温、耐旱，温度在8～35 ℃可正常生长发育和生殖，温度越高，生长发育越快，以30 ℃时发育最快；麦长管蚜喜中温不耐高温，适宜空气相对湿度为40%～80%，而麦二叉蚜喜干怕湿，空气相对湿度以35%～67%为适宜。

2.1.3.6 麦蜘蛛

麦蜘蛛以麦长腿蜘蛛和麦圆蜘蛛为主，成螨、若螨吸食麦叶汁液，受害叶上出现细小白点，后麦叶变黄，麦株生长发育不良，植株矮小，严重的全株干枯，对冬小麦产量影响极大。两种麦蜘蛛都以成蛛或部分卵在麦根附近的土缝中或麦子分蘖丛中越冬，春季2—3月开始活动，3月中下旬到5月初危害最重。麦圆蜘蛛喜低温潮湿，空气相对湿度为70%～80%，温度为8～15 ℃是适宜发生的气象条件；温度超过20 ℃，不适宜麦圆蜘蛛生活，超过30 ℃就开始死亡；在干燥条件下，多数卵不能孵化，春季阴寒多雨或低洼潮湿的连作麦田发生较多。麦长蜘蛛喜干燥气候条件，最适宜繁殖、活动的温度为14～20 ℃，空气相对湿度为50%以下；干旱麦田发生较多，一般春旱少雨年份危害较重。

2.1.4 农业气象周年服务方案

根据冬小麦生长发育需求，制定冬小麦农业气象周年服务方案，见表2.4。

表2.4 冬小麦农业气象服务方案

时间	主要发育期	农业气象指标	农事建议	重点关注
1月	冬小麦处于越冬期	(1)冬小麦越冬期间，冬性品种冻害指标为−20～−18 ℃，半冬性品种冻害指标为−16～−12 ℃； (2)安全越冬气象指标为极端最低气温高于−20 ℃，越冬期土壤相对湿度不低于55%，强降温时段积雪厚度≥5 cm； (3)越冬期间适宜气象条件为冬季负积温<160 ℃·d	冬小麦越冬期间，采取镇压、盖土杂肥等措施，加强冬小麦冬季田间管理，确保冬小麦安全越冬	寒潮、低温及强冷空气活动

续表

时间	主要发育期	农业气象指标	农事建议	重点关注
2月	冬小麦处于越冬至返青期,2月下旬冬小麦开始返青	(1)日平均气温稳定回升至 3 ℃且 5 cm 地温>5 ℃时,冬小麦开始返青; (2)冬小麦返青期的适宜土壤相对湿度为65%～75%,低于 60%,可根据气象条件浇返青水	各类麦田在早春土壤解冻时,要及时划锄、松土,保墒增温,促进麦苗健壮生长	(1)寒潮、低温及强冷空气活动; (2)土壤墒情; (3)冬小麦返青
3月	冬小麦陆续进入返青至拔节期	(1)日平均气温稳定回升至 5 ℃左右时,冬小麦进入春季分蘖盛期; (2)日平均气温为 3 ℃以上,5 cm 地温稳定回升到 5～6 ℃时,适宜浇返青水; (3)冬小麦在返青期,冬性品种,当最低温度降到−4～−6 ℃时,分蘖节处受冻,半冬性品种降到−3 ℃受冻	(1)对受旱麦田结合施肥适时浇好返青水,及时划锄、松土,保墒增温; (2)麦田墒情适宜或过湿,可不浇返青水;但要及时划锄、松土,保墒增温,追施返青肥;尤其对冬前分蘖少、个体弱、群体不足的晚茬麦田,要狠抓返青期管理,促麦苗早发、快长,促弱转壮,促蘖增穗; (3)天气预报可能出现冻害时,对墒情差的麦田要提前浇水防冻	(1)冬小麦拔节前后晚霜冻; (2)土壤墒情; (3)冬小麦锈病、白粉病等病害的发生发展
4月	冬小麦陆续进入拔节至孕穗期	(1)冬小麦拔节期适宜温度为 9～13 ℃; (2)拔节后 5 d 内出现−1 ℃低温,受轻霜冻,−6 ℃茎节受冻;拔节后 6～15 d,0 ℃以下低温茎节受冻; (3)冬小麦拔节期土壤相对湿度为 70%～80%适宜,低于 50%时分蘖成穗率下降; (4)冬小麦孕穗期适宜温度为 16～18 ℃,适宜土壤相对湿度为 75%;拔节至抽穗期降水过多、光照不足、温度过高(>20 ℃),茎秆易徒长,后期倒伏	(1)根据麦田墒情状况,浇好拔节水,注意防霜、防冻; (2)天气预报可能出现霜冻时,墒情差的麦田提前浇水防冻; (3)及时防治冬小麦纹枯病、蚜虫、麦蜘蛛等病虫害	(1)土壤墒情; (2)冬小麦纹枯病,蚜虫、麦蜘蛛等病虫害的发生发展
5月	冬小麦处在抽穗期、灌浆期、乳熟期	(1)冬小麦抽穗期适宜温度为 13～20 ℃;扬花期适宜温度为 18～24 ℃;灌浆期适宜温度为18～22 ℃; (2)当 20 cm 土壤相对湿度<60%,日最高气温>31 ℃,14 时空气相对湿度≤30%,14 时风速≥3 $m \cdot s^{-1}$时或 20 cm 土壤相对湿度>60%,日最高气温>33 ℃,14 时空气相对湿度≤30%,14 时风速≥3 $m \cdot s^{-1}$时会发生干热风	(1)根据麦田墒情状况,浇好灌浆水,增加千粒重,防止干热风危害; (2)防治干热风应首先选育抗干热风的优良品种,采取相应的农业技术措施,增强冬小麦抗御能力;当预报干热风天气来临前,采取灌水、施肥等措施;通过植树造林、改革种植方式和调整播种量以改变麦田小气候,改土治水以改善冬小麦生长发育的环境条件; (3)注意做好强对流、冰雹等天气的应对措施,做好人工消雹工作	(1)土壤墒情; (2)干热风; (3)冰雹等强对流天气

续表

时间	主要发育期	农业气象指标	农事建议	重点关注
6月	冬小麦处在成熟收获期	3 d以上连阴雨天气易造成冬小麦霉烂	(1)随时收听、收看天气预报，把夏收调整到最佳时段，充分发挥农业机械的作用，利用晴好天气，集中力量抢收抢打抢晒； (2)要提前做好对阴雨天气的防范准备，确保冬小麦丰产丰收	(1)暴雨； (2)大风； (3)连阴雨
10月	冬小麦处在播种出苗期	(1)冬小麦播种的适宜温度为日平均气温稳定降至16～18 ℃(高于20 ℃或低于10 ℃难成壮苗)； (2)土壤相对湿度为60%～85%(低于60%不利于出苗，低于35%不能出苗)	在播种适宜期内足墒播种，加强麦田管理，及时进行查苗、补苗，确保全苗，培育壮苗，控制旺长，促进弱苗转化	(1)连阴雨； (2)土壤墒情
11月	冬小麦处在分蘖期	(1)冬小麦分蘖2～4 ℃缓慢生长，适宜温度为13～18 ℃； (2)适宜土壤相对湿度为70%～80%，过于干旱会抑制分蘖产生，土壤过湿，达80%～90%时，由于土壤缺氧，造成黄苗不长； (3)当日平均气温达3 ℃左右时，20 cm土壤相对湿度<60%，开始浇冬水； (4)11月中下旬至12月中旬，最低气温骤降10 ℃左右，达−10 ℃以下，持续2～3 d，冬小麦的幼苗未经过抗寒性锻炼，抗冻能力较差，极易形成初冬冻害	加强麦田冬前肥水管理，培育壮苗，控制旺长，促进分蘖	(1)土壤墒情； (2)强冷空气； (3)连阴雨
12月	冬小麦处于越冬期	(1)日平均气温稳定降至2～3 ℃，冬小麦基本停止分蘖，降至0 ℃以下，停止生长； (2)冬小麦越冬期间，冬性品种冻害指标为−18～−20 ℃，半冬性品种冻害指标为−12～−16 ℃，不利分蘖	冬小麦越冬期间，采取镇压、盖土杂肥等措施，加强冬小麦冬季田间管理，确保冬小麦安全越冬	冬季天气严寒，雨雪稀少，墒情较差，麦苗易冻死

2.2 夏玉米

夏玉米为山东省主要粮食作物之一，2015年以来全省玉米种植面积稳定在400万 hm^2 左右，总产量为2500万t左右。

2.2.1 农业气象指标

山东省夏玉米生长季一般在6—9月，整个发育阶段可分为播种期、出苗期、三叶期、七叶期、拔节期、抽雄期、开花期、吐丝期、乳熟期、成熟期。从播种到成熟，早熟品种≥10 ℃的积温为2000～2300 ℃·d，中熟品种为2300～2500 ℃·d，晚熟品种为2500～2700 ℃·d。

2.2.1.1 播种至出苗期(6月)

(1)适宜气象指标

①温度：适宜播种的温度指标为日平均气温20～25 ℃。

②水分：播种时土壤相对湿度为 60%～80%。

(2)不利气象指标

①温度：下限温度为 6～7 ℃，上限温度为 35～40 ℃。

②水分：土壤相对湿度<60%不利于出苗，<35%不能出苗。

③播种后大雨淹水 2～4 d，易导致种子腐烂，造成"芽涝"，使出苗率降低 30%～70%，重者绝产，或连续 3 d 土壤相对湿度在 90%以上，就会发生涝害。

(3)关键农事活动及指标

夏玉米播种时以耕层土壤相对湿度在 70%～85%为宜，若土壤相对湿度过低，种子迟迟不能发芽，易发生坏种，造成缺苗断垄；土壤相对湿度过大，种子易霉烂，导致出苗不良。

(4)农事建议

根据当地墒情状况，采取各种措施，做到有墒抢墒，无墒造墒，保证适时足墒播种。山丘旱地，夏玉米播种前浸种有一定的抗旱保苗效果。为了避开涝害，夏玉米可调节播期，提前播种，或起垄栽培，减轻涝害；夏玉米出苗后，及时清苗、定苗，追施提苗肥。对于直播玉米，及时疏苗、间苗；缺苗断垄地块，及时补栽。

2.2.1.2　苗期至拔节、抽雄期(7 月)

(1)适宜气象指标

①温度：适宜苗期生长至拔节的温度指标为日平均气温 20～24 ℃，适宜拔节至抽雄的温度指标为日平均气温 25～27 ℃。

②水分：土壤相对湿度为 70%～80%。

(2)不利气象指标

①温度：出苗至拔节的下限温度为 6～7 ℃，上限温度为 35～42 ℃；拔节至抽雄的下限温度为 10～12 ℃，上限温度为 30～37 ℃。

②倒伏指标：土壤相对湿度>90%，风速>17 $m \cdot s^{-1}$。

③连续 3 d 土壤相对湿度在 90%以上，就会发生涝害。

(3)关键农事活动及指标

此期宜根据作物生长情况开展施肥活动，适宜施肥的气象条件要求过去 48 h 内降水量≤25 mm(过去 24 h 内降水量≤10 mm)，且未来 24 h 降水量≤10 mm；平均气温≤25 ℃；风力≤3 级。

(4)农事建议

夏玉米抽雄开花期及时排涝、中耕、松土，追施速效肥；遇旱及时浇水，防早衰。夏玉米抽雄开花后酌情追施攻粒肥，缺肥明显的地块，也可以进行叶面喷肥，促使玉米穗大、粒多，以获得高产。

2.2.1.3　抽雄至乳熟期(8 月)

(1)适宜气象指标

①温度：适宜抽雄开花的温度指标为日平均气温 25～28 ℃；适宜灌浆的温度指标为日平均气温 20～24 ℃；适宜乳熟至成熟的温度指标为日平均气温 20～27 ℃。

②水分：土壤相对湿度为 70%～80%。

(2)不利气象指标

①温度：抽雄开花期下限温度为 17～20 ℃，上限温度为 30～37 ℃，日平均气温超过 28 ℃

时，高温干旱会降低花粉和花丝的活力，影响受精结实，日平均气温在 30 ℃以上、空气相对湿度在 60%以下，开花甚少，而超过 38 ℃，则不开花；灌浆期温度>25 ℃或<16 ℃，对籽粒灌浆不利，气温低于 15 ℃，将停止灌浆，高于 25 ℃又遇到干旱时，会出现叶片过早枯黄，灌浆速度明显减慢，灌浆时间缩短，籽粒脱水过快等高温逼熟现象。

②卡脖旱：夏玉米抽雄前 10 d 至开花后 20 d 为水分临界期，土壤干旱会引起小花大量退化，严重时，会造成抽不出穗和花期不育，以致大幅度减产。

③高温热害：最高气温大于夏玉米的最高界限温度（30 ℃），空气相对湿度低于 60%。

(3)关键农事活动及指标

夏玉米抽雄前后可适时开展灌溉，一般未来 72 h 内无降水且最大风力≤3 级时，适宜灌溉。

(4)农事建议

夏玉米抽雄开花期应及时中耕、培土、排涝；遇旱及时浇水，防早衰；及时防治病虫害。

2.2.1.4　乳熟至成熟期(9 月)

(1)适宜气象指标

①温度：适宜籽粒灌浆至成熟的温度指标为日平均气温 22～24 ℃。

②水分：土壤相对湿度为 70%～80%。

(2)不利气象指标

①温度：籽粒灌浆至成熟的下限温度为 15～17 ℃，超过 25 ℃不利于干物质积累。

②9 月中下旬出现连阴雨天气，将使夏玉米霉烂、发芽。

(3)关键农事活动及指标

夏玉米适宜收获的气象条件为过去 48 h 内降水量小于 25 mm(过去 24 h 内降水量≤10 mm)，且未来 24 h 内无降水。

(4)农事建议

玉米灌浆成熟期，重点是提高叶片光合强度，延长叶片功能，应保障供水，补施粒肥，脱肥地块及时追施速效肥；防治病虫害。部分贪青晚熟的夏玉米可连株收获，以确保冬小麦在适播期内适时播种。夏玉米成熟后，及时腾茬耕翻，做好秸秆还田，培肥地力。

2.2.2　主要农业气象灾害

山东省夏玉米主要的农业气象灾害有干旱、倒伏、播种期芽涝、苗期渍涝、高温热害等。

2.2.2.1　干旱

干旱是指作物生长季内，因水分供应不足导致农田水利供需不平衡，阻碍作物正常生长发育的现象。夏玉米由于土壤干旱或大气干旱，根系从土壤中吸收到的水分难以补偿蒸腾的消耗，使植株体内水分收支平衡失调，生长发育受到严重影响乃至死亡，并最终导致减产和品质降低。干旱是制约山东夏玉米稳产与高产的主要灾害之一，不仅影响夏玉米的播种与出苗，还对其生长发育与产量形成造成严重的影响。山东夏玉米生育期间气温高、蒸发量大，且降水分布不均，阶段性干旱频繁发生，加之夏玉米是需水较多且对干旱比较敏感的作物，受土壤水分盈亏的影响较大，干旱已成为这一地区影响范围最大、造成产量损失最重的农业气象灾害之一。干旱在夏玉米整个生长季均有可能发生，在苗期、穗期、花粒期 3 个时期影响最大。可用土壤相对湿度对夏玉米干旱灾害等级进行划分（董智强 等，2020），其干旱灾害等级指标见

表 2.5。

表 2.5　夏玉米不同发育期干旱灾害等级指标

发育期	干旱程度	土壤相对湿度阈值指标(%)
苗期	无旱	53
	轻旱	50
	中旱	45
	重旱	40
穗期	无旱	58
	轻旱	48
	中旱	43
	重旱	37
花粒期	无旱	57
	轻旱	52
	中旱	49
	重旱	45

2.2.2.2　倒伏

倒伏是夏玉米生产中经常发生的一种自然灾害，夏玉米倒伏后会造成产量损失，同时影响后期的机械化收获，并且倒伏后易引起果实霉变造成产量品质的降低。生产上夏玉米倒伏发生比较普遍，尤其夏季暴风雨后很多田间容易发生。尤其高秆，密度过大，根系较浅，长势不好或氮肥偏多田块等容易加重发生。夏玉米倒伏一般有根倒、茎倒和折倒 3 种倒伏类型。其中根倒发生普遍，且多和茎倒混合发生。根倒是因为根系位置发生改变后造成倒伏，茎秆直立不弯，一般暴风雨后或田间湿度较大时发生；另外，播种较浅，根系不发达也容易发生。茎倒是茎秆中上部因弯曲而倒伏，土壤中根系位置没有发生变化，一般种植密度过大，长势不好，或高秆品种，茎秆柔韧性不好，肥料配比不科学田块发生多。折倒茎秆无弯曲现象，根系位置也没有变化，通常是茎秆某处直接折断，一般多为风雹影响，或病虫危害茎秆受损后，遭遇大风等不良气候外力条件影响引起。

夏玉米倒伏指标一般是土壤相对湿度>90%，并伴有 17 $m \cdot s^{-1}$或以上的大风。

2.2.2.3　播种期芽涝与苗期渍涝

山东省夏玉米播种期和苗期正处于当地降雨集中且逐渐增大的阶段，渍涝灾害风险大。淹水 2 d 可使夏玉米出苗率降低 50%以上，淹水 4 d 可使出苗率降低 85%以上。夏玉米苗龄越小，耐渍涝的能力越弱，渍涝发生越早，其危害性就越大。苗期渍涝会严重影响夏玉米生长发育进程，导致植株变矮、茎变细、茎节间变短，开花吐丝间隔时间延长，造成授粉花期不遇，授粉困难对产量产生一定影响。

夏玉米芽涝与苗期渍涝的降水量指标，主要是播种到拔节总降水量超过 200 mm，或旬降水量超过 100 mm，或一次降水量超过 150 mm，容易导致芽涝和苗期渍涝。

2.2.2.4　高温热害

进入 7 月下旬后，大部分地区夏玉米正处于旺盛的营养生长到生殖生长转化的关键时期，正处于对光、肥、水、热、气等气候因素非常敏感的时期。在这个时期，如果适宜的温度、光照和水分条件能与夏玉米生长发育同步发生，将有利于生长发育，提高产量，相反，如果遇到连续的高温干旱等灾害性气候条件，将严重影响生长发育，导致产量降低。

7月下旬大部分夏玉米产区将出现持续35 ℃以上高温天气，且持续无有效降雨。当夏玉米处在日平均最高气温≥35 ℃以上持续5 d以上，无效降雨持续8 d以上的气象条件下，高温热害就必然发生。高温热害的主要症状是：雌雄分化发育严重受阻，发育不良，花粉和花丝活力下降，甚至败育，花粉量少，散粉和受精时间短，造成授粉结实不良，果穗秃尖缺粒现象十分突出，产量严重下降。

夏玉米高温热害指标，以中度热害为准，生殖生长期为32 ℃，灌浆成熟期为28 ℃。开花期气温高于32 ℃不利于授粉。以全生育期平均气温为准，轻度热害为29 ℃，减产11.9%；中度热害为33 ℃，减产52.9%；严重热害为36 ℃，将造成绝产。最高气温为38～39 ℃，造成高温热害，其时间越长受害越重，恢复越困难。

高温热害对光合作用的影响体现在：在高温条件下，光合蛋白酶的活性降低，叶绿体结构遭到破坏，引起气孔关闭，从而使光合作用减弱；另一方面，在高温条件下呼吸作用增强，消耗增多，干物质积累下降。38～39 ℃的高温胁迫时间越长，植株受害就越严重，越难恢复，所用时间也越长。

高温热害将缩短夏玉米生育期。高温迫使夏玉米生育进程中各种生理生化反应加速，各个生育阶段缩短。如雌穗分化时间缩短，雌穗小花分化数量减少，果穗变小。在生育后期高温使夏玉米植株过早衰亡，或提前结束生育进程而进入成熟期，灌浆时间缩短，干物质积累量减少、产量和品质降低。

高温热害对雄穗和雌穗的伤害体现在，在孕穗阶段与散粉过程中，高温都可能对夏玉米雄穗产生伤害。当气温持续高于35 ℃时不利于花粉形成，开花散粉受阻，表现在雄穗分枝变小、数量减少，小花退化，花药瘦瘪，花粉活力降低，受害的程度随温度升高和持续时间延长而加剧。当气温超过38 ℃时，雄穗不能开花，散粉受阻。高温还影响玉米雌穗的发育，致使雌穗各部位分化异常，延缓雌穗吐丝，造成雌雄不协调、授粉结实不良、籽粒瘦瘪。

2.2.3 主要病虫害

2.2.3.1 玉米螟

玉米螟俗称钻心虫，属鳞翅目、螟蛾科，是玉米的主要虫害。它可以危害玉米植株地上的各个部位。玉米螟一年一般发生2～4代，温度高、海拔低，发生代数较多。成虫夜间活动，飞翔能力强，有趋光性，寿命为5～10 d，喜欢在离地50 cm以上、生长较茂盛的玉米叶背面中脉两侧产卵。幼虫孵出后，初时聚集在一起，后在植株幼嫩部爬行，开始对其危害。初孵幼虫，能吐丝下垂，借风力飘落到邻株，形成转株危害。

2.2.3.2 黏虫

黏虫俗称五彩虫、麦蚕，属鳞翅目夜蛾科，是粮食作物和牧草作物的主要害虫，危害玉米严重。黏虫是一种多食性、迁移性、暴发性的害虫。黏虫的发生与温度、湿度有密切关系。一般成虫产卵适宜温度为19～25 ℃，30 ℃以上产卵受影响。另外，空气相对湿度越大，越有利于成虫产卵，特别是在阴晴交错、多雨高湿的气候条件下，不但有利于成虫产卵，而且有利于卵的孵化和幼虫的成活发育。

2.2.3.3　玉米蚜虫

可危害多种禾本科作物及杂草。苗期以成蚜、若蚜群集在心叶危害，抽穗后危害穗部，吸收汁液，妨碍生长，还能传播多种禾本科谷类病毒。其分泌物将花粉粘住，影响散粉。此外，还能传播玉米矮花叶病毒病，造成不同程度的减产。

2.2.3.4　玉米叶螨

俗称红蜘蛛，可危害多种作物，以成螨和若螨刺吸寄主叶背组织汁液，被害叶片由黄变白而枯死，影响玉米灌浆进程，致使千粒重下降，造成减产。

2.2.3.5　草地贪夜蛾

草地贪夜蛾是夜蛾科灰翅夜蛾属的一种蛾。成虫在夜间活动，在植物叶子顶部产约 100 粒卵，卵阶段是在 25 ℃的温度下持续 3 d。新孵出的幼虫以卵壳本身为食，然后静置 2～10 h。幼虫即毛毛虫，更喜欢以新叶为食，由于它们的食性习惯，通常会各自找到一片新叶。幼虫改变皮肤 7 次，并在最后的一次离开墨囊，穿透 0.5 cm 深的土壤，在那里它们变成蛹。蛹阶段在一年中最热的时期持续 10～12 d。成虫的寿命约为 12 d，该有害生物的完整周期仅为 30 d。

草地贪夜蛾在农业上属于害虫，其幼虫可大量啃食禾本科，如水稻、甘蔗和玉米之类细粒禾穀及菊科、十字花科等多种农作物，造成严重的经济损失，其发育的速度会随着气温的提升而变快，一年可繁衍数代，一只雌蛾即可产下超过 1000 颗卵。

该物种原产于美洲热带地区，具有很强的迁徙能力，虽不能在 0 ℃以下的环境越冬，但仍可于每年气温转暖时迁徙至美国东部与加拿大南部各地，美国历史上即发生过数起草地贪夜蛾的虫灾。2016 年起，草地贪夜蛾散播至非洲、亚洲各国，已在多国造成巨大的农业损失。

2.2.3.6　褐斑病

夏玉米褐斑病是由玉蜀黍节壶菌侵染所引起的、发生在夏玉米上的一种常见病害。主要危害果穗以下的叶片、叶鞘，可造成叶片局部或全叶干枯，一般减产 10%左右，严重时达 30%以上。在中国各玉米产区都有发生，通常在南方高温高湿地区危害较重；黄淮海夏玉米区因主栽品种感病，田间菌源增多，致使褐斑病流行，是夏玉米生长中后期的重要病害。

玉米褐斑病发生在夏玉米叶片、叶鞘、茎秆和苞叶上。叶片上病斑圆形、近圆形或椭圆形，小而隆起，直径仅 1 mm 左右(发生在中脉上的，直径可达 3～5 mm)，常密集成行，成片分布。病斑初为黄色，水浸状，后变黄褐色、红褐色至紫褐色。后期病斑破裂，散出黄色粉状物(病原菌的休眠孢子囊)。病叶片可能干枯或纵裂成丝状。茎秆多在节间发病，叶鞘上出现较大的紫褐色病斑，边缘较模糊，多个病斑可汇合形成不规则形斑块，严重时，整个叶鞘变紫褐色腐烂。果穗苞叶发病后，症状与叶鞘相似。

2.2.3.7　粗缩病

玉米粗缩病是由玉米粗缩病毒(maize rough dwarf virus，MRDV)引起的病害。主要危害叶片、叶鞘、苞叶、根和茎部等，玉米生长的整个阶段都可能发生玉米粗缩病，其中，苗期感染的概率最高，染病后的玉米植株有 5～6 叶表现出明显的症状。

玉米粗缩病是一种世界性的病毒性玉米病害，以带毒灰飞虱传播病毒，是中国玉米产区的主要病害之一，也是中国北方玉米生产区流行的重要病害，该病害具有毁灭性。一般田块产量损失为 40%～50%，发病较重的田块产量损失在 80%以上，严重的田块几乎毁种绝收。

玉米幼苗受害后，叶色浓绿，根系少，节间粗短、矮化，心叶不能正常展开，簇生、苗矮，类似生姜叶片。玉米成株期感病后，植株下部膨大，节间缩短，植株矮化、粗壮，叶背、叶鞘及苞叶的叶脉上的粗细不一的蜡白色条状突起，用手触摸有明显的粗糙不平感，谓之“脉突”。9～10 叶期，植株严重矮化，病株高度不到健株一半，个别雄穗虽能抽出，但分枝极少；雌穗短，花丝少，畸形，严重时不能结实。少数结棒的穗上只有稀疏的几十粒玉米，且发育不健全，参差不齐。根和茎部维管束肿大，雨后常出现急性凋萎型病株。大田中有单株发病和群体发病相结合的特点。

2.2.3.8 茎腐病

在玉米生产上，引起茎腐病的原因有多种，最重要的一类是真菌型茎腐病。真菌茎基腐病是由多种病原菌单独或复合侵染造成根系和茎基腐烂的一类病害，主要由腐霉菌、炭疽菌、镰刀菌侵染引起，在玉米植株上表现的症状有所不同。其中，腐霉菌生长的最适温度为 23～25 ℃，镰刀菌生长的最适温度为 25～26 ℃，在土壤中腐霉菌生长要求湿度条件较镰刀菌高。

病菌可能在土壤中病残体上越冬，次年从植株的气孔或伤口侵入。玉米 60 cm 高时组织柔嫩易发病，害虫危害造成的伤口利于病菌侵入。此外，害虫携带病菌同时起到传播和接种的作用，如玉米螟、棉铃虫等虫口数量大，则发病重。

高温高湿利于发病；平均气温为 30 ℃左右，空气相对湿度高于 70%，可发病；平均气温为 34 ℃，空气相对湿度为 80%，病情扩展迅速。地势低洼或排水不良，密度过大，通风不良，施用氮肥过多，伤口多发病重。轮作、高畦栽培、排水良好及氮、磷、钾肥比例适当地块的植株健壮，发病率低。

2.2.4 农业气象周年服务方案

根据夏玉米生育需求，制定夏玉米农业气象周年服务方案，见表 2.6。

表 2.6 夏玉米农业气象周年服务方案

时间	主要发育期	农业气象指标	农事建议	重点关注
6 月	夏玉米处在播种至出苗期	夏玉米播种气象指标为日平均气温在 20～25 ℃，土壤相对湿度为 60%～80%；夏玉米播种至出苗期适宜温度为 20～25 ℃，下限温度为 6～7 ℃，最高温度为 35～40 ℃	(1)根据当地墒情状况，采取各种措施，做到有墒抢墒，无墒造墒，保证适时足墒播种；山丘旱地，夏玉米播种前浸种有一定的抗旱保苗效果； (2)为了避开涝害，夏玉米可调节播种期，提前播种，或起垄栽培，减轻涝害；夏玉米出苗后，及时清苗、定苗，追施提苗肥。对于直播玉米，及时疏苗、间苗；缺苗断垄地块，及时补栽	(1)干旱； (2)播种期芽涝； (3)苗期渍涝
7 月	夏玉米处在拔节至抽雄期	玉米出苗至拔节期适宜温度为 20～24 ℃，下限温度为 6～10 ℃，最高温度为 35～42 ℃；拔节至抽雄期适宜温度为 25～27 ℃，下限温度为 10～12 ℃，最高温度为 30～37 ℃；适宜的土壤相对湿度为 70%～80%	(1)夏玉米抽雄开花期及时排涝、中耕、松土，追施速效肥；遇旱及时浇水，防早衰； (2)玉米抽雄开花后酌情追施攻粒肥，缺肥明显的地块，也可以进行叶面喷肥，促使玉米穗大、粒多，以获得高产	(1)暴雨渍涝； (2)倒伏

续表

时间	主要发育期	农业气象指标	农事建议	重点关注
8 月	夏玉米处在抽雄至乳熟期	(1)夏玉米开花受粉期，抽雄开花期适宜温度为 25～28 ℃，下限温度为 17～20 ℃，上限温度为 30～37 ℃，日平均气温超过 28 ℃时，高温干旱会降低花粉和花丝的生活力，影响受精结实；而超过 38 ℃不开花，30 ℃以上、空气相对湿度 60%以下，开花甚少； (2)夏玉米抽雄前 10 d 至开花后 20 d 为水分临界期，适宜土壤相对湿度为 70%～80%，土壤干旱会引起小花大量退化，严重时，会造成"卡脖旱"和花期不遇，以致大幅度减产； (3)夏玉米灌浆期适宜温度为 20～24 ℃，温度>25 ℃或<16 ℃，对籽粒灌浆不利，气温低于 15 ℃，将停止灌浆，高于 25 ℃又遇到干旱时，会出现叶片过早枯黄，灌浆速度明显减慢，灌浆时间缩短，籽粒脱水过快等高温逼熟现象；乳熟至成熟期适宜温度可提高至 20～27 ℃，最高温度为 28～30 ℃； (4)夏玉米高温热害指标，最高气温大于玉米的最高界限温度(30 ℃)，空气相对湿度低于 60%	(1)玉米抽雄开花期应及时中耕、培土、排涝，遇旱及时浇水，防早衰； (2)及时防治病虫害	(1)卡脖旱； (2)高温热害
9 月	夏玉米处在籽粒灌浆成熟期	(1)玉米籽粒灌浆至成熟的适宜温度为 22～24 ℃，下限温度为 15～17 ℃，超过 25 ℃不利于干物质积累； (2)玉米全生育期适宜温度为 22～31 ℃，下限温度为 6～10 ℃，上限温度为 35～42 ℃； (3)若 9 月中下旬出现连阴雨天气，将使玉米霉烂、发芽	(1)玉米灌浆成熟期，重点是提高叶片光合强度，延长叶片功能，应保障供水，补施粒肥，脱肥地块及时追施速效肥； (2)防治病虫害； (3)部分贪青晚熟的夏玉米可连株收获，以确保冬小麦在适播期内适时播种； (4)夏玉米成熟后，及时腾茬耕翻，做好秸秆还田，培肥地力	玉米适宜收获期

2.3 棉花

山东省为我国棉花主要产区之一，种植面积及产量均位居全国第三。除半岛地区外，其他各市均有种植。

2.3.1 农业气象指标

山东省棉花主要生长季一般在 4—11 月，整个发育阶段可分为播种出苗期、蕾期、花铃期、吐絮成熟期。其全生育期气候综合适宜度指标见表 2.7。

表 2.7　棉花全生育期气候综合适宜度指标

气候因子	适宜	次适宜	不适宜
生育期降水量(P,mm)	$450 \leqslant P \leqslant 700$	$350 \leqslant P < 450$ 或 $700 < P \leqslant 1000$	$P > 1000$ 或 $P < 350$

续表

气候因子	适宜	次适宜	不适宜
生育期平均气温(T,℃)	$23 \leqslant T \leqslant 30$	$20 \leqslant T < 23, 30 < T \leqslant 35$	$T < 20$ 或 $T > 35$
生育期>10 ℃积温(T_a,℃·d)	$T_a > 3500$	$3200 \leqslant T_a \leqslant 3500$	$T_a < 3200$
生育期>20 ℃日数(D,d)	$D > 110$	$80 \leqslant D \leqslant 110$	$D < 80$
生育期日照时数(S,h)	$S > 1000$	$800 \leqslant S \leqslant 1000$	$S < 800$

2.3.1.1 播种出苗期(4中下旬至5月下旬)

棉花从出苗到现蕾的这一阶段称为苗期。

(1)适宜气象指标

①温度:上限温度为35 ℃,下限温度为15 ℃,最适温度为26 ℃;5 cm地温达到12～15 ℃时适宜,有效积温为75～100 ℃·d;灌溉棉田、套作棉田、低洼盐碱地块稳定通过≥14 ℃适宜。

②水分:苗期降水量上限为8.7 mm,下限为7.8 mm,播种期0～40 cm土壤相对湿度适宜范围为55%～70%,不同土质棉花播种允许的最低土壤相对湿度见表2.8。

表2.8 不同土质棉花播种允许的最低土壤相对湿度

土质	黏土	壤土	沙壤土	沙土
土壤相对湿度(%)	18～20	15	13	8～10

③日照:7～8 h·d^{-1}。

(2)不利气象指标

①温度:地面温度下降至0 ℃左右,部分叶子受害,−1～2 ℃时,植株冻死;气温低于3 ℃,发生冻害。

②水分:土壤相对湿度低于40%～45%,出现干旱。

(3)关键农事活动及指标

整地造墒,黏土棉田宜进行冬灌,壤土棉田提倡早春灌溉,播前20 d结束灌水。耕耙整地,造墒保墒纯播春棉田要冬耕深耕,以促进土壤熟化,蓄水保墒,消灭病虫害(韩慧君 等,1993)不同气温条件下,棉花出苗所需时间不同(表2.9)。

表2.9 不同气温条件下棉花出苗天数

农事活动	平均气温(℃)	出苗天数(d)
棉花播种	12	30
	15	15
	20	7～10

(4)农事建议

主攻方向是壮苗,整地造墒,黏土棉田宜进行冬灌,壤土棉田提倡早春灌溉,播前20 d结束灌水。早定苗,及时松土,出苗后尽早细松土,松土深度略深于播种深度。耕耙整地,造墒保墒,春播棉田要冬耕深耕,以促进土壤熟化,蓄水保墒,消灭病虫害。壤土、黏土宜冬灌造墒,沙质土壤宜春灌造墒,春灌不宜过晚,要在播种前半月结束。春灌棉田必须适时浅耕耙耢,播种时地面平整，上虚下实，底墒足、表墒好。麦套春棉，要采取高低畦种植。套种棉花前，在套种行内铺施基肥，浇水造墒，耕翻耙耢后播种。防治病虫：及时中耕松土，防治苗病。棉蚜、地老虎是苗期主要害虫，要根据虫情适时采用涂茎、滴心、喷雾等方法，防治棉蚜。采取喷药或撒施毒饵，防治地老虎(吕家强 等，1990)。

2.3.1.2　蕾期(6 月上旬至 7 月上旬)

棉花自现蕾至开花的阶段称为蕾期。蕾期长短因品种、气候和栽培管理条件的不同而有差异。中熟陆地棉品种蕾期 25～30 d。

(1)适宜气象指标

①温度：上限温度为 35 ℃，下限温度为 19 ℃，最适温度为 23～25 ℃；

②水分：适宜降水量上限为 8.7 mm，适宜降水量下限为 7.8 mm，土壤相对湿度为 60%～80%，土壤过湿现蕾迟、易落蕾或徒长；

③日照：7～9 $h \cdot d^{-1}$。

(2)不利气象指标

①温度：低于 20 ℃，花粉粒活力下降，纤维不能伸长；高于 30 ℃，侧芽生长受抑制，现蕾减慢。

②水分：土壤相对湿度＜55%或＞80%。

(3)农事关键农事活动及指标

中耕、培土，若遇干旱可浇水灌溉，一般前未来 72 h 内无降水时适宜灌溉。

(4)建议

蕾期管理主攻蕾期稳长，蕾期中耕、培土，可以抗旱保墒，清除杂草，促根下扎，从而使植株生长稳健。蕾期培土保墒，大旱可以沟灌，天涝可以排水。

做到雨后必锄，浇后必锄，有草必锄。天旱时不宜深，以免土壤蒸发失水过多；多雨时不宜深，以免土壤蓄水过多。

2.3.1.3　花铃期(7 月中旬至 9 月上旬)

棉花从开花到棉铃吐絮所经历的阶段称花铃期，历时 50～60 d。棉花花铃期是棉花一生中生长发育最旺盛时期。

(1)适宜气象指标

①温度：最适温度下限为 25 ℃，最适温度上限为 30 ℃；＞15 ℃活动积温为 1300～1500 ℃·d，32 ℃以上蕾铃脱落严重。

②水分：适宜降水量下限为 37 mm，上限为 39 mm，土壤相对湿度为 70%～80%，60%以下或 85%以上蕾铃大量脱落。

③光照：6～8 $h \cdot d^{-1}$。

(2)不适宜气象指标

①温度：有效积温低于 650 ℃·d，温度低于 15 ℃，不利于纤维素淀积。棉花纤维素淀积需要较高的温度。在 20～30 ℃，温度越高，纤维细胞壁加厚越快。当夜间温度低于21 ℃时，纤维素的淀积就受到影响，低于 15 ℃则停止淀积。后期棉铃纤维成熟度低，强度较差。高温热害：7—8 月正是棉花的花铃期，夏季高温对棉花受粉及坐桃均有不利影响。一般用 7 月中旬到 8 月上旬日极端最高气温≥ 38 ℃的日数来表示棉花的高温危害。高温使花粉失去活性，造成不孕、

坐桃难；加剧棉田水分蒸发形成干旱，引起棉花蕾、花、铃大量脱落(马丽娜 等，2012)。

②水分：土壤相对湿度低于 60%，明显受害。

(3)关键农事活动及指标

花铃期主要农事活动为追肥、浇水、培土、喷药，喷药的适宜气象指标为气温 30 ℃以下、无降水、风力≤3 级。

(4)农事建议

花铃期管理主攻增蕾保铃，增结伏桃、早秋桃，追肥浇水，花铃期为常年多雨季节，一旦出现伏旱，要及时浇水。同时，及早做好棉田培土排水准备。遇有大雨，及时排除积水，防止渍涝。防治病虫：主要害虫是伏蚜和第三代棉铃虫。对伏蚜，要在卷叶株 7%，中下部叶片出现小蜜点时喷药防治；8 月上中旬多雨，棉田荫蔽，会引起铃病蔓延，烂铃增加，除搞好排水和整枝打顶，改善通风透光条件外，要及早摘拾烂铃，采用 1%～2%的乙烯利溶液浸沾后晾晒，可减轻损失。

2.3.1.4　吐絮成熟期(9 月中旬至 11 月上旬)

棉株从开始吐絮到收花结束，称为吐絮期，历时 50～70 d。吐絮期的棉株，营养生长减弱并逐渐趋于停止。

(1)适宜气象指标

①温度：下限温度为 15 ℃，上限温度为 32 ℃，最适温度为 26 ℃。

②水分：适宜降水量下限为 20.3 mm，上限为 21.7 mm，土壤相对湿度为55%～70%。

③光照：6～8 $h \cdot d^{-1}$。

(2)不适宜气象指标

①温度：＜15 ℃纤维不能生长，＜5 ℃未成熟的棉铃将形成僵瓣，降至－1～－2 ℃，易造成植株死亡。

②水分：土壤相对湿度＞90%，棉花贪青晚熟，土壤相对湿度＜40%，过早停止生长，铃重减轻。

(3)关键农事活动及指标

絮前后为常年秋旱季节，要及时浇水，以水调肥，保根保叶，防止早衰。结铃盛期，为防止脱肥早衰，要进行根外追肥，喷施尿素、过磷酸钙、磷酸二氢钾溶液。适宜施肥的气象条件要求过去 48 h 降水量≤25 mm(过去 24 h 降水量≤10 mm)，且未来 24 h 降水量≤10 mm；平均气温≤25 ℃；风力≤3 级。

(4)农事建议

麦棉两熟田，后期长势旺，害虫发生重，主要害虫是第四代棉铃虫及造桥虫，要根据虫情，及时喷药防治。对于后期长势旺、枝叶茂密的棉田，要进行去空枝空梢和下部老叶，以促进早熟，减少烂铃(秦贤汉 等，1989)。

2.3.2　主要农业气象灾害

山东省棉花种植主要的农业气象灾害有冻害、干旱、冰雹、渍涝、高温等。

2.3.2.1　霜冻

霜冻是指日平均气温≥10 ℃的季节，气温突然下降到作物临界低温以下，地表温度骤降至 0 ℃以下，使农作物遭受冻害的一种农业气象灾害。4 月上中旬至 5 月上旬为棉花的正常播种期，也正是天气变化剧烈的"乍暖还寒"时期，常常有北方冷空气南下过境，日最低气温≤2 ℃会使棉苗遭受冻害缺苗断垄。春季霜冻与棉花播种紧密相连，不同苗龄冻害指标见表2.10(韩慧君 等，1993)。

表2.10　不同苗龄冻害指标

苗龄	温度(℃)	持续时间(h)	受害程度
刚出土	−1～0	1	发生冻害
刚出土	−3～−2	1	幼苗死亡
苗龄4 d	0	1～2	轻微冻害
苗龄8 d	0	3	轻微冻害
苗龄8 d	0	2～3	50%幼苗受害

秋季0 cm地温稳定低于0 ℃开始日期为初霜冻期。当0 cm地温稳定低于0 ℃后，棉花受冻停止生长，植株死亡。初霜冻的早晚对棉花后期棉铃发育，特别是晚秋桃的正常成熟有重要影响。初霜冻出现早，影响秋桃发育，不利于形成产量。初霜冻出现晚，不仅使秋桃全形成产量，同时也使部分蕾、花形成有效产量。

2.3.2.2　干旱

根据棉花干旱发生时间，干旱一般分为春旱及伏旱。4月中旬棉花播种到出苗期间，10 cm土壤相对湿度连续二次测值≤55%或连续20 d没有≥0.3 mm的降水为春旱。有些带水播种的棉田，也因为失墒快出现旱象，致使无法出苗或棉苗旱死，难以实现全苗、壮苗。比如，关中春季升温迅速且多大风天气，土壤抽墒快，若土壤相对湿度为60%左右，10 d无雨，则出现春旱，所以陕西棉区常年采取春灌措施，一个重要方面就是为了棉花播前造墒，争取一播全苗，苗齐、苗壮。

7—8月棉花花铃期，若棉区大部地方连续20 d降雨量<35 mm，同时出现两段4～8 d日最高气温>35 ℃以上的高温即为伏旱。其特点是太阳辐射强、温度高、湿度小、蒸发和蒸腾量大。伏旱虽不及春旱出现的频率高，但对棉花的危害较春旱重。若伏旱持续时间长达一个月以上，则明显影响棉花生长发育，导致蕾铃大量脱落、植株早衰，铃小、铃轻而减产。棉花花铃期是棉花夺取优质高产的关键时期，此期棉花营养生长和生殖生长并进，棉株不断地现蕾、开花、结铃、膨大，需要大量的水肥。所以，花铃期的适宜降水对棉花的产量和品质有重要影响。

2.3.2.3　冰雹

冰雹是固态降水，也是突发性气象灾害。冰雹发生时间短，但来势猛，常常造成棉株枝干折断，蕾铃脱落、叶片破碎。主要发生时段为4—9月(李新运 等，1993)。不同阶段冰雹对棉花生长的影响见表2.11。

表2.11　冰雹对棉花各生长阶段的影响

生长阶段	生长日期	生育特点	危害特征	危害趋势
苗期	4月下旬至6月上旬	营养生长	损坏生长点、子叶主茎外皮	减弱
蕾期	6月中旬至7月中旬	营养生长为主	损坏顶尖、叶片、果枝、主茎外皮	增强
花铃期	7月下旬至8月下旬	生殖生长为主	损坏顶尖、花铃、叶片	由增强到减弱
吐絮期	9月上旬至11月上旬	生殖生长	损伤叶片、棉铃	减弱

2.3.2.4 渍涝

雨水较多地段积水，土壤含水量过大造成土壤缺氧，根系无法呼吸，产生酒精，造成酒精中毒。土壤过湿，土壤相对湿度＞90％，持续 10 d 以上。主要发生时段为 5 月中旬至 6 月上旬。不同发育期渍涝灾害等级指标见表 2.12。

表 2.12 不同发育期渍涝灾害等级指标

作物发育期	土壤过湿深度(cm)	平均土壤相对湿度(％)	持续天数(d)	湿渍害等级
播种至苗期	10～20	91～95	15～20	轻渍
		96～99	10～15	
		91～95	20～25	中渍
		96～99	15～20	
		91～95	＞25	重渍
		96～99	＞20	
其余发育期	10～50	91～95	15～20	轻渍
		96～99	10～15	
		91～95	20～25	中渍
		96～99	15～20	
		91～95	＞25	重渍
		96～99	＞20	

2.3.2.5 烂铃

棉花烂铃是影响棉花产量的重要因素，它不仅导致棉花减产，还影响棉花品质。影响烂铃的因素为降雨较多，棉田湿度较大，有利于病菌的繁殖和传播。在湿度大时，病菌的繁殖速度和传播速度都会加快。当相对湿度达 70％或 85％以上时，炭疽病和角斑病加重。通常涝洼棉田或多雨地区，猝倒病发生较多。多雨也是棉花苗期叶病流行的条件。轮纹斑病和疫病等，5—6 月连续阴雨过后，常出现危害高峰。棉田土壤过湿，不利于根系呼吸。长期积水会引起黑根病，或者根系窒息而死。幼蕾、幼铃缺水时影响其正常生长。棉叶缺水萎蔫，光合作用减弱，呼吸作用加强，消耗养料多，茎尖缺水时，生长点不够，停止生长。发生时段为 8—9 月，棉花烂铃气象指标见表 2.13。

表 2.13 棉花烂铃气象指标

日平均气温(T,℃)	一次降雨天数	危害程度	烂桃率(k,％)	重烂桃率(k,％)
$15\leqslant T\leqslant 17$	＞3 d 或者＞2 d 中有 1 d 降雨量在 20 mm 以上	轻	$1\leqslant k\leqslant 5$	$k<1$
$18\leqslant T\leqslant 19$	≥5 d	中	$6\leqslant k\leqslant 10$	$1\leqslant k\leqslant 3$
$T\geqslant 20$	≥5 d	重	$11\leqslant k\leqslant 20$	$4\leqslant k\leqslant 5$

2.3.2.6 高温

一般用 7 月中旬到 8 月上旬日极端最高气温≥38 ℃日数来表示棉花的高温危害。7—8 月正是棉花的花铃期，夏季高温对棉花受粉及坐桃均有不利影响。高温使花粉失去活性，造成不孕、坐桃难；加剧棉田蒸散形成干旱，引起棉花蕾、花、铃大量脱落（张永红等，2005）。

2.3.2.7　大风

瞬时风速>17 m·s^{-1}的风称为大风。棉花苗期的大风会造成植株倒伏，部分茎秆折断，加重春旱程度，严重时可造成棉田缺苗断垄；夏季雷雨大风，直接使棉花茎秆折断或倒伏，若伴随冰雹，则使大量蕾铃脱落（张永红 等，2005）。

2.3.2.8　秋淋

若 8 月下旬至 10 月中旬，日降水量≥0.1 mm，连续降水日数≥4 d，过程降水量≥20.0 mm，称为一次连阴雨过程，则秋淋是秋季连阴雨的集合。综合考虑秋季连阴雨持续长度、出现次数、降水量等因素，可将秋淋区分为无、弱、中、强 4 个等级（张永红 等，2005）。

2.3.3　主要病虫害

2.3.3.1　铃虫

铃虫是世界性害虫。我国各棉区均有发生。棉铃虫是以幼虫蛀食棉花蕾、铃的形式，使棉花减产降质，棉铃虫发生的最适温度为 24～28 ℃，相对湿度在 70%以上。春季温暖，气温上升比较稳定，棉铃虫的越冬蛹可以顺利地长出翅膀变为成虫（即羽化），3—4 月气温较高时，当年棉铃虫羽化较早。羽化后的棉铃虫即可交配、产卵。如果 5 月气温稳定少变，卵块便顺利孵出大量幼虫。在温度、湿度适宜的棉田，就会发生棉铃虫危害（吕家强 等，1990）。

2.3.3.2　棉蚜

棉蚜又叫蜜虫、腻虫等。棉蚜一般躲在棉叶背面危害。棉蚜在棉田可形成 3 次为害高峰，第一次在 5 月中旬，第二次在 6 月上中旬，第三次在 7 月上中旬。棉株受害后，叶片卷缩，生长停滞，发育迟缓，蕾铃脱落，减产严重（秦贤汉 等，1989）。

2.3.3.3　棉红铃虫

棉红铃虫发育最适宜的环境是湿度大且温度高。温度为 26～32 ℃，湿度为 80%以上时，棉红铃虫发育快、繁殖多。当温度低于 20 ℃时，成虫不能顺利产卵，温度高于 35 ℃，成虫不能交配。当空气干燥，相对湿度低于 60%时，红铃虫无法进行有效繁殖。可见，红铃虫有喜湿热怕干冷的习性（秦贤汉 等，1989）。

2.3.3.4　棉花枯萎病和黄萎病

棉花枯萎病和黄萎病是世界上主要产棉国危害最严重两大病害，于 20 世纪 30 年代，随美国棉种的引进传入我国并逐渐蔓延。枯萎病在苗期即引起大量死苗，幸存棉苗或半边枯死，或者生长极弱，严重的需要毁种。黄萎病虽不造成大量死苗，但病株叶片会由绿变黄，干枯脱落，结铃稀少，铃小质劣。枯萎病、黄萎病混合发生时，常减产 6 成以上。棉田温度、湿度和土壤中病菌数量，决定着发病程度。枯萎病菌在温度较低、湿度较大时生长快，而棉花苗在低温多湿时生长势弱，抗病力差，遇寒流加阴雨天气，棉苗极易染病，且发病较重（韩慧君 等，1993）。

枯萎病常在 6 月和 8 月出现两个发病高峰期。6 月中下旬，地温高于 25 ℃，相对湿度超过 70%时，发病棉株增加，很快上升到第一个高峰。特别是当 5—6 月雨水较多，或连续阴雨持续1周以上，地下水位升高、排水不良时，枯萎病危害加重。进入7月中下旬以后，气温较高，棉苗长势较旺，病菌受到抑制，病情转轻，部分病株可恢复生长。第二次发病高峰，常出现在8月中旬以后。当棉田地温下降到25 ℃左右时，加上汛雨过后不久，空气湿度较大，病势再度上升。除上述两个明显发病高峰期之外，夏季每当暴雨过后，气温短暂降低，湿度加大到70%～90%时，多引起田间短时的病势小回升。直到秋季，当气温下降到17 ℃以下，湿度低于65%或者高于95%时，枯萎病危害才转轻(丁诺，1990)。

黄萎病最适发病温度为25～28 ℃，低于25 ℃或高于30 ℃，发病较缓慢。

2.3.3.5　棉花叶螨

棉花叶螨俗名红蜘蛛，又名火龙，全国各棉区都有。棉叶螨的发生、存活与危害，与气温、雨量有直接关系。棉叶螨早春当气温达到6～8 ℃时，棉叶螨开始产卵。在气温升至25～30 ℃，相对湿度低于80%的较干燥天气条件下，棉可螨繁殖最快。温度继续升高达34 ℃时，叶螨耐不住过高温度而停止繁殖。夏秋季节，天气干旱时，易出现叶螨大发生，且危害严重。6—8月各月降水量在100 mm以上，相对湿度高于70%，虫口密度迅速下降(韩慧君 等，1993)。

2.3.4　农业气象周年服务方案

根据棉花生育需求，制定棉花农业气象周年服务方案，见表2.14。

表2.14　棉花农业气象周年服务方案

时间	主要发育期	农业气象指标	农事建议	重点关注
4月	播种	(1)上限温度为35 ℃，下限温度为15 ℃，最适温度为26 ℃；5 cm地温达到12～15 ℃时适宜；降水量上限为8.7 mm，下限为7.8 mm，播种期土壤0～40 cm土层的相对湿度为55%～70%；日照时数为7～8 h； (2)棉苗轻霜冻指标为地温0 ℃左右，相当于最低气温为3～4 ℃；重霜冻指标为地温−1 ℃以下，相当于最低气温为2 ℃	(1)适时进行棉花营养钵育苗、覆膜和直播，播种时药剂拌种，保证苗全苗壮； (2)黏土棉田宜进行冬灌，壤土棉田提倡早春灌溉，播前20 d结束灌水； (3)早定苗，及时松土，蓄水保墒，防御病虫害	(1)干旱； (2)低温阴雨； (3)霜冻害； (4)大风
5月	苗期生长	上限温度为35 ℃，下限温度为15 ℃，最适温度为26 ℃；5 cm地温达到12～15 ℃适宜；降水量上限为8.7 mm，下限为7.8 mm，播种期土壤0～40 cm土层的相对湿度为55%～70%；日照日数为7～8 h	(1)春棉要早间苗、定苗，适时防治一代棉铃虫； (2)促进棉苗健壮早发，棉籽发芽顶土时，开始中耕和追肥	(1)低温； (2)阴雨； (3)出苗水渍； (4)大风冰雹
6月	蕾期	上限温度为35 ℃，下限温度为19 ℃，最适温度为23～25 ℃；降水量上限为8.7 mm，下限为7.8 mm，土壤相对湿度为60%～80%；日照时数为7～9 h	(1)主攻蕾期稳长，蕾期中耕、培土，可以抗旱保墒，清除杂草，促根下扎，从而使植株生长稳健。蕾期培土保墒，大旱可以利沟灌，天涝排水； (2)做到雨后必锄，浇后必锄，有草必锄，天旱时不宜深，以免土壤蒸发失水过多；多雨时不宜深，以免土壤蓄水过多	(1)干旱； (2)暴雨； (3)大风冰雹

续表

时间	主要发育期	农业气象指标	农事建议	重点关注
7 月至 9 月上旬	花铃期	棉花花铃期适宜温度为 25～30 ℃，32 ℃以上蕾铃脱落严重；适宜土壤相对湿度为 70%～80%，60%以下或 85%以上，蕾铃大量脱落；夜间温度为 20 ℃以下，白天温度为 35 ℃以上会抑制棉纤维生长	(1)花铃期是需肥高峰期，应重施花铃肥，防蕾铃脱落、脱肥早衰； (2)降雨过量的棉田，要及时清沟排水，做到雨止沟干，地无渍水；雨后及时中耕，清除杂草，保持土壤疏松，调节土壤湿度，同时要结合培土壅根，防止倒伏； (3)天气高温高湿，应及时打老叶、剪空枝、摘边心，对旺长棉田适时化控，以改善田间小气候条件，促进棉株养分供应、减少无效花蕾、多结铃、增铃重； (4)花铃期易发生伏蚜、棉铃虫等危害，应选择有机磷类农药交替使用或混合使用，及时防治病虫害	(1)暴雨； (2)洪涝； (3)高温； (4)冰雹； (5)连阴雨
9 月中旬至 11 月	裂铃吐絮	下限温度为 15 ℃，上限温度为 32 ℃，最适为 26 ℃；土壤相对湿度为 55%～70%；光照为 6～8 h，要求天气晴朗，气温高，温差大；当温度日较差为 8～10 ℃时，有利棉铃生长，温度为20 ℃以下，不利棉纤维生长，温度为 15 ℃以下，纤维不再生长，土壤相对湿度在 55%以下，棉纤维生长受抑	(1)对于一般棉田，应去除老叶，注意改善棉田的小气候，以利于通风透光，减少养分消耗，增加铃重，促进早熟，提高产量和品质； (2)对间作或贪青晚熟的棉田要及时进行化控，于 9 月下旬用乙烯利催熟，以利于棉花早熟，促使棉铃开裂吐絮，增加产量，多收霜前花，提高棉花品质； (3)遇秋旱应及时浇水，水量不宜过大； (4)遇连阴雨要抢摘烂铃，雨前要及时摘花，以免被雨淋湿发霉变质，影响棉花品质	(1)阴雨寡照； (2)干旱； (3)低温

2.4　花生

山东省为我国花生主要产区之一，种植面积及产量均位居全国第二。

2.4.1　农业气象指标

山东省花生多在 4 月中旬至 5 月上旬播种，整个发育阶段可分为播种期、出苗期、开花下针期、结荚期、成熟期。

2.4.1.1　播种至出苗期（4 中旬至 5 月上旬）

(1)适宜气象指标

①温度：播种时适宜的温度指标为日平均气温 15～17 ℃，5 cm 地温为 17～19 ℃；种子发

芽的最低温度为12～15 ℃,最适温度为20 ℃左右,最高温度为41～46 ℃。一般种子萌动至出苗需积温180～250 ℃·d,播种后10 d左右出苗较为适宜。

②水分:播种时适宜的土壤相对湿度为60%～70%,在适宜的土壤水分下,花生出苗迅速、整齐。播种出苗期降水量占全生育期需水量的5%～6%。

③无低温阴雨或干旱天气。

(2)不利气象指标

①温度:5 cm地温＜12 ℃播种,种子不能发芽;温度为41 ℃时,发芽率下降,温度达46 ℃时,则不能发芽出苗。积温＜180 ℃·d时,不能达到苗齐、苗壮。

②水分:土壤相对湿度＜50%,不利于种子吸水萌芽,致出苗不齐;土壤相对湿度＜40%,种子不能发芽出苗,须造墒才能适时播种;土壤相对湿度达80%～90%时,种子呼吸困难,发芽率下降。

(3)关键农事活动及指标

作物播种的早晚、出苗素质的好坏,直接影响作物后期的生长和产量的形成。播种过早,温度偏低,会导致出苗时间长,出现焖种或烂种,且出苗后的幼苗可能遭遇冷空气危害,出苗率低;播种过晚,苗期温度偏高易造成旺苗或灼苗,降低成活率(信志红 等,2021)。花生播种的适宜温度为日平均气温15～17 ℃,5 cm地温为17～19 ℃;当温度低于12 ℃时播种,不能发芽出苗;温度高于41 ℃时播种,发芽率低或不能出苗;壮苗积温需180～250 ℃·d。播种适宜土壤相对湿度为60%～70%,播种前降水过多致土壤相对湿度达80%以上,或降水异常偏少发生干旱,致土壤相对湿度＜50%时,均会影响花生播种质量,降低出苗率。

(4)农事建议

①选择晴好天气做好播种前的晒种、选种工作。

②抢抓"冷尾暖头",选择温度和水分条件适宜时播种。

2.4.1.2 出苗至开花期(5月上旬至5月下旬)

(1)适宜气象指标

①温度:幼苗生长时适宜的温度指标为日平均气温20～27 ℃,温度适宜时,花生植株矮壮、节密。

②水分:苗期适宜的土壤相对湿度为50%～60%。苗期需水量约占全生育期需水量的18%。

③无大风冰雹或连阴雨天气。

(2)不利气象指标

①温度:气温降至15 ℃以下时,幼苗生长缓慢;气温＜8 ℃时,幼苗停止生长;气温下降到0～4 ℃时,持续6 d左右幼苗会致死;气温＞27 ℃时,幼苗生长速度加快,易形成弱苗。

②水分:土壤相对湿度＞70%时,若遇阴雨天气,易使花生植株根弱苗黄;土壤过干时,会使花芽分化受到抑制,对幼苗生长不利。

(3)关键农事活动及指标

苗期是花生侧根增加、根系伸长和花芽分化的主要时期,生长期内晴天多更利于幼苗生长健壮。适宜花生幼苗生长的日平均气温为20～27 ℃;气温低于15 ℃时,幼苗生长缓慢;气温高于27 ℃时,随温度升高,叶片生长速度或花芽分化加快,苗期时间缩短,易形成弱苗。花生幼苗期较耐旱,适宜土壤相对湿度为50%～60%,湿度偏小稍旱,对幼苗影响不大,利于花生扎根蹲苗壮长；土壤过分干旱时，会造成植株生长不良；土壤相对湿度超过70%再遇连阴雨时，土壤湿度过大会致幼苗根弱苗黄，影响成活率。花生苗期气象条件适宜度等级指标见表2.15。

表2.15 花生苗期气象条件适宜度等级指标

判别项目	不适宜条件	较适宜条件	适宜条件
未来24 h日平均气温(℃)	$T<15$ 或 $T\geqslant30$	$15\leqslant T<20$ 或 $27\leqslant T<30$	$20\leqslant T<27$
预报日前一日10 cm土壤相对湿度(%)	$SW_{10}<40$ 或 $SW_{10}\geqslant70$	$40\leqslant SW_{10}<50$ 或 $60\leqslant SW_{10}<70$	$50\leqslant SW_{10}<60$

(4)农事建议

①因地制宜采取保墒措施，防范大风降温或冰雹对幼苗的不利影响。

②雨后及时排水防渍涝，疏松土壤破除板结。

2.4.1.3 开花下针至结荚期(6月上旬至7月上旬)

(1)适宜气象指标

①温度：开花下针时适宜的温度指标为日平均气温23～28 ℃，在适宜温度范围内，温度越高，开花、下针数越多。

②水分：花针期适宜的土壤相对湿度为60%～70%。花针期需水量占全生育期需水量的51%～56%。

③无持续少雨或干旱天气。

(2)不利气象指标

①温度：日平均气温<21 ℃或>30 ℃时，开花数量减少，日平均气温<19 ℃时，则不能形成果针；日平均气温<10 ℃或>35 ℃时，不利于授粉受精。

②水分：土壤相对湿度<50%时，影响开花甚至使开花中断，土壤相对湿度>80%时，会使花生茎叶徒长，开花下针数量减少。

(3)关键农事活动及指标

从花生开花到大量果针入土，一般需要30 d左右，期间植株对光照反应敏感，充足的光照可促进茎叶生长、花多花齐、下针数量多。开花期授粉到受精约需10 d，气温低于10 ℃或高于35 ℃，都不利于受精，开花下针期的开花数通常占花生一生开花总数的一半以上，形成的果针数可达总数的30%～50%。花针期适宜的日平均气温为23～28 ℃；日平均气温低于21 ℃或高于30 ℃时，开花数量显著减少，低于19 ℃时，不能形成果针。开花下针期需要水分多，土壤相对湿度达60%～70%时为宜；土壤干旱时，会影响开花甚至使开花中断；土壤水分过多，土壤相对湿度达80%以上时，会造成花生茎叶徒长，影响开花下针数量(信志红 等，2020)。花生花针期气象条件适宜度等级指标见表2.16。

表2.16 花生花针期气象条件适宜度等级指标

判别项目	不适宜条件	较适宜条件	适宜条件
未来24 h日平均气温(℃)	$T<21$ 或 $T\geqslant30$	$21\leqslant T<23$ 或 $28\leqslant T<30$	$23\leqslant T<28$
预报日前一日10 cm土壤相对湿度(%)	$SW_{10}<50$ 或 $SW_{10}\geqslant80$	$50\leqslant SW_{10}<60$ 或 $70\leqslant SW_{10}<80$	$60\leqslant SW_{10}<70$

(4)农事建议

①做好促墒保墒工作,遇晴热少雨天气时,适时浇灌,强降雨时,及时排涝。

②植株封垄时,保持行间通风透光条件,改善田间小气候。

2.4.1.4　结荚至成熟期(7月中旬至9月中旬)

(1)适宜气象指标

①温度:荚果成熟期适宜的温度指标为日平均气温25～33 ℃,温度适宜时,荚果发育快,利于饱果成熟。

②水分:荚果成熟期适宜的土壤相对湿度为50%～60%,适宜的水分利于荚果增大和果仁油分积累。荚果成熟期需水量占全生育期需水量的21%～25%。

③天气晴朗,光照充足,无高温干旱或雨涝天气。

(2)不利气象指标

①温度:日平均气温＜15 ℃时,荚果逐渐停止增长,易形成秕果;日平均气温＞35 ℃时,植株易早衰,影响荚果形成。

②水分:土壤相对湿度＜40%时,子房停止发育,影响果仁饱满;土壤相对湿度＞70%时,易使土壤缺氧,致空果、秕果增多,过湿时,甚至出现果仁发芽或烂果。

(3)关键农事活动及指标

花生结荚期主要是果针顶端的子房膨大发育成荚果,这一过程需有黑暗的环境和适宜的土壤水分、温度、氧气以及土壤中丰富的有机养分和矿物质。荚果发育最适宜温度为25～33 ℃,此时荚果发育快、增重多;土壤温度超过40 ℃时,植株营养生长衰退过早、过快,影响干物质积累,荚果逐渐停止增长;土壤温度在20 ℃以下,日平均气温低于15 ℃时,植株贪青,营养生长迟迟不减弱,致干物质积累渐停,果仁增重小,易形成秕果。结荚期需土壤湿润,土壤相对湿度为50%～60%时,比较适宜,利于荚果增大和果仁油分积累;土壤缺水,土壤相对湿度在40%以下时,子房停止生长,影响果仁饱满,形成秕果,含油量下降;土壤水分过多,土壤相对湿度达70%以上时,会使花生植株徒长,严重时会导致通气不良,土壤缺氧使根系早衰,空果、秕果增多,甚至出现果仁发芽或烂果,影响产量。花生荚果成熟期气象条件适宜度等级指标见表2.17。

表2.17　花生荚果成熟期气象条件适宜度等级指标

判别项目	不适宜条件	较适宜条件	适宜条件
未来24 h日平均气温(℃)	$T<15$ 或 $T\geqslant 35$	$15\leqslant T<25$ 或 $33\leqslant T<35$	$25\leqslant T<33$
预报日前一日10 cm土壤相对湿度(%)	$SW_{10}<40$ 或 $SW_{10}\geqslant 70$	$40\leqslant SW_{10}<50$ 或 $60\leqslant SW_{10}<70$	$50\leqslant SW_{10}<60$

(4)农事建议

因地制宜保持适墒环境,遇高温少雨时适当浇灌,暴雨过后及时排水防涝、中耕锄草,改善荚果发育的土壤环境。

2.4.2　主要农业气象灾害

山东省花生多于4月中旬至5月上旬开始播种,9月中下旬收获。常见的主要农业气象灾害有干旱、低温、渍涝等。

2.4.2.1　干旱

干旱是指长期无降水或降水显著偏少，造成空气干燥、土壤缺水，从而使作物体内水分亏缺，正常生长发育受到抑制，最终导致产量下降的气候现象。干旱在花生播种期和开花下针期出现时，对其影响较大，其中开花期也是花生作物的水分临界期，此时出现干旱，对产量影响最大。降水量距平百分率（P_a）是用于表征某时段降水量较常年值偏多或偏少的指标之一，能直观反映降水异常引起的干旱，一般适用于半湿润地区平均气温高于 10 ℃时间段干旱事件的监测和评估。可用降水量距平百分率对花生干旱等级进行划分（全国气候与气候变化标准化技术委员会，2017a），其干旱等级指标见表 2.18。

表 2.18　花生干旱等级指标

等级	类型	降水量距平百分率（%）	
		月尺度	季尺度
1	无旱	$-40<P_a$	$-25<P_a$
2	轻旱	$-60<P_a\leqslant-40$	$-50<P_a\leqslant-25$
3	中旱	$-80<P_a\leqslant-60$	$-70<P_a\leqslant-50$
4	重旱	$-95<P_a\leqslant-80$	$-80<P_a\leqslant-70$
5	特旱	$P_a\leqslant-95$	$P_a\leqslant-80$

降水量距平百分率（P_a）反映某一时段降水量与同期平均状态的偏离程度，按公式（2.2）计算：

$$P_a=\frac{P-\overline{P}}{\overline{P}}\times100\% \tag{2.2}$$

式中，P_a 为某时段降水量距平百分率（单位：%）；P 为某时段降水量（单位：mm）；$\overline{P}$为计算时段同期气候平均降水量（单位：mm），一般计算 30 年平均值。

2.4.2.2　渍涝

渍涝是指农田土壤含水量处于过湿或饱和状态，土壤孔隙充水，缺少空气，造成植株根部环境条件恶化、生长发育不良，导致作物减产或品质降低的一种农业气象灾害。渍涝在花生荚果成熟期出现时对其影响较大，严重时会造成减产或绝收。可依据 0～50 cm 土壤相对湿度（relative soil moisture from 0 cm to 50 cm depth，$RSM_{0\sim50}$）、地表径流深度（surface runoff depth，RSD），并结合日降雨量和 5 d 累计降雨量的降雨量指数（precipitation index，PI）对花生渍涝等级进行划分（全国农业气象标准化技术委员会，2017），其渍涝等级指标见表 2.19。

表 2.19　花生渍涝等级指标

等级	划分指标	等级含义
1	（1）$RSM_{0\sim50}\geqslant100\%$，且 SRD≥30 mm； （2）PI=1，且 SRD≥30 mm	发生渍涝灾害的可能性很大
2	（1）$100\%>RSM_{0\sim50}\geqslant95\%$，且 PI≥2，且 SRD ≥10 mm； （2）$95\%>RSM_{0\sim50}\geqslant85\%$，且 PI=2，且 SRD≥10 mm； （3）PI=1，且 30 mm>SRD≥10 mm； （4）$RSM_{0\sim50}\geqslant100\%$，且 30 mm>SRD≥10 mm	发生渍涝灾害的可能性大

续表

等级	划分指标	等级含义
3	(1)95%>$RSM_{0\sim50}$≥90%,且 PI≥3; (2)PI=3,且 90%>$RSM_{0\sim50}$≥85%; (3)PI≤2,且 SRD<10 mm; (4)$RSM_{0\sim50}$≥95%,且 SRD<10 mm	发生渍涝灾害的可能性较大
4	90%>$RSM_{0\sim50}$≥85%,且 PI=4	发生渍涝灾害的可能性小

注:各级划分指标中只需满足一个条件。

土壤相对湿度(relative soil moisture,RSM)是指土壤重量含水率占田间持水量的百分数,以百分数(%)表示,按公式(2.3)计算:

$$RSM=\frac{w}{f_c}\times 100\% \tag{2.3}$$

式中,RSM 为土壤相对湿度(单位:%);w 为土壤重量含水率(单位:%);f_c 为土壤田间持水量(单位:%)。

地表径流深度是指降水强度超过下渗强度及地表贮留量时,雨水向低处流动,形成地表水流。此过程的水量平均到单位面积上的深度(单位:mm)。

降雨量指数通过日降雨量及 5 d 降雨量综合确定,划分指标见表 2.20。

表 2.20 降雨量指数划分指标

PI	分级指标
1	(1)80 mm≤日降雨量<100 mm,且 5 d 降雨量≥400 mm; (2)100 mm≤日降雨量<200 mm,且 5 d 降雨量≥300 mm; (3)日降雨量≥200 mm
2	(1)50 mm≤日降雨量<80 mm,且 5 d 降雨量≥250 mm; (2)80 mm≤日降雨量<100 mm,且 200 mm≤5 d 降雨量<400 mm; (3)100 mm≤日降雨量<150 mm,且 200 mm≤5 d 降雨量<300 mm; (4)150 mm≤日降雨量<200 mm,且 5 d 降雨量<300 mm
3	(1)50 mm≤日降雨量<80 mm,且 150 mm≤5 d 降雨量<250 mm; (2)80 mm≤日降雨量<100 mm,且 150 mm≤5 d 降雨量<200 mm; (3)100 mm≤日降雨量<150 mm,且 5 d 降雨量<200 mm
4	(1)50 mm≤日降雨量<80 mm,且 100 mm≤5 d 降雨量<150 mm; (2)80 mm≤日降雨量<100 mm,且 5 d 降雨量<150 mm

注:各级划分指标中只需满足一个条件。

2.4.3 主要病虫害

2.4.3.1 叶斑病

花生叶斑病包括褐斑病、黑斑病和网斑病,常见的主要是褐斑病和黑斑病,多发生在花生生长中后期,主要危害叶片。叶斑病一般先在植株下部老叶上开始发病,逐渐向上蔓延,叶柄、托叶、果针、茎秆等部位均可受害。褐斑病发生在开花始期，发病较轻；叶片受害后，初生圆形或近圆形黄褐色小斑点，病斑逐渐扩大，直径为 10～14 mm；叶尖、叶缘病斑形状不规则，叶正面病斑为茶褐色或暗褐色，背面呈褐色或黄褐色。黑斑病发生在开花盛期，发病较重；叶片受害后，初生为褐色针头大小病斑，逐渐扩大为圆形病斑，直径为 1～5 mm，病斑逐渐由浅褐色变成黑褐色，叶背面与正面病斑颜色相似。

叶斑病的发生主要通过风传播病菌，植株被病菌感染后，遇有高温高湿的天气，发病速度加快，发病的程度与温度、湿度、雨量、雨日、风速和光照时数等有关，其中以温度和湿度为主。病菌生长发育温度为 10～30 ℃，最适温度为 25～28 ℃，低于 10 ℃或高于 37 ℃，则停止发育；空气相对湿度达 80%以上时，有利于病斑发展（沈雪峰 等，2014）。若在适宜温度下又遇到长期阴雨天气，该病就会迅速蔓延。

2.4.3.2　茎腐病

花生茎腐病别名倒秧病、掐脖瘟，是花生的主要病害之一，自出苗至收获均可发病，以开花前和结荚后发病最盛（沈雪峰 等，2014）。其主要症状是：幼苗期子叶变黑褐色，随之在近地面的茎基部和根基部产生黄褐色水渍状病斑，后期斑块逐渐扩大成黑褐色环形斑，最后使茎枝、叶片萎蔫枯死；花期后多数在茎基部第一对侧枝处发病，病部初为黄褐色，后变黑色，病斑可向上延伸到茎秆中部。

茎腐病发生的主要原因是病菌侵入和气象条件的影响，病株遇旱时会变黄褐色枯死，逢阴雨时会腐烂变黑褐色。苗期多阴雨，土壤湿度大，雨后骤晴，气温回升快，都是容易感染和发生病害的气象条件。病菌生长发育温度为 10～40 ℃，最适温度为 23～35 ℃，致死高温为 50 ℃左右，致死低温为 −7 ℃以下。当旬降雨量为 10～40 mm，5 cm 地温旬平均值为 20～22 ℃，空气相对湿度为 60%～70%时，对该病发生有利，容易出现病株。降雨稀少，大气干燥且土壤过干时，则不利于该病发生。

2.4.3.3　蛴螬害

蛴螬别名白土蚕、核桃虫等，是金龟子的幼虫，对花生危害大。蛴螬始终在地下活动，其发生发展与土壤温湿度关系密切（沈雪峰 等，2014）。蛴螬一般在春季气温回升时，开始向土表层移动，当10 cm地温达 15～18 ℃时，活动最盛，在土表层分布的虫口密度最大，此时正值花生播种至出苗期，对花生的危害最大；之后当 10 cm 地温升至 23 ℃以上时，虫口则往深土移动，至秋季 10 cm 地温降至活动适宜温度范围时，再移向土壤上层，后期地温继续降至 14 ℃时，蛴螬开始下移至 30 cm 处附近越冬。蛴螬的危害主要是春秋两季最重，雨量多、土壤潮湿时，发生多，雨量少、土壤干燥时，发生少。春播和秋后整地时，翻地深度需由 10 cm 土壤层的温度来确定，当10 cm地温低于蛴螬活动的适宜温度时，则需要深翻，并将翻出的幼虫捕杀，减轻当年或次年的危害。

2.4.4　农业气象周年服务方案

根据花生生育需求，制定花生农业气象周年服务方案，见表 2.21。

表 2.21 花生农业气象周年服务方案

时间	主要发育期	农业气象指标	农事建议	重点关注
4月	进入4月后整地备播，中旬后陆续进入花生播种期	(1)花生直播的适宜温度为5 cm地温稳定回升到17～19 ℃或日平均气温稳定通过≥15～17 ℃； (2)花生播种时适宜的土壤相对湿度为60%～70%	(1)播前提高整地质量，视情灌水补墒； (2)选择晴好天气做好播前晒种、选种工作； (3)抢抓"冷尾暖头"覆膜直播，选择温度稳定回升时适墒播种	(1)强冷空气； (2)低温影响
5月	花生处于播种至出苗期	(1)花生苗期生长的适宜温度为日平均气温20～27 ℃； (2)花生苗期适宜的土壤相对湿度为50%～60%	(1)齐苗后及时清棵，雨后及时排水防渍涝，疏松土壤破除板结，以提温保墒； (2)做好"蹲苗"以培育壮苗，促进根系下扎，同时防范大风降温对幼苗的不利影响	(1)大风降温； (2)连阴雨； (3)强降水
6月	花生处于开花至下针期	(1)花生花针期生长的适宜温度为日平均气温23～28 ℃； (2)花生花针期适宜的土壤相对湿度为60%～70%	(1)始花期适当控制水分，进行"晒花"以抑制零星开花，盛花期时需促墒保墒，遇晴热少雨天气时可灌水促花，促花多花齐； (2)遇强降雨时需及时排涝，植株封垄时注意保持通风透光，适期改善田间小气候	(1)持续少雨干旱； (2)强对流天气
7月	花生处于结荚期	(1)花生结荚期适宜的温度指标为日平均气温25～33 ℃； (2)花生结荚期适宜的土壤相对湿度为60%左右	(1)因地制宜营造利于荚果增大的湿润的土壤环境，高温少雨时可适当浇灌； (2)暴雨过后及时排水防涝、中耕锄草，改善田间温湿环境	(1)高温干旱； (2)暴雨洪涝
8月	花生处于荚果成熟期	(1)花生荚果成熟期适宜的温度指标为土壤温度25～35 ℃； (2)花生荚果成熟期适宜的土壤相对湿度为50%～60%	(1)做好晴好天气下墒情的调节工作； (2)雨后及时破除土壤板结，保持土壤疏松湿润，促进荚果充盈成熟	(1)高温干旱； (2)暴雨洪涝
9月	花生处于成熟至收获期	(1)花生收获时的温度指标为花生生长期内>10 ℃积温达3000 ℃·d以上，日平均气温稳定通过≥15 ℃终日前； (2)花生收获时宜选晴天少云天气，空气相对湿度宜低于70%	选择晴好天气收获花生，收获后根果向阳，晾晒干燥后入仓储存	连阴雨

2.5 大豆

山东省为黄淮海地区大豆主要种植区域之一，2020年全省大豆种植面积为18.87万 hm^2，各市均有种植。

2.5.1　农业气象指标

山东省大豆多在 6 月上旬至下旬播种，整个发育阶段可分为播种期、出苗期、分枝期、开花结荚期、成熟收获期。

2.5.1.1　播种至出苗期(6 月上旬至 6 月下旬)

(1)适宜气象指标

①温度：0 cm 地温＜8 ℃，大豆播种后不能发芽；0 cm 地温＜14 ℃，大豆发芽缓慢；幼苗期日最低温度≤－3 ℃，幼苗将遭受冻害。

②水分：20 cm 土壤相对湿度以 70%～80%为最适宜。

(2)不利气象指标

①温度：5 cm 地温＜12 ℃播种，种子不能发芽；14 ℃时，发芽率下降，6 ℃时，则不能发芽出苗。积温＜180 ℃ · d 时，不能达到苗齐、苗壮。

②水分：干旱，土壤湿度小，对发芽不利。

③光照：连阴雨日数＞10 d，种子易腐烂。

(3)关键农事活动及指标

大豆播种时适宜日平均气温为 18～20 ℃，最高气温为 33～36 ℃；10 cm 土壤相对湿度以 70%～80%为宜，10 cm 土壤相对湿度大于 85%或小于 60%，对种子发芽均有影响。

(4)农事建议

注意遇有干旱天气时，及时抗旱保墒播种，争取全苗、壮苗。

2.5.1.2　分枝生长期(7 月上旬至 7 月中旬)

(1)适宜气象指标

①温度：适宜气温为 20～25 ℃。

②水分：生育期内适宜降水量为 40～60 mm，适宜土壤相对湿度为 70%～85%。

(2)不利气象指标

①温度：气温＜20 ℃，停止生长。

②水分：降水量＞70 mm，土壤水分过多，根系发育不良，容易徒长；降水量＜30 mm，影响分枝生长。

(3)关键农事活动及指标

分枝期是生长发育旺盛时期。这一时期植株生长的健壮与否与产量有密切关系。所以在苗全、苗壮的基础上，分枝期应促使分枝多、花芽多，保持植株健康成长。遇旱浇水，叶片短小，发黄要追肥，同时加强病虫害的防治。大豆分枝期气象条件适宜度等级指标见表 2.22。

表 2.22　大豆分枝期气象条件适宜度等级指标

判别项目	不适宜条件	较适宜条件	适宜条件
24 h 平均气温(℃)	$T_d<20$ 或 $T_d>25$	$20\leqslant T_d<27$	$20\leqslant T<25$
分枝生长期降水量(mm)	$R\geqslant 70$ mm	$30\leqslant R<70$	$40\leqslant R<60$

(4)农事建议

干旱情况下可进行灌溉。以喷灌、滴灌为最佳灌溉措施。

2.5.1.3　开花结荚期(8 月上旬至 8 月中旬)

(1)适宜气象指标

①温度：适宜的温度指标为日平均气温 24～26 ℃。

②水分：无伏旱，降水量在 70～130 mm，适宜土壤相对湿度为 70%～80%。

③连续降水日数<2 d。

(2)不利气象指标

①温度：气温偏低<15 ℃或偏高>30 ℃，对开花不利，落花严重。

②水分：土壤相对湿度偏大(>90%)或偏小(<20%)，不利于开花，影响严重。

③连阴少光，日照时数<6 h，日照少。开花期光照不足，花量大量减少，造成减产。

(3)关键农事活动及指标

开花结荚期是营养生长与生殖生长并进的时期，是决定单株荚数的关键期。此期大豆需水量最大，土壤水分低时，应立即浇水，同时遇涝排水。此期气象条件适宜度等级指标见表 2.23。

表 2.23　大豆开花结荚期气象条件适宜度等级指标

判别项目	不适宜条件	较适宜条件	适宜条件
平均气温(℃)	$T_d<15$ 或 $T_d>30$	$22\leqslant T_d<28$	$24\leqslant T_d<26$
日照时数(h)	$S<6$	$S>6$	$S>6$
20 cm 土壤相对湿度(%)	$SW_{20}>90$ 或 $SW_{20}<20$	$60\leqslant SW_{20}<85$	$70\leqslant SW_{20}<80$

(4)农事建议

注意出现伏旱时，及时灌溉，保障开花结荚和光合作用的顺利进行。

2.5.1.4　鼓粒至成熟期(8 月下旬至 9 月下旬)

(1)适宜气象指标

①温度：鼓粒至成熟期适宜的温度指标为日平均气温 20 ℃左右，无 35 ℃以上高温天气。

②光照：光照充足，有利于成熟，无>7 d 连阴雨天气。

③风力：风力<3 级。

(2)不利气象指标

①温度：日平均气温<15 ℃时，不利于大豆成熟；日平均气温>30 ℃时，易炸荚。

②光照：>7 d 连阴雨天气不利于成熟和收打。

③风力：风力≥5 级，大豆成熟后期易炸荚。

(3)关键农事活动及指标

该期营养生长基本停止，生殖生长旺盛。这个阶段前期决定粒数，中后期决定粒重，根茎生长减弱，根瘤固氮能力开始下降，遇旱应及时浇水，叶片发黄补施肥料，以延缓叶片衰老，提高粒重。鼓粒至成熟期气象条件适宜度等级指标见表 2.34。

表 2.34　大豆鼓粒到成熟期气象条件适宜度等级指标

农事活动	判别项目	不适宜条件	较适宜条件	适宜条件
大豆鼓粒至成熟期	日平均气温(℃)	$T_d<14$	$14\leqslant T_d<15$	$15\leqslant T_d<18$
	10 cm 土壤相对湿度(%)	$SW_{10}<60$ 或 $SW_{10}\geqslant 90$	$50\leqslant SW_{10}<60$ 或 $80\leqslant SW_{10}<90$	$70\leqslant SW_{10}<80$
	24 h 降水量(mm)	$R\geqslant 10$	$5\leqslant R<10$	$R<5$

(4)农事建议

注意大豆成熟后,及时收打晾晒入仓。

2.5.2　主要农业气象灾害

山东省大豆多于 6 月上旬开始播种,9 月中下旬收获。常见的主要农业气象灾害为干旱。

干旱是指作物生长季内,因水分供应不足导致农田水利供需不平衡,阻碍作物正常生长发育的现象。大豆由于土壤干旱或大气干旱,根系从土壤中吸收到的水分难以补偿蒸腾的消耗,使植株体内水分收支平衡失调,生长发育受到严重影响乃至死亡,并最终导致减产和品质降低。干旱在大豆整个生长季均有可能发生,在播种期、分枝期、开花结荚期 3 个时期影响最大。可用降水量负距平率对大豆干旱灾害等级进行划分,其干旱等级指标见表 2.25。

表 2.25　大豆干旱等级指标　单位:%

时段	轻旱	中旱	重旱	严重干旱
全生育期	$P_a<15$	$15\leqslant P_a<35$	$35\leqslant P_a<55$	$P_a\geqslant 55$
播种期	$P_a<40$	$40\leqslant P_a<60$	$60\leqslant P_a<80$	$P_a\geqslant 80$
分枝期至结荚期	$P_a<30$	$30\leqslant P_a<65$	$P_a\geqslant 65$	
鼓粒期至成熟期	$P_a<35$	$35\leqslant P_a<55$	$P_a\geqslant 55$	

某时段降水量负距平百分率(P_a)是指大豆生育阶段的降水量与常年同期气候平均降水量的差值占常年同期气候平均降水量的百分率的负值,按公式(2.4)计算:

$$P_a=-\frac{P-\overline{P}}{\overline{P}}\times 100\% \tag{2.4}$$

式中,P_a 为大豆生育阶段的降水量负距平百分率(单位:%);P 为大豆生育阶段的降水量(单位:mm);$\overline{P}$为同期气候平均降水量(单位:mm),一般计算 30 年的平均值。

2.5.3　主要病虫害

2.5.3.1　紫斑病

大豆紫斑病可侵染豆叶、茎秆、荚、种子,尤以种子上的病斑最明显。子叶受害,呈云纹状褐色斑点,严重时畸形枯死。生长期叶片受害,先出现圆形紫红色斑点,扩大后呈多角形,病斑中央褐色或灰色,上着生毛霉状物,边缘赤褐色,严重时叶片干枯、穿孔。叶柄、茎秆、豆荚上受害,病斑红褐色,中间略带黑色,严重时病斑愈合枯死。种子受害,脐部附近表皮变为紫色,严重时呈紫黑色。

大豆紫斑病主要以菌丝在种子上越冬,来年产生分生孢子引起初次侵染,也可以菌丝或分生孢子在病叶、病豆荚上越冬。此病的发生对温度要求比较高,适宜发病温度为 28 ℃,产生分生孢子的适宜温度为 16～24 ℃,20 ℃时最易发生。

2.5.3.2　食心虫

该虫以幼虫蛀食豆荚,幼虫蛀入前均作一白罩丝网住幼虫,一般从豆荚合缝处蛀入,被害豆粒咬成沟道或残破状。

大豆食心虫在山东省每年发生 1 代,以老熟幼虫在土中作茧越冬。次年 7 月下旬越冬幼虫开始移至土表化蛹,8 月上旬至 9 月为成虫羽化期,8 月下旬为羽化盛期,9 月为危害盛期,9

月下旬大豆成熟，老熟幼虫脱荚入土结茧越冬。

2.5.4　农业气象周年服务方案

根据大豆生育需求，制定大豆农业气象周年服务方案，见表2.26。

表2.26　大豆农业气象周年服务方案

时间	主要发育期	农业气象指标	农事建议	重点关注
6月	大豆处于播种到出苗期	(1)0 cm地温<8 ℃，大豆播种后不能发芽；0 cm地温<14 ℃，大豆发芽缓慢； (2)幼苗期日最低温度≤－3 ℃，幼苗将遭受冻害	注意遇有干旱天气时，及时抗旱保墒播种，争取全苗、壮苗	(1)干旱； (2)低温及强冷空气活动
7月	大豆分枝生长期	适宜温度为20～25 ℃，适宜土壤相对湿度为70%～85%	干旱情况下可进行灌溉，以喷灌滴灌为最佳灌溉措施	(1)干旱； (2)洪涝，土壤水分过多，根系发育不良，容易徒长
8月	大豆开花结荚期	无伏旱，降水量正常，为70～130 mm；无连阴雨，连续降水日数<2 d；气温适宜，为24～26 ℃	(1)大豆初花期是控旺最佳时，注意疏枝叶、去营养株； (2)追施花荚肥	(1)伏旱； (2)连阴少光，日照时数<6 h，日照少，开花期光照不足，花量大量减少，造成减产； (3)气温偏低，对开花不利，落花严重
9月	大豆鼓粒到成熟期	日平均气温为20 ℃左右，无35 ℃以上高温天气；光照充足，有利于成熟，无>7 d连阴雨天气；风力等级<3级	(1)抗旱排涝，大豆开花结荚期是大豆需水的关键时期； (2)防治病虫，大豆花荚期，如处于高温多湿、田间通风透光不良的情况下，易发生豆荚螟、豆天蛾、造桥虫、霜霉病、轮纹病、紫斑病和斑疹病等病虫害	(1)连阴雨； (2)病虫害防治

第 3 章　果品农业气象服务

山东省是我国北方水果的主要产区之一，栽培历史悠久，种质资源丰富，苹果、葡萄、梨等果品种类繁多，其中烟台富士苹果、平度大泽山葡萄、莱阳梨、肥城桃、德州金丝小枣、枣庄石榴等都是山东久负盛名的特产，山东因此被称为"北方落叶果树的王国"。

3.1　烟台富士苹果

3.1.1　农业气象指标

烟台富士苹果以晚熟红富士居多，芽开放期，一般在 4 月上旬；展叶始期在 4 月中旬；开花期一般在 4 月中旬到下旬；成熟期一般在 10 月中下旬；休眠期一般在 11 月下旬到次年 3 月上旬。

3.1.1.1　开花期(4 月中下旬)

(1)适宜气象指标

①温度：春季昼夜平均气温在 3 ℃以上时地上部开始活动，8 ℃左右开始生长，15 ℃以上生长最活跃；花期的适宜温度：花粉发芽期适宜温度为 15～22 ℃，超过 26 ℃即受影响。

②水分：花芽前期，土壤相对湿度保持在 60%为宜。

③天气条件：微风、和风及晴好天气利于果树进行授粉，提高果实授粉结实率，增加产量。

(2)不利气象指标

①大风：在苹果树开花期，若遇风速为 6～7 $m \cdot s^{-1}$ 的大风，会影响昆虫活动、传粉，使空气湿度降低，柱头变干，花粉不能发芽。

②连阴雨：当花期遇到 5 d 以上连阴雨或阴雨过多，会影响授粉，受精不良，花药不裂，降低成花率，造成有花无果，使下年结果过多，引起大小年。

③霜冻：在现蕾期气温降至－2.8～－4.0 ℃时，花芽受冻，开花期气温降至－2.0 ℃，冻死花器，子房受冻；幼果期遇 0～1 ℃低温，会使果皮出现木栓化组织，使果实顶部出现环状锈斑，称"霜环"。

④花期低温：蜜蜂等昆虫在 14 ℃以下几乎不活动，低于这个温度会影响授粉率。

3.1.1.2　新梢旺长期(5 月上旬至 7 月下旬)

(1)适宜气象指标

①温度：春梢旺盛生长的下限温度是 10 ℃，停止生长的温度是≥20 ℃，水肥和树冠树势不同会有差异；春梢旺盛生长期的适宜温度为 10～20 ℃。

②水分：土壤相对湿度应维持在 80%左右。

(2)不利气象指标

干旱缺水，尤其是发生土壤干旱时(土壤相对湿度低于 10%时)会使新梢生长量不足，长中梢减少，叶片受阻，落果增加，当年及下年产量锐减。

3.1.1.3　果实膨大期(6月下旬至9月下旬，不同成熟期的品种存在一定差异)

(1)适宜气象指标

①温度：以平均气温20～27 ℃为宜，最适温度为20～22 ℃，过高过低影响生长；此期间≥20 ℃积温以1000 ℃·d左右最为适宜。

②气温日较差：大于或接近10 ℃。

③空气相对湿度：保持在60%～70%时，树冠内湿度适宜，果实增长快，病虫发生概率小。

④降水量：果实膨大期需要大量的水分供应，一般认为不低于年降水量的70%，即350 mm左右，过低会影响果实的正常增大，过大会造成果园涝害。

⑤土壤水分：土壤相对湿度宜保持在70%，否则影响根系的正常和吸收，造成水分营养供应不足，果实小。

⑥天气条件：微风、和风天气可以促进空气交换，增强叶片蒸腾作用，降低升温和近地层气温，避免苹果树枝干和果实日烧。

⑦日照：果实膨大期要有充足光照，一般认为每天光照不低于6 h。

(2)不利气象指标

①温度：>35 ℃的高温会降低苹果固态物质和糖分含量，发生日烧。

②水分：少雨干旱、土壤水分不足(土壤相对湿度低于55%时，影响果实膨大，使果实小、品质差、产量低，严重时产生大量落果)。

③天气条件：阴雨过多，尤其是长期连阴雨、寡照。寡照影响果实增长，含糖量低、品质变差；果实膨大期出现大风、暴雨天气，使果树叶落、果落、枝折、根拔，冲走土壤，严重时造成株树倒伏枯死。

(3)关键农事活动及指标

①苹果套袋：套袋可促进果实着色，增加果面光洁度，减少病虫危害，减少农药污染和残留，减轻冰雹等机械损伤，提高果品的商品价值。

套袋时间：最佳套袋时间是谢花后1个月左右，10 d后结束。过早套袋，果实易缺钙，引发苦痘病；过晚套袋，褪绿不好，表光差。注意要套好袋，内外都是木浆纸最好，不提倡内套塑料袋，一般以内红外褐双层纸袋质量最佳。

套袋天气条件：苹果套袋适宜的天气条件为多云天气，晴天次之，雨天不适宜；日最高气温不宜超过28 ℃，否则易产生日灼；风力<3级；果面要求无雨水或露水，否则果面容易出现霉污、病菌侵染等问题。因此，苹果套袋时要注意避开阴雨、雾霾、高温及大风天气，遇不利天气条件应推迟套袋时间。套袋后，幼果受风面增大，大风天气易造成落袋。

套袋前防治病虫害：套袋前的病虫害防治是全年的防治中心和重点，苹果一般从谢花后30～35 d开始套袋，在此期间幼果迅速膨大，多数病虫害也进入快速繁殖期，幼果很容易遭受病虫害的侵染危害。

第一次用药：在谢花后7～10 d开始。主要防治轮纹病、炭疽病、褐斑病、锈病、霉心病等病害，红蜘蛛、白蜘蛛、卷叶蛾、绿盲蝽等害虫。该时期苹果果面比较幼嫩，对药剂很敏感，如果用药不当，很容易出现果锈、果皮粗糙等药害。因此，在药剂选择上应该注意安全、颗粒比较细的药剂。杀菌药剂可选用43%戊唑醇4000倍，杀虫剂可选用甲氧虫酰肼，杀螨剂可选用三唑锡，或达螨灵，或唑螨酯。

第二次用药：在第一次药后 7～10 d 后。主要防治轮纹病、锈病、炭疽病、褐斑病，红、黑点病以及蚜虫、康氏粉蚧、潜叶蛾、绵蚜等虫害，杀菌剂用 43%戊唑醇悬浮剂 4000 倍；杀虫剂可选吡虫啉(或氟啶虫胺腈)加灭幼脲(或杀铃脲)，如需防治康氏粉蚧用 25%噻嗪酮可湿性粉剂 1500 倍。杀螨剂可选哒螨灵(或三唑锡、螺螨酯、唑螨酯)。

第三次用药：在第二次药后 7～10 d。主要防治轮纹病、炭疽病、褐斑病、黑点病等病害以及绵蚜、潜叶蛾、康氏粉蚧等害虫。70%甲基硫菌灵 800 倍＋代森锰锌(大生)800 倍(如这一时期有雨，改用 43%戊唑醇悬浮剂 4000 倍，或 10%苯醚甲环唑(世高)可湿性粉剂 2500 倍)；杀虫剂可选用吡虫啉和灭幼脲(或杀铃脲)。

套袋前喷药时，要做到喷药细致、均匀，叶片正反面、幼果、枝干要全面均匀着药。为了使果面光洁，药剂最好选用水剂、悬浮剂和可湿性粉剂，不用对果面有刺激性的药剂。为降低苹果苦痘病的发生率，套袋前的 3 遍药最好都添加补钙的药品。

②苹果摘袋：9 月下旬至 10 月初，晚熟苹果逐渐开始摘袋。摘袋后苹果开始着色。着色期需充分利用日照条件，采取人工辅助措施，促进果实着色，提升果品品质。同时着色期注意防范大风、阴雨天气等不利天气影响。

摘袋时间：苹果一般在果实采收前 20～25 d 摘袋。去袋过早，果实暴露时间过长，果皮易变粗糙，色泽较暗；去袋过晚，着色期过短，色泽较淡，且储存时易褪色。烟台果区红富士系一般在 10 月初摘袋较为合适。要关注天气预报，有连阴雨、雷雨大风、强对流天气时，需推迟摘袋，减少不利天气对果品造成的损伤。摘袋顺序：先冠内，后外围；先摘郁密树，后摘透光树。果实摘袋后及时垫果，防止枝叶对果面的磨损。

摘袋天气条件：摘袋时以多云天气为宜，避开日照强烈的正午，避免日灼。摘袋时，先摘内膛、背阴面的，下午摘向阳面的，这样果面的温差小，不易出现日灼。套双层袋的，先摘外袋，5～7 d 后再去内袋。套单层袋的，可将外袋撕成伞状，减少日光直射，5～7 d 后再去除。避开阴雨天气或者带露水的天气，大风或者降雨的天气摘袋，不仅影响苹果的表光，而且加重病害的发生。

摘袋前后管理：a. 采取措施帮助果品着色。可通过摘叶、转果、铺反光膜、拉枝、修剪等方式，提高光能利用率，促进果实转色。b. 防范大风影响。大风会使已摘袋的果品与枝叶摩擦，导致果皮受损。果实摘袋后及时垫果，防止枝叶对果面的磨损。对负载较大的果枝，需用支撑杆支撑，减轻大风危害。c. 加强水肥管理。转色期土壤相对湿度以 60%～65%为宜，干旱时小水沟灌，避免大水漫灌，使苹果产生裂纹。如果遇到比较大的降雨，应及时排涝，降低果园的湿度，减少裂纹和返绿等情况的发生。控制氮肥，增施磷钾肥，有利于果实增糖上色。摘袋前叶面喷施磷酸二氢钾有利于糖分积累和果实着色。d. 注意病虫害防治。摘袋前一定要喷药防治病虫害。摘袋前的 3～5 d 全园喷布一遍杀菌、杀虫剂防止害虫上树，危害果实。摘袋前后，尤其是遇到雨水天气，斑点落叶病的病菌，容易侵染果面，造成红点病。注意喷施钙肥，预防苦痘病。

3.1.1.4　成熟采收期(10 月)

(1)适宜气象指标

①温度：苹果成熟期以 13.5～20.0 ℃为宜。

②日照：每天平均光照时数不少于 5 h。

③天气条件：天气晴好，有利于果实的采收。

(2)不利气象指标

①温度:日平均气温>25 ℃时,果实不易着色;高于 35 ℃时,易造成日灼。

②天气条件:阴雨寡照使果实不着色,果实表面光泽度降低,风味差,商品价值降低;当风速>6 $m \cdot s^{-1}$时,使果实脱落、碰伤,影响果实的商品价值;忽干忽涝易造成苹果表面裂纹增多,或者裂果,影响果实商品价值。

3.1.1.5 休眠期(11 月至次年 3 月上旬)

(1)适宜气象指标

气温变化平稳,在-10~7 ℃平稳变化。

(2)不利气象指标

①温度:寒潮等气温变化剧烈的天气对越冬不利,气温低于-18 ℃,可使果树遭受冻害;11 月中上旬温度过高,会造成果树落叶延迟,影响养分积累,抗寒性差;3 月气温过高,易使萌芽提前,增加遭受冻害风险。

②天气条件:干旱和大风易导致抽条。

3.1.2 主要农业气象灾害

苹果常见的主要农业气象灾害有:花期冻害、干旱、高温热害、雹灾等。

3.1.2.1 花期冻害

苹果花期因低温影响花蕾、花朵出现受冻症状,造成坐果率减少的现象。烟台地区花期冻害主要发生在 3 月下旬到 5 月上旬,富士系苹果花期冻害指标见表 3.1 和表 3.2(全国气候与气候变化标准化技术委员会,2017b)。

表 3.1 早中熟富士系苹果花期冻害指标

冻害等级	果园日最低气温(T_{min})和果园低温持续时间(D)
轻度	$-3<T_{min}\leqslant-2$ 且 $4\leqslant D<6$
中度	$-3<T_{min}\leqslant-2$ 且 $D\geqslant6$
	$-4<T_{min}\leqslant-3$ 且 $1\leqslant D<5$
重度	$-4<T_{min}\leqslant-3$ 且 $D\geqslant5$
	$T_{min}\leqslant-4$ 且 $D\geqslant1$

注:T_{min}为最低气温,单位为℃;D 为低温持续时间,单位为 h。

表 3.2 晚熟富士系苹果花期冻害指标

冻害等级	果园日最低气温(T_{min})和果园低温持续时间(D)
轻度	$-3<T_{min}\leqslant-2$ 且 $4\leqslant D<7$
	$-4<T_{min}\leqslant-3$ 且 $3\leqslant D<6$
中度	$-3<T_{min}\leqslant-2$ 且 $D\geqslant7$
	$-4<T_{min}\leqslant-3$ 且 $D\geqslant6$
	$-5<T_{min}\leqslant-4$ 且 $1\leqslant D<5$
重度	$-5<T_{min}\leqslant-4$ 且 $D\geqslant7$
	$T_{min}\leqslant-5$ 且 $D\geqslant1$

注:T_{min}为最低气温,单位为℃;D 为低温持续时间,单位为 h。

3.1.2.2　干旱

干旱是长期无降水或降水显著偏少，造成空气干燥、土壤缺水，从而使作物体内水分亏缺，正常生长发育受到抑制，最终导致产量下降的气候现象，苹果不同发育阶段干旱等级指标见表3.3（杨建莹 等，2021）。

表3.3　苹果不同发育阶段干旱等级指标

发育阶段	等级	干旱指数
萌动至萌芽期	轻	0.83≤DI<0.88
	中	0.88≤DI<0.92
	重	DI≥0.92
萌芽至盛花期	轻	0.80≤DI<0.85
	中	0.85≤DI<0.91
	重	DI≥0.91
盛花至成熟期	轻	0.71≤DI<0.78
	中	0.78≤DI<0.85
	重	DI≥0.85

D_I 为干旱指数，其计算公式(3.1)如下：

$$D_{Ii}=\sum_{k-1}^{7}\frac{k}{28}W_{Di+k-7} \tag{3.1}$$

式中，D_{Ii}为第 i 阶段的苹果干旱指数，最大值为1，W_{Di+k-7}为第 i 阶段的水分盈亏指数，k 为常数，取值为1～7，当前阶段取值为7，越远离当前阶段取值越小。累计统计过去60 d的水分盈亏指数，以10 d为步长，W_{Di}为当前阶段的水分盈亏指数，其权重系数为7/28；W_{Di-1}即前1～10 d的水分盈亏指数，其权重系数为6/28，W_{Di-2}即前11～20 d的水分盈亏指数，其权重系数为5/28；以此类推。

水分盈亏计算公式(3.2)如下：

$$W_{Di}=\frac{E_{TCi}-P_i}{E_{TCi}} \tag{3.2}$$

式中，E_{TCi}和 P_i 分别为该年该站点苹果第 i 个发育阶段需水量和降水量，单位为mm。

$$E_{TC}=E_{T0}\times K_C \tag{3.3}$$

式中，E_{TC}为苹果某发育阶段的需水量，E_{T0}为对应时段的参考蒸散量（单位：mm），计算方法采用联合国粮食及农业组织（Food and Agriculture Organization of the United Nations，FAO）推荐的彭曼（Penman-Monteith）公式；K_C 为苹果果树萌动至萌芽期、萌芽至盛花期、盛花至成熟期3个发育阶段的系数，分别为0.60，0.80，0.95。

3.1.2.3　高温热害

高温热害是高温对作物生长发育和产量形成造成的损害。

灾害表现：

轻度：光合作用受到抑制，影响光合产物积累。

中度：加速植株蒸腾，破坏水分代谢活动，果实出现轻度灼伤。

重度:严重破坏水分代谢,局部植株细胞代谢活动异常,造成严重灼伤或局部组织坏死。

高温热害主要出现在高温、干旱、日照强烈的夏季。苹果会产生日灼。苹果高温热害指标见表3.4(刘璐 等,2014)。

表3.4　富士系苹果高温热害指标

<table>
<tr><th>高温热害等级</th><th>高温程度(日最高气温(℃))</th><th>日平均相对湿度(%)</th><th>持续时间(d)</th></tr>
<tr><td>轻度</td><td>≥35</td><td>≤50</td><td>2</td></tr>
<tr><td rowspan="2">中度</td><td>≥35</td><td>≤40</td><td>2</td></tr>
<tr><td>≥35</td><td>≤50</td><td>3</td></tr>
<tr><td rowspan="4">重度</td><td>≥35</td><td>≤40</td><td>4</td></tr>
<tr><td>≥35</td><td>≤50</td><td>5</td></tr>
<tr><td>≥38</td><td>≤40</td><td>2</td></tr>
<tr><td>≥40</td><td>不作要求</td><td>不作要求</td></tr>
</table>

3.1.2.4　雹灾

降雹给农业生产造成直接或间接危害。机械破坏作用使果树叶片、果实遭受损伤。此外,冰雹的机械损伤引起作物各种生理障碍等间接危害。

有基于冰雹直径和冰雹持续时间的冰雹灾害指标及分级指标,如青海省地方标准《气象灾害分级指标》(青海省气象局,2018),但对苹果的灾害影响指标尚未建立。梁轶等(2015)根据年平均降雹日数、承灾体易损性、防灾抗灾能力等,将陕西省苹果果区划分为重度、中度、轻度3个风险区。参照这一研究,可以根据年平均降雹日数将冰雹指数大致划分为:>2 d、1~2 d、<1 d。

3.1.3　主要病虫害

3.1.3.1　苹果斑点落叶病

发病特点:一年有两个发病高峰期。第一高峰在5月上旬至6月中旬,孢子数量迅速增加,致春秋梢和叶片大量发病,严重时造成落叶;第二高峰在9月,这时会再次加重秋梢发病程度,造成大量落叶(郭书普,2010)。

气象因素:凡春雨早、次数多则此病发生重。夏季高温多雨,如园中枝叶郁闭,树势较弱,病害发生加重。9月以后,果园还会出现1次孢子数量高峰,加重秋梢病情,造成叶片早落。

防治方法:

苹果斑点落叶病的防治关键是在搞好果园管理的基础上立足于早期药剂防治。春梢期防治病菌侵染,减少园内菌量;秋梢期防治病害扩散蔓延,避免造成早期落叶。

①选用抗病品种:根据生产需要,尽可能种植抗病品种,如金冠、乔纳金、富士等;减少易感品种的种植面积,控制病害大发生(汪耀辉 等,2019)。

②加强栽培管理:结合冬剪,彻底剪除病枝。落叶后至发芽前彻底清除落叶,集中烧毁,消灭病菌越冬场所。合理修剪,及时剪除夏季徒长枝,使树冠通风透光,降低园内小气候环境湿度。地势低洼、水位高的果园要注意排水。科学施肥,增强树势,提高树体抗病能力(闫文涛 等,2019)。

3.1.3.2 褐斑病

发病特点:4—6 月为病原菌的初侵染期,其中落花后至 6 月底是子囊孢子侵染期,也是预防褐斑病的第一个关键时期。7 月是病原菌累计期,初侵染病斑于 7 月发病,并大量产孢,进行再次侵染,不断积累侵染菌源,是防治病害的第二个关键时期。8 月、9 月是褐斑病的盛发期和大量落叶期,病原菌若在 7 月底累积至一定的数量,再遇连续阴雨,可导致病原菌的大量侵染,引起严重落叶(王倩,2019)。

气象因素:适宜的气候条件是褐斑病发病较重的主因,不同年份褐斑病发生早晚和发生程度不同,其主要原因是当年雨水来得早晚和降雨次数多少、降雨量大小有关,降雨早、次数多、雨量大,褐斑病发生早且严重,降雨次数少且雨量小,褐斑病发生晚且轻(郑科 等,2018)。

褐斑病的发生、流行与雨水、树势、栽培管理及品种有关。病菌发育适宜温度为 20～25 ℃,分生孢子发芽适宜温度为 20～25 ℃。分生孢子的传播和侵入需有水。冬季温暖潮湿是病叶与落叶上子囊盘形成的必要条件。

防治方法 (郑科 等,2018):

①采用综合防治措施,加强果树管理,彻底清园,消灭越冬病源,适时防治。选好对症药剂,掌握好喷药时间和喷药液量,提高防效。

②加强栽培管理,增施有机肥,增施生物菌肥,配方全营养施肥,增强树势,增强果树抗病抗逆能力,减少褐斑病的发生。

③及时合理修剪,改善通风透光条件,降低果园湿度,做好洼地排涝,恶化病害发生环境,减少褐斑病的发生;适时环剥,合理环剥,适期愈合,以免高温环剥过重愈合不良,导致果树抗病力减弱。

④及时疏花疏果,减少负载量,增强树势,减少病害。

⑤苹果落叶后,及时清理落叶,集中烧毁,同时浅耕果园,减少越冬病菌。

⑥果实套袋,减少褐斑病的病果率,同时在套袋后喷 1 次防治苹果褐斑病的铜制剂农药,如波尔多液,未套袋果园不可用药,以免产生药害。

⑦化学防治。药剂可选择戊唑醇、丙环唑、宁南霉素、多抗霉素、农抗 120 等,喷药时要兼顾叶片背面、树体内膛及树冠下部叶片,力求均匀周到。

3.1.3.3 炭疽病

发病特点:病菌繁殖的温度为 15～40 ℃,最适温度为 28 ℃;形成分生孢子的适宜温度为 25～28 ℃,相对湿度为 80%以上;分生孢子萌发最适宜温度为 28～32 ℃,相对湿度在 95%以上,此时分生孢子接触果面 5 h 即可侵入果肉,10 h 大部分病菌完成侵入过程(周吉生 等,2019)。

气象因素:炭疽病菌在高温、高湿、多雨水的情况下,繁殖快,传染迅速,特别是雨后高温更有利于大流行;晚秋雨少温度低,发病则轻。炭疽病菌的侵染与降雨有密切关系,降雨早则侵染早。一般从 7 月开始发病,发病盛期在 8 月。高温、多雨有利于苹果炭疽病流行。

防治方法:

①加强管理,提高果树抗病能力。注意采用增强树势的措施,如深翻改土,多施有机肥,控制氮肥施用量;防止园内积水,果园行间选种低秆作物或绿肥,或及时中耕除草,降低果园湿度;合理密植,精细修剪,尤其要合理夏剪,以改善果园内通风透光条件;避免用刺槐作果园的

防护林。

②铲除病源。结合冬季修剪彻底清除树上树下的病僵果、干枯枝和病果台，刮除病枯树皮，减少侵染源。发病初期及早摘除病果，清除落果，并集中深埋，减少病源，避免重复侵染。

③果实套袋。果实套袋可使无病虫的好果率达到90%以上。套袋时间一般在5月中下旬左右。套袋之前先喷1次吡唑醚菌酯2000倍液；套袋以后可喷波尔多液，不喷防治食心虫的药剂。

④化学防治。苹果树发芽前喷3～5波美度石硫合剂、0.3%～0.5%五氯酚钠混合液或果康保50～100倍液。实践证明，此法铲除越冬病源、减轻病害发生效果好。

3.1.3.4　锈病

发病特点：苹果锈病的流行与早春的气候密切相关，降雨频繁、气温较高易诱发此病流行。相反，春天干燥，虽降雨偏多，气温较低则发病较轻（姜国庆 等，2017）。果锈病病菌，必须在转主寄主（如桧柏、塔柏、圆柏、龙柏、刺柏等）树上过冬，才能完成侵染循环，若苹果、海棠园或苗园地附近没有这些寄主，则不会发生此病。4—5月，展叶开花后，若遇阴雨连绵，降水量达到50 mm以上，则有利于病菌传播和侵染（岳彦桥，2018）。

气象因素：此病的发生条件，必须在该地区种植有苹果和桧柏两种树，才能完成生活史。春雨早而雨量多，发生严重；春季干旱、果园周围无桧柏树，则发生轻微，或不发生。

防治方法：

①铲除桧柏，苹果产区禁止种桧柏，已零星种植桧柏，应移走，以防止锈病发生。冬春应检查菌瘿、“胶花”是否出现，及时剪除，集中销毁（费琼，2017）。

②苹果自芽萌动至幼果期喷药1～2次，特别是在4月中下旬有雨时，必须喷药，可用三唑铜（粉锈灵）、甲基硫菌灵或苯醚甲环唑。

3.1.3.5　褐腐病

发病特点：果实近成熟期9月下旬至10月上旬为发病盛期。病原主要以菌丝体在病果上越冬。第二年春形成分生孢子，春天借风雨传播危害，形成初侵染。潜育期为5～10 d。病原主要通过各种伤口（如裂口、虫伤、刺伤、碰伤等）侵入，也可以经皮孔侵入。

气象因素：褐腐菌最适发育温度为25 ℃，但在较高或较低温度下病菌仍可活动扩展。湿度是该病流行的重要因素。特别是果树生长前期干旱，后期多雨，褐腐病会大流行。高湿度不仅利于病菌的生长、繁殖，孢子的产生、萌发，还可使果实组织充水，增加感病性。果园管理差、病虫害严重、裂果或伤口多等均可导致褐腐病发生。果树生长前期干旱，后期多雨，褐腐病会大流行（郭书普，2010）。

防治方法：

①生长季节，摘除病果，集中深埋或烧毁。秋末冬初结合清园彻底清除树上与树下的病果及僵果，以减少侵染源。贮藏前严格剔除各种病果、伤果及虫果。贮藏温度为1～2 ℃，空气相对湿度为90%。贮藏期间定期检查，及时处理病果、伤果，以减少传染和损失。

②在花前、花后及果实成熟时各喷1次多菌灵、甲基硫菌灵＋百菌清或乙烯菌核利（郭书普，2010）。

3.1.3.6　轮纹病

发病条件：苹果轮纹病的发病首先与果园的郁闭度有关系，光照条件好、通风透光的果园发病轻，而温度和相对湿度较高（20 ℃以上），相对湿度达到 75%以上就容易发生轮纹病。特别是降水量较大，达到 10 m 以上时，果园中大量的细菌开始繁殖、迅速扩散，并侵入到果实和树体中。在种植多年的老果园中，由于较长时间的病菌积累导致细菌极易扩散，所以传染力较大也较快。在园区日常管理中较为粗放，土壤黏重、树势较弱、土壤肥力不够的植株也易发生病害，受到病害侵蚀（孟战雄 等，2015）。

气象因素：发病时期比褐斑病晚，在 7—8 月雨季发生最多，高温高湿病害最易发生。

防治方法：

①在果树落叶后及时清扫落叶剪除病枯枝集中烧毁；夏季剪除无用的徒长枝；及时中耕除草，改善通风透光条件，降低果园内空气相对湿度。

②果树发芽前喷 5 波美度石硫合剂，清除病原。苹果落花后 15～20 d，喷洒第一次药剂。以后根据降雨情况至 8 月下旬每隔 20 d 左右喷药 1 次。可用药剂有异菌脲，多抗霉素。

3.1.3.7　黑星病

发病条件：降雨早、雨量大的年份发病重。特别是花蕾开放和花瓣脱落期的降雨量，是决定病害流行的重要原因。树龄高，树势衰弱，管理粗放，抗病性差。密度过大，通风、透光条件不好，病菌极易传播蔓延。着露时间长的枝条易发病（郭书普，2010）。

气象因素：在苹果感病期间，天气连绵多雨，适于病菌初次侵染。

防治方法：

①合理修剪：保证果园通透性良好，是减轻黑星病发生的关键，注意及时修剪、疏枝，保持林间通透性。

②提高树体抗病力：通过增加肥水，控制结果量等措施，保证树体健壮生长，提高树体抵抗黑星病的能力。

③认真搞好清园工作，减少病源（王田利，2018）。

3.1.3.8　金龟子

危害症状：在果树花期，以成虫取食花蕾、花朵和嫩叶，发生严重时，可将上述部分吃光。

发生习性：每年发生 1 代。以成虫在土中越冬，成虫具假死性，无趋光性，一般先危害杏，后危害梨、苹果和桃等。

防治方法：

①利用成虫的假死性，于清晨或傍晚振树捕杀成虫。

②在成虫出土前，树下施药剂，可用 25%对硫磷微胶囊或 25%辛硫磷微胶囊 100 倍液处理土壤。

③果树施有机肥时，捡拾幼虫和蛹或用上述药剂进行处理。

④梨树近开花前施药，果园常用有机磷剂 1000～1500 倍液，菊酯类 1500～2000 倍液。

3.1.3.9　绿盲蝽

危害症状：该虫主要以成虫和若虫刺吸危害各种幼嫩组织，苹果上以叶片受害最重。叶片症状：受害起初形成针刺状红褐色小点，随着被害叶片的生长，以红褐色小点为中心形成许多不规则孔洞，叶缘残缺破碎、畸形皱缩，俗称“破叶疯”。果实症状：幼果受害后，多在萼洼被害的吸吮点处溢出红褐色胶质物。以刺吸处为中心，形成表面凹凸不平的木栓组织。以后随着果实的逐渐膨大，刺吸处逐渐凹陷，最终形成畸形果。

发生习性：绿盲蝽每年发生4～5代，以卵越冬。第二年4月中旬果树花序分离期开始孵化，4月下旬是顶芽越冬卵孵化盛期，孵化的若虫集中危害花器、幼叶。5月中旬是越冬代成虫羽化高峰期，也是集中危害幼果的时期。末代成虫于10月陆续迁回果园，产卵于果树的顶芽，进行越冬。绿盲蝽从早批叶芽破绽开始危害，直到6月中旬，其中以展叶期和小幼果期危害最重。

绿盲蝽发生与气候的关系。绿盲蝽的发生程度与早春降雨量有关，一般来说，降雨量大，发生程度重，因为湿度有利于其他野生寄主上的越冬卵孵化。早春过于干旱，不利于其他野生寄主的发芽生长，容易造成绿盲蝽在果园内危害的时间相对延长，从而加重幼果受害。因此，凡是春季干旱的年份，靠近河边、水库、池塘的平泊果园发生重。

防治方法：

①农业防治：结合冬季清园，铲除杂草，刮掉树皮，消灭绿盲蝽越冬卵。

②休眠期药剂防治：苹果发芽前，结合刮树皮，全园喷施1次40%安民乐乳油1000倍，柔水通3000倍混合液，可杀灭部分越冬虫卵。

③生长期药剂防治：5月上中旬是药剂防治关键期，需连续喷药2次，间隔期为7～10 d。由于绿盲蝽白天一般在树下杂草及行间作物上潜伏，早、晚上树危害，因此，喷药时应着重喷洒树干、地面杂草及行间作物，做到树上树下喷细致。尽量在傍晚喷药效果较好。

3.1.3.10 小食心虫

危害症状：被害果果面有针头大小的蛀（入）果孔，由孔流出泪珠状汁液，干涸后呈白色蜡状物。幼虫取食果肉形成弯曲纵横的虫道，虫粪留在果内呈“豆沙馅”状。幼果被害后，生长发育不良，形成凹凸不平的“猴头果”；后期受害的果实，果形变化不大；被害果大多有圆形幼虫脱果孔，孔口常有少量虫粪，由丝粘连。

发生习性：以老熟幼虫在土中越冬。在苹果落花后半月左右，当旬平均气温达到17 ℃、地温达19 ℃时，幼虫开始出土。幼虫出土受土壤含水量影响较大，土壤重量含水率在10%以上时，幼虫能顺利出土；越冬幼虫出土后，在地面做夏茧化蛹，蛹期约半个月。

防治方法：

①农业防治：在越冬幼虫出土前，将树根茎基部土壤扒开13～16 cm，刮除贴附表皮的越冬茧。在幼虫蛀果危害期间（幼虫脱果前），每10 d于果园巡回检查、摘除虫果，并杀灭果内幼虫。

②套袋保护：在成虫卵前对果实进行套袋保护。

③诱杀：田间安置黑光灯或利用桃小食心虫性诱剂诱杀成虫。

④生物防治和药剂防治。

3.1.3.11 康氏粉蚧

危害症状：若虫和成虫吸食苹果枝干和果实汁液，可导致枝干生长衰弱，果实品质下降，甚至整株果树枯死。

发生习性：每年发生1代，以卵在树根附近土缝里、树皮缝、枯枝落叶层及石块下成堆越冬。次年2月下旬开始出现若虫，3月上中旬上树较多。若虫大量集中在1～2年生枝条上吸食汁液，以4月危害最重。受害严重的枝条推迟发芽甚至枯死。

防治方法：

①注意保护和利用天敌:康氏粉蚧的天敌有瓢虫和草蛉等,利用天敌防治蚧壳虫是比较彻底又省事的办法。

②冬季清除虫卵减少虫源。结合冬季修剪、重剪,疏除危害严重的有虫枝条,并彻底烧毁,降低越冬基数,以减轻来年虫源。

③化学防治防。治蚧壳虫的关键是在一龄若虫活动时施药。要掌握在若虫分散转移期分泌蜡粉前施药防治最佳。对已开始分泌蜡粉的康氏粉蚧可以在使用药剂时加入一定量的有机硅来增强农药的附着性即渗透性,以提高杀虫效果。

3.1.3.12 二斑叶螨

危害症状:轻度危害可使叶片出现许多白色斑驳,随着危害的加重,可使叶片变为灰白乃至青铜色。该螨在取食的同时,还释放毒素或生长调节物质,引起植物生长失衡,以至有些嫩叶呈现凹凸不平的被害状。

发生习性:以雌虫在土缝、枯枝落叶下、树干翘皮内及旋花科宿根性杂草的根际处吐丝结网潜伏越冬。春天平均气温到10 ℃左右时出蛰,先在树下阔叶杂草和果树根孽取食、繁殖,然后再上树危害。早期多集中在内膛徒长枝上,逐渐向外围扩散,6月中旬到7月中旬为猖獗危害期,下雨后虫口密度迅速下降,到9月气温下降陆续向杂草上转移,10月陆续越冬。

防治方法:

①冬季清园:清除枯枝落叶杂草,集中烧毁,消灭越冬的叶螨。

②3月开始刮老皮,主刮骨干枝和树杈的老翘皮,刮后及时喷涂5波美度石硫合剂或原液。

③春季清除树下发出的根孽,及时铲除杂草,特别是阔叶杂草,并集中烧毁。

④生长季节药剂防治和生物防治。

3.1.3.13 山楂叶螨

危害症状:危害初期叶部症状表现为局部褪绿斑点,后逐步扩大成褪绿斑块,危害严重时,整张叶片发黄、干枯,造成大量落叶、落花和落果。

发生习性:北方果区每年发生3～13代。以受精雌虫在树皮裂缝内、粗皮下及地面土缝中越冬,一般6月之前危害较轻,6月中下旬以后,在高温干燥的气候条件下繁殖很快,7月进入严重危害阶段,可造成大量落叶;随着雨季的到来和天敌的增多,虫口密度逐渐下降。

防治方法:

①人工防治:在山楂红蜘蛛越冬前,于树主干或主枝上绑缚草把,诱集越冬雌螨,待其雌螨越冬结束后,将草把解下烧毁,刮除粗老翘皮,清除落叶和杂草进行深埋,可以消灭山楂红蜘蛛越冬雌螨和苹果红蜘蛛及苜蓿红蜘蛛的越冬卵。

②药剂防治:山楂叶螨防治的关键时期是越冬雌螨出蛰末期(苹果开花前)、第一代若螨发生期(苹果落花后)和扩散前(夏收前)。

3.1.4 农业气象周年服务方案

根据烟台富士苹果生育需求,制定烟台富士苹果农业气象周年服务方案,见表3.5。

表 3.5 烟台富士苹果农业气象周年服务方案

时间	主要物候期	农业气象指标	农事建议	重点关注
1—2 月	休眠期	低温冻害：最低气温≤−15 ℃	整形修剪，病虫防治，预防果树抽条，防御果树低温冻害	果树越冬期低温冻害
3 月	休眠期、萌芽期	低温冻害	(1)检查刮治腐烂病、枝干轮纹病、白粉病和蚧壳虫、天牛等； (2)结合花前复剪进行疏枝；拉枝、刻芽，增加短枝量； (3)冬季未施基肥的果园，要重视追肥	(1)果树萌芽期低温冻害； (2)萌芽开花期时间； (3)花期冻害预报
4 月	开花期	花蕾期冻害： 气温为−1.0～−2.0 ℃； 初花期冻害： 气温为−1.0～−2.0 ℃； 盛花期冻害： 气温为−0.5～−1.0 ℃	(1)结合疏花，进行人工授粉。提倡果园放蜂； (2)积极推广和组织病虫害联合防治，果园使用诱虫灯、黏虫板、糖醋液诱杀金龟子等； (3)应积极开展花期冻害和大风防御	(1)日最低气温预报； (2)大风警报； (3)花期冻害预报； (4)花期降雨预报
5 月	新梢旺长期	初果期冻害： 气温为−0.5～−1.0 ℃	(1)花后 30 d 内完成疏果定果； (2)喷布 1 次杀虫剂、杀菌剂，防治害虫、早期落叶病、轮纹病、炭疽病等； (3)行间生草、株间覆盖； (4)分枝角度小的果园要进行拉枝，开张角度； (5)综合运用揉枝、环切、拉枝、疏枝等夏剪措施； (6)果实发育快的果区和果树面积大的果园，从 5 月下旬开始进行果实套袋，套袋前用药； (7)进入冰雹多发期，应积极开展果园防雹	(1)幼果低温冻害预报； (2)冰雹预警； (3)套袋期预报； (4)高温热害
6 月	新梢旺长期（果实膨大期）	高温热害： 轻度：35～38 ℃； 中度：38～40 ℃； 重度：>40 ℃	(1)连喷 1～2 次杀虫、杀菌剂，每次间隔 15 d 左右，杀虫、杀菌剂要交替使用； (2)进入冰雹多发期，应积极开展果园防雹； (3)注意土壤墒情，防止干旱导致苹果大量落果	(1)冰雹预警； (2)高温热害预报； (3)干旱监测
7 月	新梢旺长期（果实膨大期）	高温热害： 轻度：35～38 ℃； 中度：38～40 ℃； 重度：>40 ℃	(1)每隔 15 d 左右喷 1 次杀菌剂； (2)生草果园，草长至 20 cm 以上时，及时刈割； (3)防御伏旱、高温热害危害苹果； (4)冰雹多发期，应积极开展果园人工防雹	(1)冰雹预警； (2)高温热害预报； (3)干旱监测
8 月	果实膨大期	高温热害： 轻度：35～38 ℃； 中度：38～40 ℃； 重度：>40 ℃	(1)每隔 15 d 左右喷 1 次杀菌剂； (2)生草果园，草长至 20 cm 以上时，及时刈割； (3)防御伏旱、高温热害危害苹果； (4)冰雹多发期，应积极开展果园人工防雹	(1)冰雹预警； (2)高温热害预报； (3)干旱监测

续表

时间	主要物候期	农业气象指标	农事建议	重点关注
9月	果实膨大期(果实着色期)	连阴雨、冰雹、干旱	(1)套袋果园在9月下旬开始摘除外袋,隔4～5 d再摘除内袋; (2)除袋后喷布1次杀菌剂加钙肥,秋季主干束草或果箱纸隔板,收集害虫; (3)晚熟品种采收前10～15 d摘除果实周围遮光的叶片,并通过转果、地面铺反光膜促进果实着色; (4)进行拉枝,疏除过密枝,改善果树通风透光条件,以利果实着色; (5)积极防御连阴雨危害; (6)防御夏秋连旱、高温热害危害苹果	(1)冰雹预警; (2)高温热害预报; (3)干旱监测; (4)连阴雨预报
10月	成熟采收期	早霜冻	(1)初霜前采收晚熟品种苹果,最好在24 h内进入贮藏库; (2)预防连阴雨; (3)秋施基肥; (4)苹果采收后,对早期落叶病严重的果园,及时喷1次杀菌剂; (5)分期采收苹果	(1)冰雹预警; (2)干旱监测; (3)连阴雨预报
11月	叶变色期	霜冻	(1)清除园内病虫枝、烂果、落叶、刮下的老树皮、杂草,集中深埋; (2)主干涂白; (3)刮除腐烂病疤; (4)未施基肥的果园要及早进行施肥; (5)按树形标准进行规范化整形修剪; (6)易发生冬旱的果园,遇有强冷空气活动要防止果树抽条; (7)封冻前果园灌1次透水	果树越冬期低温冻害
12月	冬眠期	低温冻害:最低气温≤−15 ℃	(1)清除园内病虫枝、烂果、落叶、刮下的老树皮、杂草,集中深埋; (2)主干涂白; (3)刮除腐烂病疤; (4)未施基肥的果园要及早进行施肥; (5)按树形标准进行规范化整形修剪; (6)易发生冬旱的果园,遇有强冷空气活动要防止果树抽条; (7)封冻前果园灌1次透水	果树越冬期低温冻害

3.2　阳谷鲁丽苹果

3.2.1　农业气象指标

阳谷鲁丽苹果主要生长期为3月上旬至7月下旬。主要生育期包括萌芽期、芽开放至展叶期、开花期、幼果期、果实膨大期、果实成熟期。

3.2.1.1 花芽萌动期(3月6日—3月17日)

萌芽是苹果树周年生长发育过程中由休眠转向生长的标志。萌芽期苹果生长发育以消耗贮藏营养为主,根系活动早于地上枝芽。随根系生长和气温升高,树液上运,芽体逐渐膨大绽裂。

(1)适宜气象条件

①温度:适宜温度为7 ℃,适宜温度上限为19 ℃,适宜温度下限为2.0 ℃。适宜温度日较差为11.0 ℃。

②水分:土壤相对湿度应达到70%~80%。

③日照:适宜日照时数为7~8 h。

(2)不适宜气象条件

①日平均气温≤2.0 ℃,则萌芽生长发育缓慢;日平均气温≥19 ℃,萌芽受阻。

②土壤相对湿度≤60%,推迟春梢生长,叶片长势弱,开花势能低。

(3)果园管理

一是萌芽期苹果对氮肥需求较多,施肥浇水,中耕保墒。二是规范树体管理,科学刻芽、抠芽,因树而异花前复剪、疏蕾。三是病虫防治。重点是提高地温,促进根系生长,提高根系吸收功能,使叶芽、花芽芽体饱满,枝条生长势强,分布合理,减少养分无效消耗,压低病虫害基数,为生长期树体生长发育打下良好基础。

3.2.1.2 芽开放至展叶期(3月18日—3月27日)

第一片莲座状叶从芽苞中发出卷曲着的或按叶脉折叠的小叶,出现第一批有一二片的叶片平展时的阶段。

(1)适宜气象条件

①温度:适宜温度为9.0 ℃,适宜温度上限为21.0 ℃,适宜温度下限为−1.0 ℃。适宜温度日较差为11.0 ℃。

②水分:土壤相对湿度应达到70%~80%。

③日照:适宜日照时数为7~8 h。

(2)不适宜气象条件

当日最低气温≤−2 ℃,且1 h 0 ℃以下气温持续时间≥6 h,幼芽表现为颜色变褐发黑,幼芽停止萌发甚至枯萎脱落,受冻情形视低温程度和低温持续时间而有差异。

(3)果园管理

加强土肥水管理,及时补充中微量元素肥。在芽膨大至展叶时,是叶面补充钙、镁中量元素和硼、铁、锰、锌等微量元素的最佳时期,以满足枝条展叶抽梢的需求,促进花粉管伸长。展叶期喷雾、杀菌,促进树体壮实。

3.2.1.3 开花期(3月28日—4月15日)

从花蕾的花瓣松裂到花瓣脱落为止,生长上一般常以单株为单位,将开花期划分为初花期(全树花5%开放)、盛花期(全树花25%~75%开放)、终花期(全树花已全部开放并有部分花瓣开始脱落)、谢花期(大量落花至脱落完毕)。

(1)适宜气象条件

①温度:花前≥10 ℃积温在240~260 ℃·d。花期适宜温度为15~25 ℃,花粉发芽适宜

温度为 15～22 ℃，21 ℃时蜜蜂最为活泼，适合授粉。

②风：3～4 级，利于授粉。

③水分：土壤相对湿度应达 60%～70%。

(2)不适宜气象条件

①温度：现蕾期气温降至－2.8～－4.0 ℃时，花芽受冻，开花期气温降至－2.0 ℃时，冻死花器，子房受冻。气温≥26 ℃时，花粉活性降低；气温≤14 ℃时，蜜蜂等昆虫不活动，不利于授粉。

②风：当风速在 6～7 $m \cdot s^{-1}$时，影响昆虫活动授粉，导致空气湿度降低，柱头变干，花粉活力降低。

③天气条件：遇 5 d 以上连阴雨或阴雨过多天气，授粉不良、花药不裂，易出现有花无果，下年结果过多，引起大小年。

(3)果园管理

一是花序分离后人工疏花：注意保持 15～20 cm 的花间距，保留枝两侧的花，不留朝天花，疏除弱花和腋花芽(刘学海 等，2021)，每花序留一个健壮的花，8～10 cm 留一个花序，3～4 片叶养一朵花。二是疏果：在花后 1 周进行，20 d 内结束，坐果后保留中心果，疏除边果和顶端果；根据树势、预计产量和坐果率确定留果量，一般留果量比预估产量多出 10%，果间距为 15～20 cm，6～8 片叶养一个果。三是花后 40 d 内保证充足的肥水供给，该时期果肉组织细胞分裂，利于培养大果。四是“鲁丽”自花授粉，可少用或不栽授粉树，正常年份不需人工授粉。

3.2.1.4　幼果期(4 月 16 日—5 月 20 日)

新梢生长期：一是加长生长，由于新梢顶端生长点分生组织的细胞不断分裂伸长引起长度增长，一般经过开始生长、旺盛生长、缓慢生长及停长期；二是加粗生长，由于形成层细胞分裂分化和增大引起树干不断加粗，比加长生长开始晚，一般一年中在春梢停长和秋末有两次加粗生长高峰期。幼果发育期：伴随着新梢生长，幼果经授粉受精也开始了体积膨大，时间为 3～4 周，该期主要进行细胞分裂，是长成商品果的第一个关键时期。上述阶段是果树生长周期中的关键时期，养分和水分供应不足，会导致营养生长和结果产生激烈的生存竞争，往往发生幼果大量脱落，生产上称为生理落果，故该阶段为果树需肥需水的临界期。

(1)适宜气象条件

①温度：适宜温度为 10～20 ℃，利于新梢生长。日较差≥10 ℃时，日平均气温在 20 ℃以上，利于形成花芽。

②水分：土壤相对湿度为 80%左右时，利于新梢生长。新梢生长变缓或停止后，土壤相对湿度为 50%～60%，利于花芽形成，由于适度干旱，可提高碳氢比和生长点的细胞液浓度，增加氨基酸和脱落酸含量，促进花芽形成。

(2)不适宜气象条件

①温度：35 ℃以上高温天气影响花芽分化。

②水分：干旱缺水，土壤相对湿度低于 10%时，会使新梢生长量不足，长中梢减少，叶片受阻，落果增加，当年及下年产量锐减。雨涝天气使土壤相对湿度过大或饱和，影响春梢停止生长期推迟，降低花芽形成率。

(3)果园管理

主要疏除畸形果、病虫果、小果,保留果形正、高桩、果梗长的中心果。中长果枝多留果,短果枝、叶丛枝少留或不留果,尽可能少留侧果和向上的果。

3.2.1.5　果实膨大期(5月21日—7月5日)

此期主要有果肉细胞体积的膨大,膨大倍数在30～300倍不等。苹果一般有两次膨大高峰。

(1)适宜气象条件

①温度:适宜温度为20～27 ℃,最适温度为20～22 ℃,过高或过低都影响生长。夜间温度较低,果实生长愈快,据国外资料介绍:苹果在夜间温度为16～18 ℃时,日生长量为0.41 mm,在17～29 ℃时,日生长量为0.31 mm,而在23～34 ℃时,日生长量只有0.23 mm。适宜上限温度>30 ℃的日数不超过30 d,无>35 ℃的天气。温度日较差≥10 ℃。≥20 ℃积温以1000 ℃·d左右适宜。

②空气相对湿度:相对湿度为60%～70%时,果实增长快,病虫少。

③水分:土壤相对湿度为70%～80%。

④风:3～4级,促进空气交换,增强叶片蒸腾作用,降低升温和近地层气温,避免枝干和果实日灼。

⑤光照:日照时数≥6 h。

(2)不适宜气象条件

①温度:35 ℃的高温会降低苹果固态物质和糖分含量,发生日灼。

②水分:土壤相对湿度≤55%时,水分营养供应不足,使果实小、品质差、产量低,严重时产生大量落果。

③日照:日照时数<3 h的寡照影响果实增长,含糖量低、品质变差。

④风:大风天气,使果树落叶、落果、枝折等机械损伤。

(3)果园管理

保证肥水的充足供应,该期缺水、缺肥影响果个长大,在5月下旬到6月上旬是需磷高峰期,应及时补充磷。同时,提高叶片的光合速率,应用生长调节剂,防治病虫害。

3.2.1.6　果实成熟期(7月6日—7月31日)

当果个达到该品种的固有大小和形状时进入成熟期,内含物逐渐转化,果面着色,香味增加,种子变色直到成熟,主要有以下特点:一是大量的淀粉转化为糖,糖酸比增加;二是有机酸参与呼吸作用被氧化分解或转化为不溶性物质,酸味降低;三是在果胶酶的作用下,原果胶被分解为可溶性果胶,果肉变得松脆或柔软,硬度降低;四是果实中积累的各种脂和醛类物质在各种酶的作用下产生出芳香气味;五是果皮表面产生蜡质和果粉,起保护、美观作用;六是果肉细胞内产生乙烯,促进呼吸和各种生化过程,加快成熟;七是果实表面色泽随叶绿素的分解,显示出黄、橙等底色,由叶片中运来的色素进一步合成花青素苷,使果面显示出红紫等色彩,称为面色(彩色)。

(1)适宜气象条件

①温度:13.5～20.0 ℃为宜。有关试验显示,低温有利于果实着色,当日平均气温在13.5 ℃时,着色度可达50%,12.8 ℃时,着色度可达75%。

②光照：日照时数≥5 h。

③水分：土壤相对湿度为 80%左右。

(2)不适宜气象条件

①温度：日平均气温>25 ℃时，果子不着色，温度越高，着色越差。

②风：5 级以上风，使果子脱落、碰伤，影响商品价值。

③日照：当果实的受光强度为自然光照的 70%以上时，果实着色良好；光照在 40%～70%时，能正常着色；光照低于 40%时，就很难着色，果子表面光泽度降低，风味差，商品价值降低。

(3)果园管理

一是修剪枝条：修剪背上直立枝条，疏除大枝、徒长枝、过密枝，保留小枝细枝，调节光照条件，既做好果实着色又防日灼。二是人工摘叶，摘除果实周围的莲座叶、遮光叶，通风透光。三是开张角度，让光照进去，修剪或人为挫伤皆可。四是采收后及时上有机肥、喷施清园药，加强病害防治和促进落叶。五是人工转果，转动量要小，使果实全面着色。六是地下铺设反光膜，增进着色，辅以适当的夏季修剪。

3.2.1.7　叶变色至落叶期(10 月 24 日—12 月 12 日)

落叶前先在叶片内进行一系列的生理变化，如叶绿素的分解，光合作用及呼吸作用减弱，养分流转入枝条中，最后叶柄形成离层而脱落。

(1)适宜气象条件

①温度：日平均气温<15 ℃。

②光照：日照时数<12 h。

(2)果园管理

一是保护叶片不可过早或过迟脱落。二是秋季修剪，为来年花芽形成打好基础，病虫害防治。三是秋季施肥，遵循苹果生长规律，抓住根系生长的高峰期和花芽分化重要阶段，做好秋季施肥，有利于养分的积累和根系的修复。

3.2.1.8　休眠期(12 月 13 日至次年 3 月 5 日)

落叶之后果树即进入休眠期，该期虽外部形态上不再发生变化，但树体内各种生理活动仍在进行，如呼吸、蒸腾、根的吸收、合成、芽的进一步分化以及树体内养分的转化等。果树休眠可分为自然休眠和被迫休眠两个阶段。果树在自然休眠期内即使给予适宜生长的环境条件，也不能发芽生长，而通过自然休眠需要一定的时间和一定程度的低温条件，为果树需冷量。

(1)适宜气象条件

适宜温度<9 ℃，其中冬季最冷月平均气温为－10～10 ℃，可满足苹果的低温需求。适宜需冷量为日平均温度 7.2 ℃以下气温积累 900～1000 h。

(2)果园管理

一是冬季整形修剪。整体细长纺锤形，保持 50～60 cm 的干高。小主枝粗度不宜大于领导干粗度的 1/5；小主枝开张角度要大于 120°；注意拉开枝龄差；因势修剪；注意保护伤口和工具消毒，防止病害。二是冬季清园。目的：消灭越冬病虫害，降低来年病虫害防治的成本。操作时间：休眠期至次年萌芽期。主要内容：彻底清扫、集中燃烧、挖坑填埋杂草和残枝枯叶；淋喷 1～2 次 5～7 波美度的石硫合剂；树干涂白，利于冻害、病虫害的防治。

3.2.2　主要农业气象灾害

3.2.2.1　连阴雨

(1)定义

连阴雨是指在作物生长季中出现的连续阴雨的天气过程,是由降水、日照、气温等多种气象要素异常引起的,其显著特点是由多雨、寡照,并常与低温相伴。连阴雨期间可有短暂的晴天,降水强度是小雨、中雨、大雨或暴雨不等。按照连阴雨发生的地理位置和时间可划分为春季连阴雨、秋季连阴雨和华西秋雨。其中发生在鲁西北地区的为春季连阴雨,根据阴雨和气温的状况,可划分为:低温型阴雨、温暖型阴雨、前冷后暖型阴雨、前暖后冷型阴雨、冷暖交替型阴雨等。

(2)灾害指标

①日平均气温低于 12 ℃,连续阴雨日数为 3～5 d,轻度受害。

②日平均气温低于 10 ℃,连续阴雨日数为 7 d 以上,重度受害。

(3)主要影响

一是影响林果的品质和产量,二是诱发病虫害。阳谷县连阴雨天气一般出现在苹果花期和着色期,连阴雨天气条件下,连续寡照时间长达 5 d 以上或连阴雨过多时,会影响授粉,造成受精不良,成花率低,有花无果。若着色期遇连阴雨,则苹果着色困难,长期连阴雨天气使其返青,光泽度降低,同时加重病虫害,易出现落叶病。由于光照不足,苹果含糖量降低,口感变差,影响商品价值。

(4)采取措施

一是做好病害防治,雨后喷施杀菌剂等,防止霉心病、锈病发生;二是雨后适当推迟疏花疏果,待稳定坐果后再行疏果;三是补充钾肥、中微量元素肥等促进着色;四是着色期防治病虫害预防早期落叶;五是做好修剪、促使枝枝通风、叶叶见光,解决受光问题。

3.2.2.2　日灼

(1)定义

苹果生长过程中(主要是幼果期),遇高温高湿气象条件,遭受强光直接照射果面,使果面温度升高迅速并持续高温,疏松的幼果组织对高温抗逆性差,果面局部蒸腾作用加剧,终导致果实灼伤。此外,幼果发生日灼还与早熟品种、树势不强、枝叶量有关。轻微日灼时,果面仅发白,对果肉和风味影响不大;严重日灼时,果面呈现褐变或黑色病斑,果肉开裂甚至腐烂。

(2)灾害指标

37 ℃以上持续 6 h 以上,39 ℃以上持续 3 h,40 ℃以上持续 1 h 以上。以上条件均可造成不同程度的日灼伤害。

(3)采取措施

一是促进果树健壮生长,促发枝叶,避免过重修剪,保证枝叶对果实的遮蔽强光的作用。二是遇有 35 ℃以上的高温晴热天气,提前打开微喷,为果实表面降温。三是使用防雹网,可有效降低阳光直射率,减少日灼。

3.2.2.3　雹灾

(1)定义

雹灾是指从强对流云中降落到地面的冰雹,砸在农业植物、畜禽和农业设施上造成损伤和破坏的现象。具有发生范围小、时间短促、强度大，并常伴有大风强降雨的特点。多发生在5—9月，以午后和傍晚为主。

(2)主要影响

将造成苹果树体、枝条、叶片、果实不同程度被砸伤、折断、脱落等机械损害，使苹果大幅度减产甚至绝产，或降雹后土壤温度和气温骤降，使果树遭受不同程度的冻害。

(3)采取措施

使用防雹网；清理果园，减少病原，疏松土壤，养根壮树，追肥补养，恢复树势，树体管理，保护伤口，花果管理，疏花疏果。

3.2.2.4 低温冻害

(1)定义

冻害一般指越冬作物、果树林木及牲畜在越冬期间因遇到0 ℃以下(或剧烈变温)的低温，使植物体内结冰或丧失生理活动，造成植株死亡或部分死亡的现象。苹果遭受的冻害是指苹果树在越冬期间，气温或者地温低于果树的某些器官或部位所能忍受的极限值，引起冷冻伤害或果树死亡的现象，表现为枝干、芽、花等受害。一般苹果发生冻害的原因有：品种抗逆性存在差异；枝条成熟度抗寒性差异；寒潮发生持续时间、强度、范围；病虫害发生程度；栽培管理技术差异；果实采收早晚差异。

(2)灾害指标

当温度＜－25 ℃，果树冻害、冻伤；当温度在－32～－33 ℃时，果树冻死。

(3)主要影响

适当的低温有利于降低越冬虫害，强烈低温会严重损害苹果产量。按照冻害发生的位置和程度不同，主要分为：

①树干冻害，树干纵裂，树皮沿裂缝脱离木质部，轻者可自行愈合，重者导致整株死亡。

②枝条冻害，轻微受冻时髓部变色，中等冻害木质部变色，严重冻害时冻伤韧皮部和形成层。

③根茎冻害，轻者表现为局部，重者成环状，可使树体衰弱或整株死亡。

④根系冻害，受冻后皮变褐，与木质部易分离，根系受冻后发芽晚，生长弱。

⑤花芽冻害：轻者花序内部分受冻，可开花，但生长缓慢或果实表现畸形；重者干枯死亡。

(4)采取措施

一是冬灌水，二是树干涂白，三是保护树体，改善温度和水分条件，树体包扎与覆盖，培土、埋土与根系覆盖，加强树体管理，保护伤口，加强土肥水管理和病虫害防控。

3.2.2.5 霜冻

(1)定义

霜冻是指在温暖季节里，土壤表面或植物表面的温度下降到植物组织冰点以下的低温而使体内组织冻结产生的短时间低温冻害。春季晚霜冻对果树的危害远大于秋季霜冻。

(2)灾害指标

①开花期：造成霜冻的临界低温为－2～－1 ℃，－4～－3 ℃产生严重损伤，其中花蕾期临界低温为－4～－2 ℃，此外，雌蕊在低温条件下先受冻，花粉比雌蕊抗低温能力强，短期－1 ℃左右低温不致花粉受冻。

②坐果期：气温＜0 ℃可致冻害。

(3)主要影响

在春季，气温逐渐回升，苹果树解除休眠进入生长期后，从萌芽、开花、坐果，抗寒能力越来越弱。春季晚霜冻出现越晚，对果树危害越大，果树萌芽、开花越早，造成的损害越严重。刚刚解除休眠时的气温常发生升温情况，特别当异常升温 3～5 d 后，遇到寒潮更易受害，果树花器、幼果极易受损，将造成重大经济损失。花期遇霜冻，一般伴随着昆虫活动的减少，降低坐果率；或有一部分晚花受冻较轻或躲过冻害，可保留一定的坐果率和产量，而幼果期霜冻会出现绝产。霜冻危害的程度，取决于低温强度、持续时间及回温快慢。

(4)采取措施

延迟发芽，躲避霜冻。改善果园小气候，加热防霜、熏烟法、树盘覆草。灾害补救一般采取，霜冻发生后及时对树冠喷水，人工辅助授粉促进坐果，加强土肥水综合管理和病虫害综合防控。

3.2.2.6　风害

(1)定义

风害是指气流异常对农林牧业造成的危害。气流异常体现在风速、风向和风的持续时间 3 个方面，常见的是风速偏大对农林牧业造成的危害，以大风、台风为最。风力在 6 级以上就可对作物产生危害，危害大小主要取决于风力强度和持续时间。中央气象台规定风速≥17.2 $m \cdot s^{-1}$(即 8 级或以上)的风称为大风。风害程度一般与大风天气特点、防御措施、树体抗风能力等因素有关。

(2)主要影响

如造成树冠偏斜，枝条、树干折断、叶片撕裂、落花、落果、幼果摩擦等机械损伤；加速植物蒸腾作用，耗水过多；造成叶片气孔关闭，光合强度降低；从而影响开花、授粉等。

(3)采取措施

对根系较浅的矮化型苹果树，要做好坚固可靠的支架立柱等辅助设施；加强果园管理，培肥地力，增强树势，提高果树群体抵御风害能力。

3.2.3　主要病虫害

鲁丽作为早熟品种，一般病虫害较轻，生长期间较少出现病虫害大发生的条件。在生产中坚持“预防为主、防治结合”的原则，做好白粉病、轮纹病、炭疽病、干腐病、斑点落叶病等的预防，虫害主要是金龟子、卷叶蛾、红蜘蛛、蚜虫、介壳虫等，常采用生物防治、物理防治与化学防治相结合的手段开展病虫害综合防治(刘学海，2020)。

3.2.3.1　斑点落叶病

(1)危害特征

主要危害叶片，也危害枝条和果实(王景红，2010)。叶片受害时，初期出现褐色圆点，其后逐渐扩大为红褐色，边缘紫褐色，病部中央常具一深色小点或同心轮纹；潮湿条件下，病部正反面均可长出墨绿色至黑色霉状物；严重时，多斑融合成不规则大斑，叶即穿孔或破碎，生长停滞，枯焦脱落。枝条受害时，在一年生枝和徒长枝上，出现褐至灰褐色病斑，边缘有裂缝。果实染病时，幼果果面上产生黑色发亮的小斑点或锈斑，病部有时呈灰褐色疮痂状斑块，病健交界处有龟裂，病斑不剥离，仅限于病果表皮，但有时皮下浅层果肉可呈干腐状木栓化。

(2)发生规律

春雨出现较早且雨量较大，夏季有连阴雨，病害发生早且重。7—8月雨后，环境高温高湿状态下，病菌传播、侵染很快，往往导致大面积发病，部分果园，叶片7月上中旬早早脱落甚至感染果实，影响商品率及树势，严重情况下造成8月新梢叶片发病，造成大量落叶，9月下旬停止发展，下年将出现减产、绝产。

(3)防治要点

雨季增加打药频率；落叶后及时清园，剪除病枝，集中烧埋枯枝落叶；增施根果良品有机肥及菌肥，增强树势；合理整形修剪，控制树体旺长，控制好杂草，改善通风透光条件。

3.2.3.2　煤污病

(1)危害特征

煤污病是苹果果皮外部发生的病害，几乎所有苹果园，所有品种都有不同程度的发病，影响果品外观质量，降低等级和经济价值。表面产生褐至褐色污斑，边缘不明显，似煤烟尘落。其菌丝层很薄，可用手擦去。常沿雨水流动的方向发病，俗称"水锈"。

(2)发病规律

7月上旬至9月下旬均可发病。侵染集中于7月初到8月中旬，高温多雨季节繁殖扩展迅速，可多次再侵染。凡树冠郁密、管理粗放的果园，防治不及时，可在半月内果面污黑，严重发病。果园周围空气环境质量差，也会加重煤污病的发生。

(3)防治要点

一是夏季管理，7月对郁闭果园进行两次夏剪，疏除徒长枝、背上枝、过密枝，同时注意除草和排水。二是在7月开展打药保护，应结合炭疽病、轮纹病、褐斑病等综合防治。

3.2.3.3　水裂纹

(1)危害特征

梗洼和萼洼处多呈褐色涟漪状水波纹状。果面多以果点为中心，在果肩多产生横向裂纹，在果胴多产生放射状裂纹，随着裂纹的增多和延长，相互连成网状。果面粗糙、裂口失水、干缩，造成果实晚熟，小裂口处分泌蜡液，愈合后形成的黑褐色疤纹，严重的疤纹纵横交错形成果锈。

(2)发病规律

当地块土壤pH较高时，土壤中大量钠离子的存在，拮抗了土壤中钙、硼、铁、镁离子的吸收及有效活性，导致钙、硼、铁、锌等离子淋失或被土壤固定成为不可吸收态离子，导致果树极易缺乏以上中微量元素，遇到夏季的高温极端天气，会加重果树中微量元素缺乏症状，极易引起果实水裂纹等生理性病害的发生。灌溉水分不均匀，前旱后涝，导致果肉膨大速率高于果皮，也会形成裂纹。果园郁闭光照不好导致果皮发育不健全等。

(3)防治要点

一是开展持续的土壤改良，通过施有机肥、生物菌肥和土壤改良剂，持续2～3年，可改善土壤结构和微环境，增强土壤的缓冲能力，提高果树对中微量元素的吸收和利用，增强果树对极端环境的抗逆性，减少果实生理病害。二是科学做好土壤补钙的同时，注意叶面补充钙肥，一定程度上降低果实缺钙风险，同时做好氮肥、钾肥的合理使用，避免偏施肥料。三是科学灌溉，保持水分均匀，保证3～4 d浇水1次，保持水分的合理供应。四是及时开展夏剪工作，疏除内膛直立枝、徒长枝，回缩没有果实的枝条，保持树体通风透光。

3.2.3.4　轮纹病

又称粗皮病，主要危害枝干、叶片和果实。

(1)危害症状

危害叶片时，叶上现多个病斑，病叶干枯脱落。侵染枝干时，在枝干上以皮孔为中心形成深褐色病斑，单个病斑圆形，直径为5～15 mm，初期病斑略隆起，后边缘下陷，从病斑交界处裂开。果实发病多在近成熟期和贮藏期，表现为以皮孔为中心，呈水渍状、褐色、圆形斑点，逐渐扩大成深褐色并有明显的同心轮纹病斑，病果很快腐烂，发出酸臭味，并渗出茶色黏液，病果渐失水成为黑色僵果。

(2)发病规律

轮纹病的侵染过程具有潜伏性，果实多在早期侵染，于成熟期发病。潜伏期的长短、病害发生和流行与气候条件密切相关，温暖、多雨时发病重。枝干病斑中越冬的病菌是主要侵染源，分生孢子于次年春天2月底形成，3月中下旬增加，4月随风雨大量散出，5—6月扩展活动旺盛，7月以后扩展减慢，病斑交界处出现裂纹，11月下旬至次年2月下旬为停顿期。病害程度与树势有关，一般管理粗放、生长势弱的梨树发病重。

(3)防治要点

一是秋冬季清园，清除落叶、落果。二是刮除老皮、病斑，消毒伤口，剪除病梢，集中烧毁。三是加强栽培管理，增强树势，提高树体抗病能力，合理修剪，促进园地通风透光。四是开展化学防治。

3.2.3.5　白粉病

(1)危害症状

主要危害老叶，先在下部老叶上发生，再向上蔓延。在叶背面产生圆形的白色霉点，继续扩展成不规则白色粉状霉斑，严重时布满整个叶片。生白色霉斑的叶片初呈黄绿色至黄色、不规则病斑，严重时病叶萎缩、变褐枯死或脱落。后期白粉状物上产生黄褐色至黑色的小颗粒。白粉病菌以闭囊壳在落叶上及黏附在枝梢上越冬。

(2)发病规律

7月开始发病，秋季为发病盛期。最初子囊孢子通过雨水传播侵入叶，病叶上产生的分生孢子进行再侵染，秋季进入发病盛期。密植果园、通风不畅、排水不良或偏施氮肥的果树容易发病。

(3)防治要点

秋后彻底清扫落叶，并进行土壤耕翻，合理施肥，适当修剪。

3.2.3.6　干腐病

(1)危害特征

①干腐型：由主枝基部开始发病，初期为淡紫色病斑，沿枝干纵向扩展，使组织干枯，呈稍凹陷状，表面粗糙甚至龟裂，病健部之间裂开，后期病部表面散生黑色小粒点。

②溃疡型：以皮孔为中心，形成暗褐色回形小病斑，边缘色泽较深。病部皮层稍隆起，皮下组织软，颜色浅。病斑表面常滋出茶褐色汁液，俗称“冒油”。后期病部凹陷，呈暗褐色，病健部之间裂开，后期病部表面散生黑色小点。严重时，造成大枝死亡。

③果实上初现浅褐色圆斑，后扩展成深浅相交错的同心轮纹状斑，迅速腐烂。烂部有酸腐气味，渗出褐色黏液。后失水形成僵果，果表面产生黑色隆起小粒点。

(2)发病规律

干旱年份发病重，雨水适宜年份发病轻。树体衰弱时，病菌扩展发病。干旱时，树皮含水量低，病害扩展迅速，涝害会引致果树生理性干旱，因此在地势低洼、土质黏重、排水不良的果园发病较多。

(3)防治要点

一是栽植时应选择健苗，避免深栽。新定植苗应及时灌水，雨季防涝，9月初应打顶芽，使幼树健壮生长，增强抗病能力。二是刮除病斑：此病危害初期一般仅限于表层，应加强病害检查，及时刮治病斑，并涂抹药剂。

3.2.3.7 炭疽病

(1)危害特征

主要危害果实，也可危害枝条和果台等。

严重时几个病斑连在一起，使全果腐烂、脱落。有的病果失水成黑色僵果挂在树上，经冬不落。在温暖条件下，病菌可在衰弱或有伤的1～2年生枝上形成溃疡斑，多为不规则形，逐渐扩大，到后期病表皮龟裂，致使木质部外露，病斑表面也产生黑色小粒点，病部以上枝条干枯。果台受害自上而下蔓延呈深褐色，致果台抽不出副梢干枯死亡。

(2)发病规律

多雨高温高湿是此病的流行条件，分生孢子传播主要靠雨水飞溅，也借风和昆虫传播。一年内有反复多次再侵染。

(3)防治方法

一是发芽前清理残枝、枯叶烧毁；果园内不种高秆农作物，园外不植刺槐；及时夏剪，使树冠大枝成层，通风透光。二是强抓幼果期为重点防治期。

3.2.3.8 金龟子

(1)危害症状

叶片受害时，大量的金龟子成虫在夜间聚集于果树叶丛中咬食叶片，被害的果树叶片残缺不全或仅留下叶脉及叶柄。花期受害时，金龟子成虫取食花器，造成苹果无法正常授粉坐果，从而影响苹果产量。果实受害时，成虫喜欢在果实伤口、裂果和病虫果上取食，常数头聚集在果实上，以枝条背上果居多，将果实啃食成空洞，引起落果和果实腐烂。此外，金龟子还会危害根系，其幼虫又叫蛴螬，在土壤中取食苹果树幼根。

(2)发生规律

金龟子每年会发生1代，以幼虫或成虫在土内越冬，在第二年3月下旬成虫开始外出活动，成虫喜欢取食花蕾，6月中旬至7月中旬是危害盛期。金龟子成虫白天潜伏土内，黄昏至黎明聚集在树叶、花朵及果实上危害。金龟子成虫受惊有假死性，对黑光灯有强烈趋性。因其迁飞能力较强，飞翔快，因此树上防治的效果欠佳。

(3)防治要点

一是利用其假死性进行灭杀；二是施用药剂；三是在苹果花期，在果树行间覆膜，覆膜产生强反光可驱避金龟子；四是利用其趋光性，在夜间通过黑光灯或频振式杀虫灯诱杀；五是在成虫发生盛期进行药剂喷施。

3.2.3.9　卷叶蛾

(1)危害症状

幼虫卷结嫩叶，潜伏在其中取食叶肉。低龄幼虫食害嫩叶、新芽，稍大一些的幼虫在卷叶或平叠叶片或贴叶果面，取食叶肉使之呈纱网状和孔洞，并啃食贴叶果的果皮，呈不规则形凹疤，多雨时常腐烂脱落。

(2)发生规律：

一年发生2～3代。以2～3龄幼虫在顶梢卷叶团内结虫苞越冬。萌芽时幼虫出蛰卷嫩叶危害，常食顶芽生长点。6月上旬幼虫老熟，在卷叶内作茧化蛹，6月中下旬发蛾。成虫白天潜藏叶背，略有趋光性。卵多散产于有绒毛的叶片背面。幼虫孵出后吐丝缀叶作苞，藏身其中，探身苞外取食嫩叶。7月是第一代幼虫危害盛期，第二代幼虫于10月以后进入越冬期。

(3)防治要点

一是冬季清园，修剪虫害枝条，减少越冬幼虫；二是春夏摘除卵块，捕杀幼虫；三是清除落果；四是用药剂喷杀幼虫；五是利用性外激素诱杀，以及保护和利用天敌等。

3.2.3.10　红蜘蛛

(1)危害症状

苹果叶螨成、若虫多在叶片正面刺吸叶液，危害叶片出现黄白色小斑点，严重时叶片呈现黄褐色。除受害特别严重外，一般不提早落叶。

(2)发生规律

黄河流域苹果主产区每年发生7代，以卵在短果枝、果台或2～3年生枝条上越冬。春季苹果快要展叶时．越冬卵开始孵化。孵化期比较整齐，历时14 d左右，此期为防治有利时期。金冠苹果落花后14 d是第一代卵孵化盛期，此期为药剂防治又一有利时机。以后发生世代重叠，7月、8月是全年危害最重的时期，被害叶呈现黄褐色小斑点，严重时全叶枯黄，但不脱落。苹果叶螨多在叶背活动危害，发生量大时常在枝叶间吐丝拉网，垂丝下降，借风力传播。8月以后，虫口数量显著下降。晚秋季节，虫口数量常有回升。9月、10月产越冬卵越冬。

(3)防治要点

一是保护和利用天敌；二是果树休眠期防治，刮除老树皮，树基培土，发芽前喷药；三是果树生长季节防治，抓住花前、花后、麦收前3个关键时期用药；四是加强果园管理，秋后清除枯枝落叶并集中烧毁，秋耕冬灌均可消灭大量越雌螨，园中不种豆类等寄主作物，及时铲除杂草。早春苹果萌芽前，彻底刮除树干老皮、粗皮、翘皮，并集中深埋或烧毁，消灭害螨越冬场所。并在萌芽前喷施药剂，可兼杀多种病虫害。以及清除园内杂草，剪除树干和内膛萌发的徒长枝，减少害螨滋生场所，压低上树虫口数量。

3.2.3.11　蚜虫

(1)危害症状

主要危害苹果、沙果、海棠、木瓜等。以若蚜、成蚜群集于寄主嫩梢、嫩叶背面及幼果表面刺吸危害，受害叶片常呈现褪绿斑点，后向背面横向卷曲或蜷缩。

(2)发生规律

苹果蚜虫以幼蚜、成蚜直接刺吸苹果嫩梢及叶片的养分，同时由于口器和唾液刺激使叶片失绿，叶片向背面横郑皱缩，密布黄绿色的蚜虫和白色的脱皮，形成虫瘿，传布病毒，而且造成花、叶、芽畸形，最后苹果叶片发黄干枯，严重影响新梢生长和叶片功能。苹果蚜虫一年可发生10余代，以卵在枝条裂缝、芽苞附近越冬。在4月上旬苹果发芽时卵开始孵化，孵化期约为20 d。在苹果萌芽后群集在新梢及附近叶片上危害，在5—6月为危害盛期，6—7月出现翅蚜，扩散危害。在麦收后，由于瓢虫、草蛉、食蚜蝇、蚜茧蜂、蚜小蜂等天敌迁来捕食和新梢停长后叶片老化，其数量迅速减少。待秋梢抽生后，又有回升。一般低温偏旱的年份和氮肥施用过多、果树生长不良等情况均有利于蚜虫的发生。

(3)防治要点

一是利用烟叶、橘皮、辣椒、蓖麻叶等植物防治；二是利用蚜虫趋黄性、对银灰色的趋避性、对信息素的趋向性开展物理防治；三是及时清园，采摘后的果园及时处理枯枝、落叶、杂草，修剪去除老叶、病叶、黄叶，并带出园外集中烧毁，冬季或早春喷洒灭性除草剂杀死田间杂草，兼灭杂草上越冬的蚜虫卵，减少虫源；四是利用天敌进行生物防治；五是化学防治。

3.2.3.12　介壳虫

(1)危害症状

介壳虫能寄生在苹果树所有地上部分，特别是枝干，以成虫、若虫刺吸枝干后，引起皮层木栓化和韧皮部、导管组织的衰亡，皮层爆裂，抑制枝条生长，引起落叶，甚至枝梢干枯和整株死亡。还可以寄生于果实上的萼凹周围，呈现红色晕圈，最后失水干缩。分泌物还能诱发煤污病的发生，影响光合作用，发生严重时造成树势衰弱，芽叶萎缩，产量和品质下降。

(2)发生规律

介壳虫一年发生1代，以成虫或若虫在枝条上越冬，在苹果树发芽时开始活动取食危害，在5月至6月初开始产卵，6月下旬、7月上旬为若虫出壳盛期。若虫出壳后在果树叶片背和嫩枝上固定危害，叶上的若虫一直危害到10月间，爬到越冬场所越冬。

(3)防治要点

一是在苹果园内零星发生时，用刷子清除寄生虫体，防止扩散。二是在苹果树落叶后和萌芽前，用5波美度石硫合剂，或5%柴油乳剂，或4%～6%煤焦油乳剂喷洒。三是在6月上中旬雄虫羽化和雌虫产子期是药剂防治关键期，喷施40%速扑杀乳油1000～1500倍液，或300倍洗衣粉，或0.3波美度石硫合剂。

3.2.4　农业气象周年服务方案

根据阳谷鲁丽苹果生育需求，制定阳谷鲁丽苹果农业气象周年服务方案，见表3.6。

表3.6　阳谷鲁丽苹果农业气象周年服务方案

日期	主要发育期	主要农业气象指标	农事建议	关注重点
3月上中旬	花芽萌动期	(1)温度：适宜温度为7 ℃，适宜温度上限为19 ℃，适宜温度下限为2.0 ℃。适宜温度日较差为11.0 ℃； (2)水分：适宜土壤相对湿度为70%～80%； (3)日照：适宜日照时数为7～8 h	(1)满足萌芽期氮肥需求，施肥浇水，中耕保墒； (2)规范树体管理，科学刻芽、抠芽，因树而异花前复剪，疏蕾； (3)病虫防治； (4)促进根系生长； (5)强化枝条生长势，分布合理	(1)干旱； (2)低温阴雨

续表

日期	主要发育期	主要农业气象指标	农事建议	关注重点
3月下旬	芽开放至展叶期	(1)温度:适宜温度为9.0 ℃,适宜温度上限为21.0 ℃,适宜温度下限为−1.0 ℃;适宜温度日较差为11.0 ℃; (2)水分:适宜土壤相对湿度为70%～80%; (3)日照:适宜日照时数为7～8 h	(1)该期是叶面补充钙、镁中量元素和硼、铁、锰、锌等微量元素的最佳时期,促进枝条展叶抽梢的需求,促进花粉管伸长 (2)展叶期喷雾、杀菌,促进树体壮实; (3)加强土肥水管理,及时补充中微量元素肥	(1)霜冻; (2)连阴雨; (3)大风
3月底至4月中旬	开花期	(1)温度:花前≥10 ℃积温在240～260 ℃·d;花期适宜温度为15～25 ℃,花粉发芽适宜温度为15～22 ℃,21 ℃时蜜蜂最为活泼,适合授粉; (2)风:3～4级,利于授粉; (3)水分:适宜土壤相对湿度为60%～70%	(1)花序分离后人工疏花 (2)在花后1周进行疏果,20 d内结束; (3)花后40 d内保证充足的肥水供给,该时期果肉组织细胞分裂,利于培养大果; (4)"鲁丽"自花授粉,可少用或不栽授粉树,正常年份不需人工授粉	(1)霜冻; (2)大风; (3)冰雹
4月下旬至5月中旬	幼果期	(1)温度:适宜温度为10～20 ℃,利于新梢生长。日较差≥10 ℃时,日平均气温在20 ℃以上,利于形成花芽; (2)水分:土壤最大持水量的80%左右利于新梢生长;新梢生长变缓或停止后,土壤相对湿度为50%～60%,利于花芽形成	(1)主要疏除畸形果、病虫果、小果,保留果形正、高桩、果梗长的中心果; (2)中长果枝多留果,短果枝、叶丛枝少留或不留果,尽可能少留侧果和向上的果	(1)连阴雨; (2)大风; (3)冰雹
5月下旬至7月上旬	果实膨大期	(1)温度:适宜气温为20～27 ℃,最适温度为20～22 ℃;过高过低影响生长,夜温较低,果实生长愈快,适宜上限温度为>30 ℃的日数不超过30 d。日较差≥10 ℃;≥20 ℃积温以1000 ℃·d左右适宜; (2)空气相对湿度:60%～70%; (3)水分:≥年降水量的70%,即350 mm左右。适宜土壤相对湿度为70%～80%; (4)风:3～4级; (5)光照:日照时数≥6～8 h	(1)保证肥水的充足供应,该期缺水缺肥影响果个长大,在5月下旬到6月上旬是需"磷"高峰期,应及时补充磷; (2)提高叶片的光合速率,应用生长调节剂,防治病虫害	(1)大风; (2)冰雹; (3)连阴雨; (4)高温

续表

日期	主要发育期	主要农业气象指标	农事建议	关注重点
7 月中下旬	果实成熟期	(1)温度：13.5～20.0 ℃为宜；有关试验显示，低温有利于果实着色，当日平均气温在 13.5 ℃时，着色度可达 50%，12.8 ℃时，着色度可达 75%； (2)光照：日照时数≥5 h； (3)水分：田间持水量的 80%左右	(1)修剪枝条； (2)人工摘叶； (3)开张角度，让光照进去； (4)采收后及时上有机肥、喷施清园药，加强病害防治和促进落叶； (5)人工转果，转动量要小，使果实全面着色； (6)地下铺设反光膜，增进着色，辅以适当的夏季修剪	(1)大风； (2)冰雹； (3)连阴雨； (4)高温
8 月上旬至 10 月中旬	采摘及采后管理期	晴好天气	清理果园、补充营养、剪枝、施用基肥	(1)大风； (2)冰雹； (3)高温； (4)晚霜冻； (5)连阴雨
10 月下旬至 12 月上旬	叶变色至落叶期	(1)日平均气温<15 ℃； (2)光照：日照时数<8 h	(1)保护叶片不可过早或过迟脱落； (2)秋季修剪，为来年花芽形成打好基础； (3)抓住根系生长的高峰期和花芽分化重要阶段，做好秋季施肥	(1)晚霜冻； (2)大风
12 月中旬至次年 3 月上旬	休眠期	(1)适宜温度<9 ℃，其中冬季最冷月平均气温为－10～10 ℃，可满足苹果的低温需求； (2)适宜需冷量为日平均温度 7.2 ℃以下气温积累 900～1000 h	(1)冬季整形修剪； (2)冬季清园	(1)低温冻害； (2)暴雪； (3)大风

3.3 烟台酿酒葡萄

3.3.1 农业气象指标

酿酒葡萄发育阶段主要分为萌芽期、新梢生长期、开花坐果期、浆果生长期、成熟采收期及落叶休眠期。

3.3.1.1　萌芽期(4 月中下旬)

(1)适宜气象指标

最适日平均气温为 10～12 ℃。

(2)不利气象指标

①温度：酿酒葡萄萌芽后，如遇－3 ℃以下低温，容易造成萌动的芽受冻，甚至脱落，从而影响产量。

②水分：干旱不利于萌芽。

3.3.1.2　新梢生长期(5 月上旬至 5 月下旬)

(1)适宜气象指标

①温度:气温较高且稳定回升,有利于新梢生长。新梢生长期最适宜的日平均气温为15～18 ℃,新梢生长最迅速的温度为 28～30 ℃。

②水分:土壤相对湿度达 70%左右。

(2)不利气象指标

当日平均气温低于 10～12 ℃时,新梢停止生长。气温高于 35 ℃,新梢生长停滞;遇到－1 ℃的低温,嫩梢和幼叶就很容易受冻。

3.3.1.3　开花坐果期(5 月下旬至 6 月上旬)

(1)适宜气象指标

①温度:日平均气温≥15 ℃,最适宜的日平均气温为 20～25 ℃。

②天气条件:天气晴朗,气温稳定,有利于开花、坐果。

(2)不利气象指标

干旱(开花前后可适当干旱,可适当抑制新梢生长,有利于花芽分化和开花坐果)、大风、阴雨天气或气温低于 14 ℃都对葡萄的开花和授粉受精不利,影响坐果率。

3.3.1.4　浆果生长期(6 月中旬至 9 月上旬)

(1)适宜气象指标

①温度:最适日平均气温 22～23 ℃;≥10 ℃积温 1100～1400 ℃·d。

②水分:月降水量≤60 mm,土壤相对湿度达 70%左右。

(2)不利气象指标

干旱、大风、阴雨天气或气温低于 20 ℃,对浆果生长不利,35 ℃以上的持续高温会产生日灼。

3.3.1.5　成熟采收期(9 月上旬至 10 月上旬)

(1)适宜气象指标

①温度:最适宜温度为 28～32 ℃,昼夜温差＞10 ℃以上时,浆果含糖量显著提高。

②水分:月降雨量＜50 mm、旬降雨量＜30 mm,土壤含水率为 60%左右。

③日照:日照时间长,有利于糖分积累。

(2)不利气象指标

气温低于 17 ℃时会延迟浆果成熟、影响品质的提高,且易发生病虫害;气温低于 8 ℃时,糖分积累停止。

采收前 15 d 禁止灌溉。

3.3.1.6　越冬期(11 月下旬至次年 3 月下旬)

(1)适宜气象指标

气温不宜高于 12 ℃,并逐步平稳下降;气温一般不低于－15 ℃,地温一般不低于－6 ℃。

(2)不利气象指标及管理措施

酿酒葡萄越冬期要注意越冬冻害,可以通过适度的埋深、沟栽、深沟施肥等方式诱导葡萄根系下扎,减少冻害发生(韩颖娟 等,2011)。

3.3.2 主要农业气象灾害

酿酒葡萄常见的主要农业气象灾害有:冻害、高温热害等。

3.3.2.1 冬季冻害

葡萄冻害是指由于低温对葡萄枝蔓或根系产生伤害的现象。表现为春季萌芽晚、萌芽不整齐、新梢生长势弱、花芽分化不良、坐果率低等,严重的导致植株死亡,造成绝收。

一般认为葡萄芽眼能忍受的低温为−16～−18 ℃;根系在土壤温度低−3～−8 ℃时即会受冻。

3.3.2.2 霜冻

晚霜冻俗称春霜冻或倒春寒,发生于春季葡萄生长季。由于冷空气入侵引起迅速降温,往往 24 h 内使植物表面以及近地面空气层的温度骤降到 0 ℃以下,导致植株新生枝叶及花果受害或者死亡。酿酒葡萄不同时期霜冻指标见表 3.7～3.9(刘伟 等,2017;山西省气象局,2018)。

表 3.7 酿酒葡萄赤霞珠春霜冻指标 单位:℃

等级	萌芽	新梢	幼叶	花序
轻度霜冻	−4	−2	−2	−1～0
中度霜冻		−3		−2
重度霜冻	−5	−4	−3	−3

表 3.8 酿酒葡萄赤霞珠春霜冻指标葡萄萌芽期霜冻等级 单位:℃

等级	轻	中		重	严重
指标	$-3<T\leqslant-2$ 且 $T_h<4$	$-3<T\leqslant-2$ 且 $T_h\geqslant4$	$T\leqslant-3$ 且 $T_h<2$	$T\leqslant-3$ 且 $2\leqslant T_h<4$	$T\leqslant-3$ 且 $T_h\geqslant4$
症状	20%以下芽受冻,不能萌发或芽萌发推迟	20%～50%芽受冻,不能萌发		50%～80%芽受冻,不能萌发	80%以上芽受冻,不能萌发

注:T 表示气温,单位:℃;T_h 表示该温度区间持续出现的时长,单位:h。

表 3.9 葡萄新梢生长期霜冻等级 单位:%

等级	轻	中		重	严重
指标	$-1<T<0$ ℃ 且 $T_h<2$ h	$-1<T<0$ 且 $T_h\geqslant2$ h	$T\leqslant-1$ 且 $T_h<1$	$T\leqslant-1$, $1\leqslant T_h<4$	$T\leqslant-1$ 且 $T_h\geqslant4$
症状	20%以下植株叶片有冻害,叶片稍发黄,枝叶正常,花序正常	20%～50%植株顶梢冻死,部分叶片冻死,花序正常		50%～80%植株新梢上部的嫩梢(含叶片)受冻,花序基本完好	80%以上植株整个新梢、叶片及花序全部受冻死亡

注:T 表示气温,单位:℃;T_h 表示该温度区间持续出现的时长,单位:h。

3.3.2.3 高温热害

高温热害是高温对植物生长发育和产量形成所造成的损害,一般是由于高温超过植物生长发育上限温度造成的,可使果树林木及果实造成日灼、气灼等。气温上升到 38～42 ℃,葡萄生长停止;生长期的致死高温为 49.5 ℃。

3.3.2.4 其他灾害

影响葡萄产量和品质的其他灾害，如冰雹、连阴雨等，尚无明确的指标。

3.3.3 主要病虫害

3.3.3.1 霜霉病

主要以卵孢子在落叶中越冬。可以以菌丝在芽或没有落的叶片上越冬。卵孢子在自由水中，温度达到 11 ℃时萌发，产生游动孢子囊及游动孢子，游动孢子由气孔侵入寄主引起发病，条件适宜时，病害潜育期 5～10 d，一个生长季节有多次再侵染。

冷凉潮湿的气候有利于发病。葡萄霜霉病最适侵染的临界值，连续 24 h 内降雨时间＞4 h，24 h 内空气湿度连续＞90％的时间超过 6 h，24 h 内平均温度为 11 ℃以上，其中前两个条件必须同时满足。

农业防治：a. 搞好田间卫生：清除病残体，减少病菌来源。生长季节或休眠季节将枯枝、落叶、病枝条、病果进行清理，集中深埋或烧毁。b. 降低果园湿度：雨季排水，使架面通风透光，改进灌溉设施，及时中耕除草，最好实行避雨栽培（袁洪峰 等，2016）。

3.3.3.2 白腐病

雨年份常和炭疽病并发流行，给葡萄生产造成巨大损失。落花后到封穗期，是阻止白腐病孢子传播是最好的措施。

分生孢子可借风雨传播，由伤口、蜜腺、气孔等部位侵入，经 3～5 d 潜育期即可发病，并行多次重复侵染。该病菌在 28～30 ℃，大气湿度在 95％以上时适宜发生。高温、高湿多雨的季节病情严重，雨后出现发病高峰。在北方，自 6 月至采收期都可发病，果实着色期发病增加，暴风雨后发病出现高峰。近地面处以及在土壤黏重、地势低洼和排水不良条件下病情严重。杂草丛生、枝叶密闭或湿度大时易发病。偏旺和徒长植株易发病。

农业防治：a. 选择抗病品种：在病害经常流行田块，尽可能避免种植感病品种，尽量选择抗性好、品质好、商品率高的高抗和中抗品种。b. 及时清除菌源：生长季及时剪除病果、病叶和病蔓，落叶后结合冬剪彻底清除病穗、病枝、病叶、病粒，带出园外集中处理，减少当年再侵染菌源。c. 加强栽培管理：科学施肥灌水、防治病虫、合理负载，增强树体抗病能力。通过摘心、抹芽、绑蔓、摘副梢、中耕除草、雨季排水、适时套袋等经常性田间管理工作降低果园湿度，保持葡萄园通风透光。科学疏花疏果（符丽珍 等，2019）。

3.3.3.3 灰霉病

防治关键期是花前、封穗前、转色期及成熟期。

灰霉病要求低温高湿条件，菌丝生长和孢子萌发适宜温度为 21 ℃。空气相对湿度为 92％～97％，pH 为 3～5 对侵染后发病最有利。侵入时间与温度有很大关系。16～21 ℃、18 h可完成侵入，温度过高或过低都会延长侵入期。春季葡萄花期，气温不太高，若遇连阴雨，空气湿度大常造成花穗腐烂脱落。另一个易发病期是果实成熟期。与果实糖分转化、水分增高、抗性降低有关。管理粗放、施磷钾肥不足、机械伤、虫伤较多的葡萄园易发病，地势低洼、枝梢徒长、郁闭、通风透光不足果园发病重。

农业防控：a. 搞好清园：果实采收后及时清除病残体及杂草，剪除病枝病叶，集中焚烧或深埋，减少越冬菌源。结合清园，于早春对全园树体及地表喷一遍 3～5 波美度石硫合剂或 45％（质量分数，后同）施纳宁 200 倍液，铲除越冬菌源。b. 提高定干高度：葡萄定干提高到 1.5 m

左右，使树体通风透光，并防止地面残体及土壤中病原菌飞溅到果实上，减轻病害的发生。c. 避免间作其他作物：因灰霉菌寄主范围广，除危害葡萄外，还危害草莓、番茄、茄子、黄瓜等470余种植物。如间作其他作物，易造成交叉重复感染，造成病害大流行，同时增加防治成本（付学池 等，2018）。

3.3.3.4　炭疽病

在初夏和葡萄着色后易发病。

形成孢子的最适宜温度为25～28 ℃，12 ℃以下，36 ℃以上则不形成孢子。病菌孢子借风雨传播。病害的发生与降雨关系密切，降雨早，发病也早，多雨的年份发病重。葡萄着色成熟时，病害常大流行；降雨后数天易发病，天旱时病情扩展不明显，日灼的果粒容易感染炭疽病；栽培株行过密、施氮过多发病重。果皮薄的品种发病较严重，晚熟品种往往发病较严重。土壤黏重、地势低、排水不良、坐果部位过低、管理粗放、通风透光不良均能招致病害严重发生。

农业防控：搞好果园清洁工作是基础：a. 冬季修剪时，仔细剪除病弱枝及病僵果，集中深埋或烧毁，减少病源。b. 加强栽培管理，及时排水降低湿度：及时绑蔓、摘心，改善植株的通风透光条件；注意合理施肥，适当增施磷、钾肥，增强树体抗病能力；篱架栽培时要适当升高最低层铁丝的位置，以距地面60 cm以上为宜。c. 有条件的果园，对经济价值高的品种，采用设施或避雨栽培。同时，采用棚架整形及"高、宽、垂"整形，提高葡萄的结果部位（顾勇，2017）。

3.3.3.5　白粉病

该病菌以菌丝体在寄主组织内和芽内越冬，白粉病菌的生长和发育要求较高的温度，最适温度为25～28 ℃。

干旱的夏季和温暖而潮湿、闷热的天气有利于诱发白粉病的大发生。栽培过密，施氮肥过多，修剪、摘副梢不及时，枝梢徒长，通风透光状况不良的果园，白粉病发病较重。

不同品种之间存在抗病性差异，欧洲品种比较感病，美洲品种对葡萄白粉病抗性较强；嫩梢、嫩叶、幼果较老熟组织感病。

农业防控：a. 选用抗病品种。b. 加强肥水管理，提高抗病性。根据葡萄不同生育期养分需求差异，科学复配氮磷钾元素。雨后及时排水防涝、干旱及时灌水，保持院内适当干湿度，避免旱涝交替频繁，降低白粉病发病概率。c. 整形修剪、合理负载，确保树势健壮。d. 保持果园清洁，降低菌源基数（车升国 等，2019）。

3.3.3.6　酸腐病

封穗期、着色期、成熟期（着色后10～15 d）是控制关键点。

酸腐病是真菌、细菌和醋蝇联合危害造成的，严格讲，应属于二次侵染病害。品种的混合种植，尤其是不同成熟期的品种混合种植，能增加酸腐病的发生。机械损伤（如冰雹、风、蜂、鸟等造成的伤口）或病害（如白粉病、裂果等）造成的伤口容易引来病菌和醋蝇，从而造成发病。雨水、喷灌和浇灌等造成空气湿度过大、叶片过密、果穗周围和果穗内的高湿度会加重酸腐病的发生和危害。

3.3.3.7　绿盲蝽

4～5叶期、花前、花后是主要危害期。

绿盲蝽有趋嫩危害习性及喜在潮湿条件下发生。多雨季节注意开沟排水、中耕除草，降低园内湿度。

(1)农业防治

①清理越冬场所。在葡萄埋土防寒前，清除枝蔓上的老粗皮、剪除有卵剪口、枯枝等。②及时清除葡萄园周围棉田中的棉柴、棉叶，清除树周围果树下及田埂、沟边、路旁的杂草及刮除四周果树的老翘皮，剪除枯枝集中销毁。减少、切断绿盲蝽越冬虫源和早春寄主上的虫源。

(2)物理防治

利用频振式杀虫灯诱杀成虫。绿盲蝽成虫有明显的趋光性，在果园悬挂频振式杀虫灯，每台灯有效控制半径在 100 m 左右，有效控制面积约 4 hm^2，可有效减少成虫种群数量。

3.3.3.8　蓟马

花期、幼果期是主要危害期。

蓟马喜欢温暖、干旱的天气，其适宜温度为 23～28 ℃，适宜空气相对湿度为 40%～70%；湿度过大不能存活，当湿度达到 100%，温度达 31 ℃时，若虫全部死亡。在雨季，如遇连阴多雨，能导致若虫死亡。大雨后或浇水后致使土壤板结，使若虫不能入土化蛹和蛹不能孵化成虫。

3.3.3.9　介壳虫

3 月中下旬开始活动，4 月下旬至 5 月上中旬是危害盛期。

温度、降雨和风对介壳虫的种群数量影响较大。介壳虫喜欢在温暖潮湿的环境条件下生活，高温低湿会使介壳虫死亡或使卵的孵化率降低。湿度的影响主要表现在低湿条件下介壳虫的存活率降低。过高的湿度往往有利于介壳虫发生，很少引起若虫死亡，而当湿度低于 15%时，若虫会大量死亡，因此，干旱的年份不利于介壳虫的发生。此外，大雨对正在迁移的若虫有较强的冲刷作用，可将若虫冲刷到地上而不能爬上寄主，小雨则没有影响。

3.3.3.10　康氏粉蚧

康氏粉蚧在山东胶东葡萄产区一般一年发生 2～3 代。主要以卵在葡萄树体翘皮裂缝及树干基部附近土缝石头缝里越冬。次年春葡萄发芽时，越冬卵开始孵化，幼虫爬到枝叶等幼嫩部位危害。第一代若虫发生期在 5 月下旬至 6 月上旬，第二代在 7 月中下旬，第三代在 8 月中下旬。第一代主要危害枝干和嫩叶，第二代、第三代主要危害葡萄果实。每个雌虫产卵约 300 粒，雌虫在树体上取食一段时间后，爬到枝干粗皮裂缝间、树叶下、枝杈处、果实上分泌卵囊，之后将卵产于卵囊内，以末代卵越冬。

3.3.3.11　透翅蛾

每年发生 1 代，以老熟幼虫在葡萄枝蔓内越冬。次年 4 月下旬化蛹，蛹期 5～15 d，6 月上旬至 7 月上旬羽化为成虫，成虫将卵产在叶腋、芽的缝隙、叶片及嫩梢上，卵期 7～10 d。刚孵化的幼虫，由新梢叶柄基部蛀入嫩茎内，危害髓部。幼虫蛀入后，在蛀口附近常堆有大量虫粪，在茎内形成长的孔道，使被害部上方的枝条枯死，被害部膨大，表皮变为紫红色。一般幼虫可转移危害 1～2 次。7—8 月幼虫危害最重，9—10 月幼虫老熟越冬。

3.3.4　农业气象周年服务方案

根据酿酒葡萄生育需求，制定酿酒葡萄农业气象周年服务方案，见表 3.10。

表 3.10 酿酒葡萄农业气象周年服务方案

时间	物候期	农业气象指标	农事建议	重点关注
1—3 月	休眠期	气温一般不低于－15 ℃，地温一般不低于－6 ℃	(1)修剪，清洁园田； (2)埋正立柱、紧铁丝； (3)检修药械、农具、灌排水设施； (4)准备好春季用的肥料及农药	低温冻害，冬剪
4 月上中旬	伤流期	根系集中分布层温度：欧亚种 7～9 ℃，美洲种 7～8 ℃	(1)引绑固定葡萄老蔓，拔除老翘皮，清洁园田； (2)检查各园区越冬情况； (3)施肥以氮肥、磷肥为主，施肥后立即灌水并划锄保墒； (4)喷石硫合剂，减少越冬病虫源	关注低温天气
4 月中下旬	萌芽期	有利：气温＞10 ℃； 不利：气温＜－3 ℃产生冻害	(1)抹芽定芽； (2)喷药防治绿盲蝽、金龟子等虫害； (3)在新梢可看出花序时，进行第一次定枝，减少树体营养浪费； (4)苗圃地扦插育苗； (5)嫁接换种	注意倒春寒，可喷施氨基酸类肥料补充树体营养
5 月上旬到下旬	新梢生长期	适宜的日平均气温为 15～18 ℃，土壤相对湿度为 70%左右	(1)选留结果枝，抹梢定梢； (2)新梢引绑，副梢管理； (3)开花前喷施硼肥，花期摘心提高坐果率	定梢并绑缚在架面上避免被风折断，以黑痘病、灰霉病、白粉病防治为主
5 月下旬至 6 月上旬	开花期	气温高于 15 ℃；低于 14 ℃的低温，授粉受精不良。干旱、大风、阴雨天气不利	适时引绑新梢，防止大风吹折	注意气候变化，注意连阴雨
6 月中下旬	浆果生长期	土壤相对湿度为 70%左右	(1)进行绿枝嫁接； (2)引绑新梢； (3)谢花后到幼果膨大期适时追肥，灌水； (4)果穗管理； (5)新梢引绑，副梢管理； (6)花后病虫害的防治	花后灰霉病，炭疽病，白腐病的防治，注意天气变化
7 月	浆果生长期	气温不低于 20 ℃；最适温度为 25～28 ℃，月降水量≤60 mm，土壤相对湿度为 70%左右； 不利的气象条件：干旱、大风、阴雨天气或气温低于 20 ℃	(1)以防病为中心，对病虫害进行规范化防治； (2)进入雨季注意及时灌水与排水，要求排灌通畅； (3)结合喷药加入微量元素肥料肥； (4)加强夏季修剪，对延长枝、预备枝进行摘心，对副梢也进行及时摘心； (5)加强苗木处理	进入雨季降水多温度高湿度大，非常适宜病害的流行爆发

续表

时间	物候期	农业气象指标	农事建议	重点关注
8月	浆果生长期	气温不低于20 ℃	(1)进入发病高峰期,对病虫害进行规范化防治,结合喷药加入0.3%磷酸二氢钾; (2)转色期追肥以钾、磷为主,增施钙肥; (3)及时中耕除草,做好夏剪工作	霜霉病的防治,白腐病,炭疽病发生后的控制
9月上旬至10月上旬	果实成熟期	日平均气温24 ℃左右,日照时间长,有利于糖分积累;土壤相对湿度为60%左右;气温低于16 ℃时会延迟浆果成熟、影响品质的提高	(1)病虫害的规范化防治,以残留少的保护剂为主; (2)及时中耕除草,松土保墒; (3)架面管理; (4)控制灌水,采收前15 d禁止灌水; (5)摘除底部老叶片; (6)保护好叶片,促使枝蔓充实、成熟和花芽分化良好; (7)做好果实采摘的预备工作,确定采摘日期,确保质量的情况下及时采摘; (8)采收后保护叶片延长叶片的功能期,确保枝条的充分成熟及营养的转存储,提高树体营养储备; (9)秋施基肥; (10)清洁园田	酸腐病的防治及霜霉病的防治;炭疽病、白腐病到发生后的控制;采收期,采收后仍应保护好叶片;基肥要腐熟,开沟深翻深度要保证
11月下旬至12月下旬	休眠期	气温逐步平稳下降,气温一般不低于−15 ℃,地温一般不低于−6 ℃	(1)浇防冻水; (2)葡萄根茎培土防寒,注意培土均匀五大土块; (3)清洁整理园区	彻底清理园区,及时浇防冻水,防范冻害

3.4 平度大泽山葡萄

平度大泽山葡萄主要种植区在大泽山地区,是山东省著名特产之一,有两千多年的栽培史,是中国国家地理标志产品。截至2020年,大泽山镇葡萄种植面积已达3.5万多亩,拥有300多个品种,年产葡萄5万余吨,实现葡萄产值7亿元。同时,大泽山葡萄产业的壮大和发展,带起了平度市14万亩葡萄种植面积,而且已使大泽山成为我国葡萄研发的“硅谷”。先后有近千个品种在大泽山扎过根,有5亿多株葡萄苗木走向全国32个省(区、市),带起葡萄基地100多万亩(董海鹰 等,2013)。

3.4.1 农业气象指标

葡萄整个发育阶段可分为出土期、萌芽期、新梢生长期、开花期、幼果膨大期、成熟期、休眠期7个时期(龙兴桂 等,2020;毛留喜 等,2015a;杨霏云 等,2015)。

3.4.1.1 出土期(3月下旬至4月上中旬)

(1)适宜气象指标

当15 cm地温稳定通过7 ℃以上时,根系开始活动。

(2)农事建议

平度大泽山葡萄主要为半埋土，出土前注意彻底清除剪落枝、枯叶、病蔓以及病残果粒深埋或者烧毁，减少菌源和虫源。土地化冻后及时撤除防寒土。

3.4.1.2　萌芽期(4 月中下旬)

(1)适宜气象指标

日平均气温稳定通过 10 ℃以上时，根系吸收的营养物质进入芽的生长点，引起细胞分裂，花序原始体继续分化，使芽眼膨大和伸长。

(2)不利气象指标

萌芽期 10～18 ℃为宜，气温低于 5 ℃会受冻，日照时数以 65～80 h 为宜。

(3)农事建议

大泽山葡萄在 4 月中下旬开始萌芽，葡萄芽眼萌发，需要充足的水分，如降水偏少，注意灌溉。另外，春季气温起伏波动较大，寒潮、倒春寒、大风等天气对处于萌芽期的葡萄树影响非常大，一定要特别关注天气变化，做好田间防冻应急措施。

3.4.1.3　新梢生长期(5 月上中旬)

(1)适宜气象指标

新梢生长和花芽分化的最适温度为 15～25 ℃，最高气温为 25～28 ℃，平均温度接近 20 ℃为宜。

(2)不利气象指标

气温低于 10～12 ℃，则不能正常生长。

(3)农事建议

该时期枝叶柔嫩，大风易将枝叶吹破、新梢吹折，应注意防范大风，可通过葡萄修剪与捆绑，使葡萄处于均匀生长的状态，避免葡萄被大风吹折。

3.4.1.4　开花期(5 月下旬至 6 月中下旬)

(1)适宜气象指标

一般花期所需平均气温在 15 ℃以上，最适温度为 20～25 ℃，空气相对湿度控制为 60%～70%，土壤相对湿度以 70%左右为宜。

(2)不利气象指标

气温如低于 14 ℃，则影响葡萄的正常开花；而高于 30 ℃，花粉发芽率降低；高于 35 ℃花粉会受损，甚至被紫外线杀死。空气相对湿度控制在 60%～70%，不宜超过 80%，土壤相对湿度以 70%左右为宜。

(3)农事建议

该时期，平度地区易出现冰雹、飑线等强对流天气，此时段应该注意预防冰雹、大风等的侵袭。

3.4.1.5　幼果膨大期(7 月上旬至 9 月中下旬)

(1)适宜气象指标

气温为 21～30 ℃适宜，空气湿度为 70%～80%，土壤相对湿度要达到 60%～76%最适宜。

(2)农事建议

密切关注暴雨、大风等预警预报，并采取修枝、肥水调控及病虫害防治等措施，以提高葡萄品质和产量。

3.4.1.6 成熟期(9月下旬至10月下旬)

此期为从果实变软开始至果实完全成熟，该期需要30 d的时间。

(1)适宜气象指标

气温高于20 ℃时果实迅速成熟，平均气温范围为16～22 ℃，适宜的最高气温应达到28～32 ℃。

(2)不利气象指标

气温低于14 ℃果实成熟缓慢，品质差；而高于40 ℃时果实会出现枯缩。若阴雨天多，尤其是成熟前10～15 d降雨会造成果实品质下降，同时还会引起葡萄植株病害频发，使葡萄裂果腐烂而造成减产。

(3)农事建议

重点关注连阴雨天气。葡萄园遇到暴雨后首先要及时清理果园，疏通田墒，即一边排水，一边松土，一边清沟理墒，防止园内湿度过大；同时，及时抹除新梢，保持葡萄架内通风透光，并增施钾肥等；雨后空气湿度大、雾大，易发生灰霉和霜霉病，对树体喷施保护性和内吸性农药。同时，可对果穗进行套袋，防止虫害，鸟类危害。

3.4.1.7 休眠期(11月上旬至次年3月上中旬)

从落叶至次年树液开始流动称休眠期。在休眠期能承受－17～－16 ℃的最低气温，根系能耐受－4 ℃的温度，低于此温度就会遭受冻害(李瑞萍，2006)。

3.4.2 主要农业气象灾害

3.4.2.1 低温

低温灾害是指因冷空气异常活动等原因造成剧烈降温以及冻雨、雪、冰(霜)冻所造成的灾害事件。葡萄不耐低温，低温在葡萄整个生长季均有可能发生(管凌云 等，2017)，在萌芽期～新梢生长期、成熟期、休眠期3个时期影响最大，主要分为晚霜冻害、低温冻害和冻害，见表3.11。

表3.11 不同发育期阶段冻害指标

生育期	低温灾害主要类型	主要致灾因子	主要致灾因子阈值(℃)
萌芽期	晚霜冻害	日最低气温	≤5
新梢生长期	低温冻害	日最低气温	≤10
开花期	低温冻害	日最低气温	≤14
成熟期	低温冻害	日最低气温	≤14
休眠期	冻害	日最低气温	≤－17

3.4.2.2 干旱

干旱是指作物生长季内，因水分供应不足导致农田水利供需不平衡，阻碍作物正常生长发育的现象。葡萄耐旱，但要取得丰产、优质，供应足够水分是十分必要的(侯双双 等，2019；吕爱丽 等，2018)。特别是萌芽期、新梢生长期及休眠期前期，如果土壤水分长期不足，就会影响光合产物的形成和果实的正常发育，果粒小、产量低。秋冬干旱(大大削弱葡萄的抗寒力)而造成越冬植株的死亡。年降水量500～700 mm为适宜。

3.4.2.3 连阴雨

(1)定义

连阴雨指连续3 d以上的阴雨天气现象(中间可以有短暂的日照时间)。

(2)主要影响时段或发育期

葡萄喜光,要求有良好的光照条件。光照充足的葡萄园,叶片厚,叶色浓绿有光泽,制造有机营养多,果实品质好,产量也高;而光照不良的葡萄园,叶薄色黄,无光泽,制造有机营养少,品质差,产量低。连阴雨天气,会造成光照不足,特别是在成熟期,还会造成大量裂果的损失。连阴雨天气出现空气湿度过大,使葡萄招致真菌病害的侵袭。葡萄成熟采收前,多雨会降低葡萄品质和贮运性。

(3)灾害指标及等级划分

定义连续≥5 d、日降水量≥0.1 mm、过程总降水量≥30 mm 为一个连阴雨过程。

3.4.3 主要病虫害

葡萄病虫害的发生,气象环境条件起着重要的作用。

3.4.3.1 葡萄白腐病

主要危害及发生时段:主要危害果穗。果穗染病后,先在穗轴和果梗上发生淡褐色不规则水渍状病斑,逐渐蔓延扩大到果粒,呈灰褐色而软腐,果面上密生灰白色小粒点,有特殊霉味,严重时全穗葡萄软腐,病粒易脱落,也有成为僵果悬挂在树上。新梢受害后,初为浅褐色,水渍状不规则病斑,后病部变褐干缩,密生灰白色小粒点,病部上端肿大变粗,下端细缢病皮劈裂似乱麻状。叶片受害形成不规则的同心环纹,最后干枯破裂。

发生发展适宜气象条件:6 月中下旬开始发病直至果实成熟。在高温、多雨、潮湿的条件下,病害发生快,发生重。特别在雹灾和暴风雨后,因造成大量机械伤口,引起白腐病的猖獗发生和蔓延。

3.4.3.2 炭疽病

主要危害接近成熟和已成熟的果粒,是葡萄的主要病害。

主要危害及发生时段:果粒得病后,先在果粒侧面或顶部出现褐色圆形或不规则形小斑点,逐渐扩展到半个或整个果粒,病部稍凹陷,并产生明显的同心圆黑色小粒点。病果最后成僵果状。在潮湿阴雨天气,能分泌出橙红色黏质物。5 月产生分生孢子,借风雨及昆虫传播侵染危害,在幼果期不发病,病菌潜伏至近成熟期发病,遇阴雨高温天气,病菌反复侵染,快时2～4 d 完成 1 次侵染过程,故在短短的几天内造成毁灭性的损失。

发生发展适宜气象条件:阴雨高温天气

3.4.3.3 葡萄霜霉病

主要危害及发生时段:主要危害嫩梢和叶片,严重时果实也能受害。叶片初发病时,于叶面出现淡红色小斑,渐扩大后呈黄绿色微透明的不规则水渍状病斑,几个病斑相连成大病斑,色变黄褐或暗褐,叶背出现白色霜霉状物。严重时干枯脱落。嫩梢被害,也呈水渍状病斑,表面有白色霜霉状物,生长停止甚至死亡。幼果受害干缩脱落。果粒半大时受病,先在顶端出现浅绿色病斑,后变红或紫褐,病部发硬,无白色霜霉状物。

发生发展适宜气象条件:此病以孢子在病组织中过冬,6—7 月开始发病,8—9 月为发病盛期。在多雨、多雾、多露水和昼暖夜凉、温差较大、低温的情况下发病严重;地势低洼,通风透光差的园区易发病重(陈杰 等,2017;孙衍晓,2009)。

3.4.4 农业气象周年服务方案

根据平度大泽山葡萄生育需求,制定葡萄农业气象周年服务方案,见表 3.12。

表 3.12　平度大泽山葡萄农业气象周年服务方案

时间	主要发育期	农业气象指标	农事建议	重点关注
3 月	出土期	当 15 cm 地温稳定通过 7 ℃以上时，大泽山葡萄根系开始活动	平度大泽山葡萄主要为半埋土，出土前注意彻底清除剪落枝、枯叶、病蔓以及病残果粒深埋或者烧毁，减少菌源和虫源，土地化冻后及时撤除防寒土	低温冻害
4 月	萌芽期	葡萄当日平均气温稳定通过 10 ℃以上时，根系吸收的营养物质进入芽的生长点，引起细胞分裂，花序原始体继续分化，使芽眼膨大和伸长。萌芽期 10～18 ℃为宜，低于 5 ℃会受冻，日照时数以 65～80 h 为宜	大泽山葡萄在 4 月中下旬开始萌芽，葡萄芽眼萌发，需要充足的水分，如降水偏少，注意灌溉；另外，春季气温起伏波动较大，寒潮、倒春寒、大风等天气对处于萌芽期的葡萄树影响非常大，一定要特别关注天气变化，做好田间防冻应急措施	寒潮、倒春寒、大风
5 月	新梢生长期	葡萄新梢生长和花芽分化的最适温度为 15～25 ℃，最高气温为 25～28 ℃，平均温度接近 20 ℃为宜，低于 10～12 ℃则不能正常生长	在该时期枝叶柔嫩，大风易将枝叶吹破、新梢吹折，应注意防范大风，可通过葡萄修剪与捆绑，使葡萄处于均匀生长的状态，避免葡萄被大风吹折	大风
6 月	开花期	从始花期至终花期称为开花期。一般花期所需平均气温在 15 ℃以上，最适温度为 20～25 ℃，如低于 14 ℃则影响葡萄的正常开花；温度高于 30 ℃，花粉发芽率降低；高于 35 ℃花粉会受损，甚至被紫外线杀死；空气相对湿度控制为 60%～70%，不宜超过 80%，土壤相对湿度以 70%左右为宜	(1)根据当地墒情状况，采取各种措施，做到有墒抢墒，无墒造墒； (2)随时收听、收看天气预报，同时要提前做好对阴雨天气的防范准备； (3)该时期平度地区易出现冰雹、飑线等强对流天气，此时段葡萄应该注意预防冰雹、大风等的侵袭	连阴雨、冰雹、飑线等强对流天气
7—9 月	幼果膨大期	葡萄从子房开始膨大至浆果着色前称幼果膨大期，气温为 21～30 ℃适宜，空气湿度为 70%～80%，土壤相对湿度要达到 60%～76%最适宜	密切关注暴雨、大风等预警预报，并采取修枝、肥水调控及病虫害防治等措施，以提高大泽山葡萄品质和产量	暴雨、大风
10 月	成熟期	此时葡萄从果实变软开始至果实完全成熟，该期需要 30 d 的时间；气温高于 20 ℃时果实迅速成熟，平均气温范围 16～22 ℃，适宜的最高气温应达到 28～32 ℃；低于 14 ℃果实成熟缓慢，品质差；气温高于 40 ℃时果实会出现枯缩；若阴雨天多，尤其是成熟前 10～15 d 降雨会造成果实品质下降，同时还会引起葡萄植株病害频发，使葡萄裂果腐烂而造成减产	重点关注连阴雨天气。密切关注暴雨、大风等预警预报，并采取修枝、肥水调控及病虫害防治等措施，以提高葡萄品质和产量；葡萄园遇到暴雨后首先要及时清理果园，疏通田墒，即一边排水，一边松土，一边清沟理墒，防止园内湿度过大；同时，及时抹除新梢，保持葡萄架内通风透光，并增施钾肥等；雨后空气湿度大、雾大，易发生灰霉和霜霉病，对树体喷施保护性和内吸性农药；同时，可对果穗进行套袋，防止虫害，鸟类危害	连阴雨、暴雨、大风
11 月至次年 2 月	休眠期	从落叶至次年树液开始流动称休眠期。在休眠期能承受－17～－16 ℃的最低气温，根系能耐受－4 ℃的温度，低于此温度就会遭受冻害	(1)做好葡萄半埋土，预防冻伤，如遇秋冬干旱，可适量灌溉，增强葡萄抗冻能力； (2)随时注意天气变化，做好葡萄防寒、防冻、通风、透光和防风和防暴雪工作	

3.5 莱阳梨

莱阳是山东梨的主要产区,所产地方梨品种较多,以莱阳茌(慈)梨为代表品种,统称莱阳梨。莱阳梨是山东省著名特产,2007年"莱阳茌(慈)梨"申请国家地理标志产品保护,为历代皇家贡品。根据调查得知的现存梨树的年龄及相关资料的记载,莱阳茌梨在当地栽培至少有400年的历史,主要分布在莱阳市境内五龙河几条支流的河滩地带,其中以清水河、蚬河和富水河沿岸栽培最盛。栽培数量,由新中国成立前的10200株,现已发展到60多万株,约41000亩。

3.5.1 农业气象指标

一般年份,莱阳梨多在3月中旬至下旬花芽、叶芽开始萌动膨大,整个发育阶段可分为芽萌动期、开花期、落花期、生理落果期、花芽生理分化期、幼果膨大期、果实迅速膨大期、果实膨大与糖分积累期、果实成熟采摘期、落叶期,然后进入休眠期。

3.5.1.1 休眠期(12月中旬至次年3月上旬)

(1)适宜气象指标

日平均气温为−15～0 ℃,土壤相对湿度在60%～70%。

(2)不利气象指标

莱阳梨耐受下限温度为−25～−20 ℃。最低气温<−25 ℃时,会使梨树冻伤、甚至冻死,特别是前期气温持续偏高时,遇到强寒潮急剧降温树木死亡率更高。土壤相对湿度<40%或>90%,树木因干旱,根部细胞因缺水,耐受力下降,抗寒能力减弱,更易造成死亡;土壤湿度过大,土壤透气性差,根部细胞缺氧,抗性下降,也易造成冻伤冻死。

(3)关键农事活动及指标

搞好冬季修剪。冬季修剪是整形结合修剪。采用疏散分层形、单层一心形或纺锤形,树高2.5～3.0 m的,亩剪留枝量5万～5.5万个。修剪以疏枝、回缩为主,达到枝条分布均匀,立体结果的目的。

对幼树,要适当短截,多缓放,促进早花早果;弱势树,采用助势修剪法,多截少放,重缩轻疏,去弱留强,转化树势;对强旺树势,采取减势修剪法,即多缓放,少短截,只疏不堵,去强留弱,多留花芽,以果压树;对中庸树势则采用等量修剪法,即掌握当年减掉的枝量与下年新生长的枝量相等,或略多的程度。剪锯口涂药保护(孟繁佳 等,2005)。

结合修剪疏除病虫枝,刮树皮清除病源。无论老树新树,都要刮除枝干老粗翘皮及枝干腐烂病、干腐病等病斑,刮削平滑,并涂抹施钠宁、果腐康等保护剂。清扫病果、病枝和落叶,降低越冬病虫基数。

(4)农事建议

注意温度预报,遇有强寒冷年份,应采取松土、覆盖杂草等措施进行保温。

3.5.1.2 芽萌动期(3月中旬至3月下旬)

(1)适宜气象指标

日最低气温≥5 ℃,土壤相对湿度在60%～80%。

(2)不利气象指标

最低气温<−5 ℃,或土壤相对湿度<50%或>90%。气温过低可造成树木生长缓慢或冻伤;土壤湿度过低过高,造成植物旱害或涝害,影响树木芽膨大。

(3)关键农事活动及指标

①浇“催花水”并追肥。春天土地解冻后,马上给果树浇大水,每亩施纯氮、磷、钾各 5 kg,并适当追施微肥。干旱时及时浇水。浇水后,给果园松土、除草、保墒兼培根。

②鳞片期,喷 5 波美度石硫合剂。喷药防治梨食心虫、梨木虱、蚜虫、黄粉虫、红蜘蛛和白蜘蛛以及康氏粉蚧等。

③疏花序。先将已萌动的花芽,根据量多少去弱留强,在花序分离前疏去过密的花序。

(4)农事建议

收听寒潮预报,遇有强寒潮应采取焚烧秸秆熏烟、覆盖、灌溉、喷药等措施进行预防。

3.5.1.3　**开花期(4 月上旬至 4 月中旬)**

(1)适宜气象指标

开花期要求日最低气温≥3 ℃,平均风速<4 $m \cdot s^{-1}$,土壤相对湿度在 60%～80%,晴好天气。

(2)不利气象指标

①温度与土壤湿度:现蕾期当日最低气温<-2.0 ℃,开花期日最低气温<0 ℃或近地层温度<-1.0 ℃,土壤相对湿度<50%或>90%。莱阳茌梨现蕾和开花期,耐低温能力较其他梨树弱,气温过低可造成花蕾冻害,影响授粉,坐果率下降,造成减产甚至绝产。土壤相对湿度过低过高,造成植物旱害或涝害,影响授粉和生长。

②风速:莱阳茌梨开花期,平均风速≥4 $m \cdot s^{-1}$,对其授粉和坐果有一定危害。

③连阴雨:当花期遇到 3 d 以上连阴雨或阴雨过多,会影响授粉,造成受精不良和花药不裂,降低成花率,致有花无果,影响产量。

(3)关键农事活动及指标

①疏花。从花序分离始期,及早疏花,间隔 25～30 cm 留一花序,尽量选留果枝两侧的花序。花序分离后疏花朵,每花序留基部 3 朵花。

②人工授粉。莱阳梨自花授粉能力差,初花至盛花期及时进行辅助授粉 1～2 次,提高坐果率。

③盛花期是梨树敏感期,要选择安全药剂,除喷 0.2%～0.3%的硼砂外,禁喷其他药剂。

(4)农事建议

①注意收听日最低气温≤0 ℃、平均风速≥4 $m \cdot s^{-1}$时的预报预警。遇有低温天气应采取焚烧秸秆熏烟、覆盖、灌溉、喷药等措施进行预防;选择微风、和风及晴好天气给梨树进行授粉,提高果实授粉结实率,增加产量。

②梨园外围地带应该营造防风林,以减免风沙危害。

3.5.1.4　**落花期(4 月下旬)**

(1)适宜气象指标

落花期要求日最低气温≥0 ℃,适宜温度为 10～15 ℃,土壤相对湿度在 60%～80%。

(2)不利气象指标

最低气温<0 ℃时,易造成幼果受冻、脱落。土壤相对湿度<60%或>90%时,土壤湿度过低过高,造成植物旱害或涝害。

(3)关键农事活动及指标

①病虫防治。花瓣脱落 70%时,喷 1.8%阿维菌素 2000 倍+菊酯 1500 倍+70%甲基托布津 1000 倍液,防治梨大食心虫、梨茎蜂、梨蚜、梨木虱、黑点病、黑星病、黑斑病、轮纹病等。

②根据树势壮弱,酌情补充肥水,可喷优质叶面肥。

③盛花后两周及时疏果。

④如果当年天气干旱梨木虱重发生,在居上次喷药 5～7 d 再加喷 1 次 1.8%齐螨素 2000～3000 倍+10%吡虫啉 2000～3000 倍,可有效控制危害。

(4)农事建议

①注意收听日最低气温预报,当预报最低气温≤0 ℃时,也应采取焚烧秸秆熏烟、覆盖、灌溉、喷药等措施进行预防。

②关注喷药期 24 h 内降水预报,喷药前后避开≥1 mm 降水天气。

3.5.1.5　生理落果期(5 月上旬至 5 月中旬)

(1)适宜气象指标

适宜气温为 15～20 ℃,最高气温为 30 ℃,土壤相对湿度在 60%～80%。

(2)不利气象指标

日最高气温>30 ℃,影响正常生长。土壤相对湿度<40%或>90%,树木因干旱或雨涝,果实生长缓慢,易加重落果。

(3)关键农事活动及指标

①合理疏果。一般留果量应以枝果比 2.5∶1～3∶1、叶果比 9∶1～15∶1 为宜。也可依距离确定留果量,一般中庸树每隔 15～18 cm 留一果,偏弱树每隔 21 cm 左右留一果,可达到树势负载量和花量相对稳定及缩小产量幅度的目的,即梨产量无大小年现象。

②掐花萼。这是莱阳梨的栽培管理过程中,形成的一个独特的传统技术,国内其他梨栽培区极少采用。即莱阳梨谢花后 2～3 周,或者幼果横径达 1 cm 时,在人工疏果的同时,将所留果实的花萼连同部分果肉一块掐去,形成莱阳梨倒卵圆形的特殊形状,这对于改善果实品质、提高果实商品率具有重要意义。疏果时间,一般与掐花萼同时进行,或先疏果后掐花萼(初秀勇 等,2011)。

③疏果后可选择及时套袋。倡导花后 40 d 套袋,5～7 d 结束。套袋前 24～48 h 一定要喷布杀虫杀菌剂。

④病虫防治。喷 80%多菌灵 1500 倍+10%吡虫啉 3000 倍+高效氯氢菊酯 1500 倍液+1.8%齐螨素 2000 倍,防治梨大小食心虫、黄粉虫、梨蚜、康氏粉蚧、绿盲椿象、黑点病、轮纹病等。

⑤叶面喷施优质钙肥。

(4)农事建议

①注意收听强对流天气预报,进行人工消雹作业和拉网遮挡。

②注意喷药期 24 h 内降水预报,喷药前后避开降水量≥1 mm 的天气。

3.5.1.6　花芽生理分化期(5 月下旬至 6 月上旬)

(1)适宜气象指标

适宜气温为 18～22 ℃,土壤相对湿度在 60%～80%。

(2)不利气象指标

气温＞35 ℃、土壤相对湿度＜40％或＞90％，树木因热害、干旱或雨涝，使得果实生长缓慢。

(3)关键农事活动及指标

①修剪。疏除萌生过多的细弱枝、竞争枝和剪锯口枝等。

②防治梨大小食心虫、螨类、梨木虱、绿盲椿象、康氏粉蚧、黑星病、黑斑病等。喷施1.8％阿维菌素5000倍＋乐斯本1500倍＋1000倍80％大生M－45液＋10％吡虫啉2000倍。

③叶面喷施优质叶面肥。

(4)农事建议

①收听喷药期24 h内降水预报，喷药前后避开降水量≥1 mm的天气。

②注意≥35 ℃的极端最高气温预报，高温日灌溉降温。

③注意收听强对流天气预报，进行人工消雹作业和拉网遮挡。

④干旱地段及时灌溉。

3.5.1.7　幼果膨大期(6月中旬至6月下旬)

(1)适宜气象指标

适宜气温为20～22 ℃，土壤相对湿度在60％～80％。

(2)不利气象指标

气温＞35 ℃、土壤相对湿度＜40％或＞90％，树木因热害、干旱或雨涝，使得果实生长缓慢。

(3)关键农事活动及指标

①追肥浇水。亩追施纯氮、磷、钾各10 kg，追肥后及时浇水。

②防治梨大小食心虫、康氏粉蚧、黄粉虫、梨木虱、红白蜘蛛及病害。药剂可用20％杀扑磷1000倍＋10％吡虫啉3000倍＋1000倍80％大生M－45液，有绿盲椿象危害的加灭扫利3000倍。

③叶面喷施优质叶面肥。

(4)农事建议

①注意收听强对流天气预报，当预报有冰雹时拉网遮挡。

②收听喷药期24 h内降水预报，喷药前后避开降水量≥1 mm的天气。

③收听极端最高气温预报，当预报最高气温≥35 ℃时，采取灌溉降温。

④干旱地段及时灌溉，雨涝时及时排水。

3.5.1.8　果实迅速膨大期(7月上旬至8月下旬)

(1)适宜气象指标

适宜气温为20～22 ℃，土壤相对湿度在60％～80％，空气相对湿度≤80％，光照充足，一般以一天内有3 h以上的直射光为好。

(2)不利气象指标

气温＞35 ℃、土壤相对湿度＜40％或＞90％，树木因热害、干旱或雨涝，使得果实生长缓慢。空气湿度过大，连阴雨等易发生梨黑星病。

(3)关键农事活动及指标

①夏季修剪。7月新梢停长后，对树体外围竞争枝、树体内膛的直立枝、交叉枝、重叠枝、病虫枝、徒长枝，在枝条基部进行疏除，并对一些可利用枝条进行拉条、拿枝、摘心、抹芽等工作。

②此期是雨季，高温高湿易引发病虫害泛滥。每半月或根据情况防虫治病，防治食心虫、康氏粉蚧、蚜虫、星毛虫、卷叶虫、黄粉虫、红白蜘蛛、梨叶锈螨、黑星病、轮纹病、黑斑病等。可用乐斯本1500倍＋15%哒螨灵3000倍＋10%吡虫啉2000倍＋大生M－45液。

③此期是梨树的"水分临界期"。在肥水条件不足情况下，7月中下旬必须适时进行追肥和灌溉，这对促进果实膨大、花芽分化和提高果品质量具有明显效果。也可结合叶面喷氨基酸液肥或磷酸二氢钾300倍液。

④根据降水情况，及时浇水或排涝，及时中耕以减少土壤表面蒸发量和树行间的相对湿度，以免罹病，降低果品质量。

(4)农事建议

①收听强对流天气预报，冰雹天气拉网遮挡。

②根据24～48 h内降水预报，使喷药前后避开降水量≥1 mm的天气。

③依据极端气温≥35 ℃的日预报，高温天气灌溉降温。

3.5.1.9　果实膨大与糖分积累期(9月上旬至9月中旬)

(1)适宜气象指标

适宜气温20～22 ℃，温度日较差≥9 ℃以上，土壤相对湿度在60%～80%，光照充足，一般以一天内有3 h以上的直射光为好，空气相对湿度≤80%。

(2)不利气象指标

气温＞35 ℃、土壤相对湿度＜40%或＞90%，树木因热害、干旱或雨涝，使得果实生长缓慢，糖分积累少，品质下降。空气湿度过大，连阴雨等易发生梨黑星病。气温日较差小，不利于糖分积累。

(3)关键农事活动及指标

①每半月或根据情况防虫治病，防治食心虫、康氏粉蚧、蚜虫、星毛虫、卷叶虫、黄粉虫、红白蜘蛛、梨叶锈螨、轮纹病、黑星病、黑斑病等。可用乐斯本1500倍＋15%哒螨灵3000倍＋10%吡虫啉2000倍＋大生M－45液。

②叶面喷肥。喷氨基酸液肥或磷酸二氢钾300倍液。

③根据降水情况，及时浇水或排涝。

④生理成熟期前20 d停止用药。

(4)农事建议

①收听强对流天气预报，冰雹天气拉网遮挡。

②根据24～48 h降水预报，使喷药前后避开降水量≥1 mm的天气。

3.5.1.10　果实成熟采收期(9月下旬至10月中旬)

(1)适宜气象指标

适宜气温为18～20 ℃，土壤相对湿度在60%左右，晴好天气。

(2)不利气象指标

6级以上(≥10.8 $m \cdot s^{-1}$)大风，可造成落果。

(3)关键农事活动及指标

①果实采收。9 月 25 日为莱阳梨的最佳采摘期，根据成熟程度分期分批及时采收，严格分级，确保质量。

②贮藏。地道贮藏时间较短，初期地道温度为 17 ℃，相对湿度处于饱和状态，在贮藏期温度逐渐下降，10 月为 15 ℃，至 11 月降至 10 ℃，相对湿度 93%；普通库贮藏，库内 9—10 月的平均气温为 10～20 ℃，相对湿度为 75%左右；冷风库贮藏均衡温度为 0 ℃，相对湿度 85%左右。

(4)农事建议

及时收听大风预报，遇有 7～8 级大风，应提前采摘入库。

3.5.1.11 落叶期(10 月下旬至 12 月上旬)

(1)适宜气象指标

当气温<6 ℃时，梨树开始落叶。土壤相对湿度为 60%左右。

(2)不利气象指标

莱阳梨耐受下限温度为－25～－20 ℃，低温冻害发生在日最低气温<－25 ℃左右，本时段莱阳梨发生冻害的可能性较低。

(3)关键农事活动及指标

①果实采收后，给果树施基肥、浇水，及时防治病虫害。亩施腐熟有机肥 1500 kg 以上，并混加纯氮、磷、钾各 20 kg，并浇水；叶面喷尿素 300 倍液 1～2 次。这有助于梨树在落叶前充分储存水分和养分，提高来年的花芽质量。

②防治病虫害，可用硫悬浮剂 300 倍＋乐斯本 1000 倍液。清除园内枯枝、落叶、病果、杂草等并深埋。

(4)农事建议

收听喷药、喷肥期 24～48 h 内降水预报，喷药或喷肥前后避开降水量≥1 mm 的天气。

3.5.2 主要农业气象灾害

莱阳梨经过冬季休眠期，多于 3 月中下旬芽萌动，9 月下旬达到生理成熟期，即进入采摘期。常见的主要农业气象灾害有霜冻、大风、干旱、冰雹等。

3.5.2.1 霜冻

霜冻是指在一年内温暖时期里，土壤表面和植物表面的温度下降到足以引起植物遭受伤害或者死亡的短时间低温冻害。莱阳茌梨是喜温果树，适宜栽培的年平均气温为 7～14 ℃，生长季需要≥5 ℃积温 3100～3400 ℃ · d。本市年平均气温为 12.0 ℃，保证率 80%的积温为 4091.0 ℃ · d。可见茌梨生长季气温适宜，积温富裕。霜冻对莱阳茌梨的影响，主要是指晚霜冻对开花期的危害。莱阳霜冻终日一般出现在 4 月中下旬，此时段正值莱阳茌梨开花期，耐低温能力弱(有莱阳梨树冻害调查表明，莱阳茌梨受冻率最重)，霜冻降低了花粉的萌芽率和影响花粉管伸长，影响授粉。若温度过低可直接造成花蕾冻害，坐果率下降，造成减产或绝产(戴洪义 等，1994)。其受灾指标见表 3.13。

表 3.13 莱阳茌梨霜冻受灾指标

发育期	低温指标	受灾情况
开花期	$-1\leqslant T_{min}<0$	部分遭受冻害
	$-3\leqslant T_{min}<-1$	全部遭受冻害,如1996年
	$T_{min}<-3$	当年绝产,如2002年

注:T_{min}为最低气温,单位为℃。

3.5.2.2 大风

莱阳梨生长期内出现6级以上(≥10.8 m·s^{-1})大风,会使梨花授粉率下降,梨叶破碎,果实脱落,造成减产或品质下降。幼果膨大到果实成熟期6级以上大风日数越少,越有利于梨的生长。据区域气象站资料调查统计,莱阳市6级以上的大风日数最大值区,主要分布在谭格庄镇、冯格庄街道、吕格庄镇、团旺镇等地区;莱阳梨主产区的照旺庄镇、龙旺庄街道、河洛、沐浴店、万第等镇街,6级以上大风日数相对较少。6级以上大风对莱阳茌梨生产影响最大的物候期是成熟采收期,主要是形成生理落果,影响产量。当遇有6级以上大风时,应提前采摘入库。

3.5.2.3 干旱

干旱是指作物生长季内,因水分供应不足导致农田水利供需不平衡,阻碍作物正常生长发育的现象。梨是一种较耐涝、怕旱的果树,梨树对水分要求较多,素有"旱枣涝梨"之说,年降水量<400 mm,会因果实发育不良,影响产量,降水量>700 mm的过多年份,容易诱发梨黑星病,造成叶片早落,影响产量和品质;春旱、初夏旱会引起幼梨落果,树冠发展受阻,影响产量。梨树的水分临界期在果实迅速膨大期,此期干旱则会严重影响莱阳茌梨的品质和产量。由于莱阳茌梨主要分布在莱阳市境内五龙河几条支流的河滩地带,水源条件较好,若遇旱年,合理利用水资源,可达到莱阳梨保产增收的目的。

3.5.2.4 冰雹

冰雹是一种局地性的灾害天气,轻者可使植物枝叶破散,果实产品外皮留下疤痕;重者则使花果大量脱落,甚至使丰收在望的庄稼颗粒无收。莱阳梨开花至果实采摘期(4—10月)都有降雹的记录(历年8月鲜有),平均一年出现不足一次;全年降雹以5月降雹次数最多,占全年的30%,对莱阳梨幼果生长危害最大,果实外皮一旦因降雹留下疤痕,莱阳梨商品率下降,影响梨农收成。若遇强对流天气,要进行人工消雹作业和拉网遮挡。

3.5.3 主要病虫害

梨树的主要病害有:梨黑星病、梨轮纹病、梨赤星病(亦称梨锈病)、梨黑斑病、梨炭痕病、梨早期落叶病等。主要虫害有:梨大食心虫、梨小食心虫、梨木虱、星毛虫、卷叶虫、梨黄粉虫、红白蜘蛛、梨园尾蚜、康氏粉蚧、绿网蟠等。莱阳茌梨生产主要是严防两病两虫:即梨黑星病、梨轮纹病和梨大食心虫、梨小食心虫。

3.5.3.1 梨黑星病

梨黑星病又叫疮痂病,我国梨产区普遍发生,流行性强,从落花期到果实成熟期均可发病,以果实、叶片和新梢受害最严重。果实发病部位稍凹陷,木栓化,坚硬并龟裂,表面呈现黑状病斑;叶片受害沿叶脉形成黑色霉斑;当年生徒长枝发病多,芽鳞发黑,开裂枯死。果树受害严重时,可引起早期大量落叶、落果,造成严重的经济损失。

梨黑星病病原菌无性态为梨黑星孢菌(Fusicladium virecens Bon),有性态为梨黑星菌(Venturia nashicola)。病原菌以菌丝体或分生孢子在枝条芽鳞片内越冬或以分生孢子、菌丝体及未成熟的子囊壳在落叶或病枝上越冬。次年春季分生孢子借风雨传播,由气孔、皮孔直接侵入。病菌侵染的最适温度为 10～20 ℃,气温高于 28 ℃,发病缓慢(吴晓军,2020)。莱阳梨黑星病一般在花落后叶片展开时开始发病,果实迅速膨大期的 7—8 月雨季为盛发期。病害的发生与降雨量关系密切,雨水多的年份,该病蔓延较快;反之,则受该病危害相对较轻。

由于梨黑星病在湿度大的条件下侵染速度最快。因此,要通过合理密植、及时施肥浇水、降雨量大时及时排水、适时中耕除草、及时防治其他病虫害等管护措施,降低梨园湿度,增强树体抗病能力。

3.5.3.2　梨轮纹病

梨轮纹病又称瘤皮病、粗皮病。是北方各梨产区重要的真菌性病害,病原萧为 Botryosphaeria berengeriana。主要危害枝干和果实,也可危害叶片。枝干受害,一般以皮孔为中心,产生褐色近圆形病斑,中心隆起呈瘤状,质地坚硬,最后病斑四周逐渐下陷,成为凹陷的圆圈,病斑上产生许多小黑粒点,枝干粗糙。果实受害,产生淡褐色不规则形病斑,有明显同心轮纹。叶上病斑轮纹明显,后变灰白色,叶干枯早落。发生严重时,枝干发病率达 100%,病果率达 40%～50%(赵永飞 等,2019)。一般 3—10 月为发病时期,贯穿莱阳梨生长发育的各个时期,春季气温高于 28 ℃以上,遇连续阴雨天气,则发病快。

梨轮纹病是引起莱阳茌梨果实腐烂的主要因素,幼果发病期在 6 月中旬,7 月、8 月果实迅速膨大期达到最盛。

3.5.3.3　梨大食心虫

梨大食心虫又名梨斑螺蛾、梨实埋等,简称梨大,俗称吊死鬼,全国各大梨区均有发生。幼虫危害梨树的芽和幼果。受害花芽的基部一侧覆有一团虫粪;受害花序常折断花柄,花蕾枯萎:受害幼果的虫孔外有黑褐色粪便,幼果逐渐干枯变黑,因老熟幼虫爬出后吐丝将果柄与果枝相结,受害果常经久不落。该虫一年发生 2 代,一般以初龄幼虫蛀入花芽中结茧越冬,春季花芽萌动时,幼虫转移到新芽上危害,至梨树开花时,幼虫潜于花序基部危害,当幼果大如核桃大小时,则转入幼果危害(刘金利 等,2014),“捉梨大”成为这一时期莱阳梨农的重头戏。

3.5.3.4　梨小食心虫

梨小食心虫(grapholitha molesta busck)是世界性核果类和仁果类的重要害虫,又名桃折心虫,简称梨小。梨树新梢被害时,初孵幼虫从新梢顶端叶柄基部蛀入髓部,自上向下蛀食,蛀孔外堆积有虫粪和树胶,被害梨树顶梢的叶片逐渐凋萎枯死;果实被害时,幼虫蛀入幼果内纵横蛀食,被害果实蛀孔外堆有虫粪,其他病菌由蛀孔侵染,呈现黑膏药状。在莱阳梨小食心虫多以老熟幼虫在树干翘皮、剪锯口处结茧越冬。越冬代成虫多于 4 月下旬至 5 月下旬羽化,6 月末至 7 月末为一代成虫发生盛期,8 月初至 9 月中旬则为二代成虫盛期,一代幼虫主要危害梨芽、新梢、嫩叶、叶柄,二代幼虫危害果实,第二代危害果实最严重。

3.5.4　农业气象周年服务方案

根据莱阳梨生育需求,制定莱阳梨农业气象周年服务方案,见表 3.14。

表 3.14　莱阳梨农业气象周年服务方案

时间	主要发育期	农业气象指标	农事建议	重点关注
1—2 月	休眠期	气温降至 3 ℃以下，梨树进入冬眠期； 适宜气温为－15～0 ℃，耐受下限温度为－25～－20 ℃，气温低于－25 ℃，会使梨树冻伤，甚至冻死	梨树休眠期间： (1)结合冬季修剪，彻底清园，彻底刮除老翘皮、病疤，园外烧毁或深埋，减轻越冬菌源和虫口基数，冬剪锯口涂药保护； (2)遇强寒潮，采取松土、覆盖杂草等措施保温	寒潮、低温及强冷空气活动
3 月	芽萌动期	日最低气温≥3 ℃时，梨树叶芽开始萌动，气温≥5 ℃时开始发芽。适宜土壤相对湿度为 60%～80%。日最低气温＜5 ℃时，梨树生长缓慢或冻伤；土壤相对湿度过高或过低，影响树木芽膨大	(1)3 月上旬继续刮树皮清除病原； (2)春天土地解冻后，浇“催花水”并追肥，施肥以氮肥为主； (3)芽鳞片期喷药防病虫，此期是病虫防治的关键期； (4)疏花序，将已萌动花芽，依量去弱留强	(1)寒潮、低温及强冷空气活动； (2)干旱监测； (3)梨树芽萌动
4 月	开花期至落花期	开花期：要求日最低气温≥3 ℃，平均风速＜4 m・s^{-1}，土壤相对湿度在 60%～80%；无连阴雨天气。日最低气温＜0 ℃，花受冻；平均风速≥4 m・s^{-1}或连阴雨，影响授粉； 落花期：要求最低气温≥0 ℃，适宜温度为 10～15 ℃，土壤相对湿度在 60%～80%	开花期： (1)疏花，从花序分离始期，及早疏花； (2)人工授粉，选择微风、和风的晴好天气，初花至盛花期及时进行 1～2 次人工辅助授粉； (3)遇有低温天气应采取焚烧秸秆熏烟、覆盖、灌溉、喷药等措施进行预防。 落花期： (1)花瓣脱落 70%时，选择安全药剂防病虫； (2)根据树势壮弱，酌情补充肥水； (3)干旱年份会导致梨木虱重发生，要及时防治	(1)低温、霜冻、大风预报预警； (2)喷药期 24 h 内降水预报，喷药前后避开降水量≥1 mm的天气； (3)干旱监测； (4)莱阳梨开花期、落花期
5 月	生理落果期至花芽生理分化期	生理落果期：适宜温度为 15～20 ℃，最高温度为 30 ℃，土壤相对湿度在 60%～80%； 花芽生理分化期：适宜温度为 18～22 ℃，土壤相对湿度在 60%～80%	生理落果期： (1)合理蔬果，调节树体负载量； (2)掐花萼，改善果品品质、提高果实商品率； (3)疏果后套袋，盛花后 40 d 开始套袋，5～7 d 结束； (4)幼果期是梨树病虫害防治的最重要时期，所有病虫开始侵染，此期必须安全用药，以免造成药害； (5)叶面喷施优质钙肥，减少生理落果	(1)强对流天气冰雹预报预警； (2)＞30 ℃、＞35 ℃的极端最高气温预报； (3)喷药期 24 h 内降水预报，喷药前后避开降水量≥1 mm的天气； (4)干旱监测； (5)莱阳梨生理落果期、抽新梢

续表

时间	主要发育期	农业气象指标	农事建议	重点关注
6月	花芽生理分化期至幼果膨大期	花芽生理分化期：适宜温度为18～22 ℃，土壤相对湿度在60%～80%； 幼果膨大期：适宜温度为20～22 ℃，土壤相对湿度在60%～80%； 这两个时期气温＞35 ℃时，使得果实生长缓慢	花芽生理分化期： (1)修剪掉萌生过多的细弱枝、竞争枝和剪锯口枝等； (2)防治病虫； (3)叶面喷施优质叶面肥 幼果膨大期： (1)追肥浇水，施氮磷钾比例控制在1∶0.25∶0.5； (2)防治病虫害，此期已套袋，对药剂相对宽松，可喷普通杀虫剂； (3)叶面喷施优质叶面肥	(1)强对流天气冰雹预报预警； (2)＞35 ℃的极端最高气温热害预报； (3)喷药期24 h内降水预报，喷药前后避开降水量≥1 mm的天气； (4)干旱监测； (5)莱阳梨花芽生理分化期、幼果膨大期
7—8月	果实迅速膨大期	适宜温度为20～22 ℃，土壤相对湿度在60%～80%，光照充足，一般以一天内有3 h以上的直射光为好，空气湿度≤80%。此期正值雨季，气温＞35 ℃，高温高湿病虫害易发期	(1)夏季修剪，约7月上旬，新梢停长后，疏掉无用枝条，对留用枝条进行拉枝、拿枝、摘心、抹芽等工作； (2)防治病虫害，此期高温高湿为病虫害泛滥期，但雨季慎用波尔多液及铜质剂； (3)果实膨大期是莱阳梨的"水分临界期"，肥水必须充足，肥水不足时，必须适时进行追肥和灌溉，对提高果品产量和质量有明显效果； (4)结合叶面喷肥	(1)强对流天气冰雹预报预警； (2)＞35 ℃的极端最高气温热害预报； (3)喷药期24 h内降水预报，喷药前后避开降水量≥1 mm的天气； (4)干旱监测； (5)莱阳梨果实迅速膨大期
9月	果实膨大与糖分积累期至果实生理成熟期	适宜温度为20～22 ℃，光照充足，一般以一天内有3 h以上的直射光为好，空气湿度≤80%，日较差≥9 ℃以上，有利于糖分的积累	(1)防治病虫害，采收前20 d应停止用药； (2)叶面喷肥	(1)强对流天气冰雹预报预警； (2)喷药期24 h内降水预报，喷药前后避开降水量≥1 mm的天气； (3)连阴雨天气预报； (4)干旱监测； (5)莱阳梨果实生理成熟期
10月	果实成熟采摘期至落叶期	适宜温度为18～20度，土壤相对湿度在60%左右，晴好天气；6级以上(≥10.8 $m \cdot s^{-1}$)大风，可造成落果	(1)根据成熟程度分期分批及时采收，严格分级，确保质量。有7～8级大风预报，应提前采摘； (2)贮藏； (3)果实采收后，给果树施基肥、浇水。及时防治病虫害	(1)大风预报预警； (2)喷药期24 h内降水预报，喷药前后避开降水量≥1 mm的天气； (3)干旱监测

续表

时间	主要发育期	农业气象指标	农事建议	重点关注
11 月	落叶期	当气温<6 ℃时，梨树开始落叶	(1)防治病虫害； (2)果实采收后，给果树施基肥、浇水，增加养分积累	(1)喷药期 24 h 内降水预报，喷药前后避开降水量≥1 mm的天气； (2)干旱监测
12 月	休眠期	适宜温度为－15～5 ℃，土壤相对湿度在 60%左右	清园，降低病虫基数	干旱监测

3.6　冠县鸭梨

3.6.1　农业气象指标

鸭梨主要生长季节 2 月中旬至 9 月下旬。主要生育期包括(萌芽期、花期、谢花稳果期、幼果期、果实期膨大期、成熟期、采摘期)，鸭梨全生育期气候适宜度指标见表 3.15。

表 3.15　鸭梨全生育期气候综合适宜度指标

气候因子	适宜	次适宜	不适宜
生育期降水量(P,mm)	$500 \leqslant P \leqslant 800$	$350 \leqslant P < 500$ 或 $800 < P \leqslant 1000$,	$P > 1000$ 或 $P < 350$
生育期平均气温(T,℃)	$14 \leqslant T \leqslant 25$	$5 \leqslant T < 14$ 或 $25 < T \leqslant 35$	$T < 5$ 或 $T > 35$
生育期日照时数(S,h)	$S > 1700$	$1500 \leqslant S \leqslant 1700$	$S < 1500$

3.6.1.1　萌芽展叶期(2 月中旬至 3 月下旬)

随着气温的回升，树液流动，当气温达到 7～8 ℃，根系开始生长，3 月上旬花芽开始萌动。这个时间段花芽继续分化生长，在一定的温度下，花芽就能开花。此时根部生长旺盛，吸收水分，同时树体内储藏的营养物质转化并向上输送，供芽继续分化和萌动，因此对土壤水分需求量较大，如果供水不足，树体储藏的营养物质转化受阻，进而影响各器官的正常生长发育。该时间段因加强水肥管理，促使土壤保持足够的水分和养分，对促进花器分化和枝叶生长，保证开花和坐果，都有着重要的作用(李爱巧，2020)。

(1)适宜气象条件

①温度：适宜温度为 5 ℃，适宜温度上限为 20 ℃，适宜温度下限为 2 ℃。适宜温度日较差为 9 ℃。

②水分：适宜土壤相对湿度为 30%～40%。

③日照：适宜日照时数为 7～8 h。

(2)不利气象条件

①日平均气温≤2 ℃萌芽生长发育缓慢，日平均气温≥23 ℃萌芽展叶受影响。

②土壤相对湿度≤15%不利于果树的正常生长。

(3)关键农事活动及指标

此期关键农事活动为追肥、灌水、花前复剪。

(4)农事建议

追肥：此期追肥越早越好；灌水：施肥后立即灌水，满足树体发芽、开花坐果和枝叶生长需要，当低温较低时，灌水不宜多。花前复剪：在冬季修剪的基础上，对串花弱花进行修剪有效地利用树体营养。

3.6.1.2 开花期(3月下旬至4月上旬)

鸭梨开花早晚和花期持续时间取决于温度条件。鸭梨常年始花期为3月30日，始花期最早出现在3月中旬，最晚4月上旬。整个花期持续时间为7～10 d。花期气温低，湿度大，开花较慢，花期长；温度过高、花期缩短。

(1)适宜气象条件

①温度：适宜温度为12 ℃，适宜温度上限为25 ℃，适宜温度下限为5 ℃。适宜温度日较差为11 ℃。

②水分：适宜土壤相对湿度为30%～40%。

③日照：适宜日照时数为7～8 h。

④风力：适宜风力为3～4级。

(2)不适宜气象条件

①温度：日平均气温＜5 ℃或＞30 ℃。

②水分：土壤相对湿度＜15%。

③风力：＞5级。

(3)关键农事活动及指标

此期关键农事活动为授粉、追肥、灌水、喷药。

(4)农事建议

花果期严格疏花疏果，控制负载量，以免削弱树势，造成病虫害的发生，花前灌水、花期喷水。春季梨树开花前10 d进行灌水，可显著降低地温，延迟发芽，并及时喷施新高脂膜800倍液，可有效防风、防寒保温、防旱防雨淋、防冻花。

3.6.1.3 幼果期(4月中旬至5月上旬)

开花后2～4 d是授粉、受精的最佳期，此时授粉受精坐果率较高。果实生长第一阶段是受精到生理落果，此时果肉细胞和胚乳细胞迅速分裂，胚芽开始发育。

(1)适宜气象条件

①温度：适宜温度为15 ℃，适宜温度上限为30 ℃，适宜温度下限为10 ℃。适宜温度日较差为12 ℃。

②水分：适宜土壤相对湿度为40%～50%。

③日照：适宜日照时数为7～8 h。

④风力：适宜风力为3～4级。

(2)不适宜气象条件

①温度：日平均气温＜5 ℃或＞30 ℃。

②水分：土壤相对湿度＜15%。

③风力：＞5级。

(3)关键农事活动及指标

此期关键农事活动为追肥、灌水、套袋、防治病虫害。

(4)农事建议

加强病虫害的防治,果实蔬果,摘除病叶,随时清理果园内杂草。套袋减轻病害的发生。

3.6.1.4　果实膨大期(5月中旬至7月下旬)

果实进入迅速膨大期,此时细胞体积迅速增大,增大达到果实固有大小,果面着色,香味增加。为了满足鸭梨生理生长需要,加强水分管理,防落果、裂果;疏除密枝,积累营养,使树体通风透光,促进果实膨大。

(1)适宜气象条件

①温度:适宜温度为21 ℃,适宜温度上限为30 ℃,适宜温度下限为15 ℃。适宜温度日较差为12 ℃。

②水分:适宜土壤相对湿度为50%～60%。

③日照:适宜日照时数为7～8 h。

④风力:适宜风力为3～4级。

(2)不适宜气象条件

①温度:日平均气温<15 ℃或>30 ℃。

②水分:土壤相对湿度<15%。

③风力:>5级。

(3)关键农事活动及指标

此期关键农事活动为追肥、灌水、防治病虫害。

(4)农事建议

加强病虫害的防治,果实套袋后,需定时喷药,果实膨大期需水量增加,加强水肥管理,以满足鸭梨的生长需求。

3.6.1.5　成熟期(8月上旬至8月下旬)

进入成熟期,气温和地温都是全年最高的季节。根系生长速度缓慢,加强肥水管理,如遇干旱,结合灌水轻施追肥。

(1)适宜气象条件

①温度:适宜温度为26 ℃,适宜温度上限为30 ℃,适宜温度下限为15 ℃。适宜温度日较差为12 ℃。

②水分:适宜土壤相对湿度为50%～60%。

③日照:适宜日照时数为7～8 h。

④风力:适宜风力为3～4级。

(2)不适宜气象条件

①温度:日平均气温<15 ℃或>30 ℃。

②水分:土壤相对湿度<15%。

③风力:>5级。

(3)关键农事活动及指标

此期关键农事活动为追肥、灌水、防治病虫害、整枝。

(4)农事建议

合理枝条空间布局,平衡枝条的营养生长和生殖生长,促进果实生长和提高果品品质,加强水肥管理，排水降渍，防治病虫喷药的同时，及时摘除被害果实，病虫果摘除后，应集中深埋或者烧毁。

3.6.1.6　采摘期(9 月上旬至 9 月下旬)

采摘期如遇连阴雨，容易造成烂果，局地阵性大风容易造成果实脱落，果枝折断。

(1)适宜气象条件

①温度：适宜温度为 25 ℃，适宜温度上限为 30 ℃，适宜温度下限为 15 ℃。适宜温度日较差为 12 ℃。

②水分：适宜土壤相对湿度为 50%～60%。

③日照：适宜日照时数为 7～8 h。

④风力：适宜风力为 3～4 级。

(2)不适宜气象条件

①温度：日平均气温＜15 ℃或＞30 ℃。

②水分：土壤相对湿度＜15%。

③风力：＞5 级

(3)关键农事活动及指标

此期应注意适时采摘。

(4)农事建议

适时采摘，提高果实的耐储性，防止病害。

3.6.1.7　落叶、休眠期(10 月上旬至次年 2 月)

田间管理：果实采收后立即进行秋施有机肥。果园进行杂草清理，在落叶后，要及时清扫果园落叶，清除枯枝和废果袋，摘除僵果，铲除果园的杂草，集中烧毁。对于吊枝绳和顶部枝杆等在用后应及时烧毁，对于采果筐、果箱要喷杀虫剂后再使用。在修剪完成后，应立即对多年生梨树主干上的粗老皮、翘皮、裂皮刮尽，以减少粗老树皮缝隙中的越冬病虫。树干刷白。为防止病虫和冻害，11—12 月应对梨树主干部分刷白(陈运其，2017)。

3.6.2　主要农业气象灾害

3.6.2.1　干旱

梨树县经常发生的有春旱、伏旱和秋旱。根据春旱发生的时间可把春旱分为播期旱、苗期干旱和整春旱。伏旱，群众称之为“葆脖旱”，水分供应直接关系到梨树正常生命活动。为保证梨树正常的生长和发育，提高梨产量和质量(陈运其，2017)。

3.6.2.2　大风

大风对作物的危害由于季节不同危害也不一样，3—4 月大风对花期影响较大，4—5 月是坐果和幼果期，风力较大果实脱落。风对梨的影响很大，强大的风力，不仅会影响昆虫传粉，刮落果实，而且使梨的枝叶发生机械损伤，甚至倒伏。风还能显著增加梨的蒸腾作用，使叶内水分减少，从而影响光合作用的正常进行。一般无风时叶的水分含量最高，同化量最大，随着风力的增加，水分逐渐减少，同化量亦相应降低。

3.6.2.3　冰雹

新植幼树遭冰雹、大风被刮倒或倾斜，要及时扶正树体，浇水沉实并培土加固。

3.6.2.4　低温冷害

3月下旬到4月大多数果树春梢已萌发，抗寒能力大大降低，低温霜冻天气容易导致新梢枯萎。春季是果树开花坐果的重要时期，对低温很敏感，低温霜冻也使得花蕾受冻，但内部生理发生变化，柱头变黑干枯，已不能正常开花结果，大多数花蕾受冻后已无重新萌发的可能。当气温低于－5 ℃时，梨花蕾受冻，低于－1.5 ℃时，花受冻。

3.6.3　主要病虫害

3.6.3.1　黑星病

黑星病是梨区发生和危害严重的病害之一，又叫疮痂病，一般发生在花期（3—4月）、嫩叶期及幼果期（4月下旬至5月上旬），果实成熟期（7—8月）。

①危害症状：危害叶片、叶柄、新梢、果实等部位，易引起梨树早期落叶，削弱树势。在叶片上最初表现为近圆形或不规则形、淡黄色病，一般沿叶脉的病斑较长，随病情发展首先在叶背面沿支脉病斑上长出黑色霉层，严重时病斑连成一片，使叶背布满黑霉，造成早期落叶。在新梢上部开始形成病斑，初期褐色，随病斑扩大，其上产生黑色霉层，病疤凹陷、龟裂，发生严重可导致新梢枯萎。在果实上最初为黄色、近圆形、大小不等的病斑，髓部界限清晰，之后病部组织木栓化从而在果实上形成龟裂的疮痂，造成果实畸形，大大降低其产量和质量（王景红，2010）。

②发病规律：病菌以菌丝体或分生孢子在芽鳞片内越冬，也可以菌丝团或子囊壳在落叶上越冬。春季由病芽抽生的新梢、花器官先发病，成为感染中心，靠风雨传播给附近的叶片、果实等。整个生长季节可多次侵染多次发病，成熟期（7—8月）为发病盛期。在春雨多而早，夏季阴雨连绵的年份，往往病害大流行。树冠郁闭、通风透光不良、树势衰弱、地势低洼的梨园发病严重。

③流行条件：18～25 ℃的温度和多雨多雾天气适宜病害流行，30 ℃以上停止发病。病菌孢子侵染条件为一次5 mm以上的降雨，连续48 h以上的阴雨天。

④防治要点：铲除病源，及时清扫落叶，剪除病虫枝，收集、烧毁、深埋病果。加强栽培管理，去除密挤、冗长的内膛枝，疏除外围过密、过旺、直立生长枝条，以改善树体通风、透光条件，同时增施有机肥，调整好负载，以提高树体抗性。药剂防治，4月上中旬是黑星病危害嫩梢、幼果、新叶高峰期，该期叶片较嫩，应选择安全有效药剂。

3.6.3.2　梨树腐烂病

梨树腐烂病又称臭皮病，是梨园主要病害之一。受果园管理水平、土壤条件影响，该病害发生程度各异，轻者影响树体发育，重者毁园（王景红，2010）。

①危害症状：造成主、侧枝树皮腐烂，有溃疡型和枝枯型两种病型，重者出现大量枯枝，最终导致梨树死亡。

②防治要点：加强栽培管理与病虫害预防，提高果树的抗病能力。加强果树生长状况监测，对出现病症的树枝及时修剪，集中烧毁。

3.6.3.3　锈病

又称赤星病、羊胡子，是梨产区普遍发生的病害之一。主要危害叶片、幼果、新梢、叶柄和果柄（王景红，2010）。

①危害症状：叶片受害时，在正面表现为橙色、近圆形、凹陷病斑，密生黄色针头状小点，叶背面病斑略突起，后期长出黄褐色毛状物，病部变黑，叶片枯焦，易引起早期落叶。幼果受害，

在果面产生橙黄色病斑，上生小黑点和毛状物，病部生长停滞，幼果畸形易早落。新梢、叶柄、果柄被害时，与果实被害症状大体相同，后期病部龟裂，叶柄、果柄受害易引起落叶、落果，新梢被害后，病部以上部分枯死，易被风折断。

②发病规律：一般在梨萌芽、展叶时开始侵染发病，展叶至幼果期间气候湿润，孢子大量萌发，风向、风力有利时，锈病发生严重，若干旱无雨，孢子不能萌发，则病菌受到抑制。由于病菌以多年生菌丝体在桧柏类植物的发病部位越冬，冬孢子角在春天形成、吸水膨胀、萌发和传播，故锈病流行规律与桧柏类植物的多少和远近有关。

③流行条件：适宜相对湿度为 90%以上，适宜温度为 17～20 ℃。

④防治要点：一是解决转主寄主问题，彻底砍除梨园 5 km 以内的桧柏类树木，对其喷药抑制孢子萌发和侵染，或在春季冬孢子萌发前剪除病枝并销毁。二是对梨树喷药，梨树萌芽至展叶后 25 d 内为宜，每隔 10 d 喷药 1 次，连喷 3 次，萌芽期喷施第一次。三是彻底清园，减少越冬病原菌和害虫。四是加强梨园管理，增强树势，提高抗病虫能力。

3.6.3.4　轮纹病

又称粗皮病，分布遍及各梨产区。主要危害枝干、叶片和果实（王景红，2010）。

①危害症状：危害叶片时，叶上现多个病斑，病叶干枯脱落。侵染枝干时，在枝干上以皮孔为中心形成深褐色病斑，单个病斑圆形，直径为 5～15 mm，初期病斑略隆起，后边缘下陷，从病斑交界处裂开。果实发病多在近成熟期和贮藏期，表现为以皮孔为中心，呈水渍状、褐色、圆形斑点，逐渐扩大成深褐色并有明显的同心轮纹病斑，病果很快腐烂，发出酸臭味，并渗出茶色黏液，病果渐失水成为黑色僵果。

②发病规律：轮纹病的侵染过程具有潜伏性，果实多在早期侵染，于成熟期发病。潜伏期的长短、病害发生和流行与气候条件密切相关，温暖、多雨时发病重。枝干病斑中越冬的病菌是主要侵染源，分生孢子于次年春天 2 月底形成，借雨水传播，从枝干的皮孔、气孔及伤口处侵入，从侵入到发病约 15 d，老病斑处菌丝可存活 4～5 年，新病斑当年很少形成分生孢子器。梨园空气中 3—10 月均有分生孢子飞散，3 月中下旬增加，4 月随风雨大量散出，梅雨期达最高峰，4 月初遭到侵入的新病斑开始扩展，5—6 月扩展活动旺盛，7 月以后扩展减慢，病斑交界处出现裂纹，11 月下旬至次年 2 月下旬为停顿期。病害程度与树势有关，一般管理粗放、生长势弱的梨树发病重。

③防治要点：一是秋冬季清园，清除落叶、落果。二是刮除老皮、病斑，消毒伤口，剪除病梢，集中烧毁。三是加强栽培管理，增强树势，提高树体抗病能力，合理修剪，促进园地通风透光。四是芽萌动前喷布 5 波美度石硫合剂，生长期喷药防治，果实套袋，保护果实。

3.6.3.5　黑斑病

梨黑斑病是梨树常见多发病之一，主要危害果实、叶片和新梢（王景红，2010）。

①危害症状：嫩叶先发病，病叶即焦枯、畸形，早期脱落，空气湿度大时，病斑表面遍生黑霉，即病菌的分生孢子梗和分生孢子。幼果受害，果面出现黑色斑点，形成浅褐至灰褐色圆形病斑，略凹陷，发病后期病果畸形、龟裂，裂缝可深达果心，果面和裂缝内产生黑霉，并常常引起落果。果实成熟期染病，形成圆形至近圆形黑褐色大病斑，稍凹陷，产生墨绿色霉，果肉软腐，组织呈浅褐色，也引起落果，果实贮藏期常以果柄基部撕裂的伤口或其他伤口为中心发生黑褐至黑色病斑，凹陷，软腐，严重时深达果心，果实腐烂，新梢发病，病斑黑色，椭圆形，渐扩大，呈

浅褐色，明显凹陷。梨黑斑病该病主要侵染果实，形成裂果，也侵染叶片和新梢，严重时引起早期落花。侵染叶片形成近圆形、不规则病斑，病斑中央颜色较浅，边缘黑褐色，有时可见不明显的轮纹。潮湿时病斑上生一层黑霉，为病原菌菌丝体、分生孢子梗和分生孢子，重病叶早落。幼果发病，首先表现为近圆形病斑略凹陷，后生黑霉。病健部发育不均，果面从病斑处形成龟裂，病果早落。在新梢上形成椭圆形凹陷病斑，病健交界处裂开。

②发病规律：发病规律气温和降雨量对该病的发生发展影响很大，树势、树龄与发病也有密切关系，一般强树和树龄较小的树发病较轻，弱树、老树发病较重，施肥不足或偏施氮肥、地势低洼、植株过密、结果量过大，都可能促进此病发生。不同树种和品种感病性差异显著。梨黑斑病菌以分生孢子和菌丝体在病叶、病枝、病果等病残体越冬，次年产生分生孢子，侵染来源很广，分生孢子随风传播，萌发后经气孔、皮孔侵入，也能直接侵入；侵染成熟的果实，主要通过各种伤口。侵染嫩叶潜育期很短，1 d 即出现病斑，老叶上潜伏期较长，展叶 1 个月以上的叶片不受侵染。病菌以分生孢子和菌丝体在发病枝或落地病叶病果上越冬，春天病组织上形成分生孢子，借风雨传播引起初次侵染。在适合的温度、湿度条件下能有多次再侵染。

③流行条件：气温为 24～28 ℃，连续阴雨，有利于梨斑病的发生；气温达 30 ℃以上，连续晴天，则病害停止蔓延。

④防治要点：第一，增施有机肥料并合理留果，促使树体健壮，并做好开沟排水工作，降低果园湿度，创造不利于发病的环境条件。第二，认真清除落叶、落果和病枝、病芽；对梨树发芽时不能萌发的枝芽，也要注意剪除。清园后深翻土壤，深埋地面的病残体，消灭各种越冬病源。第三，对感病品种，修剪上宜以短截为主，尤其是对已进入大量结果的盛产树；幼年树当树势缓和后，即须注意树冠的回缩，避免连续长放，防止树势衰退及病原积累。第四，药剂防治。幼果是最易得病的时期，一定要做到雨后立即抢喷。第五，提早套袋，保护果实。此病症的防治要着重加强栽培管理，科学施加有机肥，避免氮肥过多。另外，要及时对果园内修剪过程中掉落的枯枝、落叶及病果进行深层土埋处理。果实套袋；搞好果园卫生；发芽前及时剪除病梢，清除果园内病叶和病僵果；加强栽培管理；增施有机肥，避免因偏施氨肥而徒长；合理修剪维持冠内株间良好的通风透光条件。芽前喷 1 次 5 波美度石硫合剂，与 0.3％五氯酚钠混喷效果更好。花后根据降雨和其他病害的防治，每间隔 15 d 左右喷 1 次杀菌剂。药剂有 1∶2∶200 倍波尔多液、80％代森锰锌可湿性粉剂 800 倍液或 50％扑海因可湿粉剂等。

3.6.3.6　黄叶病

梨黄叶病属于生理病害，其中以东部沿海地区和内陆低洼盐碱区发生较重，往往是成片发生（王少敏 等，2018）。

①危害症状：症状都是从新梢叶片开始，叶色由淡绿变成黄色，仅叶脉保持绿色，严重时整个叶片是黄白色，在叶缘形成焦枯坏死斑。发病新梢枝条细弱，节间延长，腋芽不充实。最终造成树势下降，发病枝条不充实，抗寒性和萌芽率降低。

②发病规律：梨树从幼苗到成龄的各个阶段都可发病，主要原因是缺铁，因此，又称为缺铁性黄叶。

③防治要点：在盐碱地定植梨树，除大坑定植外，还应进行改土施肥。方法是从定植的当年开始，每年秋天挖沟，将好土和杂草、树叶、秸秆等加上适量的碳酸氢铵和过磷酸钙，混合后回填。

3.6.3.7 缩果病

本病北方梨区普遍发生，形成缩果，完全失去商品价值。梨缩果病是由缺硼引发的一种生理性病害，在偏碱性土壤的梨园和地区发生较重(王少敏 等,2018)。

①危害症状：在鸭梨上，严重发生的单株自幼果期就显现症状，果实上形成数个凹陷病斑，严重影响果实的发育，最终形成猴头果。中轻度发生的不影响果实的正常膨大，在果实生长的后期出现数个深绿色凹陷斑，最终导致果实表面凹凸不平。

②发病规律：不同品种对缺硼的耐受能力不同，不同品种上的缩果症状差异也很大。硼元素的吸收与土壤湿度有关，过湿和过干都影响到梨树对硼元素的吸收。在干旱贫瘠的山坡地和低洼易涝地更容易发生缩果病。

③防治要点：干旱年份注意及时浇水，低洼易涝地注意及时排涝，维持适中的土壤水分状况，保证梨树正常生长发育。

3.6.3.8 梨褐斑病

梨褐斑病，又称梨叶斑病、梨白星病、梨斑枯病，是由梨生壳针孢侵染所引起的、发生在梨上的一种病害。仅危害叶片，在叶片上产生圆形或近圆形的褐色病斑(王景红,2010)。

①危害症状：严重发病时多个病斑相连，呈不规则形，褐色边缘清晰，后从病斑中心起变成白至灰色，边缘褐色，严重发生能造成提前落叶。后期斑上密生黑色小点，为病原菌分生孢子器。

②发病规律：以分生孢子器或子囊壳在落地病叶上越冬，春天形成分生孢子或子囊孢子，借风雨传播造成初次侵染。初次使染病斑上形成的分生孢子，进行再次侵染。再次侵染的次数因降雨量和持续时间而异，5—7 月阴雨潮湿有利于发病。一般在 6 月中旬前后初显症状，7—8 月进入盛发期。地势低洼潮湿的梨园发病重，修剪不当、通风透光不良和郁闭严重的梨园发病重，以白梨系雪花梨发病最重。

③防治要点：强化果园卫生管理，冬季集中清理落叶，烧毁或深埋，以减少越冬病源；加强肥水管理，合理修剪，避免郁蔽，低洼果园注意及时排涝。

3.6.3.9 黑点病

黑点病多由病原菌侵染引起，高温高湿是主要的致病因素，透气性好的纸袋发病轻(王景红,2010)。

①危害症状：黑点病主要发生在套袋梨果的萼洼处及果柄附近。黑点呈米粒大小到绿豆粒大小，常常几个连在一起，形成大的黑褐色病斑，中间略凹陷。黑点病仅发生于果面，不引起果肉溃烂，贮藏期也不扩展和蔓延。

②发病规律：该病是由半知菌亚门的弱寄生菌一粉红聚端孢和细交链孢菌侵染引起的。该病菌喜欢高温高湿的环境。梨果套袋后袋内湿度大，特别是果柄附近、尊洼处容易积水，加上果肉细嫩，容易引起病菌的侵染。雨水多的年份，通风条件差、土壤湿度大、排水不良以及果袋通透性差的果园，黑点病发生较重。

③防治要点：a. 选园套袋：选取建园标准高、地势平整、排灌设施完善、土壤肥沃且通透性好、树势强壮、树形合理的稀植大冠形梨园，实施套袋。b. 选用优质袋：选择防水、隔热和透气性能好的优质复色梨袋，不用通透性差的塑膜袋或单色劣质梨袋。c. 合理修剪：冬夏修剪时，疏除交叉重叠枝条，回缩过密冗长枝条，调整树体结构，改善梨园群体和个体光照条件，保证树

冠内通风透光良好。d. 规范操作：宜选择树冠外围的梨果套袋，尽量减少内膛梨果的套袋量。操作时，要使梨袋充分膨胀，避免纸袋紧贴果面。卡口时，可用棉球或剥掉外包纸的香烟过滤烟嘴包裹果柄，严密封堵袋口，防止病菌、害虫或雨水侵入。e. 加强管理：结合秋季深耕，增施有机肥，控制氮肥用量。土壤黏重梨园，可进行掺沙改土。7—8 月降雨量大时，注意及时排水和中耕散墒，降低梨园湿度。f. 套袋前喷布杀菌、杀虫剂：喷药时选用优质高效的安全剂型，如代森锰锌、易保、氟硅唑、进口甲基托布津、烯唑醇、多抗霉素、吡虫啉、阿维菌素等，并注意选用雾化程度高的药械，待药液完全干后再套袋。

3.6.3.10　梨火疫病

梨火疫病是梨树的毁灭性病害，是我国最主要的检疫对象之一，能侵染梨树的多种组织和器官（王少敏 等，2018）。

①危害症状：症状表现最早也最有危害性的是侵染花序。在花梗上首先表现为水渍状、灰绿色病变，随之花瓣由红变褐或黑色。发病的花可传染同花序的其他花或花序，发病的花序不脱落。早期侵染的果实不膨大，色泽黑暗；伤口侵染的果实上形成红褐色或黑色病斑。在新梢枝条上首先表现为灰绿色病变，随之整个新梢萎蔫下垂，最后死亡。树皮组织发病后，略凹陷，颜色也略深，皮下组织呈水渍状。旺盛生长组织发病后，症状发展快，像被火烧过；发病组织在潮湿条件下，病部形成菌溢。菌溢最初为透明或乳汁状，后呈红色或褐色，干后有光泽。

②发病规律：病原菌主要在当年发病的皮层组织中越冬，春天病组织上形成的菌溢，通过雨水或介体昆虫，主要是蚜虫和梨木虱进行传播。病原菌从伤口或皮孔侵入，形成菌溢较快。当年发病部位形成的菌溢，通过传播造成多次再侵染。久旱逢雨、浇水过度、地势低洼时发病重。

③防治要点：严格检疫是最根本有效的防治方法；避免在低洼易涝地定植，芽前刮除发病树皮，在生长季节定期检查各种发病新梢和组织，及时剪除。对因各种农事操作造成的伤口，都要涂药保护。要及时喷药防治各种介体昆虫，及时喷布杀菌剂，特别是注意风雨后要及时喷药，因为风雨后形成大量的伤口也有利于细菌的侵染。

3.6.3.11　梨二叉蚜

又名梨蚜，是梨树的主要害虫，以成虫、幼虫群居叶片正面危害（王少敏 等，2018）。

①危害症状：受害叶片向正面纵向卷曲呈筒状，被蚜虫危害后的叶片大都不能再伸展开，易脱落，且易招致梨木虱潜入。严重时造成大批早期落叶，影响树势。

②发病规律：梨蚜一年发生 10 余代，以卵在梨树芽腋或小枝裂缝中越冬。次年梨花萌动时孵化为若蚜，群集在露白的芽上危害，展叶期集中到嫩叶正面危害并繁殖。5—6 月转移到其他寄主上危害。9—10 月产生有翅蚜，返回梨树上危害。11 月产生有性蚜，交尾产卵于枝条皮缝和芽腋间越冬。北方果区春、秋两季于梨树上繁殖危害，并以春季危害较重。

③防治要点：在蚜虫基数不太大时，早期摘除被害叶，集中消灭。春季花芽萌动后，初孵若虫群集在梨芽上危害或群集叶面危害，尚未卷叶时喷药防治，可以压低春季虫口基数并控制前期危害。

3.6.3.12　梨白粉病

梨白粉病是由梨球针壳菌引起、发生在叶上的病害。主要危害叶片。夏秋季可明显在梨树的叶片正面产生大小不一的近圆形褪色或褐色病斑，常扩展到全叶，叶背面的病斑上形成灰白色粉层，严重发病时危害嫩梢，后期在病斑上产生小粒点(闭囊壳)，初黄色，后变为褐色至黑褐色(王少敏 等，2018)。

①危害症状：主要危害老叶，先在树冠下部老叶上发生，再向上蔓延。在叶背面产生圆形的白色霉点，继续扩展成不规则白色粉状霉斑，严重时布满整个叶片。生白色霉斑的叶片初呈黄绿色至黄色、不规则病斑，严重时病叶萎缩、变褐枯死或脱落。后期白粉状物上产生黄褐色至黑色的小颗粒。白粉病菌以闭囊壳在落叶上及黏附在枝梢上越冬。

②发病规律：7 月开始发病，秋季为发病盛期。最初子囊孢子通过雨水传播侵入梨叶，病叶上产生的分生孢子进行再侵染，秋季进入发病盛期。密植梨园、通风不畅、排水不良或偏施氮肥的梨树容易发病。

③防治要点：秋后彻底清扫落叶，并进行土壤耕翻，合理施肥，适当修剪。

3.6.3.13　桃蛀果蛾

桃蛀果蛾又名桃小食心虫，简称“桃小”，属鳞翅目，蛀果娥科。在国内发生较广泛，以华北、东北和西北较重。幼虫蛀蚀苹果、枣、山楂棠等果树，对仁果类危害多直入果心危害种子，并串食果肉排便于其中，俗称“豆沙馅”(王景红，2010)。

①危害症状：幼果受害多呈畸形“猴头”，对核果类和枣树危害，多于果核周围蛀食果肉。

②发病规律：该虫一年发生 1 代，以老熟幼虫在土中结冬茧越冬，树干周围 1 m 范围内3～6 cm 土层中占绝大多数。成虫昼伏夜出，无明显趋光性。卵孵化后多自果实中下部蛀入果内，不食果皮，危害 20～30 d 后老熟脱果，入土结冬茧越冬。桃蛀果蛾越冬幼虫能否顺利出土，受土壤温度、含水量、降水情况和幼虫入土深度等因素的影响较大。冬茧里幼虫解除休眠需要通过较长时间的低温处理。在自然条件下，春季解除休眠的幼虫，一般在 6 月中旬至 7 月上旬，有时延续两个个月。在含水量很低的情况下，蛹的羽化率也很低。成虫产卵量高低还受温、湿度的影响。在夏季气温适宜，雨水调和的年份，有利于桃蛀果蛾发生。相反，遇到夏季高温干旱持续时间长的年份则抑制其发生。

③流行条件：冬茧在 8 ℃的低温条件下保存 3 个月可顺利解除休眠。旬平均气温达 17 ℃以上，土壤温度达到 19 ℃时，开始破茧出土，土壤重量含水率达 10%以上出现出土高峰，土壤重量含水率在 5%以下时，就抑制幼虫出土，出土盛期明显推迟，而出土率也降低。土壤重量含水率在 3%以下时，越冬幼虫几乎不能出土。在高温低湿(温度 30 ℃以上，湿度 70%以下)条件下，对成虫寿命和产卵不利，温度超过 33 ℃时成虫不能产卵。而在适宜的温度(25 ℃)下，湿度愈高(80%以上)产卵量愈大。

④防治要点：第一，药剂处理土壤。第二，树上喷药。

3.6.3.14　梨小食心虫

梨小食心虫又名梨小，属鳞翅目，卷蛾科，是梨树的主要害虫。在中国各梨产区都有发生，且危害严重。梨小主要危害梨、苹果、桃、杏、樱桃等果树，尤其是桃和梨毗连的果园发生更加严重(王景红，2010)。

①危害症状：幼虫从梨萼、梗洼处蛀入，直达果心，高湿情况下蛀孔周围常变黑腐烂，俗称“黑膏药”。

②发病规律：该虫在中国各地的发生代数因气候差异而不同。第一代、第二代幼虫主要危害桃梢，第三代、第四代幼虫主要危害梨果。无论发生几代，均以老熟幼虫在枝干裂皮缝隙、树

洞和主干根茎周围的土中结茧越冬，第二年春季4月至5月中旬开始化蛹，直到6月中旬。发生期很不整齐。造成世代重叠，完成1代需40 d左右。在华北地区危害梨果主要是第三或四代幼虫，在7月中下旬，即梨果糖分转化、果实迅速膨大期蛀果直至采收，成虫多产卵在果面。

③防治要点：第一，刮皮消灭越冬幼虫。第二，前期剪掉梨小危害的挑梢。第三，精醋液（糖5份、醋20份、酒5份、水50份）诱杀成虫。第四，成虫发生期用梨小住诱剂诱杀成虫。每50株树挂一诱集罐。7月以前将诱集罐挂在桃园，后期挂梨园。第五，在成虫发生盛期和蛀果期喷药防治。

3.6.3.15 梨大食心虫

梨大食心虫又名梨云翅斑螟蛾，俗称"梨大""吊死鬼"，属鳞翅目，螟蛾科，是梨树的主要害虫之一，中国各梨产区均普遍发生（王景红，2010）。

①危害症状：以幼虫蛀食芽、花簇、叶簇和果实，危害时从芽基部蛀入，造成芽枯死。幼果期蛀果后，常用丝将果缠绕在枝条上，蛀入孔较大，孔外有虫粪，被害果果柄和枝条脱离，但果实不落。

②发病规律：一年发生1～2代，以小幼虫在芽内作灰白色小茧越冬，大部分在芽内越冬，在蛀芽孔处有黑色物堵塞。越冬幼虫于次年春季花芽露绿至开绽期开始活动，当日平均气温达到7～9.5 ℃时，幼虫从越冬芽内大量爬出。出蛰时期和整齐度因每年气温不同而异，受气温影响很大，在出蛰期如遇低温、阴雨，出蛰幼虫将会减少或停止。越冬幼虫出蛰后，钻入其他花芽中，在鳞片下拉丝危害，随受害芽不断生长，蛀入的幼虫在芽内不断钻食，此时期称作转芽期。在5月中旬至6月中旬，越冬幼虫转至果内加害幼果，此时称为转果期。越冬幼虫可连续危害2～3个幼果，在受害的最后一个果内化蛹，蛹期8～15 d。越冬代成虫于6月中旬至7月下旬羽化，盛期在7月上、中旬。成虫交尾后产卵，每头雌蛾产卵64粒，最多为213粒。卵产在短果枝粗糙处、果台上、果实萼洼内、芽腋及叶片上，每处产卵1～2粒，卵期为7～8 d。第一代幼虫孵化后，危害2～3个芽，至7月下旬在芽内作茧越冬，这部分梨大食心虫一年发生1代。有的第一代幼虫危害果实，老熟后果实内化蛹，于7月中下旬至8月下旬羽化为成虫，在花芽上产卵，幼虫孵化后只危害梨芽，至9月中旬在其中越冬。

③防治要点：第一，人工防治。结合冬季修剪。剪掉越冬虫芽，梨树开花后，随时摘下凋萎的花丛，并掐死其中幼虫。在幼果被害初期（成虫羽化前），连续摘除虫果，集中处理。第二，适时喷药。在梨大食心幼虫转芽期、转果期进行适时喷药。其中拟除虫菊酯类农药触杀效果好，而且有效期长。

3.6.3.16 金纹细蛾

金纹细蛾俗称潜叶蛾，为食叶害虫（王景红，2010）。

①危害症状：主要以幼虫从叶背潜食叶肉，形成椭圆形虫斑，表皮皱成筛网状，叶面拱起，斑内有黑色虫粪，虫斑常发生在叶片边缘，严重时布满整个叶片，丧失光合能力，使有机养分供应不足，叶片发黄，果树早期落叶。金纹细蛾成为造成果树早期落叶的主要虫害之一，每年造成果树落叶率达20%～30%，严重达50%以上。

②发病规律：该虫一年发生5代，以蛹在被害叶片中越冬。第二年树发芽时出现成虫，各代成虫发生盛期为第一代5月下旬到6月上旬；第二代7月上旬；第3代8月上旬；第4代9月中下旬。后期世代重叠，最后一代的幼虫于10月下旬在被害叶的虫斑内化蛹越冬。成虫多

在早晨和傍晚前后活动，产卵于嫩叶背面，单粒散产。幼虫孵化后从卵和叶片接触处咬破卵壳，直接蛀入叶内危害。幼虫老熟后在虫斑内化蛹，羽化时蛹壳一半露出虫斑外面。

③防治要点：第一，及时清洁田园。第二，抓好5月中下旬关键用药时期喷药防治。第三，选好农药。第四，性诱剂诱杀。

3.6.3.17　山楂叶螨

又名山楂红蜘蛛，在我国梨和苹果产区均有发生(王景红，2010)。

①危害症状：山楂叶螨成、若、幼螨刺吸芽、果的汁液，叶受害初呈现很多失绿小斑点，渐扩大连片。严重时全叶苍白枯焦早落，常造成二次发芽开花，削弱树势，不仅当年果实不能成熟，还影响花芽形成和下年的产量。

②发病规律：北方果区一年发生5～9代，该虫均以受精雌螨在树体各种缝隙内及干基附近土缝里群集越冬。次年春日平均气温达9～10℃，果树芽膨大露绿时出蜇危害芽，展叶后到叶背危害，此时为出蜇盛期，整个出蜇期达40余天，取食7～8 d后开始产卵，盛花期为产卵盛期，卵期8～10 d，落花后7～8 d卵基本期化完毕，同时出第一代成螨，第一代卵落花后30余天达孵化盛期，山楂叶螨第一代发生较为整齐，以后各代重叠发生，各虫态同时存在。一般6月前温度低完成一代需20余天，虫量增加缓慢，夏季高温干旱9～15 d即可成1代，卵期4～6 d，麦收前后为全年发生的高峰期，严重者常早期落叶，由于食料不足营老化、常提前出现越冬维鳞潜伏越冬。食料正常的情况下，进入6—7月高温干旱，最适宜山楂叶螨的发生，数量急剧上升，形成全年危害高峰期；8月雨量增多、湿度增大，加之天敌数量的增加，虫口显著下降，至9月可再度上升，危害至10月陆续以末代受精雌端潜伏越冬。

③防治要点：第一，结合果树冬季修剪，认真细致地刮除枝干上的老翘皮，并耕翻树盘，可减少越冬雌成螨数量。第二，生物防治。山楂叶螨的天敌昆虫很多，在北方地区，深点食螨瓢虫、塔六点蓟马和东亚小花蝽也是虫害的重要天敌。保护利用天敌是控制叶螨的有效途径之一。保护利用天敌的有效途径是减少广谱性高毒农药的使用，选用选择性强的农药，尽量减少喷药次数。有条件的果园还可以引进释放扑食螨等天敌。积极为天敌昆虫提供食源和繁育场所，还应注意生物防治和化学防治的协调，不使用对天敌昆虫有害的化学药剂。第三，化学防治。防治山楂叶螨有两个重要时期，一是成虫出蛰期，结合梨树其他病虫害的防治，刮除老翘皮后，全树喷施5波美度石硫合剂，或3%～5%的柴油乳剂；另一时期是第一代若螨发生期，此时山楂叶螨的世代相对集中，可选择的药剂有螨克、齐螨素、达嗪酮、生物杀虫素类的浏阳霉素、华光霉素等。上述两个时期是药剂防治的关键期，可大大减少未来化学防治压力。

3.6.3.18　梨木虱

梨木虱主要寄主为梨树，是当前梨树的最主要害虫之一(王景红，2010)。

①危害症状：该虫主要以若虫、成虫刺吸芽、叶和嫩梢的汁液进行危害，使叶片发生褐色枯斑，严重时全叶变褐，引起早期落叶。若虫分泌大量黏液，诱发煤污病。新梢被害后发育不良。果实受害后果面呈烟污状，影响外观品质。梨木虱的危害使树势削弱，当年产量受损，花芽分化受阻，给来年产量造成极大的损失。

②发病规律：该虫的发生与气温和降雨有密切关系，在高温干旱的季节或年份发生较重。反之，雨水多、气温低，则发生轻。重要天敌有小花蝽、瓢虫及寄生蜂。该虫在山东一年发生4～6代。以成虫在树上裂缝、剪锯口、杂草、落叶及土隙中越冬。越冬成虫在2—3月上旬开

始出蛰活动，3月中旬为出蛰盛期。蛰期长达1个月左右。越冬成虫对温度敏感，当气温平均达1 ℃以上时，特别是晴朗的中午，成虫便出来活动，在一年生枝上取食危害并交尾产卵。当气温低时，则潜回越冬场所，卵主要产在发芽前的短果枝叶痕及芽腋间，发芽展叶期将卵产于幼嫩组织茸毛内，叶缘锯齿间、叶片主脉沟内等处。呈线状排列，3月底4月初是越冬成虫产卵高峰，4月下旬至5月初是卵孵化盛期。该虫第一代若虫主要潜入芽的鳞片内或群集于花簇基部和未展开的嫩叶内危害。第二代、第三代若虫，主要在新梢枝轴、叶柄的叶腋处，或隐没于分泌物中，或潜入蚜虫危害的卷叶内危害，第三代若虫是梨木虱种群的增殖高峰，数量较大。5月中旬出现第一代成虫，5月下旬为羽化高峰，以后各虫态同时发生，世代重叠。危害盛期为6—7月，此时世代交替，其中第2代成虫大致出现在6月中旬，到7—8月雨季，其中第三代成虫出现在7月中旬，第四代成虫出现在8月下旬，由于梨木虱分泌的黏液招致杂菌，致使叶片产生褐斑并霉变坏死，引起早期落叶，造成严重间接危害，且多为越冬型，少部分发生早的仍可产卵，在9月下旬出现第五代成虫，该代全部为越冬型。

③防治要点：冬季刮粗皮，扫落叶、枯枝、杂草，消灭越冬虫源。3月中旬越冬成虫出蛰盛期喷药控制出蛰成虫基数。

3.6.3.19　梨星毛虫

梨星毛虫是一种以果树叶为食的害虫(王少敏 等,2018)。

①危害症状：梨星毛虫以花芽、花蕾、叶片为食。

②发病规律：一年集中两次出现。

③防治要点：综合防治可在3—4月和8—9月各防治1次，以避免和减少此类害虫对果树的侵害，梨树花芽露白至花序分离期是对害虫幼虫防治的最佳期。

3.6.3.20　绿盲蝽

绿盲蝽主要危害梨、葡萄、苹果、桃、石榴、枣树、棉花、苜蓿等(王少敏 等,2018)。

①危害症状：绿盲蝽以成虫、若虫的刺吸式口器危害，幼芽、嫩叶、花蕾及幼果等是其主要危害部位。幼叶受害后，先出现红褐色或散生的黑色斑点，斑点随叶片生长变成不规则孔洞，俗称“破叶疯”；花蕾被害后即停止发育而枯死；幼果被害后，先出现黑褐色水渍状斑点，然后造成果面木栓化，甚至僵化脱落，严重影响果实的产量和质量。

②发病规律：绿盲蝽一年发生4～5代，主要以卵在树皮缝内、顶芽鳞片间、断枝和剪口处以及苜蓿、蒿类等杂草或浅层土壤中越冬。次年3—4月，第一代绿盲蝽象的卵孵化期较为整齐，梨树发芽后即开始上树危害，孵化的若虫集中危害幼叶。绿盲蝽从早期叶芽破绽开始危害到6月中旬，其中展叶期和幼果期危害最重。成虫寿命30～40 d，飞行力极强，白天潜伏，稍受惊动，迅速爬迁，不易发现。清晨和夜晚爬到叶芽及幼果上刺吸危害。成虫羽化后6～7 d开始产卵。以春秋两季受害重。10月上旬产卵越冬。

③流行条件：月平均温度达10 ℃以上、相对湿度高于60%时，卵开始孵化。

④防治要点：冬季或早春刮除树上的老皮、翘皮，铲除梨园及附近的杂草和枯枝落叶，集中烧毁或深埋，可减少越冬虫卵；萌芽前喷5波美度石硫合剂，可杀死部分越冬虫卵。喷药应选择无风天气、在早晨或傍晚进行，要对树干、树冠、地上杂草、行间作物全面喷药。喷雾时药液量要足，做到里外打透，上下不漏，同时注意群防群治，集中时间统一进行喷药，以确保防治效果。

3.6.3.21 梨茎蜂

又名折梢虫、截芽虫等，主要危害梨（王少敏 等，2018）。

①危害症状：成虫产卵于新梢嫩皮下刚形成的木质部，从产卵点上 3～10 mm 处锯掉春梢，幼虫于新梢内向下取食，致受害部枯死，形成黑褐色的干橛，是危害梨树春梢的重要害虫，影响幼树整形和树冠扩大。

②发病规律：梨茎蜂一年发生 1 代，以老熟幼虫及蛹在被害枝条内越冬，3 月上旬、中旬化蛹，梨树开花时羽化，花谢时成虫开始产卵，花后新梢大量抽出时进入产卵盛期，幼虫孵化后向下蛀食幼嫩木质部而仅留皮层。成虫羽此后于枝内停留 3～6 d，于被害枝近基部咬一圆形羽化孔，在天气晴朗的中午前后从羽化孔飞出。成虫白天活跃，飞翔于寄主枝梢间；早晚及夜间停息于梨叶反面，阴雨天活动能力差。梨茎蜂成虫有假死性，但无趋光性和趋化性。

③防治要点：结合冬季修剪剪除被害虫梢。在成虫产卵期，从被害梢断口下 1 cm 处剪除有卵枝段，可基本消灭该害虫。生长季节发现枝梢枯橛时及时剪掉并集中烧毁，杀灭幼虫；发病重的梨园，在成虫发生期，利用其假死性及早晚在叶背静伏的特性，振树使成虫落地而捕杀。

3.6.4 农业气象周年服务方案

根据冠县鸭梨生育需求，制定冠县鸭梨农业气象周年服务方案，见表 3.16。

表 3.16 冠县鸭梨农业气象周年服务方案

时间	主要发育期	农业气象指标	农事建议	关注重点
2 月中旬至 3 月下旬	萌芽期	(1)适宜温度为 5 ℃，适宜上限温度为 20 ℃，适宜下限温度为 2 ℃；适宜温度日较差为 9 ℃； (2)适宜土壤相对湿度为 30%～40%； (3)适宜日照时数为 7～8 h	(1)追肥：此期追肥越早越好； (2)灌水：施肥后立即灌水，满足树体发芽需要，灌水不宜多； (3)花前复剪：在冬季修剪的基础上，对串花弱花进行修剪有效地利用树体营养	(1)干旱； (2)低温阴雨
3 月下旬至 4 月上旬	花期	(1)适宜温度为 12 ℃，适宜上限温度为 25 ℃，适宜下限温度为 5 ℃，适宜温度日较差为 11 ℃； (2)适宜土壤相对湿度为 30%～40%； (3)适宜日照时数为 7～8 h； (4)风力<4 级	(1)追肥：此期追肥越早越好 (2)灌水：施肥后立即灌水，满足树体发芽需要。灌水不宜多 (3)花前复剪：在冬季修剪的基础上，对串花弱花进行修剪有效地利用树体营养	(1)低温； (2)阴雨； (3)大风
4 月中旬至 5 月上旬	幼果期	(1)适宜温度为 15 ℃，适宜上限温度为 30 ℃，适宜下限温度为 10 ℃，适宜温度日较差为 12 ℃； (2)适宜土壤相对湿度为 40%～50%； (3)适宜日照时数为 7～8 h； (4)风力<4 级	(1)追肥、灌水、套袋、加强病虫害的防治； (2)果实蔬果，摘除病叶，随时清理果园内杂草	(1)低温冻害； (2)大风； (3)冰雹

续表

时间	主要发育期	农业气象指标	农事建议	关注重点
5月中旬至7月下旬	果实膨大期	(1)适宜温度为21 ℃,适宜上限温度为30 ℃,适宜下限温度为15 ℃,适宜温度日较差为12 ℃; (2)适宜土壤相对湿度为50%～60%; (3)适宜日照时数为7～8 h; (4)风力<4级	(1)追肥、灌水、加强病虫害的防治; (2)果实套袋后,需定时喷药; (3)果实膨大期需水量增加,加强水肥管理,以满足鸭梨的生长需求	(1)大风; (2)冰雹; (3)连阴雨; (4)高温
8月	成熟期	(1)适宜温度为26 ℃,适宜上限温度为30 ℃,适宜下限温度为15 ℃,适宜温度日较差为12 ℃; (2)适宜土壤相对湿度为50%～60%; (3)适宜日照时数为7～8 h; (4)风力<4级	(1)追肥、灌水、防治病虫害、整枝合理枝条空间布局,平衡枝条的营养生长和生殖生长; (2)促进果实生长和提高果实品质,加强水肥管理,排水降渍,防治病虫喷药的同时,及时摘除被害果实,病虫果摘除后,应集中深埋或者烧毁	(1)大风; (2)冰雹; (3)高温
9月	采摘期	(1)适宜温度为25 ℃,适宜上限温度为30 ℃,适宜下限温度为15 ℃,适宜温度日较差为12 ℃; (2)适宜土壤相对湿度为50%～60%; (3)适宜日照时数为7～8 h; (4)风力<4级	适时采摘,提高果实的耐储性,防止病害	(1)大风; (2)连阴雨

3.7 德州金丝小枣

金丝小枣多在德州庆云、乐陵两市种植。

3.7.1 农业气象指标

金丝小枣多于4月中旬开始萌芽,9月中下旬至10月上旬收获,整个发育阶段可分为萌芽展叶期、现蕾期、盛花期、幼果期、果实膨大期、果实着色成熟期、果实采收期、休眠期。各生育期气象条件分析如下:

3.7.1.1 萌芽展叶期(4月中下旬至5月上旬)

(1)适宜气象指标

①温度:枣树生长发育需要较高的温度,因此枣树比一般果树萌芽晚、落叶早。枣树出芽需要日平均气温达到13～15 ℃,枣树芽开始萌动,一般于4月中下旬萌芽,当气温达到17 ℃以上时,枣树开始展叶生长,此时枝条迅速生长和花芽大量分化。地温对枣树根系活动也有密切关系,5 cm地温达10 ℃以上时,根系开始生长,20～25 ℃时,则生长加快,低于10 ℃时,则停止生长。乐陵4月日平均气温13.8 ℃,>13 ℃的有效积温为201.6 ℃·d;5月平均气温为19.6 ℃,日平均气温非常适宜。

②湿度:金丝小枣树从发芽到展叶期的最适土壤田间持水量在65%,春季干旱是乐陵的气候特征,枣树的根系分布土层湿度略低于枣树发育最适指标,但高于阻碍枣树生长发育水分指标(土壤田间持水量55%),春旱的气候条件使得土壤水分不足,但更好地抑制了枣树旺长,

使树内透光性好(苏振甲,2015)。

③光照:乐陵小枣适宜的日照百分率为65%和69%,乐陵4—5月充足的光照条件提高了树体的光合同化功能,树体碳水化合物积累也多,而碳水化合物的积累是植物营养生长向成花的物质基础,促使枣树树体开花早,开花量大,满足花蕾、幼果对有机物养料的需求,同时光照充足还可以抑制细胞分化,诱导花原基的形成,而这一特性又使树体中较多的有机养料输向花蕾使幼果较多,以至小枣含丰富的营养物质。

④无连阴雨天气出现。

(2)不利气象指标

①气温:若气温低于10 ℃,则枣树不能萌芽。若气温过快升高,萌芽固然早,但此时地温过低,枣树根系活动差,养分供应不足,势必导致萌芽不齐。

②光照:光照条件不足导致温度过低,枣股萌发困难。

(3)关键农事活动及指标

树体营养不足,将直接影响萌芽抽枝展叶,在萌芽期及时补肥,补充树体营养,促进枣树萌芽。同时根据枣树的树龄大小、前年基肥施入量的多少,科学合理补肥,促进枣树萌芽。

(4)农事建议

注意萌芽期的降水和温度趋势预报,发芽前施肥,浇水。萌芽期可适当进行灌水但不可大水漫灌。浇水过多,易导致地温回升速度慢,枣树根系活动能力差,枣股萌发参差不齐。

3.7.1.2　现蕾期至盛花期(5月中下旬至6月上中旬)

(1)适宜气象指标

①温度:日平均气温达到19~20 ℃时枣树进入现蕾期,在正常天气情况下,从蕾裂到花丝外展的6个时期大多在1 d中完成,从蕾裂至枯萎经历2~3 d,柱头授粉的时间长达30~36 h。枣树开花时受温度的影响很大,并且要求较高的温度,温度达到20 ℃时开始开花。日平均气温达到22 ℃金丝小枣进入盛花期,盛花期适宜温度是22~25 ℃。随温度升高花期提早,连日高温会加快开放进程,可缩短花期,其中枣树根系在20~25 ℃生长旺盛。

②湿度:枣树盛花期需水量较多,同时需要较高的空气湿度,花期适宜的空气相对湿度为60%~85%。

③无连阴雨、干旱、大风等天气出现。

(2)不利气象指标

①温度:温度过低则影响开花,如果此期间温度骤然下降,则会延迟花蕾开放,引起花量骤然下降,开花进程不齐。

②湿度:如果湿度过低会影响花粉的萌发,以致受精不良,导致落花落果严重。枣花授粉期空气中相对湿度<30%时,会出现落花,焦花现象,枣花授粉率受到限制,坐果率将明显下降,严重干旱年份可采用灌溉或喷水等措施来保证枣树的坐果率。

③连阴雨:当出现低温连阴雨天气、光照不足的情况下,枣树会出现大量落花现象。

④大风:当枣花授粉期出现大风沙尘天气时,枣树不能正常授粉,坐果率受到影响。

⑤干旱:花期如遇干旱天气时,便出现大量落花现象。

(3)关键农事活动及指标

枣树花芽分化与抽生结果同时进行,而且花量大、时间长,花期营养消耗过多,出现养分不足现象易引起生理落果,本时期枣农应重点掌握气候环境对枣花的影响,依照枣树对气候的要求进行合理人工干预。如果枣落花落果严重，出果率低，这与树枝相互重叠，营养消耗多，各器官对养分竞争激烈有关。也与土地条件、管理水平和气候条件有关。提高坐果率的根本措施就是加强土肥水管理，改善树体的营养状况。主要措施有开甲，摘心花期喷水、喷激素和枣园花期放蜂。其中花期喷水原理为枣树花期常遇干旱天气，影响枣树的授粉受精，造成严重减产。因此，花期干旱时喷水，提高空气相对湿度，可提高坐果率。而枣园花期放蜂是通过蜜蜂传播花粉，能提高异花授粉率，故能提高坐果率。通常花期放蜂能提高坐果率1倍，高者达3～4倍，增产效果明显。

(4)农事建议

注意盛花期的重要天气预报，注意干旱连阴雨等气象灾害，适时调整花期喷水、放蜂时间。日平均气温稳定通过≥24 ℃为枣树最佳开甲期。多数年份在6月中旬左右。如遇天气干旱时，空气相对湿度达不到60%，应采取的措施：一是挖掘水源，适时浇树盘，如水源充足可大水漫灌，以提高空气湿度。二是利用早晨傍晚进行树冠喷水，每隔2～3 d喷1次。越是天气干旱，越要重复进行。

3.7.1.3 幼果期至白熟期(6月下旬至9月上旬)

(1)适宜气象指标

①温度：果实的生长期适宜温度指标为日平均气温24～27 ℃，日较差9 ℃以上。此阶段为果实生长高峰，温度偏低的话，果实生长缓慢，品质差。积温是此期主导因子，金丝小枣果实生长期需积温2450 ℃·d。

②土壤湿度：土壤湿度还影响果实的大小和品质，夏季是金丝小枣坐果的发育时期，此期需水较多，土壤相对湿度要在60%以上。在果实膨大期至成熟前，如果土壤相对湿度过低，则造成减产和降低品质。

③日照：日照充足有利于有机物和糖分积累，金丝小枣果实生长期需要光照830 h以上。

④无连阴雨或干旱天气出现。

(2)不利气象指标

①连阴雨：如遇连阴雨则影响光照，易造成裂果、烂果。

②干旱：在果实膨大期至成熟前20～30 d，土壤相对湿度低于60%会加重落果，使生长受到抑制。同时如果土壤田间持水量的降到30%～35%时，便会影响小枣的正常生长。

(3)关键农事活动及指标

注意浇水追肥，由于气温高，枣树生长容易处于缺水状态，要及时给处于幼果生长关键期的枣树灌水。同时，根据枣树生长势补充枣果正常生长所需的微量元素。在幼果膨大后期，果实常因营养供应不足有落果现象，为减少落果，在7月上中旬，树冠注意喷防菌剂及防落果药物。注意病虫害防治。此期的虫害主要是绿盲椿象和红蜘蛛等，要特别注意防治，如防治不及时，将会造成严重落叶、落果。

(4)农事建议

果实生长期需水量较大，土壤较干旱，可结合追肥灌1次透水，防止叶片与幼果争水分，减少落果和加速果实膨大，提高枣果品质。

3.7.1.4 果实着色成熟期(9月中旬至10月上旬)

(1)适宜气象指标：

①温度：此期适宜温度为17～21 ℃，日较差需>10 ℃。其中9月是金丝小枣的成熟期，

适宜温度为 18～22 ℃。

②光照：多数年份乐陵 9 月上旬至 10 月上旬的日照 8 h 的保证率在 72%以上。光照越好越有利金丝小枣的糖分积累，使小枣着色良好。

③无连阴雨或大雾天气出现，以少雨多晴天为佳。

(2)不利气象指标

①大雾：大雾对成熟期的小枣影响较大，主要表现在果实的浆裂，因乐陵金丝小枣皮薄、糖分高，遇有大雾天气时，小枣的浆裂现象比较严重。

②连阴雨：影响枣树的光合作用，造成枣果干瘪或落果，采收前在树上雨淋裂果，由于湿度大，有利于病原菌侵染，采收后又不能及时晾晒，引起浆烂，会严重影响产量。

(3)关键农事活动及指标

9 月中旬至 10 月上旬是金丝小枣着色成熟期，也是影响小枣质量和产量的关键期。果实着色期品种之间差异较大，早熟品种一般 9 月初开始着色，晚熟品种 9 月下旬开始着色。在成熟期昼夜温差大有利于碳水化合物的积累，增进品质。初秋如遇连阴雨或大雾天气，需继续喷洒杀菌剂，防止病菌侵染引起的浆烂和落果。

(4)农事建议

主要防御措施是注意收听收看天气预报，遇有大雾天气时，提前喷施防雾剂以减少损失。

3.7.1.5　采收期(9 月下旬至 10 月中旬)

(1)适宜气象指标

晴好天气，无连阴雨，大风。

(2)不利气象指标

采收时要注意天气情况。阴雨、露水未干或浓雾时采收会使枣皮细胞特别膨胀，这时采收易造成机械损伤，并且其表面潮湿，易感染病害。在小枣收获期如遇到连阴雨天气，会使未采收的小枣烂在树上，收获小枣发生烂床，损失相当严重。

(3)关键农事活动及指标

果实何时采收依枣果的用途而定。枣果实成熟期可以分为 3 个阶段：白熟期、脆熟期和完熟期(张玉星，2005)。

①白熟期：此期果皮绿色减退，呈绿白色或乳白色。果实肉质松软，果汁少，含糖量低。用于加工蜜枣时应在此期采收。

②脆熟期：从梗洼、果肩变红到果实全红，质地变脆，汁液增多，含糖量剧增。用于鲜食和加工酒枣应在此期采收。

③完熟期：果皮红色变深，微皱，果肉近核处呈黄褐色，质地变软。此期果实已充分成熟，出干率高，色泽浓，果肉肥厚，富有弹性，品质好。制干品种此期采收。

用于鲜食的枣果在果实脆熟期采收，采收的方法是直接用手采摘，或用小剪刀剪下果实，剪下的果要带果柄。采收时用的装枣果筐不宜太大，应有柔软物作内衬，采摘时要轻拿轻放，以免擦伤果皮。枣果用于制干时采收方法来采用木杆敲打或摇动树干将果实震落。目前我国大多数枣产区均采用自然晾晒的方法，这种方法简便易行，投资少，适宜大量枣果的处理。

(4)农事建议

如遇连阴雨天气常造成大量烂枣，注意收听收看天气预报，提前做好采收准备，避免损失。

晴天的中午或午后采果，枣的体温过高，热量不易散发，容易造成烂果。所以采收最好在晨露消退后，天气晴朗的午前进行。采收后要对已浆烂的枣果及时剔出，以提高枣果品质和经济效益。

3.7.2　主要农业气象灾害

金丝小枣多于4月中旬开始萌芽，9月中下旬至10月上旬收获，生长期为200 d左右。金丝小枣是喜光耐旱的果树品种，枣树休眠期耐寒能力较强。在最低温度为－30 ℃时，枣树也能安全越冬。枣树对土壤湿度适应范围广，我国不同枣产区降雨量差异很大，但枣树均能正常生长结果。金丝小枣生长期间的主要气象灾害有：干旱、冰雹、大风。

3.7.2.1　干旱

乐陵市干旱包括春旱、初夏旱、盛夏旱和秋旱。据多年气象资料统计，干旱几乎年年发生，而影响金丝小枣生长的主要是4—5月发生的干旱。

春旱是指3—5月发生的干旱，春季降水量占年降水量的14%。春季干旱成为影响金丝小枣优质高产的限制因素。由于枣树萌芽晚，生长快，需水较多，而乐陵春季经常干旱少雨，应在4月中旬结合施肥灌1次透水，对抽枝展叶和花蕾的形成有促进作用。

一般5月中下旬，枣树在开花时期也易发生干旱，此时气温高、蒸发量大，应进行浇水，浇水有利于花粉萌发，避免焦花、落花。

在6月中旬至7月上旬，枣树处于落花后至幼果迅速生长期，此期需水量较大，乐陵地区雨季一般于7月下旬到来，如此时土壤较干旱，可结合追肥灌1次透水，防止叶片与幼果争水分，减少落果和加速果实膨大，提高枣果品质。

3.7.2.2　冰雹、大风

每年乐陵市的雨季时间为7月下旬至8月上旬，此时强对流天气多发，易出现冰雹，冰雹时一般伴有大风。此时正是小枣果实生长发育期，冰雹容易造成小枣落果严重，造成减产、歉收。

3.7.3　主要病虫害

3.7.3.1　枣疯病

枣疯病又是由枣植原体侵染所引起的、发生在枣树上的一种病害。它是枣树的毁灭性病害，感病枣树枝叶丛生，叶片小而萎黄，不能正常开花很少结果，严重影响小枣产量和品质(浙江农业大学 等，1986)。人工接种试验证明，金丝小枣易感病，株发病率为60.5%。防治方法为在无枣疯病的枣园中采取接穗、接芽或分根进行繁殖，以培育无病苗木。在苗圃中一旦发现病苗，应立即拔除。尽早将疯枝所在的大枝基部砍断或环剥，以阻止病原物向根部运行，可延缓发病。苯醚甲环唑或50%扑海因1000倍，倍量式波尔多液200倍液，10～15 d喷1次，交替使用。

3.7.3.2　枣锈病

枣锈病其病原菌属担子菌纲，锈菌目，锈菌科，锈菌属，枣层锈菌，主要危害枣的叶子，受害树多在8—9月大量落叶。发病初期叶背散生淡绿色小点，之后凸起呈暗黄褐色，以叶尖、基部及中脉两侧居多，叶正面则对应有绿色小点，呈花叶状，逐渐变黄，最后失去光泽，干枯脱落(浙江农业大学 等，1986)。落叶一般从树冠下部向上蔓延。落叶严重的树仅有枣果挂在树上，很难成熟，果柄受害易脱落。由于该病在枣树芽中可检测到多年生菌丝活动，推测其病原菌可在病芽中越冬，可借风雨传播，6月中下旬后的湿度状况是导致该病多次侵染的主要条件。6月底至7月初如有降雨，可在此时侵染，7月中下旬开始发病和少量落叶，8月下旬大量落叶。据观察，雨季较早来临，高温高湿，树冠郁闭则利于该病提早大发生。干旱年份则发病轻或不发病。

加强栽培管理，栽植不宜过密，适当修剪过密的枝条，以利通风透光，增强树势。雨季应及时排除积水，防止果园过于潮湿。冬季清除落叶，集中烧毁以减少病菌来源。7月中旬及8月上旬各喷1次倍量式波尔多液。

3.7.3.3 枣炭疽病

该病主要危害枣果，也能危害叶片。枣炭疽病俗称焦叶病，是由枣炭疽病侵染所引起的，主要侵害染枣吊、枣叶、枣头及枣股。最初出现褐色水渍状小斑点，扩大后，成近圆形的凹陷病斑，病斑扩大密生灰色至黑色的小粒点，引起落果，病果味苦不堪食用，叶片受害会变黄脱落。多雨时会加重发病。在雨季早，雨量多或连续降雨，田间空气的相对湿度在90%以上，发病就早而重。防治方法为合理密植，注重施肥灌水。发病初期，及时摘除病果，防止扩大蔓延。落叶后，摘除枣吊及病僵果，清扫落地枣吊、叶片集中烧毁；冬剪时剪除枯枝和病虫枝，烧毁。

3.7.3.4 枣尺蠖

幼虫危害枣的嫩芽，叶片及花蕾，每年发生1代，以蛹在树冠周围10～15 cm深的土壤中越冬，次年3月下旬羽化为成虫，交尾后产卵，雌成虫无翅，须爬到树干上产卵，经过25 d左右的卵期，4月中下旬至5月中旬幼虫孵化上树危害，幼虫1～3龄食量小，主要食害嫩叶，4～5龄幼虫食量大增，常将叶片吃光，幼虫经过5龄发育后，于5月下旬至6月中旬，开始入土化蛹越夏并越冬。枣尺蠖的蛹在土中5～10 cm深处越冬。第二年3月下旬，如果连续5 d平均气温为7 ℃以上，5 cm地温高于9 ℃时成虫开始羽化，在早春多雨容易发生（北京农业大学 等，1992）。防治措施：在猖獗发生年份应以树下防治为重点，消灭雌蛾或阻止雌蛾在树上产卵，在做好树下防治的基础上，为消灭树上部分漏网幼虫，可采用药剂防治。

3.7.3.5 枣黏虫

又名包叶虫，以幼虫危害叶片、花、果实，并将枣树小枝吐丝粘在一起将叶片卷成饺子状在其中危害，或由果柄蛀入果内蛀食果肉，造成被害果早落。该虫一年发生3代，以蛹在老翘皮下和缝隙中作茧越冬，次年3月下旬开始羽化，4月上中旬为羽化盛期，羽化后2～4 d交配，交配后1～2 d产卵，卵期为10～15 d，第一代幼虫发生盛期在5月上旬，第二代幼虫发生盛期在6月下旬至7月上旬，第3代在8月上中旬。

3.7.3.6 绿盲蝽

绿盲蝽是枣树生长过程中容易出现的一种虫害，能够导致枣树大面积减产，甚至出现绝产的现象，严重影响了红枣种植产业的发展（北京农业大学 等，1992）。

绿盲蝽是危害枣树嫩芽、花蕾、幼果的一种害虫，嫩芽生长点被绿盲蝽象危害后，不能正常发芽展叶，嫩芽枯干；幼叶危害后，随着叶片的长大，叶片变成不规则的孔洞；花蕾受害后；停止发育枯死脱落，危害严重时，造成枣树绝产。幼果遭到绿盲蝽象危害后，受害部位逐渐出现色斑，枣果萎缩，引起幼果大量脱落或畸形果，严重影响枣果产量和品质。棉盲蝽由南向北发生代数逐渐减少，因种类和地区的差异，每年可发生3～7代。4月中下旬平均气温在10 ℃以上，土壤相对湿度达60%左右时，越冬卵开始孵化若虫，早期若虫在枣树萌芽前先危害作物和杂草，2龄后上树危害枣树，晚孵若虫随枣树萌芽即危害嫩芽及幼叶。第一代发生盛期在5月上旬，危害枣芽。第二代发生盛期在6月中旬，危害枣花及幼果，是危害枣树最重的一代。3～5代发生时期分别为7月中旬、8月中旬、9月中旬。6—8月日平均气温达20～30 ℃，土壤相对湿度为80%以上时，很易暴发成灾。

以上3种枣树虫害药物防治可用10%高效氯氟氰菊酯1000～1500倍，2%甲氨基阿维菌素苯甲酸盐1000～1500倍，40.7%毒死蜱乳油1000～1500倍，10～15 d喷1次，交替使用。

3.7.4 农业气象周年服务方案

根据金丝小枣生育需求，制定乐陵金丝小枣农业气象周年服务方案，见表3.17。

表3.17　乐陵金丝小枣农业气象周年服务方案

时间	主要发育期	农业气象指标	农事建议	重点关注
4月	萌芽展叶期	日平均气温达到13～15 ℃出芽，17～18 ℃时枣树开始展叶，5cm地温达10 ℃以上	及时间作物和绿肥播种，灌水；土壤施肥和叶面追肥；喷洒农药	低温天气
5月	现蕾期	日平均气温达到19～20 ℃时枣树进入现蕾期	及时施肥；及时喷洒农药；湿度低的话及时喷水	连阴雨、大风、低湿
6月	盛花期	日平均气温达到22～25 ℃时枣树进入盛花期，花期要求较高的湿度，授粉受精的适宜空气相对湿度是60%～70%	叶面喷肥，土壤追肥和灌水；枣园放蜂；防治枣黏虫、红蜘蛛等；中耕除草	干旱、低湿、高温、多雨、大风
7月	幼果期	果实的幼果期适宜温度24～27 ℃．金丝小枣果实生长期需要日照时数在830 h以上	枣锈病、龟蜡蚧、桃小等病虫害防治；中耕除草压绿肥	大风、冰雹、连阴雨
8月	果实膨大期	果实膨大期的适宜温度为24～27 ℃	加强肥水管理，注重氮磷钾肥和微量元素肥料的配合使用	大风，冰雹、连阴雨
9月	果实着色成熟期	果实成熟期的适宜温度为18～22 ℃	拾桃小危害落果、树干分叉处绑草把诱杀越冬害虫；及时喷洒农药	大风，冰雹、连阴雨
10月	果实采收期	温度一般为15～18 ℃	根据枣果用途，适期采收；秋施基肥，秋耕枣园	连阴雨
11月至次年3月	休眠期	气温下降到15 ℃时土壤温度降至21 ℃时，根系生长速度减缓，进入休眠期	秋施基肥，浇冻水，浅中耕保墒，彻底清除果园内枯枝、落叶和落果。刮树皮，堵树洞，结合冬剪剪除病虫枝	寒潮、低温及强冷空气活动

3.8 沾化冬枣

冬枣属鼠李科枣属，多年生落叶小乔木，是无刺枣树中的晚熟鲜食品种，也是我国特有枣种。在环渤海湾和黄河中下游部分地区有较多种植。滨州市沾化区是冬枣原产地和主产区之一，在该区行政区域内按《沾化冬枣标准化生产技术管理规程》培植生产的、产品质量符合《地

理标志产品 沾化冬枣》(全国原产地域产品标准化工作组,2008)标准的冬枣,称为沾化冬枣。沾化冬枣是我国第一批"中国名牌农产品"、山东省首个原产地域保护农产品、滨州市龙头农特产。当前种植面积约 3 万 hm^2,主要分布于滨州市沾化区中部和南部。

沾化冬枣风土适应性强,喜光温,耐旱涝,抗盐碱,但在部分物候期也有一些较为敏感的天气和易发的病虫害。沾化冬枣一年内有 7 个基本物候期,又可细分为 14 个物候分期。物候期划分及特征、一般开始时间见表 3.18。

表 3.18　沾化冬枣物候期划分

物候期	标志现象	物候分期	识别特征	一般开始时间
萌芽	树体结束休眠,萌出新芽	芽膨大	芽节变大,鳞片松动,出现棕黄色新鲜绒毛	4 月中旬前后
		芽开放	芽节鳞片裂开,出现浅绿色叶的尖端,芽、叶难以区分	4 月中旬或下旬
抽枝展叶	芽体分化,枣吊伸长,叶片展平	展叶	芽体分化,能够轻易分辨出幼叶	4 月下旬前后
		现蕾	抽出的枣吊叶腋间出现小的花序	5 月中旬或下旬
开花	枝叶生长变缓,开花,坐果	始花	第一批花朵开放	5 月下旬或 6 月上旬
		盛花	全树半数以上花序完全开放	6 月中旬左右
		末花	多数花朵凋落,锥型幼果大量显现	7 月上旬左右
果实增长	果实体积较快增长	幼果	花蕾消失,花朵将尽,果实由淡绿锥形逐渐变为绿色长圆形	7 月上旬或中旬
		硬核	果实纵向生长变慢,横向生长迅速	7 月下旬或 8 月上旬
成熟	果实体积停止增长,转为风味、性状变化	白熟	果实停止增长,颜色变为白绿	8 月下旬前后
		脆熟	果实褪去绿色,局部转红	9 月中旬或下旬
		完熟	果实整体暗红,果肉变软,果皮皱缩	10 月中旬前后
落叶	叶变色,落叶	落叶	叶片变黄,大量脱落	10 月下旬或 11 月上旬
休眠	全树只剩枝干,果、叶落尽	休眠	全树叶、果基本落尽(可有零星枯叶或枣吊),只剩暗褐色枝干	11 月下旬前后

3.8.1　农业气象指标

目前沾化冬枣在品种上被细分为普通沾化冬枣(即原生冬枣、一代冬枣)和短枝沾化冬枣(即沾冬 2 号、二代冬枣),种植方式主要有大田露天栽植和设施大棚栽植。本手册所列指标、农事建议等,主要源于对大田栽植的普通沾化冬枣的研究。短枝沾化冬枣和设施大棚栽植的冬枣,可根据实际物候期参照应用。沾化冬枣各物候期基本气象指标、气象服务关注点及农事建议如下。

3.8.1.1　萌芽期(4 月中旬至下旬)

沾化冬枣萌芽期存在时间较短。较之其他温带果树,沾化冬枣萌芽晚,不易遭受冻害等春季常见气象灾害,病虫害也相对较少,属灾害风险较小的物候期。

(1)主要气象指标

沾化冬枣萌芽期基本气象指标见表 3.19。

表 3.19　沾化冬枣萌芽期基本气象指标

项目	温度条件	湿度/降水条件	光照条件
适宜指标	气温 8～30 ℃ 10 cm 平均地温 10～25 ℃	30 cm 土壤相对湿度＞60% 平均日降水量＞1.0 mm	平均日照时数 5～10 h·d^{-1}
不利指标	气温＜5 ℃	30 cm 土壤相对湿度＜55%	连续寡照日数＞5 d
主要灾害	低温灾害：晚霜冻、倒春寒、芽后降雪等，影响：冻伤芽体、推迟萌芽； 风雹灾害：冰雹、大风，影响：枝、芽机械损伤； 虫害：绿盲蝽象、枣瘿蚊、食芽象甲等		

注：1 d 日照时数不足 3 h 视为寡照，下同。

(2)主要农事活动及农事建议

萌芽期主要农事活动有：病伤枝修剪、拉枝开角、嫁接繁育、防治虫害等。

农事建议参考：

①(降温前)密切关注天气变化，及时采用大棚封膜或园内堆柴等方式抵御霜冻或低温。

②(雪后)及时扫除树枝、大棚上存留的积雪。

③(风雹前)加固大棚等设施，避免和减轻大风、冰雹等强对流天气损害。

④(干旱时)调引水源，积极春灌。

⑤做好冻伤枝、病死枝的修剪和更新芽体的选留。

⑥拉枝开角，调整枝条生长方向，削弱生长势，改善通风透光条件。

⑦做好沾冬 2 号等优良品种推广，采用高接换头方式嫁接，并注意追施肥料。

⑧积极杀灭越冬螨类及各种病虫害，做好盲蝽象、枣瘿蚊等虫害的防治。

⑨中耕除草，划锄保墒。

(3)气象服务关注点

①低温：出现霜冻，或最低气温降至 5 ℃以下时，可能导致萌芽推迟、幼芽冻伤，严重时可冻死幼芽，导致二次萌发。

②降雪：积雪可能冻伤幼芽、毁坏大棚。

③大风：阵风 8 级以上可能毁坏大棚；9 级以上可摧折病弱残枝。短枝沾化冬枣受害尤重。

④冰雹：砸伤幼芽。

⑤降雨：降雨(或灌溉)使浅层土壤相对湿度达 60%以上时，可能导致第一代盲蝽象大量孵化，危害幼芽。

3.8.1.2　抽枝展叶期(4 月下旬至 5 月下旬)

抽枝展叶期持续时间可达月余，农事增多。时值春末夏初，易遭受风雹、低温、干旱等气象灾害。病虫害大量增多，是防治病虫害的关键物候期之一。

(1)主要气象指标

沾化冬枣抽枝展叶期基本气象指标见表 3.20。

表 3.20　沾化冬枣抽枝展叶期基本气象指标

项目		温度条件	湿度/降水条件	光照条件
适宜指标	展叶	气温为 10～30 ℃	30 cm 土壤相对湿度＞60%； 平均日降水量＞1.5 mm； 空气相对湿度＞40%	平均日照时数为 6～10 h·d^{-1}
	现蕾	气温为 15～32 ℃		
不利指标	展叶	气温＜5 ℃	30 cm 土壤相对湿度＜55%； 空气相对湿度＜30%	连续寡照日数＞5 d
	现蕾	气温＜10 ℃		
主要灾害	风雹灾害：冰雹、大风，影响：枝、叶、芽机械损伤； 干旱灾害：气象干旱，影响：枝叶萎蔫、花蕾脱落、生长发育不良； 热灼灾害：高温、干热、日灼，影响：枝叶萎蔫、花蕾脱落； 低温灾害：晚霜冻、倒春寒、芽后降雪等，影响：冻伤芽叶、生长迟滞； 病害：细菌性疮痂、干腐病等； 虫害：绿盲蝽象、红蜘蛛、枣瘿蚊、枣瘿螨、枣尺蠖、枣粉蚧等			

(2)主要农事活动及农事建议

抽枝展叶期主要农事活动有：抹芽、摘心，拉枝开角，绑缚整形，防治病虫害等。

农事建议参考：

①(风雹前)加固大棚等设施，避免和减轻大风、冰雹等强对流天气损害。

②(干旱时)调引水源，积极灌溉，铲除杂草，划锄保墒。

③(干热日灼时)罩覆遮阳网，午后园间喷水；大棚注意通风降温，可在棚顶喷水或喷覆降温剂。

④(降温前)密切关注天气变化，及时采用大棚封膜或园内堆柴等方式抵御霜冻或低温。

⑤(雪后)及时扫除树枝、大棚上存留的积雪。

⑥注意病虫情监测，采用物理、生物、化学等手段有针对性地防治病虫害。

⑦拉枝开角，改善透风透光条件。

⑧绑缚枣头、新枝，调整枝条生长方向，改善树形。

⑨抹芽、摘心。及时摘除位置不当或多余的新生枣头，适时摘除缓放枣头的顶心，适当疏除过多过密的枣头。

(3)气象服务关注点

①大风：阵风 8 级以上可能毁坏大棚；9 级以上可摧折病弱残枝。短枝沾化冬枣受害尤重。

②冰雹：砸伤枝、叶、芽。

③干旱：一般连续无有效降水日数≥50 d，或上年 11 月以来累计降水量不足 30 mm 将引发中度或以上气象干旱。大量级降水越少、本年度萌芽越早，则旱情越重。其中，以日降水量≥5 mm 作为有效降水标准，下同。

④干热：环境气温超过 38 ℃可能导致新枝垂弯，叶片卷曲，严重时花蕾萎蔫脱落。叠加低湿干燥环境和高日照强度，将加重损害。

⑤低温：出现霜冻，或最低气温降至 5 ℃以下时，可冻伤芽叶，严重时可冻死新芽，导致二次萌发，打乱整个周年物候期。

⑥降雪：积雪可能冻伤芽叶、毁坏大棚。

⑦降雨：5 月上中旬降雨（或灌溉）使浅层土壤相对湿度达 60%以上时，可能导致第一代盲蝽象大量孵化，危害枝叶。

3.8.1.3　开花期（5 月下旬至 7 月上旬）

沾化冬枣在初夏开花，受干旱和强对流天气威胁较大。但其开花期长达 1 个多月，且花量巨大，能够在一定程度上代偿灾害影响。开花期气象条件和农事管理情况在很大程度上决定着全年的产量，在农事管理和气象服务方面是一个重要的物候期。

沾化冬枣开花期可细分为始花、盛花、末花 3 个阶段，其中末花与果实增长期的幼果阶段在时间上重叠较多，气象指标与农事活动也基本一致，故将末花并入下小节介绍，本小节只针对始花和盛花 2 个阶段。

（1）主要气象指标

沾化冬枣开花期（始花、盛花）基本气象指标见表 3.21。

表 3.21　沾化冬枣开花期基本气象指标

项目	温度条件	湿度/降水条件	光照条件
适宜指标	气温为 18～32 ℃ 日平均气温为 22～27 ℃	30 cm 土壤相对湿度为 60%～90%， 平均日降水量>2.5 mm， 空气相对湿度为 55%～85%	平均日照时数为 6～10 h · d^{-1}
不利指标	气温<12 ℃或>38 ℃ 日平均气温<18 ℃	30 cm 土壤相对湿度<60%， 空气相对湿度<45%	连续寡照日数>5 d
主要灾害	风雹灾害：冰雹、大风，影响：枝、叶、花机械损伤； 干旱灾害：气象干旱，影响：枝叶萎蔫、开花不良、萎花落花、坐果困难； 热灼灾害：高温、干热、日灼，影响：枝叶萎蔫、焦花落花、坐果困难； 病害：细菌性疮痂、枣疯病等； 虫害：红蜘蛛、绿盲蝽象、灰暗斑螟、枣瘿蚊、枣瘿螨、枣粉蚧等		

（2）主要农事活动及农事建议

开花期主要农事活动有：摘心，环剥，喷赤霉素，防治病虫害等。

农事建议参考：

①（风雹前）加固大棚等设施，避免和减轻大风、冰雹等强对流天气损害。

②（干旱时）调引水源，积极灌溉；铲除杂草，划锄保墒；午后园内喷水。

③（干热日灼时）罩覆遮阳网，午后园内喷水；大棚注意通风降温，可在棚顶喷水或喷覆降温剂。

④（连续阴雨）增加园内、棚内通风，有针对性喷涂杀菌药剂，预防病害。

⑤注意病虫情监测，采用物理、生物、化学等手段有针对性地防治病虫害。

⑥适时适度环剥。大树、旺树环剥，提高坐果率（李良民 等，2015）。当开花量达到花蕾总量的 30%～40%时进行环剥。环剥口宽度为树干或者主枝粗度的 1/8～1/10。环剥口下留 1～3 个辅养枝。

⑦喷布赤霉素。环剥后 1～2 d 叶面喷施浓度为 10～15 mg · kg^{-1} 赤霉素水溶液，也可在赤霉素水溶液中混加 0.2%～0.3%的硼砂。喷布的最佳时机为日最高气温 28～35 ℃，花繁蜜多，且未来 24 h 内无强降水，未来 1 周无连日持续低于 25 ℃天气。

⑧适时摘除缓放的枣头和二次枝的顶心。

⑨有条件时,可在枣园放蜂,蜂箱距离以100～200 m为宜(李良民 等,2015)。

(3)气象服务关注点

①大风:阵风8级以上可能毁坏大棚;9级以上可摧折病弱残枝。短枝沾化冬枣受害尤重。

②冰雹:砸伤枝叶,砸落花序。

③干旱:一般连续无有效降水日数≥25 d将引发中度或以上气象干旱。

④干热:环境气温超过38 ℃可能导致枣吊垂弯,叶片卷曲,花序萎落,坐果不良。叠加低湿干燥环境和高日照强度,将加重损害。

⑤阴雨高湿:连日阴雨及高湿环境,可能导致后期出现炭疽病、轮纹病、枣锈病等病害。

⑥持续低温:气温在25 ℃以下时花粉发育不良,最高气温连续数日低于25 ℃将导致坐果不良,影响产量。

3.8.1.4 果实增长期(7月上旬至8月下旬)

沾化冬枣果实增长期正值沾化气温最高、降水最集中的7—8月,热量、降水一般较为充沛,主要气象灾害有雷暴大风、冰雹等强对流天气,以及干旱、高温日灼、渍涝等。该物候期易发生病虫害,病害尤多。环境条件和病虫害控制情况在很大程度上影响着当年冬枣品质。

(1)主要气象指标

沾化冬枣果实增长期(末花至幼果、硬核)基本气象指标见表3.22。

表3.22 沾化冬枣果实增长期基本气象指标

项目	温度条件	湿度/降水条件	光照条件
适宜指标	气温在18～32 ℃	30 cm土壤相对湿度>60% 平均日降水量>4.5 mm 空气相对湿度>40%	平均日照时数为5～10 $h \cdot d^{-1}$
不利指标	气温<15 ℃或>38 ℃	30 cm土壤相对湿度<60% 空气相对湿度<30%	连续寡照日数>5 d
主要灾害	风雹灾害:冰雹、大风,影响:果、枝、叶机械损伤及落果; 热灼灾害:高温、日灼,影响:叶果萎蔫、果实灼伤以及落果; 干旱灾害:气象干旱,影响:叶果萎蔫、果实发育不良、落果; 渍涝灾害:积水内涝,影响:落果、根系损伤、树株死亡; 病害:枣锈病、炭疽病、细菌性疮痂、轮纹病等; 虫害:绿盲蝽象、枣粉蚧、灰暗斑螟、蜗牛等		

(2)主要农事活动及农事建议

果实增长期主要农事活动有:疏果定果,追肥,防治病虫害,土壤水分管理等。

农事建议参考:

①(风雹前)加固大棚等设施,有条件的大田可架设防雹网,避免和减轻大风、冰雹等强对流天气损害。

②(高温日灼时)罩覆遮阳网;大棚注意通风降温,可在棚顶喷水或喷覆降温剂。

③(干旱时)积极调水灌溉,建议采用水肥一体化滴灌设施节水灌溉。

④(有积水时)及时排水防涝,划锄松土透气。

⑤(连续阴雨)增加园内、棚内通风,有针对性喷涂杀菌药剂,防治病害。

⑥注意病虫情监测,采用物理、生物、化学等多种手段有针对性地防治病虫害。

⑦合理疏果定果。摘除病虫残果,按去弱留强的原则,结合树势合理疏果,控制亩产。7月上中旬生理落果高峰以后进行,一般平均每个枣吊留 1～2 个果型较好的果。

⑧科学追肥。幼果阶段每亩追施一遍中氮低磷高钾三元素复合肥 75 kg 加 20 kg 中微肥。硬核阶段每亩追施一遍低氮低磷高钾三元素复合肥 50 kg 加 15 kg 中微肥。

(3)气象服务关注点

①大风:阵风 8 级可能出现落果;8 级以上可导致明显落果,可能毁坏大棚;9 级以上可导致大量落果,甚至摧折枝干。短枝沾化冬枣受害尤重。

②冰雹:砸伤砸落果实、枝叶。

③干热:环境气温超过 40 ℃可能导致枣吊垂弯,叶片卷曲,果实萎蔫。叠加低湿干燥环境和高日照强度,将加重损害。

④干旱:一般连续无有效降水日数≥21 d 将引发中度或以上气象干旱。

⑤暴雨内涝:枣园积水或土壤过饱和超过 10 d,可能出现落果;超过 20 d,可能出现明显落果,根系可能受损;超过 1 个月,可能出现大量落果,并伴树叶变黄、根系受损、整树受害等问题。

⑥阴雨高湿:连日阴雨及高湿环境,可加重炭疽病、轮纹病、枣锈病等病害。

3.8.1.5　成熟期(8 月下旬至 10 月下旬)

沾化冬枣成熟期分为白熟、脆熟、完熟 3 个阶段,脆熟为适采成熟期,当年的产量、品质都将在这一时期呈现。进入成熟期后,农事和病虫害减少,气象因素成为该物候期最主要的影响因素。其中白熟和脆熟阶段是沾化冬枣一年中对天气最为敏感的时段,连阴雨、冰雹、大风、暴雨、干热等多种不利天气均可造成重大灾害,是一年中气象服务和气象灾害防御最重要的时期。

(1)主要气象指标

沾化冬枣果实成熟期基本气象指标见表 3.23。

表 3.23　沾化冬枣成熟期基本气象指标

项目		温度条件	湿度/降水条件	光照条件
适宜指标	白熟	气温为 15～30 ℃	30 cm 土壤相对湿度为 60%～90%, 日平均降水量为 1.0～2.0 mm, 空气相对湿度＞40%	平均日照时数为 6～10 h·d^{-1}
	脆熟	气温为 10～26 ℃	30 cm 土壤相对湿度为 60%～90%, 空气相对湿度＞40%	
	完熟	气温为 5～25 ℃	30 cm 土壤相对湿度＞60%	
不利指标	白熟	气温＜10 ℃或＞35 ℃	30 cm 土壤相对湿度＜60%, 空气相对湿度＜30%	连续寡照日数＞4 d
	脆熟	气温＜5 ℃或＞30 ℃	30 cm 土壤相对湿度＜60%, 空气相对湿度＜30%	连续寡照日数＞3 d
	完熟	气温＜0 ℃	30 cm 土壤相对湿度＜50%	

续表

项目	温度条件	湿度/降水条件	光照条件
主要灾害	阴雨灾害：连阴雨、频雨、脆熟期大雨，影响：裂果、酵变、落果等； 风雹灾害：冰雹、大风，影响：果、枝、叶机械损伤以及落果； 热灼灾害：干热、日灼，影响：枝叶萎蔫、缩果、果实灼伤、落果； 干旱灾害：气象干旱，影响：枝叶萎蔫、缩果、落果； 渍涝灾害：积水内涝，影响：落果、根系损伤、树株死亡； 低温灾害：早霜冻，影响：落果； 病害：炭疽病、轮纹病、缩果病、枣锈病等		

(2)主要农事活动及农事建议

成熟期主要农事活动有：土壤水分管理，适时采收，清园等。

农事建议参考：

①(连阴雨、脆熟期大雨前，遇频繁降雨时)适采枣果加快采收；大田视情况提前采收或罩覆遮雨棚；大棚避免雨水过多浸入，保持棚内通风，有条件的设施大棚实施抽湿、补光。

②(风雹前)适采枣果加快采收；加固大棚等设施，有条件的大田可架设防雹网，避免和减轻大风、冰雹等强对流天气损害。

③(干热日灼时)罩覆遮阳网；大棚注意通风降温，可在棚顶喷水或喷覆降温剂。

④(干旱时)以滴灌或浇跑马水的方式灌溉，浇后及时划锄保墒，避免大水漫灌。

⑤(有积水时)及时排水防涝，划锄松土透气。

⑥(降温前)大棚适时封膜保温，大田视情况提前采收。

⑦开园采收前，加强巡园，摘除病残果并销毁。

⑧根据枣果成熟情况和天气情况，适时开园采收，分期分批采摘。

⑨采收结束后适时清园，扫除落果落叶并销毁。

(3)气象服务关注点

①多雨寡照：白熟期连阴雨超过 4 d，脆熟期连阴雨超过 3 d，或在超过 1 周的时间里阴多晴少，降雨频繁，空气湿度大，可造成裂果、落果，果实酵变、浆烂、腐坏，并加重多种病害。枣果成熟度越高、品质越好，则受害越重。

②大量级降雨：枣园土壤过饱和甚至有积水，或脆熟期遇较大降雨，均可导致落果或裂果。浸渍时间越长，降水量级越大，枣果成熟度越高，则受害程度越重。

③大风：阵风 8 级可能出现落果；8 级以上可导致明显落果，可能毁坏大棚；9 级以上可导致大量落果，甚至摧折枝干。短枝沾化冬枣受害尤重。

④冰雹：砸伤砸落果实、枝叶。

⑤干热：环境气温白熟阶段超过 38 ℃，脆熟阶段超过 32 ℃，叠加低湿干燥环境和高日照强度，可能导致枣果提早完熟或出现缩果、落果。

⑥日灼：晴好天气下长时间、高辐照度的日光照射，可能灼伤果实。叠加高温或干热环境，将加重损害。

⑦干旱：一般连续无有效降水日数≥45 d，将引发中度或以上气象干旱。

⑧低温：出现霜冻，或最低气温降至 5 ℃以下时，可导致白熟果、脆熟果大量脱落，促使枣

叶变色。

3.8.1.6　落叶期(10 月下旬至 11 月下旬)

包括叶变色时间在内，沾化冬枣落叶期持续大约 1 个月。该物候期气象灾害和病虫害趋于消失，农事较少，是一年中灾害风险最小、服务关注点也较少的物候期。

(1)主要气象指标

沾化冬枣落叶期基本气象指标见表 3.24。

表 3.24　沾化冬枣落叶期基本气象指标

项目	温度条件	湿度/降水条件	光照条件
适宜指标	气温为 0～18 ℃ 10 cm 地温＞5 ℃	30 cm 土壤相对湿度＞60％	—
不利指标	气温＜－10 ℃ 10 cm 地温＜－5 ℃ 40 cm 地温＜0 ℃	30 cm 土壤相对湿度＜50％	—
主要灾害	无		

(2)主要农事活动及农事建议

落叶期主要农事活动有：清园，秋施基肥等。

农事建议参考：

①(大风前)加固大棚，避免强风损坏。

②(雪后)及时扫除大棚上存留的积雪。

③(严寒天气前)大棚封膜保温；大田可采用树干涂白、根部培土、枝干绑草等方式抵御严寒天气。

④认真清园，将园内落果、落叶、杂草清出，可在施基肥时一并埋入施肥沟中。

⑤秋施基肥。每亩用腐熟土杂肥 5～8 方、有机菌肥 50～100 kg、三元素复合肥及中微肥 75～100 kg 与土拌匀，距树 50～60 cm 开沟施入踏实。

(3)气象服务关注点

①低温：遇异常降温天气，使最低气温大幅下降至－15 ℃以下，或在落叶期初期即下降至－10 ℃以下，可能冻伤冻死当年新生幼枝和新嫁接枝，严重时可冻伤冻死老枝。

②大风：阵风 8 级以上可能毁坏大棚；9 级以上可摧折病弱残枝。短枝沾化冬枣受害尤重。

③降雪：积雪可能毁坏大棚。

3.8.1.7　休眠期(11 月下旬至次年 4 月中旬)

休眠期是沾化冬枣一年中历时最长的一个物候期，持续时间长达 4～5 个月。沾化冬枣在该物候期生命活动降至最低，对气象条件较不敏感，主要气象灾害为冻害。产业优化性农事和准备性农事较多，对次年生产情况有较大影响。

(1)主要气象指标

沾化冬枣休眠期基本气象指标见表 3.25。

表 3.25　沾化冬枣休眠期基本气象指标

项目	温度条件	湿度/降水条件	光照条件
适宜指标	气温>−12 ℃ 10 cm 地温>−5 ℃	30 cm 土壤相对湿度>60%	—
不利指标	气温<−15 ℃ 10 cm 地温<−8 ℃ 40 cm 地温<0 ℃	30 cm 土壤相对湿度<50%	—
主要灾害	低温灾害:冻害。影响:冻伤、冻死枝干		

(2)主要农事活动及农事建议

休眠期主要农事活动有:水肥管理,预防病虫害,园田优化及设施建设等。

农事建议参考:

①(严寒天气前)大棚封膜保温;大田可采用树干涂白、根部培土、枝干绑草等方式抵御严寒天气。

②(大风前)加固大棚,避免强风损坏。

③(雪后)及时扫除大棚上存留的积雪。

④(封冻前)积极调引水源,浇灌封冻水。

⑤清除越冬虫源病源。刮除枝干翘皮,刷除虫体虫卵,剪除病枝残枝,清理枯枝落叶,集中深埋或销毁。清理枣园环境。

⑥疏密间伐,改善枣园环境布局;整形修剪,提升通风透光条件。开展日光大棚、节水灌溉等设施建设。

⑦冬前未施基肥的,早春土壤解冻后立即按秋施基肥标准施肥。

⑧春暖大棚适时封膜升温,注意防风保温。

⑨(萌芽前)中耕除草,划锄保墒。

⑩(萌芽前)喷布 1 次 3～5 波美度石硫合剂,杀灭越冬螨类及各种病虫害。

(3)气象服务关注点

①低温:气温降至−15 ℃以下时,当年新生幼枝和新嫁接枝有零散冻伤;−17 ℃以下时,死伤新枝明显增多;−20 ℃以下时,枝干大量遭受冻害,重者整树冻死。

②大风:阵风 8 级以上可能毁坏大棚;9 级以上可摧折病弱残枝。短枝沾化冬枣受害尤重。

③降雪:积雪可能毁坏大棚。

3.8.2　主要农业气象灾害

沾化冬枣主要农业气象灾害有连阴雨、冰雹、干旱、干热日灼、冻害、霜冻、大风、渍涝等。

3.8.2.1　连阴雨

连阴雨是指连续几天的阴雨天气过程,期间降雨频多,阴湿寡照,即使短暂放晴,一天中累计日照时间也不会超过 3 h。

持续 3 d 或以上的连阴雨在大部分物候期都会遇到,但其主要在成熟期造成危害。白熟、脆熟阶段遭遇连阴雨可导致即将上市的冬枣大量开裂、酵变、脱落,危害范围大、程度重,且无十分有效的应对措施,是危害最重的气象灾害之一。

连阴雨致灾程度与冬枣的成熟度和品质、连阴雨持续时间、累计降水量正相关,冬枣品质越高、越临近适采期，连阴雨持续时间越长、雨量越大，灾害越重。可用连阴雨强度指数(L)对沾化冬枣连阴雨灾害等级进行划分，指标见表3.26。

表3.26 沾化冬枣连阴雨灾害等级指标

时段	轻度连阴雨	中度连阴雨	重度连阴雨
白熟阶段	$5\leqslant L<7$	$7\leqslant L<10$	$L\geqslant 10$
脆熟阶段	$4\leqslant L<6$	$6\leqslant L<8$	$L\geqslant 8$

连阴雨强度指数(L)按如下公式(3.4)计算：

$$L=N_r\times\overline{R} \tag{3.4}$$

式中，N_r为连阴雨持续日数；$\overline{R}$为连阴雨期间日均降水量等级，不足5 mm为1，5～10 mm为1.5，>10 mm为2。

应对措施：

①视情况提前采收，减轻损失。

②各类冬枣大棚或临时性遮雨棚，可以遮蔽部分降雨，减轻损害程度。

③前期加强病害防治，成熟期遇连阴雨能减轻病害。

3.8.2.2 冰雹

冰雹是从强对流云中形成并降落的坚硬球状或不规则形状的固态降水，是沾化冬枣产区常见的强对流天气，也是发生最多的气象灾害之一。

沾化冬枣从萌芽到成熟均可能遭遇冰雹天气，按遭遇冰雹风险从大到小依次为：开花期、抽枝展叶期、成熟期、果实增长期、萌芽期，按冰雹致灾性(敏感度)从大到小依次为：成熟期、果实增长期、开花期、抽枝展叶期、萌芽期。冰雹直径超过5 mm即会对果、花、芽、叶等造成机械损伤，超过1 cm且达到一定密度时，一般会形成灾害，严重时可导致局地绝产。

冰雹致灾情况主要与雹径、密度和发生的物候期有关。可用最大冰雹直径和降雹密度来划分冰雹灾害等级，指标见表3.27。

表3.27 沾化冬枣冰雹灾害等级指标

时段	轻度(弱)冰雹	中度冰雹	重度(强)冰雹
白熟至脆熟	稀疏小雹	密集小雹、稀疏中雹或大雹	遍布冰雹、密集中雹或大雹
果实增长期	密集小雹、稀疏中雹	密集中雹、稀疏大雹	遍布冰雹、密集大雹
其他时段	密集小雹、稀疏中雹或大雹	遍布小雹、密集中雹或大雹	遍布中雹或大雹

某物候期雹况符合表3.27中任一标准，即可定为相应等级。多种雹况并存时，应定为其中较重等级。其中，小雹指直径<1 cm的冰雹；中雹指直径1～2 cm的冰雹；大雹指直径>2 cm的冰雹。降雹稀疏指雹粒密度在50个·m^{-2}以内或较易数清；密集指雹粒密度>50个·m^{-2}或较难数清，但未布满地面；遍布指地面布满雹粒，基本遮蔽地面或地物。此外，直径<5 mm者视为霰粒，密度<4个·m^{-2}为零星降雹，以上两种情况一般无明显损害，不纳入上表等级指标。

应对措施：

①各类大棚种植的冬枣，基本可以免受冰雹损害。

②有条件的大田可架设防雹网。

3.8.2.3 干旱

干旱是指因降水稀少等原因，导致枣园土壤含水量不足，枣树因无法获取必需的水分而影响正常生长发育的现象。

干旱在所有物候期均可能发生。在抽枝展叶和开花期遇旱概率最大，成熟期次之。在开花期、果实增长期和成熟期遇旱损害相对较重。轻度干旱可导致花、果、叶白天萎蔫，花量少，坐果难，枣果生长缓慢；中度干旱可导致花、果、叶萎蔫且较难恢复，出现落花落果，枣果生长停滞；重度干旱可导致大量落花落果，严重影响当年产量和品质。

可用最长连续无有效降水日数(N)来划分沾化冬枣干旱等级，指标见表 3.28。

表 3.28 沾化冬枣干旱等级指标

单位：d

时段	轻旱	中旱	重旱
萌芽期	$20 \leq N < 60$	$60 \leq N < 75$	$N \geq 75$
抽枝展叶期	$15 \leq N < 50$	$50 \leq N < 60$	$N \geq 60$
开花期	$10 \leq N < 25$	$25 \leq N < 35$	$N \geq 35$
果实增长期	$10 \leq N < 21$	$21 \leq N < 28$	$N \geq 28$
成熟期	$15 \leq N < 45$	$45 \leq N < 55$	$N \geq 55$

应对措施：

①积极引水灌溉，建议采用水肥一体化滴灌设施节水灌溉。

②清除杂草，划锄保墒，午后园内喷水。

3.8.2.4 干热日灼

干热日灼是以高温为主因，叠加空气干燥、日照过强等因素，导致枣树蒸腾加剧，器官水分、温度失衡，或被日光灼伤的现象，是沾化冬枣常见的一种气象灾害。

干热日灼从抽枝展叶到果实成熟均可出现，主要在开花、果实增长和成熟期造成损害，可导致萎花焦花落花、坐果困难、缩果伤果落果等问题，影响当年产量和品质。大棚冬枣受害相对更多更重。

可以日最高气温(T_{max})为主要指标，辅以最小空气相对湿度(U_{min})和日照时数(S)临界值，来划分干热日灼等级，指标见表 3.29。

表 3.29 沾化冬枣干热日灼等级指标

时段	轻度干热日灼	中度干热日灼	重度干热日灼
开花期	T_{max}：38～40 ℃或 36～38 ℃且日升幅>8 ℃， U_{min}：<50%， S：>8 h	T_{max}：>40 ℃， U_{min}：<50%， S：>8 h	
幼果至脆熟	T_{max}：35～37 ℃且日升幅≤8 ℃或 33～35 ℃且日升幅>8 ℃， U_{min}：<45%， S：>7 h	T_{max}：38～40 ℃或 36～38 ℃且日升幅>8 ℃， U_{min}：<45%， S：>7 h	T_{max}：>40 ℃， U_{min}：<45%， S：>7 h
其他时段	T_{max}：38～40 ℃或 36～38 ℃且日升幅>8 ℃， U_{min}：<30%， S：>8 h	T_{max}：>40 ℃， U_{min}：<30%， S：>8 h	

注：T_{max}为日最高气温；U_{min}为最小空气相对湿度；S 为日照时数。

应对措施：

①罩覆遮阳网，遮减日光，降低气温。

②午后园内喷水，增加空气湿度。

③大棚注意通风降温，可在棚顶喷水或喷覆降温剂。

3.8.2.5 冻害

冻害是冬季气温降至足够低时，枣树的枝、干、皮、根等因冻受害，并影响后期正常生长的一种现象。

沾化冬枣冻害只发生在休眠期。天气足够寒冷时，当年嫁接新枝、原树新枝、老枝、树干、树根将随着低温程度的加剧依次受害，轻可冻伤冻死当年新枝，重可冻死多年老枝，甚至整树冻死。冻害表现一般要到萌芽期才能表现出来。

受冻害程度与低温程度、低温持续时间正相关，与树势、树龄、树种也有密切关系。可用极端最低气温（T_{min}）来划分沾化冬枣冻害等级，指标见表 3.30。

表 3.30 沾化冬枣冻害等级指标 单位：℃

时段	轻度冻害	中度冻害	重度冻害
休眠期	$-16 \geqslant T_{min} > -19$	$-19 \geqslant T_{min} > -22$	$T_{min} \leqslant -22$

应对措施：

①大田冬枣采用根部培土、枝干绑毡绑草等方式减轻冻害。

②大棚冬枣封膜保温。

③冬前浇灌封冻水，树干涂白。

3.8.2.6 霜冻

霜冻是指沾化冬枣在非休眠期遭遇大幅降温，小环境特别是树冠层气温骤降至 0 ℃以下，使局部器官因冻受害的现象。

霜冻可出现在沾化冬枣萌芽期、抽枝展叶期和成熟期。在萌芽期和抽枝展叶期可冻伤芽叶，严重时冻死新芽，导致二次萌发，打乱整个周年物候期。在白熟、脆熟阶段，可导致大量落果。

可用极端最低气温（T_{min}）和降雪情况来划分沾化冬枣霜冻等级，指标见表 3.31。

表 3.31 沾化冬枣霜冻等级指标 单位：℃

时段	轻度霜冻	中度霜冻	重度霜冻
萌芽期至抽枝展叶期	$0 \geqslant T_{min} > -3$ 有降雪但无积雪或雨凇	$-3 \geqslant T_{min} > -5$ 积雪或雨凇时间 < 2 h	$T_{min} \leqslant -5$ 积雪或雨凇时间 ≥ 2 h
白熟至脆熟	$0 \geqslant T_{min} > -2$ 有降雪但无积雪或雨凇	$-2 \geqslant T_{min} > -4$ 积雪或雨凇时间 < 1 h	$T_{min} \leqslant -4$ 积雪或雨凇时间 ≥ 1 h

极端最低气温或积雪雨凇情况其中之一符合标准，即可定为相应等级霜冻。

应对措施：

①萌芽期、抽枝展叶期，可采用园内堆柴等方式减轻晚霜冻危害。

②白熟或脆熟阶段应加快采收进度，并视情况提前采收，以减少早霜冻损害。

③大棚冬枣封膜保温。

3.8.2.7　大风

此处大风是指由强对流天气、冷空气或气旋等天气系统导致的，能对沾化冬枣造成损害的强风。

沾化冬枣抗风能力很强，虽然在各物候期均可能遭遇阵风风力8级或以上的强风，但单纯大风致灾较少。受大风威胁相对较大的时段是坐果后、采收前，即幼果至脆熟阶段。大风可导致落果、落叶，严重时可吹落枣吊，折断树枝，造成较重损失。大风常与同一天气系统所致的冰雹、暴雨等灾害性天气共同致灾。

大风灾害等级可用最大阵风风力来划分，指标见表3.32。

表3.32　沾化冬枣大风灾害等级指标

时段	轻度大风	中度大风	重度大风
幼果至脆熟	阵风8～9级	阵风10级	阵风>10级
其他时段	阵风9～10级	阵风11级	阵风>11级

应对措施：

①架杆绑缚，稳定枝干，减轻枝条晃动。

②成熟期遭遇大风，应加快采收或视情况提前采收，降低风灾损害。

③大风前应加固大棚，封闭棚膜，避免设施受损。

④合理绑缚枣头、新枝，调整枝条生长方向，改善树形，减少树枝交叠，避免大风时相互牵拉碰撞。

3.8.2.8　渍涝和洪涝

渍涝或洪涝，是因降水过多等原因，导致枣树根系层土壤充满滞水，或导致枣园淹水，使土壤通气不良，从而影响枣树正常新陈代谢，使枣树受害的现象。

渍涝现象主要出现在沾化冬枣果实增长期，但沾化冬枣抗涝性很强，极少受灾。严重渍涝可能导致落果、根系受损，根系受损严重时可严重影响次年生长状况，甚至出现整树死亡。

渍涝或洪涝可用土壤表层滞水持续日数(N_w)来划分等级，指标见表3.33。

表3.33　沾化冬枣渍(洪)涝灾害等级指标　单位：d

时段	轻度渍(洪)涝	中度渍(洪)涝	重度渍(洪)涝
全年	$15<N_w\leqslant30$	$30<N_w\leqslant40$	$N_w>40$

应对措施：排出枣园积水，划锄松土透气。

3.8.3　主要病虫害

沾化冬枣主要病害有枣锈病、炭疽病、轮纹病、干腐病、细菌性疮痂、缩果病等27种，主要害虫有绿盲蝽象、红蜘蛛、枣瘿蚊、灰暗斑螟、枣瘿螨等7目26科46种（张路生 等，2009）。部分病虫害发生与气象条件关系密切。

3.8.3.1　枣锈病

枣锈病是由枣多层锈菌侵染所引起的一种枣树流行性病害。主要危害叶片，影响光合作用。病害严重时，造成树体早期落叶，使枣果品质下降或落果减产（刘宝生，2010）。一般在6

月末到 7 月初传播侵染，7 月中下旬发病，循环侵染，8—9 月为发病损害盛期。

当年降雨早晚和雨水多少直接影响枣锈病的发生早晚和轻重（刘宝生，2010）。气温高于 18 ℃，空气相对湿度＞80％的环境为枣锈病传播、发病的适宜环境。这种气象条件出现得越早、越多，当年的传播轮次越多，侵害范围越广，损害程度越重。因此，枣锈病在多雨年份、多雨地区发病重，干旱年份、干旱地区发病轻。

枣锈病防治应多措并施。一是药物防治，在萌芽前喷布 3～5 波美度石硫合剂以杀灭越冬病源，在雨季之前喷布保护性杀菌剂；二是做好清园工作，落叶落果落枝应严格清扫并集中销毁；三是改善枣园小气候，提升通风透光条件，减少雾、露和其他高湿环境的发生。

3.8.3.2 干腐病

干腐病全称冬枣枝干腐烂病，是由细菌和真菌复合侵染导致枣树系统发病的病害。主要危害枝、干，使树皮腐坏或干枯、龟裂，形成残弱病枝，严重时导致枝干或幼树死亡。无特定发病时间。

病源多从各类伤口侵入，冻害是其发病的重要诱因，遇春旱、倒春寒等发病也会加重。

干腐病应多措并举防治。一是药物防治，清除病源；二是科学生产管理，提升树体营养水平；三是防御气象灾害。

3.8.3.3 炭疽病、轮纹病和黑斑病

炭疽病、轮纹病和黑斑病的危害特点和发病条件相近。主要危害枣果，造成烂果、残果、落果，降低产量和品质。6 月为病菌传播期，7 月上中旬为病菌侵染期，7 月下旬到 8 月为发病盛期。

6—8 月降雨量的多少直接影响病害的发生和轻重，多雨年份病害重于少雨年份（刘宝生，2010）。3 种病害病原菌在温度为 15～36 ℃、相对湿度＞45％的宽泛环境里即可传播、侵染和潜伏。气温为 28～36 ℃、相对湿度＞85％的高温高湿环境容易导致病害暴发。

3 种病害均以药物防治为主，从始花初期到硬核末期为防治关键期。

3.8.3.4 细菌性疮痂

细菌性疮痂病又叫溃疡病，危害枣吊、花蕾和叶片，造成大量落蕾、落花及落叶，致使显著减产（刘宝生，2010）。抽枝展叶至成熟期均可发病。

该病的传播和发病，与高湿环境和刺吸类虫害有关。该病以药物防治为主：一是药物杀菌，从萌芽前到开花后期为防治关键期；二是药物杀虫，在萌芽至展叶期间做好早春盲蝽象和蓟马等害虫防治。

3.8.3.5 缩果病

缩果病主要危害枣果，导致果实皱缩，停止生长，提前脱落。其致病原因、致病机制、防治技术等尚不十分清晰。病源从开花期、幼果期开始侵染，花、叶上不表现症状，7 月上中旬开始在果实上表现症状，8 月中旬至 9 月上旬是发病高峰期。

该病轻重与降雨、气温、虫害及环境条件密切相关，22～28 ℃适宜发病，遇到阴雨连绵、夜间降雨白天放晴以及多雾天气时，非常容易暴发成灾（刘宝生，2010）。对该病的防治建议：一是加强枣园栽培管理，科学规划栽植密度；二是从幼果期开始加强药物杀菌；三是重视刺吸类、钻蛀类害虫防治。

3.8.3.6　绿盲蝽象

绿盲蝽象是沾化冬枣最主要害虫之一，主要以成虫和若虫刺吸危害幼芽、嫩叶、花蕾、花蕊及幼果，繁殖代数多，危害时间长，防治困难。绿盲蝽象危害可使叶片、枣头、枣吊卷缩失能，花蕾花朵脱落，枣果残损或脱落，对产量和品质影响很大，严重时可造成绝收。其危害时段可从4月中下旬持续至8月，涉及从萌芽期到果实增长期的多个物候期。

利于绿盲蝽象发生的气候条件为暖冬、春季3—5月偏暖、多雨以及空气相对湿度较高（刘宝生，2010）。环境温度＞10 ℃、相对湿度＞60%为绿盲蝽象孵化的适宜条件。据此，在沾化冬枣萌芽或抽枝展叶期，雨后第三天即为绿盲蝽象孵化高峰期，也是防治的关键期。

绿盲蝽象以药物防治为主，全年防治的最关键期是一代初孵若虫孵化盛期，一般为萌芽或抽枝展叶期第一场明显降雨之后的第三天。其他防治关键期还有整个萌芽期以及现蕾、盛花、幼果阶段。此外，还可使用物理措施阻止若虫上树。

3.8.3.7　红蜘蛛

红蜘蛛为常见广谱害虫，繁殖力强，一年可发生10代以上。主要危害枣树叶片，被害叶片局部失绿，光合功能减弱。严重时叶片枯黄，出现落叶、落果，导致产量和品质下降。对沾化冬枣而言，5—10月均为危害期，其中6—8月为危害高峰期。

红蜘蛛危害沾化冬枣的程度与越冬的早晚和当年春、夏季的降雨量和降雨时间有关，一般春夏季干旱或雨季到来较晚的年份发生重，否则发生轻、危害轻（李占俊，2018）。红蜘蛛活跃度与环境条件关系密切，气温25～35 ℃、相对湿度35%～55%的高温干燥环境是其活动最适宜环境。

红蜘蛛以药物防治为主，从现蕾到果实硬核为防治关键期。此外，还应配合清园和物理防治手段共同治理。

3.8.4　农业气象周年服务方案

根据沾化冬枣生育需求，制定冬枣农业气象周年服务方案，见表3.34。

表3.34　沾化冬枣农业气象周年服务方案

时间	主要物候期	农业气象指标	农事建议	重点关注
1月	休眠期	休眠期适宜指标：气温＞－12 ℃，10 cm地温＞－5 ℃，土壤相对湿度＞60%	(1)清理枝干，深度清园，清除越冬虫源病源； (2)疏密间伐，整形修剪，改善枣园环境； (3)开展日光大棚、节水灌溉等设施建设； (4)冬前未施基肥的，土壤解冻后按秋施基肥标准施肥； (5)春暖大棚适时封膜升温，注意防风保温	(1)寒潮或强冷空气，可能导致大风或极端低温； (2)降雪天气，积雪可能毁坏大棚
2月	休眠期			
3月	休眠期			

续表

时间	主要物候期	农业气象指标	农事建议	重点关注
4 月	休眠期至抽枝展叶期	休眠期指标见 1 月； 萌芽期适宜指标：气温 8～30 ℃，10 cm 平均地温 10～25 ℃，土壤相对湿度＞60%，日照时数≥5 $h \cdot d^{-1}$； 展叶阶段适宜指标：气温 10～30 ℃，土壤相对湿度＞60%，日照时数≥6 $h \cdot d^{-1}$	(1)萌芽前喷布 1 次 3～5 波美度石硫合剂，杀灭越冬螨类及各种病虫害； (2)中耕除草，划锄保墒； (3)调引水源，积极春灌； (4)剪除冻伤枝、病死枝，选留更新芽体； (5)拉枝开角，改善通风透光条件； (6)采用高接换头方式嫁接推广沾冬 2 号等优良品种； (7)注意病虫情监测，积极防治盲蝽象、枣瘿蚊等虫害	(1)寒潮或强冷空气，可能导致大风、霜冻或低温冷害； (2)降雪天气，积雪可能冻伤芽叶，毁坏大棚； (3)冰雹、大风等强对流天气影响； (4)连续无有效降水，发生气象干旱； (5)降雨，增加土壤湿度，使第一代盲蝽象大量孵化
5 月	抽枝展叶期	展叶阶段适宜指标见 4 月； 现蕾阶段适宜指标：气温 15～32 ℃，土壤相对湿度＞60%，日照时数≥6 $h \cdot d^{-1}$	(1)拉枝开角，改善透风透光条件； (2)绑缚枣头、新枝，调整枝条生长方向，改善树形； (3)合理抹芽，适时摘心； (4)注意病虫情监测，防治病虫害	(1)冰雹、大风等强对流天气影响； (2)连续无有效降水，发生气象干旱； (3)晴朗、高温、干燥的天气，注意干热日灼损害； (4)寒潮或强冷空气，可能导致大风、霜冻或低温冷害
6 月	开花期	开花期适宜指标：气温 18～32 ℃，日平均气温 22～27 ℃，土壤相对湿度 60%～90%，空气相对湿度 55%～85%，日照时数≥6 $h \cdot d^{-1}$； 开花坐果不利指标：日平均气温＜18 ℃，气温＜12 ℃或＞38 ℃，空气相对湿度＜45%； 喷布赤霉素适宜指标：日最高气温 28～35 ℃，未来 24 h 内无强降水，未来一周无 25 ℃以下持续低温天气	(1)适时摘除缓放的枣头和二次枝的顶心； (2)在开花量占花蕾总量 30%～40%时适度环剥； (3)在盛花期环剥后，择有利时机喷布 10～15 $mg \cdot kg^{-1}$ 赤霉素溶液一遍； (4)注意病虫情监测，防治病虫害	(1)冰雹、大风等强对流天气影响； (2)连续无有效降水，发生气象干旱； (3)晴朗、高温、干燥的天气，注意干热日灼损害； (4)持续较低气温，花粉发育不良，导致坐果困难
7 月	开花期至果实增长期	开花期指标见 6 月； 果实增长期适宜指标：气温 18～32 ℃，土壤相对湿度＞60%，日照时数≥5 $h \cdot d^{-1}$	(1)幼果阶段追施一遍中氮低磷高钾三元素复合肥和中微肥； (2)去弱留强，去次留好，合理疏果定果； (3)注意病虫情监测，防治病虫害	(1)冰雹、大风等强对流天气影响； (2)晴朗、高温、干燥的天气，注意干热日灼损害； (3)连续无有效降水，发生气象干旱； (4)极端降水、台风等重大灾害性天气影响

续表

时间	主要物候期	农业气象指标	农事建议	重点关注
8月	果实增长期	果实增长期指标见7月	(1)硬核阶段追施一遍低氮低磷高钾三元素复合肥和中微肥； (2)注意病虫情监测，防治病虫害	见7月
9月	成熟期	白熟阶段适宜指标：气温15～30 ℃，土壤相对湿度60%～90%，日照时数≥6 $h \cdot d^{-1}$； 脆熟阶段适宜指标：气温10～26 ℃，土壤相对湿度60%～90%，日照时数≥6 $h \cdot d^{-1}$；	(1)加强巡园，摘除病残果并销毁； (2)根据枣果成熟情况，分期分批采收。密切关注天气情况，合理调整采收进度	(1)连阴雨、多雨寡照和脆熟阶段大量级降雨，极易造成枣果开裂、酵变、浆烂、脱落，形成大灾； (2)冰雹、大风等强对流天气，极易导致伤果、落果，形成局地性大灾； (3)晴朗、高温、干燥的天气，注意干热日灼损害； (4)连续无有效降水，发生气象干旱； (5)寒潮或强冷空气，可能导致大风、低温冷害或霜冻
10月	成熟期至落叶期	白熟、脆熟阶段指标见9月； 完熟阶段适宜指标：气温5～25 ℃，土壤相对湿度＞60%，日照时数≥6 $h \cdot d^{-1}$； 落叶期适宜指标：气温0～18 ℃，10 cm地温＞5 ℃，土壤相对湿度＞60%	(1)根据枣果成熟情况，分期分批采收。密切关注天气情况，合理调整采收进度； (2)采收结束后认真清园	
11月	落叶期至休眠期	落叶期指标见10月； 休眠期指标见1月	(1)采收结束后认真清园； (2)秋施基肥，将腐熟土杂肥、有机菌肥、三元素复合肥、中微肥和土按比拌匀，开沟施入； (3)调引水源，浇灌封冻水； (4)树干涂白，预防冻害	(1)寒潮或强冷空气，可能导致大风或极端低温； (2)降雪天气，积雪可能毁坏大棚
12月	休眠期	休眠期指标见1月	见1月	见1月

3.9　肥城桃

3.9.1　农业气象指标

肥城桃属喜温性的温带果树树种，适应性较强。适宜的年平均气温为13～15 ℃。大多数品种果实以生长期内月平均气温达24～25 ℃时，产量高、品质好。花期要求日平均气温≥10 ℃，如最低气温降至−3～1 ℃时，花器就容易受到寒害或冻害。

3.9.1.1　萌芽期(花芽膨大期至露萼期至露瓣期，3月下旬)

春季花芽开始膨大，鳞片开始松包；花萼由鳞片顶端露出；花瓣由花萼中露出。

(1)适宜气象指标

①日平均气温在9～12 ℃，阴雨天气少，树冠结构合理，通风透光良好，可促进花芽的分化。

②光照充足，一般日照百分率达60%左右，果树能正常生长。

③土壤相对湿度保持在60%～80%。

(2)不利气象指标

①若雨水太多，形成积水，土壤相对湿度超过80%时，造成枝条发育不充实，易患根腐病，

使桃树窒息死亡。

②当最低气温降至－1.8 ℃左右时，花芽开始受冻；低于－2.7 ℃时，大部分花芽会冻死。

③光照不足影响花芽分化。

(3)农事建议

3 月中旬采取浇灌的方式提供开花所需的大量水分，可推迟花期 4～6 d，减少冻花机会。2—3 月，开花前施用促花肥，如果之前基肥施用量很高，促花肥的施用应当相应减少。提前做好树冠修整工作，保证通风透光，促进花芽分化。

3.9.1.2　初花期至盛花期(4 月上中旬)

(1)适宜气象指标

①开花期的最适温度是日平均气温为 12～16 ℃，日平均气温≥10 ℃时，才能授粉受精。

②充足的光照。日照百分率达 60%以上。

(2)不利气象指标

①花期风速过大容易使花粉干缩，影响传粉、受精，使坐果率下降。

②花期不宜多雨，若遇连阴雨天气，将导致严重减产。

③日平均气温≤10 ℃时，花粉管伸长受阻不能受精，影响坐果。最低气温降至－3～－1 ℃时，花器易受寒害或冻害。

(3)农事建议

①人工疏花。一般在蕾期和花期进行。先疏结果枝基部花，留中上部花；中上部要疏双花，留单花；预备枝上的花全部疏掉。

②灾害补救。大风、低温、连阴雨等灾害天气过后，要喷施适量赤霉素 Ga 激活雄蕊，防御霜冻危害可以采取熏烟或浇地面水的方法，尽量弥补自然灾害造成的损失。

3.9.1.3　谢花期(4 月下旬)

(1)适宜气象指标

①日平均气温 15～20 ℃。

②光照充足。日照百分率达 60%以上。

(2)不利气象指标

最低气温低于 0 ℃时受冻害。

(3)农事建议

生长季修剪是达到早成形、早结果、早丰产的关键措施。要根据树势及时修剪，平衡各枝组的生长，使各枝组不重叠、不交叉，果子得到较多光照。

3.9.1.4　果实膨大期(5 月上旬至 6 月下旬)

(1)适宜气象指标

①日平均气温为 25～30 ℃，月平均气温为 25 ℃左右时，产量高，品质好。

②土壤相对湿度保持在 60%～80%。

③光照充足、微风条件下，能增强光合作用，有利于养分和水分的吸收。

(2)不利气象指标

①当土壤相对湿度低于 50%时，会造成落果，影响产量。

②光照不足，落花落果多。

③冰雹造成果实脱落、溃烂、木质化。可采取套袋等措施减轻灾害影响。

(3)农事建议

①当湿度＜50%时及时进行灌溉，雨季及时排水，做到雨停无积水。

②疏果：疏果通常在第二次落果后，坐果相对稳定时进行，在硬核期开始时完成。坐果过多时，于谢花后一周进行第一次疏果。早熟品种可以适当早疏，晚熟品种可以适当晚疏。疏果按由上而下、由内向外的顺序进行，先疏掉萎黄果、小果、畸形果、并生果、病虫果、果枝基部果。留果量应根据历年产量、当年的生长势、坐果情况而定，一般是应留果量的3倍左右。

③防治病虫害：加强蚜虫、细菌性穿孑L病、红蜘蛛等病虫害的防治。选择吡啉、中生菌素和田螨嗪等效果较好的药物，喷药时加0.3%光合微肥，保证叶片完好，旺盛生长。谢花后幼果形成期主要防治桃炭疽病、褐腐病。

3.9.1.5 硬核期(7月上旬至8月上旬)

通过对果实的解剖，从果核开始硬化(内果皮由白色开始变黄、变硬，口嚼有木渣)到完全硬化为硬核期。

(1)适宜气象指标

①日平均气温为22～28 ℃。

②土壤相对湿度保持在60%～70%。

(2)不利气象指标

①土壤相对湿度超过80%，枝叶生长过旺，易造成落果。

②硬核初期及新梢迅速生长期，遇干旱缺水，则会影响枝梢与果实的生长发育。当土壤相对湿度降到60%时，叶片出现凋萎现象；当土壤相对湿度低于50%时，将导致严重落果，影响产量。

③大风易造成果实擦伤和脱落。

(3)农事建议

①追肥。根据桃树的生长状态，及时补肥，在果实成熟前15～20 d追施速效性复合肥，一株桃树施硫酸钾复合肥0.2～0.5 kg，浅沟撒施，保证果实生长所需养分。

②病虫防治。套袋前每隔10 d左右防治病害及臭象、桃蛀螟等虫害各1次，套袋后至成熟前防治刺蛾和红蜘蛛。

③浇水。硬核期虽然果实生长缓慢，但种胚处在迅速生长期，干旱易导致果实生长停滞，须及时灌溉，应浇小水，防止大水漫灌。

3.9.1.6 果实成熟期(8月中旬至9月上旬)

(1)适宜气象指标

①日平均气温18～22 ℃。

②土壤相对湿度保持在60%～80%。

③果实成熟期昼夜温差大，空气湿度低，日照充足，干物质积累多，品质好。

(2)不利气象指标

①日平均气温超过25 ℃时，会造成果实品质下降。若温度过低，则树体发育不正常，果实不易成熟。

②土壤相对湿度低于60%时，会降低新陈代谢作用，细胞生长受到抑制，同时叶片的同化

作用也受到影响，减少营养物质的累积。

③风速过大易造成大量落果，果枝折断。

(3)农事建议

桃子果实成熟期正处于夏末秋初时期，叶片的蒸腾量较大，因此，若遇干旱应适量灌水，以促进果实膨大和成熟。采用沟灌或浇灌畦面1～2次，切忌大水漫灌。

3.9.1.7 休眠期(11月中旬至次年3月上旬)

此阶段果树生长为来年结果储备养分。

(1)适宜气象指标

①冬季休眠时，须有一定时期的低温，此时桃树一般需要日平均0～7.2 ℃的低温750～1250 h后，花芽、叶芽才能正常发育。

②保证土壤有充足的水分，土壤相对湿度保持在50%～70%，以利于桃树的安全越冬。

(2)不利气象指标

①秋雨过多，土壤黏重，桃树根茎部积水或水分过多，昼夜冻融交替易发生颈腐病。

②冬季日最低气温在－23 ℃以下时易发生冻害。

(3)农事建议

①深施有机肥。一般每株成年树施农家肥50～75 kg，每株初结果树施农家肥25～50 kg。在桃树生长停止以后至落叶前，把已发酵腐熟的农家肥挖坑施下，施用方法有半环状和放射状，撒施翻土压下。落叶后深施基肥，浇封冻水。

②冬剪。为保持树势中庸偏旺、增加树体营养积累而进行冬剪。冬剪只疏过密枝，不短截，春季复剪时短截。

③防虫防冻。冬季树体喷波美3～5波美度石硫合剂。

④深翻。每年秋冬季节应把土壤深翻1次。

3.9.2 主要农业气象灾害

肥桃性喜干燥和良好的光照，要求较低的空气湿度和土壤湿度。常见的主要农业气象灾害有大风、低温、阴雨、雨涝、干旱、倒春寒。

3.9.2.1 大风

花期大风容易使花粉干缩，影响传粉、受精，使坐果率下降。春季大风还常伴有低温，使花粉在柱头上发芽停止或发芽率降低，影响坐果。

为了防范大风的影响，可以采用建防护林或者防护墙等措施。灾害天气过后，可喷施适量赤霉素激活雄蕊，弥补灾害造成的损失。

3.9.2.2 阴雨

阴雨天昆虫不活动，影响传粉，降雨还易造成落花，影响成果率。光照充足时，树势健壮，枝条充实，花芽形成良好；阴雨天气，光照不足时，冠层内枝条多易枯死，致结果部位很快外移。

3.9.2.3 冰雹

冰雹常砸坏果树，是一种严重的气象灾害。冰雹直径越大，破坏力越大。果树遭冰雹袭击后，轻者减产，重者当年绝收。加强冰雹灾害预警，及时组织人工消雹，避免或减轻灾害损失。

3.9.2.4 雨涝

肥城桃最不耐水涝，渍涝对桃树生长危害较大，幼树淹水超过24 h可致植株受害，果实成熟前雨水多，果实品质降低，且常引起裂果。因此，宜选择排水良好、土层深厚的沙质微酸性土壤种植桃树，土壤也不宜过黏或过肥，若水分过大，会出现树体徒长不易控制，且易诱发流胶病。春季易旱、夏季易涝，应建设良好的排灌设施，加强水分管理。

3.9.2.5　干旱

桃树在休眠期耗水少，当树叶长成和坐果之后，耗水明显增多。到生长末期，耗水又减少。在冬季低温季节，其蒸腾耗水也明显降低。若春季萌芽时水分不足，桃树常延迟萌芽或发芽不整齐，影响新梢的正常生长。

花期干旱常引起落花落果。当土壤相对湿度降到50%～60%时，叶片出现凋萎现象，将导致新梢过早停长，叶面积缩小，光合产物减少，引起当年碳素营养亏缺。果实膨大期土壤相对湿度低于50%～60%会造成落果，抑制果实生长；土壤相对湿度低于40%时，将导致严重落果，影响产量。根据土壤湿度情况及时进行灌溉。

3.9.2.6　倒春寒

早春低温阴雨，桃树还未进入开花授粉期，对外界环境的适应能力亦较强。过了春分尤其是清明节后，气温明显上升，陆续进入开花授粉期，抗御低温阴雨能力大为减弱，若这时出现倒春寒天气，当日平均气温低于12 ℃，持续时间在3 d以上时，桃树开花坐果率降低。可适当采取灌溉或烟熏的措施降低倒春寒的影响。

3.9.3　主要病虫害

病害主要包括果实病害、叶部病害、枝干病害。果实病害：指主要危害果实，也可以危害枝和叶的病害，主要有褐腐病、疮痂病、炭疽病。叶部病害：指主要危害叶片，也能侵染果实和枝梢的病害，如细菌性穿孔病。枝干病害：指主要危害枝干的病害，如流胶病。

3.9.3.1　褐腐病

又名菌核病、灰霉病，春天染病，落花后30 d幼果开始发病。果实染病后果面出现小的褐色斑点，后急速扩大为圆形褐色大斑，很快全果烂透，病部表面长出灰褐色或灰白色霉层，烂病果除少数脱落外，大部干缩呈褐色至黑褐色僵果，经久不落。

3.9.3.2　疮痂病

又名黑星病，6月始发，7—8月发病最高。果实初发病时出现绿色水渍状小圆斑点，后渐呈暗绿色，直径为2～3 mm。病菌的侵染只限于表皮，病部木栓化，停止生长，随果实膨大，形成龟裂。初生浅褐色椭圆形小点，秋天变成褐色、紫褐色，严重时小病斑连成大片。

3.9.3.3　炭疽病

春季侵入，7—8月大发生，幼果指头大时即可染病，初为淡褐色水渍状斑，后随果实膨大呈圆形或椭圆形，红褐色，中心凹陷，气候潮湿时，在病部长出橘红色小粒点，幼果染病后即停止生长，形成早期落果。气候干燥时，形成僵果残留树上，经冬雪风雨不落。

成熟期果实染病，初呈淡褐色水渍状病斑，渐扩展，红褐色，凹陷，呈同心环状皱缩，并融合成不规则大斑，病果多数脱落，少数残留在树上。

果实病害的发病初侵染源：树上或地面的僵果和病枝或潜伏在芽的鳞片上的病菌；传播途径：借风、雨、昆虫传播；发病条件：管理差，多雨、多雾时发病重。

果实病害的防治：加强栽培管理，多施有机肥和磷钾肥，适时夏剪，改善树体结构，通风透光;结合冬剪彻底清除树上下的病枝、病叶、僵果,集中烧毁;及时防治蟢象、食心虫等蛀果害虫,减少伤口。

3.9.3.4　细菌性穿孔病

春天染病,初发病时为黄白色至白色圆形小斑点,随后逐渐扩展成浅褐色至紫褐色的圆形、多角形或不规则病斑,外缘有绿色晕圈,以后病斑干枯脱落,形成穿孔,严重时导致早期落叶。

病斑以皮孔为中心,最初暗绿色,水渍状,逐渐变成褐色至暗紫色,中间凹陷,边缘常有树脂状分泌物,后期病斑中心部分表皮龟裂。

幼果发病出现浅褐色圆形小斑,后颜色变深,稍凹陷,潮湿时分泌黄色黏质物,干燥时则形成不规则裂纹。

细菌性穿孔病的发病规律初侵染源:越冬的病枝;传播途径:借风雨、露滴、雾珠及昆虫传播;发病时间:一般于5月出现,7—8月严重;发病条件:在降雨频繁、多雾和温暖阴湿的天气下发病重;干旱少雨发病轻,大暴雨时发病也轻;树势弱、排水、通风不良的桃园发病重;虫害严重时发病重。

细菌性穿孔病的防治:加强栽培管理,多施有机肥和磷钾肥,适时夏剪,改善树体结构,通风透光,及时摘除病枝,清扫落叶,集中烧毁或深埋;加强药剂防治:发芽前一周喷施石硫合剂＋五氯酚钠;展叶后喷施品润＋农用链霉素,不但可预防该病,还可预防多种真菌病害,一旦发病严重,可喷施加收米控制。

3.9.3.5　流胶病

病因是由于寄生性真菌、细菌的危害如腐烂病、炭疽病、疮痂病、穿孔病等引起的流胶;虫害严重发生引起流胶;机械损伤、自然灾害、重修剪引发流胶;管理不科学如肥水使用不当,土壤黏重、酸碱化等使桃树树势下降;砧木与品种的亲和力不良容易发生流胶。

流胶病的防治方法:加强土、肥、水管理,提高土壤肥力,增强树体抵抗能力;及时防治桃园各种病虫害;剪锯口、病斑刮除后涂药;合理疏花疏果,防止大小年;落叶后树干、大枝涂白,防止日灼、冻害,兼杀菌治虫。

3.9.3.6　桃树主要虫害

食叶害虫:桃蚜、桃粉蚜、桃瘤蚜、山楂红蜘蛛、二斑叶螨;食果害虫:梨小食心虫。

越冬场所:主要以卵在桃等果树的枝条腋芽间、裂缝处越冬。

危害时间:早春桃芽萌发时,卵开始孵化,桃蚜于3月下旬危害,而桃瘤蚜从5月初开始危害,6—7月大发生。

防治方法:结合春季修剪,剪除被害枝梢,刮除粗老树皮,集中烧毁;早春在桃芽萌动、越冬卵孵化盛期时喷药是防治桃蚜的关键。此时应用菊酯类农药速灭杀丁或其复配剂均匀喷布1次"干枝",可大大减低蚜虫的危害;在蚜虫发生严重时期,要喷施具有强内吸性的杀蚜剂如允美,特别是对于卷叶危害的瘤蚜。

红、白蜘蛛防治:抓住3个关键时期,即发芽前、落花后和麦收前后。发芽前结合冬季管理,清扫落叶,刮除树皮,发芽前喷施1次石硫合剂;谢花后或麦收前:依田间发生情况喷施高效杀螨剂如天达农3000～5000倍、阿维菌素及其复配剂2～4次。

3.9.4　农业气象周年服务方案

根据肥城桃生育需求,制定肥城桃农业气象周年服务方案,见表3.35。

表 3.35 肥城桃农业气象周年服务方案

时间	主要发育期	农业气象指标	农事建议	重点关注
1—2 月	休眠期	冬季休眠时，须有一定时期的低温，花芽、叶芽才能正常发育	做好防虫防冻工作	冬季低温，日最低气温在－23 ℃以下时易发生冻害
3 月	萌芽期	日平均气温在 9～12 ℃，阴雨天气少，日照百分率达 60%左右，果树能正常生长；土壤相对湿度保持在 60%～80%	3 月中旬采取浇灌的方式提供开花所需的大量水分，可推迟花期 4～6 d，减少冻花机会；开花前施用促花肥，提前做好树冠修整工作，保证通风透光，促进花芽分化	寒潮，低温及强冷空气
4 月	开花期	开花期的最适温度为日平均气温为 12～16 ℃，日平均气温≥10 ℃时，才能授粉受精	一般在蕾期和花期进行疏花；要根据树势及时修剪，平衡各枝组的生长，使各枝组不重叠、不交叉，果子得到较多光照	倒春寒天气易造成的花期冻害
5—6 月	果实膨大期	土壤相对湿度保持在 60%～80%；光照充足、微风条件下，能增强光合作用，有利于养分和水分的吸收	当土壤湿度＜50%时及时进行灌溉，雨季及时排水，做到雨停无积水	干旱、连阴雨；冰雹等强对流天气
7 月	硬核期	日平均气温为 22～28 ℃； 土壤相对湿度保持在 60%～70%	根据桃树的生长状态，及时补肥；套袋前每隔 10 d 左右防治病害及臭象、桃蛀螟等虫害各 1 次，套袋后至成熟前防治刺蛾和红蜘蛛；出现干旱及时灌溉，应浇小水，防止大水漫灌	干旱、暴雨、大风
8—9 月	果实成熟期	日平均气温为 18～22 ℃； 土壤相对湿度保持在 60%～80%；昼夜温差大，空气湿度低，日照充足，干物质积累多，品质好	桃子果实成熟期正处于夏末秋初时期，叶片的蒸腾量较大，因此，若遇干旱应适量灌水，以促进果实膨大和成熟；采用沟灌或浇灌畦面 1～2 次，切忌大水漫灌	干旱；暴雨、冰雹等强对流天气
10 月	养分积累期	充足的光照	进行修枝，施“月子肥”，树干、树根积累养分	干旱不利于养分积累
11—12 月	休眠期	土壤相对湿度保持在 50%～70%，以利于桃树的安全越冬	落叶后浇封冻水。做好防虫防冻工作，每年秋冬季节应把土壤深翻 1 次	冬季低温，日最低气温在－23 ℃以下时易发生冻害

3.10 少山红杏

3.10.1 农业气象指标

少山红杏包含多个品种，其中最受欢迎的是关公脸、少山二号、少山红、大麦黄 4 个品种。红杏生长主要分为营养积累与花芽分化期、落叶休眠期、萌芽开花期、新梢生长至果实发育期和成熟期。

3.10.1.1 营养积累与花芽分化期(7—10 月)

(1)适宜气象指标

花芽分化期间，日平均气温要求在 20 ℃以上，日平均日照在 9 h 以上。

(2)不利气象指标

杏树不耐涝，若地面积水或空气湿度过高时，会抑制根系的呼吸，影响地上部的生长发育，轻则引起早期落叶，重则引起烂根，甚至全株死亡。在果实成熟期遇到连阴雨，则引起落果和裂果，造成减产和品质降低。

(3)关键农事活动及指标

在采果后如干旱无雨，要立即灌水，以恢复树势，提高花芽分化质量及抗寒能力；阴雨天对低洼地的杏园及时开沟排水，旱时及时施肥浇水，补充果实的消耗，促进枝叶的功能，制造更多的光合作用产物，为花芽分化提供物质保证。

3.10.1.2 落叶休眠期(10 月下旬至次年 3 月)

(1)适宜气象指标：

10 月下旬至 11 月上旬，开始落叶到全部叶落完，一切机能趋向停止。杏树树体耐冻，一般品种可承受－30～－18 ℃的低温，该生长期对大风的耐受力也较强。

(2)不利气象指标

低温冻害。杏树休眠期间，花芽各部分仍在生长，对气温的变化较敏感，最低气温≤－18 ℃，部分品种花芽即受影响，温度越低，花芽影响程度越大，当气温低于－30 ℃时，树体也将受冻，若低温持续时间较长，树体受冻可能性提高。

(3)关键农事活动及指标

在封冻前，当土壤发生夜间冻结白天消融时，浇 1 次封冻水，可提高树体抗冻能力，对幼树安全越冬有一定的作用，同时，也有利于早春发芽及开花结果。

3.10.1.3 萌芽开花期(2 月下旬至 4 月中旬)

(1)适宜气象指标

当气温升到 5 ℃时，杏树花芽开始活动，可持续 8～10 d，适宜温度为7～10 ℃，土壤相对湿度为 50%～80%，日照时数在 8 h 以上。进入初花期后，平均气温为 10 ℃左右，每天日照时数达 8 h 以上，晴天微风最佳。当≥5 ℃积温达到 216.8 ℃ · d 以上时，进入开花始期。花开放时日平均气温应稳定在 15 ℃以上，少数晚开品种要求温度高，需稳定在 19 ℃以上才能开花。当日平均气温稳定在 9.5 ℃以上时，10 d 后进入盛花期，正常花期为 7～10 d。每天日照时数达 8 h 以上，晴天微风的天气最佳。

(2)不利气象指标

大风、低温、阴雨。杏树自萌芽后，杏树的花和幼果对低温非常敏感。有研究指出，杏花期及幼果期较抗寒品种冻害临界温度：初花期－3.9 ℃、盛花期－2.2 ℃，一般品种更易受冻害。“少山红杏”萌芽期在 2 月下旬即陆续开始，各品种一直要延续到 3 月中旬，初花期在 3 月中旬至 4 月上旬。杏树在生长期抗风力较差，有研究指出，<2.8 $m \cdot s^{-1}$的风速范围内，风速越大，越有利于其异花授粉，促进坐果，从而提高杏的产量和品质(赵勇 等，2015)；但风速过大(特别是 4 级以上大风的降温天气)又会对杏花造成机械损伤，导致落花落果，降低坐果率。春季阴雨天气影响授粉，造成落花落果。

(3)关键农事活动及指标

科学规划、合理布局，尽量避免将果园建在山脚、山阴坡、低洼地，预防霜冻冷害；选育和引进抗性强的优良品种;通过树体结扎麦草、树盘覆草等方式御寒保温;早春时通过树干涂白、喷施生化试剂、杂草或秸秆覆盖地面、围坑灌水等方式推迟花期。遭遇寒流霜冻时的防御措施:霜冻来临之前灌1次水,利用水的比热大提高果园温度;在霜冻前进行1~2 h喷水,靠水分凝结散热,提高园内小气候的温度;熏烟;果园覆草。在杏树遭受冻害后通过喷施营养液和树枝修剪提高坐果率,减轻损失。

3.10.1.4　新梢生长至果实发育期(4月中旬至6月上旬)

(1)适宜气象指标

适宜温度在14~24 ℃,土壤相对湿度为50%~80%最佳。

(2)不利气象指标

大风、低温、阴雨等。杏树幼果对低温和大风非常敏感,杏幼果期抗寒品种冻害临界温度为−0.6 ℃。坐果期出现大风天气,影响坐果;5—6月大风会造成伤果、落果,影响产量。冰雹会降低杏果实品质,造成减产。

(3)关键农事活动及指标

杏树不抗涝,要积极做好雨天排涝。果实开始膨大,此时正是核形成期,为需水临界期,浇足水有利于果实增大,减少落果,对增产壮树十分重要。

3.10.1.5　成熟期(5—7月)

(1)适宜气象指标

适宜温度在23~26 ℃。

(2)不利气象指标

大风、强降水、干旱等。

(3)关键农事活动及指标

遇大风、强降水天气要提前采摘。

3.10.2　主要农业气象灾害

少山红杏2月下旬至3月中旬开始萌芽,5月底至7月中旬收获。常见的主要农业气象灾害有低温冻害、干旱、大风、冰雹、阴雨等。

3.10.2.1　低温冻害

低温冻害是少山红杏种植过程中对产量造成影响最明显的气象灾害。它指由于环境温度低于红杏生育期所需温度,引起红杏生育期延迟或使生殖器官的生理机能受到损害,造成农业减产的一种气象灾害。

低温冻害在红杏落叶休眠期、萌芽开花期、新梢生长至果实发育期均有可能发生。休眠越冬期间,杏树树体耐严寒,能安全度过−30 ℃的低温,花芽各部分仍在生长,对气温的变化较敏感,最低气温≤−22 ℃,会导致花芽冻害;在幼花幼果期,花器和幼果对低温很敏感,杏花受冻的临界温度:初花期为−2.0 ℃,盛花期为−1.0 ℃,坐果期为−0.5 ℃;一般萌芽期至幼果期,气温低于0 ℃时,认为可造成花器、幼果受冻。

应对措施:越冬前浇透越冬水,通过树体结扎麦草、树盘覆草等方式御寒保温。3—4月关注降温天气预报,提前做好防霜冻准备。早春时通过树干涂白、喷施生化试剂(丁晓东等,2004)、杂草或秸秆覆盖地面、围坑灌水等方式推迟花期。霜冻发生时,通过熏烟防止或减轻冻花冻果;冻害发生后,通过喷施营养液和树枝修剪提高坐果率,减轻损失(李荣富 等,

2003)。

3.10.2.2　干旱

干旱指长期无降水或降水偏少，造成空气干燥，土壤缺水，水源枯竭，影响红杏正常生长发育而减产的一种农业气象灾害。

红杏果实膨大期缺水不利于果实增大，造成落果；采果后缺水，不利于恢复树势，降低杏树花芽分化质量及抗寒能力。

应对措施：及时进行灌溉。

注：在采前半个月应控制浇水，以防裂果、落果，及降低果实糖分含量。

3.10.2.3　大风

大风是指风力大到足以危害红杏正常生长发育活动的风。

大风在红杏花期和果实发育期影响较大：风力大(4 级以上大风)会影响杏花授粉；花期果实发育期大风会造成杏树机械损伤，导致落花落果，影响产量(赵勇 等，2015)。

应对措施：关注天气预报，如遇大风天气，注意提前固定植株；果实成熟可提前采摘。

3.10.2.4　冰雹

一种局地性强、季节性明显、来势急、持续时间短，以砸伤为主的气象灾害，对农业、交通、建筑设施和生命财产危害很大。

冰雹在红杏花期和果实发育期影响较大：雹粒砸伤叶片果实，破坏正常生理功能，影响果品品质。

应对措施：5—7 月是冰雹易发期，注意接收冰雹预警信息，提前做好防雹准备。

3.10.2.5　阴雨

指降水时间过长、过于集中对作物造成的伤害。

阴雨在红杏花期和果实发育期影响较大：春季阴雨天气影响授粉，造成落花落果；在果实成熟期遇有阴雨，则引起落果和裂果，造成减产和降低品质；杏树不耐涝，空气、土壤长期潮湿，日照严重不足，易引起烂根，甚至全株死亡。

应对措施：7—8 月是山东雨季，注意及时排水(斯迪，1999)，同时防止病害，果实成熟要及时采摘。

3.10.3　主要病虫害

3.10.3.1　疮痂病

危害果实。可于谢花后 10 d 喷布多菌灵 800 倍液或代森锰锌 800 倍液。

3.10.3.2　流胶病

采果后早秋深施基肥，破除土壤板结，雨涝时要及时排水；树盘覆草，可以增加土壤的有机质含量，改善土壤结构和通气状况；冬春枝干涂白，以防冻害和日烧。刮除流胶，然后用 5 波美度石硫合剂进行伤口消毒，再涂蜡或煤焦油保护。

3.10.3.3　早期落叶病

剪除病枝、病叶、病果，集中烧毁或深埋；早春发芽前 3～5 d 全树喷布 5 波美度石硫合剂；果实采收后施有机肥，落叶前 20～25 d 全树喷布 0.3%～0.5%的尿素水溶液。次年发芽前可用 3%～5%尿素喷干枝，也可在展叶后喷布 0.3%～0.5%的尿素。

3.10.3.4 桃蚜

早春发芽前喷5波美度石硫合剂，可杀死虫卵，降低虫口基数；花芽膨大期全树喷布吡虫啉4000～5000倍液；发芽后全树喷布吡虫啉4000～5000倍液并加兑氯氰菊酯2000～3000倍液，可兼治杏仁蜂。

3.10.4 农业气象周年服务方案

根据红杏生育需求，制定少山红杏农业气象周年服务方案，见表3.36。

表3.36 少山红杏农业气象周年服务方案

时间	主要发育期	农业气象指标	农事建议	重点关注
7—10月	营养积累与花芽分化期	花芽分化期间，日平均温度要求在20 ℃以上，日平均日照时数在9 h以上	(1)采果后如干旱无雨要立即灌水，以恢复树势，提高花芽分化质量及抗寒能力；(2)阴雨天对低洼地的杏园及时开沟排水，旱时及时施肥浇水，补充果实的消耗，促进枝叶的功能，制造更多的光合作用产物，为花芽分化提供物质保证	(1)秋冬连续有雾有效降水，田间墒情；(2)强降水及连阴雨
10月下旬至次年3月	落叶休眠期	10月下旬至11月上旬，开始落叶到全部叶落完，一切机能趋向停止；杏树树体耐冻，一般品种可承受－30～－18 ℃的低温，该生长期对大风的耐受力也较强	在封冻前，当土壤日融夜冻时浇1次封冻水，可提高树体抗冻能力，对幼树安全越冬有一定的作用，同时，也有利于早春发芽及开花结果	寒潮、低温、倒春寒及强冷空气活动
2月下旬至4月中旬	萌芽开花期	当气温升到5 ℃时杏树花芽开始活动；杏树喜光，晴天微风的天气有利于杏树幼花幼果的生长	杏树自萌芽后，杏树的花和幼果对低温、阴雨、大风较为非常敏感，需防范气象灾害的影响	(1)寒潮、低温、倒春寒及强冷空气活动；(2)大风
4月中旬至6月上旬	新梢生长至果实发育期	适宜温度在14～24 ℃，土壤相对湿度为50%～80%最佳	(1)杏树不抗涝，要积极做好雨天排涝；(2)果实开始膨大，此时正是核形成期，为需水临界期，浇足水有利于果实增大，减少落果，对增产壮树十分重要	(1)寒潮、低温、倒春寒及强冷空气活动；(2)强降水和连阴雨；(3)干旱
5—7月	成熟采摘期	适宜温度在23～26 ℃	(1)遇大风、强降水天气要提前采摘；(2)对成熟的红杏及时采摘	(1)强降水和连阴雨；(2)大风

3.11 枣庄石榴

3.11.1 农业气象指标

石榴属于落叶果树，整个发育阶段分为萌芽展叶期、开花坐果期、果实发育期、落叶与休眠期。

3.11.1.1 萌芽展叶期(3月下旬至4月上旬)

(1)适宜气象指标

3月下旬至4月上旬,旬平均气温为11 ℃时萌芽,随着新芽萌动,嫩枝很快抽出新芽。春季气温稳定在10~20 ℃,且升温稳定,无强风天气。

(2)不利气象指标

①日平均气温低于10 ℃,则萌芽生长发育缓慢,但当出现30 ℃以上较高温度时,则萌芽展叶受到影响,石榴树发育进程延缓。

②地温达到21 ℃以上时,石榴树树根系旺盛生长,如果春季气温回升过快,而土壤温度回升较慢,可能造成花芽、嫩枝失水凋萎。

③气温回升过慢,石榴树萌芽到开花所需的时间延长,从而加大了贮藏营养在这一段的消耗,不利于营养的积累和石榴树的开花与坐果。

④春季冷空气活动频繁,气温骤降且最低气温在0 ℃以下时,容易出现冷害,造成石榴树嫩叶受冻,损伤果枝而失去生长点。

(3)关键农事活动及指标

追肥:此期追肥越早越好,一般在解冻后进行,以速效氮肥为主,一般3~4年生树每株50~100 g;盛果期大树每公顷产量为30000 kg的园,每公顷施尿素150~225 kg。

灌水:施肥后立即灌水,满足树体发芽、开花、坐果和枝叶生长需要。枣庄地区一般在3月底4月初灌,也叫花前水。此时地温较低,灌水不宜过多。

花前复剪:在冬季修剪的基础上,对串花和弱花枝进行回缩或疏除,以更好地达到节约和有效利用树体营养物质的目的。小树要及时抹除萌蘖,促使枝叶生长。

(4)农事建议

注意关注春季寒潮预报,适时做好防冻害措施。

3.11.1.2 开花坐果期(5月中旬至7月上旬)

石榴开花早晚和花期持续时间取决于温度条件。在气候正常年份,5月16日前后开花,始花期最早在5月11日,最晚在5月26日,花期结束时间一般在7月3日前后,整个花期时间一般为45 d左右。气温低、湿度大,则开花慢、花期长。树势强的比树势弱的开花早;盛果期的树较衰老树开花早;同一树,发育好的早开,发育差的迟开。

(1)适宜气象指标

①5月中旬到6月底的平均活动积温为1196 ℃·d,达到了石榴生长需要的正常值。花开后的10~20 d,气温为24~26 ℃时,授粉受精良好,此期授粉受精,则坐果率高。

②6月下旬始,石榴进入末花期和初果期,此期水分对石榴的产量起关键性作用,降水量在50 mm以上,有利于石榴花传粉受精,坐果率高。

③光照充足,充足的光照使花芽分化良好。

④风力为3~4级,有利于石榴树开花授粉。

(2)不利气象指标

①日平均气温<15 ℃时,影响开花进程,甚至造成坐果不良;花期若遇到30 ℃以上的高温,加之干旱少雨,空气湿度小,易造成石榴花枯萎而脱落,同时缩短花期,授粉时间短影响坐果。

②花期大风可造成石榴树大量落花,如果出现干热风还会加速叶片水分蒸腾,影响体内有

机物质的积累和输送，叶片萎缩、花器干枯，影响坐果。

③如果5月、6月遇阴雨连绵，影响授粉受精，枝叶徒长，会导致蕾花幼果大量脱落。

(3)关键农事活动及指标

①授粉：石榴自花、异花授粉都可，以异花授粉为主。故加强授粉是提高产量及优化质量的一项重要措施。

花期放蜂有利于授粉受精，一般每0.67 hm^2梨园放1～2箱蜜蜂。放蜂期间应禁喷农药。

其他措施：在花期喷0.2%～0.5%的硼酸、0.3%的尿素、15 ppm①萘乙酸钠等均能提高坐果率。

②疏花疏果：一般每个花序上留2～3朵边花，气候良好、授粉充分的情况下，石榴的坐果率很高。疏果越早越好，可减少养分的消耗，而将养分集中到生产果中。疏果标准是：每个花序留果不超过2个，树冠上部及外围，骨干枝前端及强旺枝上以留单果为主。疏果时应及时疏除病虫果、外伤果、畸形果、双坏果及生长迟缓、皮色暗淡的幼果。

③追肥灌水：从开花至幼果迅速膨大，植株各器官氮元素代谢量最高，也是需肥较多的时期。落花后需再及时追施1次氮肥，使新梢健壮生长，促进果实生长和花芽分化，减少落果。浇水对促进新梢生长和减少落果有显著效果，同时对后期花序分化也有一定的促进作用。对弱树和花量较大的树，在花瓣脱落后可采用叶片喷肥的方法，补充树体营养，提高坐果率，加速幼树的发育。

(4)农事建议

注意连阴雨、降温、干热风、高温等天气预报，对影响石榴花期授粉及坐果不利天气条件采取相应措施。

3.11.1.3　果实发育期(5月下旬至9月下旬)

石榴果实生长期从5月下旬至9月中下旬，需要110～120 d，平均气温为18～24 ℃。果实生长发育大致可以分为幼果速生期(前期)、果实缓长期(中期)和采前稳长期(后期)3个阶段，按果实生长图形应为双“S”形曲线，即生长特点是：在两个速长期间有一个缓长期。幼果期出现在坐果后的5～6周，此期果实膨大最快，体积增长迅速，也是日平均增长速度最快时期。果实缓长期出现在坐果6～9周，历时20 d左右，此期果实膨大较慢，体积增长速度放缓，也是日平均增长速度最慢时期。采前稳长期，即果实生长后期、着色期，出现在采收期6～7周，此期果实膨大再次转快，体积增长稳定，较果实生长前期慢、中期快，直到成熟采收增长没有停止，果皮和籽粒颜色由浅变深达到本品种固有颜色。

(1)适宜气象指标

①果实生长的主要时段是在日平均气温≥20 ℃时进行的。果实发育气温在20～30 ℃较好。

②石榴果实生长动态与积温关系密切，果实发育所需≥10 ℃积温超过3100 ℃·d。

③充足的光照条件能使叶色浓绿，制造的有机营养多，果实的质量和产量高。

④降水量>50 mm，水分不足就会影响果实膨大。保证水分供给是增产的重要措施之一。

⑤石榴果实成熟期，较大的日较差有利于糖分的积累和贮存，使之充分成熟。当气温日较差>9 ℃时，果实生长速度快，在果实成熟期气温日较差>8 ℃时，石榴果实含糖量随日较差

---

① 1 ppm=10^{-6}，下同。

增大呈直线上升。

(2)不利气象指标

①在石榴果实生长发育期阴雨连绵，果实过度吸水，容易裂果。尤其是果实膨大期连续降雨 10 d 以上，果实迅速吸水膨胀，裂果现象严重。

②石榴果实膨大期和成熟期籽粒迅速膨大，由于高温干燥和日光直射，致使果皮组织受到损坏，再加上果皮细胞组织的自然衰老，分生能力变弱，果皮组织延展性降低，当果皮承受能力达到极限时导致果皮开裂。

③夏季温度过高，>35 ℃容易造成果实停止生长，果形变小；温度过低，<20 ℃又会使果实质量下降，种子不能充分发育成熟。

④果实生长期出现 5 级以上的大风时，使果体之间相互摩擦碰撞，损坏果品表面，影响果品的商品率。

⑤果实生长期出现强冰雹时，容易砸伤果品，影响品质。

(3)关键农事活动及指标

①6 月：石榴需水、需肥临界期(幼果膨大、花芽分化)到来之际，要加强肥水的管理，以满足石榴生理生长的需要。在肥水管理中应注意如下几点：一是根据树龄及结果量掌握施肥量；二是施肥时，肥料种类要配合好，其氮、磷、钾比例按 2∶1∶1，以提高果树的抗寒能力；三是做到土壤与根外追肥相结合，结合病虫害防治或单喷磷酸二氢钾。

②7 月：如遇干旱要及时灌水，7 月初和 7 月底，要充分保证果园两次水，保证此时期石榴树生殖生长和营养生长的需求，

③8 月：进入三伏天，气温和地温都是一年中最高的季节。此时果实生长进入第二个迅速膨大高峰期，花芽进入形态分化期，根系生长速度减缓。这个时期是高温高湿天气，是桃小食心虫、桃蛀螟的高发期，也是防虫害的重要节点。

④9 月：果实进入成熟期，重点防裂果和病虫害，提高果品产量和质量。

(4)农事建议

注意连阴雨到来之前，及时套袋方结果；6 月、7 月需水临界期如遇干旱及时灌溉，保证果实生长需求；8 月预防病虫害是关键。

3.11.1.4　落叶与休眠期(11 月上旬至次年 2 月)

石榴树大量落叶期集中在 11 月上中旬。入秋后气温逐渐降低，日照变短，树体的活动也逐渐减退，转移到枝根中的葡萄糖转化成淀粉，贮存于细胞内，叶片中的氮、磷、钾等部分回收到树体内，叶形成离层而落叶。随着冬季气温降低，土壤封冻，石榴进入休眠期。

(1)适宜气象指标

平均气温稳定通过≥11 ℃终日时，石榴树进入落叶期，随气温逐渐降低而进入休眠期。

(2)不利气象指标

①初霜出现过早，10 月初甚至 9 月中下旬就出现霜冻，造成落叶过早，石榴树枝条贮存养分不足。

②秋季气温偏高，初冬气温骤降，枝条未休眠而受冻。

③冬季最低气温低于－10 ℃(时间延续 1 星期左右)或最低气温<14 ℃(持续时间 6 h 以上)，受低温影响，树体组织内部有结冰现象，因其组织变褐呈水浸状受冻坏死的自然灾害，石榴树受冻率为 89.1%，冻死率为 2.1%，结果树因花芽受冻减产为 40%～70%。

(3)关键农事活动及指标

①果实采收后立即进行秋施有机肥工作。有机肥混合速效化肥,采用沟施或穴施,把肥料埋入土中 40 cm 以下,施肥后灌好越冬水。越冬水必须在封冻前完成,不能有积水越冬。

②果园进行清除杂草、落叶、刮树皮(枝干上粗老翘皮未刮除的,要掌握"去黑露红不露白"的原则,刮除粗老翘皮,集中烧毁。可消灭蚧壳虫、红蜘蛛等越冬害虫)集中深埋或烧毁。

③深翻土壤,树干涂白、扎草诱虫。

④做好冬季修剪的准备工作。

(4)农事建议

注意寒潮降温预报,提前做好石榴树防冻害措施。

3.11.2 主要农业气象灾害

山东石榴一般于 3 月下旬至 4 月上旬开始萌芽展叶,9 月中下旬时成熟,11 月上中旬落叶。常见的主要农业气象灾害有低温冻害、高温日灼、大风、冰雹、干旱、连阴雨等。

3.11.2.1 低温冻害

低温对果树造成的危害主要有冻害和霜冻。

冻害是果树在休眠期活发芽期前后和落叶前后遇到 0 ℃以下的低温、植株冰冻而引起部分活整体死亡。冻害与温度、低温持续时间、土壤水分、树龄、品种、树势、繁殖方法、病虫害、田间小气候等有关。冻害发生的典型特征是根茎部受害,木质部与韧皮部间形成层组织坏死,春季也能萌芽,后逐渐死亡(曹尚银 等,2013)。主要发生在石榴树的休眠期。

按受害症状和部位对石榴冻害等级进行划分(冯玉增 等,2002),其冻害等级划分见表 3.37、表 3.38。

表 3.37 冻害等级标准(冬季正常降温)

级别	症状	
	枝干	根茎及根系
0	无冻害	无冻害
1	幼树上部 1/2 及成龄树一年生枝上部 1/2 冻死	根茎部轻微受冻,症状不明显,根系无冻害
2	幼树上不 2/3 及成龄树 2～3 年生枝上部 1/2 冻死	根茎部轻度受冻,皮层浅褐色,根系无冻害
3	幼树地上全部及成龄树主枝上部及侧枝上部 1/2 冻死	成龄树根茎部中度受冻,皮层褐色,浅层根系轻微收冻害
4	成龄树地上部(主干及树冠)全部冻死	成龄树根茎部冻死,皮层深褐色或黑色,浅层根系中度受冻害
5	成龄树地上部(主干及树冠)全部冻死	成龄树根茎部冻死,中层根系受冻害

表 3.38 冻害等级标准(初冬、早春气温剧变)

级别	症状	
	1～2 年生枝及主枝	树干
0	无冻害	无冻害
1	一年生枝条上部 1/3 受轻微冻害	幼树近地面 30 cm 左右北侧形成层轻微受冻,症状不明显,成龄树未冻
2	一年生枝条上部 1/2 冻死,两年生枝轻微冻害	幼树近地面 50 cm 左右形成层环树干一周变浅褐色,成龄树地颈轻微受冻,症状不明显

续表

级别	症状	
	1～2 年生枝及主枝	树干
3	一年生枝条全部冻死，两年生枝上部 1/2 冻死，主枝轻微冻害	幼树近地面 50 cm 左右形成层环树干一周变深褐色，成龄树地颈形成层北侧变为浅褐色
4	1～2 年生枝全部冻死，主枝上部出现冻害	幼树地上部全部冻死，成龄树地颈部形成层环树干一周变为褐色
5	主枝冻死达 1/2 以上	成龄树地颈部形成层环树干一周变为深，主干上部受冻

霜冻是指春秋季节夜间温度下降引起树体受害活死亡的低温危害。其症状是叶芽变浅褐色或褐色。主要发生在 3 月下旬到 4 月上旬的萌芽期、11 月上旬到中旬的落叶期。在石榴树上，早霜比晚霜危害较多一些。

3.11.2.2　高温日灼

石榴日灼是指石榴果实被灼伤，又称“日灼病”。属于石榴生理性病害。

症状表现为：果皮初期光泽暗淡，并有浅褐色的油渍状斑点出现，进而变成褐色、赤褐色、黑褐色大块病斑；日灼发生后期，并不出现轻微凹陷，脱水后病部变硬，病斑中部出现米粒大小的灰色瘤状突起，其内部果皮变褐色、坏死，最后使果实部分或整体腐烂掉。

日灼一般发生在 6—8 月的果实成长期，以 7 月发生率最高。在一天中发生灼伤的时间多为 13—15 时，以 14 时为多。

3.11.2.3　大风

大风是指 6 级以上的大风，造成土壤风蚀、沙化，对作物和树木产生机械损害，以及传播病虫害的现象。

大风对石榴的主要危害：常降低果树的生长量；春季使土壤和树体水分缺乏造成干旱，影响正常发芽抽枝；花期减少了传粉昆虫的活动，花粉失水快，影响授粉受精，从而影响坐果率；果期大风易折断树枝，垂落果实等。

大风在石榴的整个发育期均有可能发生。

3.11.2.4　冰雹

冰雹是一种局部性强、季节性明显、来势急、持续性短、以砸伤为主的气象灾害。常伴有大风、暴雨，给果树生产带来重大损失，甚至绝收。

主要发生在石榴花期和坐果期。

3.11.2.5　干旱

干旱是指作物生长季内，因水分供应不足导致农田水利供需不平衡，阻碍作物正常生长发育的现象。由于石榴树多种植在山坡地上，径流较多。石榴树遇到干旱时生理活动会发生一系列变化，果树体内水分收支失去平衡，生长发育受到严重影响甚至导致全株死亡，并最终影响坐果率和产量。干旱在石榴整个发育期均有可能发生。

3.11.2.6　连阴雨

连阴雨是指在连阴雨天气过程(一般指 3 d 以上的阴雨天气现象，中间可以有短暂的日照时间)，在农作物生长发育期间，湿空气和土壤长期潮湿，日照严重不足，影响作物正常生长的现象。在石榴成熟期遭遇连阴雨天气，容易造成裂果，严重时减产甚至绝收。

连阴雨在石榴整个发育期都有发生的可能，在果实成熟期产生的危害最大。

3.11.3 主要病虫害

常见病虫害类型：石榴干腐病、石榴褐斑病、石榴煤污病、石榴根结线虫病、石榴疮痂病、石榴桃蛀螟、石榴桃小食心虫、石榴蚜虫等。

3.11.3.1 *石榴干腐病*

主要危害：随着发生的阶段不同，表现也不同。发生在花期和幼果期严重受害后造成早起落花落果；果实膨大期至成熟期发病最严重的，造成果实腐烂脱落或干缩成僵果悬挂在树梢；枝干受害后，秋冬产生灰黑色不规则病斑，来年春季变成油渍状灰黑色病斑，病斑周围裂开，导致表皮翘起剥离，严重时枝干枯死。

发生时段：在石榴整个发育期均有可能发生。

发生发展最适宜的气象条件：最适温度为 25～32 ℃、相对湿度 95%以上。高温多雨及蛀果害虫的危害是该病害发病的有利条件(曹尚银 等，2013)。

3.11.3.2 *石榴褐斑病*

主要危害：危害部位是石榴叶片和果实。病情严重时 8—9 月即大量落叶，造成树势衰弱，次年产量锐减。

发生时段：4—9 月均有可能发生。

发生发展适宜的气象条件：5—6 月多雨，高湿。

3.11.3.3 *石榴煤污病*

主要危害：危害的部位是石榴叶片和果实，染病后叶片和果实像黏附一层烟煤，会影响光合作用，降低果实商品价值。

发生时段：3—6 月和 9—11 月为发病盛期。

发生发展适宜的气象条件：空气相对湿度较大，盛夏高温病害停止蔓延。

3.11.3.4 *石榴根结线虫*

石榴根结线虫病是由根结线虫危害后发生的病害，属于根部寄生型土传病害，在幼苗和成龄树上都可发生，是近些年发现影响石榴生产的新病害。

主要危害：导致树势衰弱，抗旱抗冻能力降低。

发生时段：整个发育期均有可能发生。

发生发展适宜气象条件：地温为 10～26 ℃，土壤相对湿度在 20%～90%(曹尚银 等，2013)。

3.11.3.5 *石榴疮痂病*

主要危害：该病原菌主要侵染枝干和果实，造成的主要危害致使树势衰弱，果皮表面粗糙、龟裂，降低果实品质和观赏价值。

发生时段：4 月下旬至 6 月中旬。

发生发展适宜气象条件：春季气温为 15～25 ℃，多雨湿度大。

3.11.3.6 *石榴桃蛀螟*

主要危害：以幼虫蛀蚀果实，果实危害率一般在 40%～50%，严重的虫果率可达 90%以上造成绝产。

发生时段:6月上旬到9月中旬都有幼虫的发生和危害,8月是高发期。分代发生,山东一般发生3代。

发生发展的适宜气象条件:高温高湿条件下易发生,发育起点温度为20 ℃,最适温度为25～30 ℃;相对湿度在40%以上。在达到发育起点温度时,湿度越大、持续时间越长,化蛹和羽化率越高。风速越小化蛹和羽化率越高。

3.11.3.7　*石榴桃小食心虫*

主要危害:桃小食心虫成虫主要在石榴果面上产卵,幼虫孵化后很快蛀入果内,蛀入孔微小,不易被发现。主要是造成果实内部腐烂,降低果实商品价值。

发生时段:7—9月。

发生发展的适宜气象条件:发育起点温度为20 ℃,最适温度为25～30 ℃。当温度达到25 ℃,相对湿度在50%以上时,持续时间越长,该虫出土和羽化率越高。风速在桃小食心虫发育历期中影响不大。

3.11.3.8　*石榴蚜虫*

危害石榴的蚜虫有棉蚜和桃蚜,以棉蚜为主。俗称腻虫。

主要危害:蚜虫危害石榴的部位是当年生枝顶端嫩梢和幼叶及花蕾,它排出的大量黏液,易引起煤污病;嫩叶及生长点被害,造成叶片卷曲,花蕾受害后萎缩,影响生长和坐果。

发生时段:4—5月和10月。

发生发展的适宜气象条件:棉蚜的生长发育最适宜的温度为23～27 ℃,25 ℃时种群增长率最高,日平均气温超过28 ℃或低于23 ℃的连续日期有4～5 d,湿度系数>3(湿度较大时)对棉蚜都有明显抑制作用。长期处于适宜温度则发生严重。降雨也是抑制棉蚜种群数量的重要因素,降雨不仅可以降低气温,还可以直接杀死棉蚜,特别是日降雨量达10 mm以上的大雨或暴雨,对降低棉田蚜虫种群数量具有明显作用,但微量的降雨和时晴时阴的天气对棉蚜的发生十分有利(刘勇 等,2018)。

3.11.4　农业气象周年服务方案

根据石榴生育需求,制定石榴农业气象周年服务方案,见表3.39。

表3.39　石榴农业气象周年服务方案

时间	主要发育期	农业气象指标	农事建议	重点关注
1—2月	休眠期		注意寒潮降温预报,提前做好石榴树防冻害措施	寒潮天气
3月	上旬、中旬根系开始活动;下旬开始萌芽	(1)旬平均30 cm地温8.5 ℃根系开始活动; (2)日平均气温稳定通过≥11 ℃开始进入萌芽期	追肥、灌水、修建;如遇气温骤降,提前做好石榴树防冻害措施	寒潮天气
4月	上旬、中旬萌芽展叶期;下旬初蕾期	(1)日平均气温在10～20 ℃,且升温稳定;0～30 cm土壤相对湿度为50%～70%; (2)初蕾期下旬平均气温14 ℃	追肥、灌水、修剪;如遇气温骤降,提前做好石榴树防冻害措施	倒春寒

续表

时间	主要发育期	农业气象指标	农事建议	重点关注
5月	初花期	旬平均气温≥20 ℃时开花(前期积温对始花期很重要)	授粉、降水前追肥;遇干旱灌水	(1)大风; (2)连阴雨; (3)低温; (4)≥35 ℃高温; (5)干热风
6月	盛花期(亦是坐果盛期)	旬平均气温在24～26 ℃	授粉受精、疏花疏果,放蜂促进授粉受精	(1)大风; (2)连阴雨; (3)低温; (4)≥35 ℃高温
7月	幼果速生期	旬平均气温在24～30 ℃;降水量为50 mm左右	此时,果实需水量比较大,如遇干旱及时进行滴管、喷淋	(1)大风; (2)连阴雨; (3)干旱; (4)持续高温
8月	前期果实缓长期;月末进入稳长期	需>10 ℃积温为1000 ℃·d左右	防止裂果进行套袋	(1)干旱; (2)连阴雨
9月	果实着色、成熟期	(1)需>10 ℃积温为900 ℃·d左右;气温日较差>9 ℃时,果实生长速度快 (2)气温日较差>8 ℃时,石榴果实含糖量随日较差增大呈直线上升	注意降水预报,如遇连阴雨及时采摘	连阴雨
10月	采摘期(上旬);落叶期(中下旬)	旬平均气温在18～19 ℃(平均9月下旬至10月上旬)	注意连阴雨预报	连阴雨
11月	落叶期	气温稳定通过≥11 ℃终日	注意气温骤降,防冻害	寒潮天气
12月	休眠期	日平均气温在0～5 ℃	入冬前,如遇干旱及时浇灌越冬水	寒潮天气

3.12 烟台大樱桃

烟台是中国大樱桃的黄金产区之一,同时也是中国最早种植大樱桃的地区,自1871年,美国传教士倪维思(J. L. Nevius)将第一株大樱桃树引入烟台,其中福山大樱桃已有150年的栽培历史。烟台大樱桃种植区域分布广。

3.12.1 农业气象指标

在烟台地区,大田栽培樱桃的采收期,早熟品种一般在5月下旬至6月上旬,中熟品种在6月上旬至6月中旬,晚熟品种在6月中旬至6月下旬。不同品种的发育期时间不同,对气象条件的需求也存在一定差异。大樱桃的主要物候期可分为休眠期、花芽萌动期、开花期、果实发育期、成熟期、花芽分化期、花器形成期—营养贮备期。

3.12.1.1 休眠期(11月下旬至次年2月下旬)

(1)适宜气象指标

①温度:大樱桃休眠期适宜的温度范围为-10～7 ℃。

②水分:土壤相对湿度在60%～70%适宜大樱桃果树生长。

(2)不利气象指标

①温度:樱桃果树不耐寒,当温度降至-20 ℃以下时会发生大枝纵裂和流胶,发生冻害,温度低于-25 ℃以下时会造成死树(葛增利,2008)。

②水分:冬季严寒,地下土壤冻结,当土壤相对湿度低于60%时,幼树将难以吸收水分,不能满足枝条水分蒸腾需要,易发生“抽条”现象,造成干枯。

(3)关键农事活动

①清理果园。清扫枯枝落叶、残病枝,减少越冬病虫害的越冬基数。因为大部分的虫卵、病菌潜伏在枯枝落叶中。

②树体涂白,可减少冻害的发生,同时清除越冬的病虫卵。

③介壳虫发生严重的果园,可用铁刷刷破介壳虫的介壳,杀死越冬若虫。

④注意天气干湿,如土壤过干,可在土壤结冻前浇1次透水,以利树体安全越冬,防止抽条。浇水的时候,要注意一棵棵的浇,不要全园大水漫灌造成根部病害大面积的传播。

(4)农事建议

要重点关注果树越冬期低温冻害、寒潮和大风。

3.12.1.2 萌芽期(3月上旬至3月下旬)

(1)适宜气象指标

①温度:大樱桃在气温高于5 ℃时开始萌芽,萌芽期适宜温度范围为8～10 ℃。

②水分:大樱桃萌芽期适宜的土壤相对湿度为65%～75%。

(2)不利气象指标

①温度:大樱桃萌芽期对低温比较敏感,当温度低于-1.7 ℃时,花芽会遭受冻害,若温度持续4 h维持在-3 ℃,花芽将全部受冻。

②水分:土壤相对湿度偏低时,容易使大樱桃树发芽、开花不整齐,影响产量。

(3)关键农事活动

①应在树液流动后至发芽前进行修剪,幼树拉枝开张角度以整形为主,将枝适当拉平进行短截,以利树体扩大树冠。初果期的大樱桃枝条以缓放为主,注意控制背上枝和上部枝的生长势,培养结果枝组。盛果期以培养复壮更新结果枝组为主,抑上部控下部,抑外围促内膛,防止外围密、内部光的情况。疏除病虫枝,刮除老翘皮并集中烧毁或深埋。

②如果年前没有追肥的要抓紧施肥,以生物菌肥为主,具体施肥量要根据树势而定。施肥后立即浇水,整理树盘,覆盖地膜,促墒增温。

③防治病虫害。萌芽前,应喷布3～5波美度石硫合剂。介壳虫严重的应用机油乳剂、杀扑磷或氟硅唑等药剂防治。对腐烂病、流胶病等病害进行树体刮治涂药。有根癌病的可进行病部切除,然后用药剂浇根。

④萌芽后抹除过密芽、竞争芽、锯口芽等。

⑤花过多、没有倒春寒的要进行花前修剪。

(4)农事建议

要注意好此期低温防范工作,要重点关注低温、倒春寒及霜冻的预报。

3.12.1.3 开花期(4 月上旬至 4 月中旬)

(1)适宜气象指标

①温度:大樱桃开花期适宜的温度范围为 10～16 ℃。

②水分:大樱桃开花期对水分要求相对较严格,适宜的土壤相对湿度为 50%～60%。

(2)不利气象指标

①温度:大樱桃初花期对低温比较敏感,当温度低于－1.7 ℃,就会产生冻害。在大樱桃盛花期,当温度低于－1.1 ℃时,就会产生冻害,轻则伤害幼果,重则导致减产。大樱桃开花期对温度要求比较严格,此期间夜间应保持 8～10 ℃,最低温度不低于 5 ℃,白天温度一般保持在18～20 ℃,最高温度不高于 23 ℃,开花期间温度过高或过低,都不利于授粉受精。

②水分:湿度过高,花粉不易发散,影响坐果,且易感花腐病;湿度过低,柱头干燥,不利于受精(杜厚林,2008)。

(3)关键农事活动

①花期防冻。注意天气预报进行花前灌水,霜冻来临前灌 1 次水,能推迟花期 3～5 d。如果有霜冻,在霜冻来临时进行熏烟。

②结合授粉,可喷布芸苔素内脂或天达 2116,另加 0.3%的硼砂、0.3%的尿素和 0.3%的磷酸二氧钾,提高授粉率。对授粉缺乏的大樱桃园,可以通过放蜂或人工授粉提高授粉率。

③大樱桃树体发芽后至 6 月,注意防治金龟子;幼龄果园注意防治大灰象甲。

(4)农事建议

预防霜冻是此期大樱桃栽培管理的重中之重,要重点关注低温、倒春寒及霜冻的预报。另外,大樱桃开花期大风不仅吹干花柱,影响授粉,而且影响昆虫授粉,使樱桃产量和品质受到较大影响(丁锡强 等,2009)。因此,预防大风也是该时期大樱桃栽培管理的重点。

3.12.1.4 果实发育期(4 月下旬至 5 月中旬)

(1)适宜气象指标

①温度:大樱桃果实发育期适宜的温度范围为 18～20 ℃。果实膨大期,白天气温为 21～23 ℃,夜间为 10～12 ℃,有利于幼果生长。

②水分:大樱桃果实发育期对水分要求相对较严格,适宜的土壤相对湿度为 50%～60%。

(2)不利气象指标

①温度:果实发育期间温度过高,果实不能充分发育,造成“高温逼熟”,成熟期提前但果个小,肉薄味酸,果实品质差。

②水分:谢花后到果实成熟前是大樱桃的需水临界期,应保证果实生长期水分供应均衡。土壤湿度过大时,果肉细胞吸水迅速膨大,超过果皮所能承受的压力时,会引起裂果;土壤湿度过小时,容易造成大量落果,使果园减产。

(3)关键农事活动

①此前如果管理不当,常会发生大樱桃幼果早衰,出现大量果核软化的黄化、不皱缩的落果。壮树较轻,弱树较重。造成落果的主要原因有:一是树体营养不足。谢花后树体坐果较多,果实间相互争夺养分,因树体贮藏营养不足,竞争力较弱的果实脱落;二是在果实发育的第

二时段(硬核期和胚发育期)，因土壤干旱缺水出现落果。主要的预防措施：一是加强肥水管理，提高树体营养水平；二是谢花后至果实硬核前，根据土壤墒情适时适度浇水。

②此期可喷一遍生物杀菌剂和磷酸二氢钾，预防穿孔病、补充营养、防止落果。

(4)农事建议

此期主要的措施是控制水分防治干旱和冰雹，要重点关注温度、降水、风力的预报。同时注意久旱后的强降水过程。

3.12.1.5　成熟期(5月下旬至6月上旬)

(1)适宜气象指标

①温度：大樱桃成熟期适宜的温度范围为24～26 ℃。果实着色期，白天气温为22～25 ℃，夜间为12～15 ℃，日较差大有利于果实糖分积累和着色。

②水分：大樱桃成熟期适宜的土壤相对湿度为50%～60%。

(2)不利气象指标

①温度：白天最高温不要高于25 ℃，温度过低会延迟成熟期，温度过高会缩短成熟期，进而影响果实膨大，超过果皮所能承受压力时，会引起裂果。

②水分：降水或空气湿度较大时，水分吸附在果实上，被果肉吸收，会加重裂果的发生。当果面温度较高时突遇降雨，果面温度骤降，果面急剧收缩而果肉收缩偏慢，会加剧裂果发生。因此，要注意防范久旱后突降大雨。

(3)关键农事活动

①此期主要的措施是控制水分，防治裂果，要始终保持土壤水分稳定，不要忽干忽湿，造成果皮内外膨胀压不一样裂果。主要预防措施：选用抗裂品种；叶面喷钙，谢花后至采收前，叶面喷600倍的氨基酸钙液4次；小水勤灌，架设防雨措施。

②防止鸟害。果实成熟期，采取人工和机械方法驱赶鸟类，或架设防鸟网。

③采果后要进行修剪加强幼树形修剪，及时对背上枝多次摘心。主枝延长枝到约60 cm时，中度摘心，各侧枝依不同部位进行二次摘心，培养结果枝组，促进花芽形成。

(4)农事建议

此期主要的措施是控制水分防治裂果，要重点关注连阴雨、强降水、冰雹及大风的预报。

3.12.1.6　花芽分化期(6月中旬至8月下旬)

(1)适宜气象指标

①温度：大樱桃花芽分化期适宜的温度范围为24～26 ℃。

②水分：大樱桃花芽分化期适宜的土壤相对湿度为50%～60%。

(2)不利气象指标

①温度：高温高湿会造成徒长，引起果园郁蔽；而高温干旱，又易使叶片早衰，植株生长发育不良，影响花芽分化质量，产生大量畸形花芽，来年形成畸形果。

②水分：湿度过高，不利于花芽分化。

(3)关键农事活动

①采果后，及时施肥，此期可将全年化肥施用量的1/3施入土中，主要为优质硫酸钾复合肥和生物菌肥。同时叶面喷施磷酸二氢钾。

②对生长过旺的树体，可喷布100～300倍的多效唑液进行控制，具体倍数根据树势具体

而定。

③预防病虫害。主要虫害为红颈天牛、介壳虫、红蜘蛛、大青叶蝉等，主要病害为褐斑病、穿孔病、流胶病等。可每隔 20 d 左右喷 1 次农药，或根据雨水多少确定喷药次数，多雨多喷，少雨少喷。

④雨季来临前，喷 1 次戊唑醇和等量式波尔多液（1∶200）进行叶面保护。

⑤防渍排涝。注意排水，防止果园发生内涝，造成死树。

(4)农事建议

这一时期要重点关注强降水形成的涝灾及大风预报。

3.12.1.7　花器形成期至营养贮备期(9 月上旬至 11 月中旬)

(1)适宜气象指标

①温度：大樱桃花器形成期适宜的温度范围为 15～20 ℃。

②水分：大樱桃花器形成期至营养贮备期适宜的土壤相对湿度为 50%～60%。

(2)不利气象指标

①温度：此期冷空气侵袭、温度过低，会引起提前落叶，不利于果树越冬。提前落叶对树体营养积累和安全越冬有不良影响，对早熟品种次年果实生长发育过程和产量品质也有重要影响。

②水分：此期过旱或过涝均会引起提前落叶，也会导致病虫害，不利于果树越冬。所以此期要加强肥水管理，促进树体储存营养，为果树越冬和来年高产优质打好基础。

(3)关键农事活动

①幼树拉枝开角，疏除少量直立的过旺枝条。

②防治病虫害。此期主要防治早期落叶病和大青叶蝉。

③施肥。结合深翻扩穴，秋施多施有机肥并加少量速效复合肥，施肥后浇透水。秋施基肥以农家肥为主，配合施有机、无机生物菌肥。此期可把全年用肥的 70%施上，因为此时正是樱桃树根系第三次生长高峰期，有利于肥料的吸收，为来年的开花坐果贮备充足的养分。樱桃发芽开花，坐果到采收不到两月，用肥量比较集中，如果年前不施足底肥，将影响来年开花坐果。

(4)农事建议

这一时期主要预防干旱，要重点关注降水、温度的预报。

3.12.2　主要农业气象灾害

在福山区大樱桃的生长过程中，冻害、干旱、大风、冰雹、连阴雨等气象灾害常会造成产量降低和品质下降。

3.12.2.1　冻害

冻害是指在 0 ℃以下的低温使作物体内结冰，对作物造成伤害的现象。樱桃果树不耐寒，在休眠期，当温度降至－20 ℃以下时会发生冻害，温度低于－25 ℃以下时会造成死树；在萌芽期和初花期，当温度低于－1.7 ℃时，花芽会遭受冻害；在盛花期，当温度低于－1.1 ℃时会产生冻害。

3.12.2.2　干旱

干旱是指作物生长季内，因水分供应不足导致农田水利供需不平衡，阻碍作物正常生长发育的现象。在大樱桃生长过程中，干旱主要对果实发育期和花器形成期大樱桃产生较大不利影响。在樱桃的幼果硬核期，樱桃果实成长较快，因此，该时期的樱桃生长需要大量的水分，若产生干旱，就会导致樱桃果实发育较小，果实干瘪，果核无法正常硬化，在严重时，甚至会导致果实发黄脱落，严重影响当年樱桃的产量（胡蓉，2016）。并且长期干旱后出现降水，容易造成裂果。在樱桃的花期形成期，干旱会使叶片失绿，甚至使叶片早落，导致树体营养储备不足，影响越冬和次年果品产量和质量。

3.12.2.3　大风

大风灾害是指近地面层风力达8级（平均风速为17.2 m·s^{-1}）或以上的风对作物生长造成损害的现象。在大樱桃生长过程中，大风主要对樱桃休眠期、开花期、果实发育期、成熟期和花芽分化期影响较大。在樱桃的休眠期，大风易发生“抽条”现象，造成枝条干枯；开花期大风较为干燥，空气相对湿度低，易吹干柱头，使授粉困难，易造成落花；果实发育期和成熟期遭遇大风，易造成落果；花芽分花期雷雨大风容易造成树木整株倒伏。

3.12.2.4　冰雹

冰雹灾害是由强对流天气系统引起的一种剧烈的气象灾害，它出现的范围虽然较小，时间也比较短促，但来势猛、强度大，并常常伴随着狂风、强降水、急剧降温等阵发性灾害性天气过程。春末夏初是烟台地区的冰雹多发期，主要影响樱桃的果实发育期和成熟期。冰雹可打落叶片，打伤打落果实，使樱桃产量和质量明显下降。此外冰雹还会使樱桃树体受伤，易造成流胶病等病害。

3.12.2.5　连阴雨

连阴雨指连续3 d以上的阴雨天气现象（中间可以有短暂的日照时间）。在果实成熟期遇连阴雨天气会引起果实腐病泛滥，虫蚀率增加，含糖量低，着色度下降，导致果实采摘和运输困难；成熟后未及时采摘遇连阴雨会造成裂果现象，严重影响樱桃品质（李文巧 等，2015）。

3.12.2.6　强降雨形成的涝灾

涝灾是长期阴雨或暴雨后，在地势低洼、地形闭塞的地区，由于地表积水，地面径流不能及时排除，农田积水超过作物耐淹能力，造成农业减产的灾害。大樱桃根系分布较浅，既不抗旱，也不耐涝。烟台地区降水多集中在夏季，此时大樱桃多处于花芽分花期。烟台多山地丘陵地貌，偏多的降水可迅速从田间排出，果园一般不易形成涝灾。但地势低洼地段的果园如遇强降雨天气，应做好排水防涝工作，防止果园内发生内涝，造成死树。

3.12.3　主要病虫害

3.12.3.1　根癌病

此类病害在大樱桃树可能发生的病害当中，属于危害最严重的一类病害。

（1）危害症状

发病初期，被害处形成灰白色的小型瘤状物，以后瘤体逐渐长大，表面变为褐色，表面粗糙、龟裂，表层细胞枯死，内部木质化。发病后，植株矮小，树势衰弱，叶片黄化、早落，结果晚，果实小。

（2）发病规律

病原细菌在病组织中越冬，大都存在于癌瘤表层，当癌瘤外层被分解以后，细菌被雨水或灌溉水冲下，进入土壤。细菌能在土壤中存活很长时间。可由嫁接伤口、虫害伤口入侵，土壤温度在18～22 ℃时，最适合癌瘤的形成。一般经3个月表现症状。土壤和病株的病菌通过雨水、灌溉及修剪扩散传播。中性和微碱性土壤较酸性土壤发病重，重茬地及菜园地发病重。发病程度还与砧木品种有关。

(3)防治措施

①育苗时应用根癌灵拌种，苗木定植前蘸根实施免疫是最有效的方法，树患病后应用根癌灵无效。

②增施土杂肥或有机肥，改善土壤生态环境，提高树势是有效方法。

3.12.3.2　流胶病

危害症状：此病多发生于主干和主枝处。初发期感病部位略膨胀，逐渐溢出柔软、半透明的胶质，湿度越大发病越严重，胶质逐渐呈黄褐色，干燥时变黑褐色，表面凝固。严重时树皮开裂，其内充满胶质，皮层坏死，营养供给受到影响，导致生长衰弱，叶色变黄。

发病规律：致病菌为真菌，与杨树溃疡病、苹果枝干轮纹病菌同类。该病菌的侵入与土壤、栽培、树势、根呼吸等生理因素有关；树体因缺钙、硼或坏死环斑病毒造成皮下溃疡，可致病菌侵染，引发流胶。树势壮，不会发病，树势弱，易得病。管理中浇水不当，伤了根芽，也易发病，夏季雨季发生概率更大。

防治措施：

①起垄栽培，防止地涝伤根。

②保持土壤透气良好，增施土杂肥和钙、硼的施用量，提高树势是预防流胶病的根本措施。

③另外对流胶处涂刷高浓度杀菌剂有治疗作用。可用多菌灵、甲托、戊唑醇等药剂，浓度升至田间普通用量的 3～5 倍进行病处喷布，1 个半月 1 次，连喷两次以上。

3.12.3.3　木腐病

危害症状：在枝干部的冻伤、虫伤、机械伤等各种伤口部位，散生或群聚生病菌小型子实体，为其外部症状。被害木质部形成不甚明显的白色边材腐朽。

发病规律：致病菌为担子真菌，与蘑菇属同类菌，该病菌 2～3 年才能生出繁殖体，繁殖较慢。病菌从大的剪锯口侵入，破坏木质部纤维组织，造成营养输导困难，外面完好，内部腐烂，感病树枝易折。病菌以菌丝体在被害木质部潜伏越冬，翌春当气温上升至 7～9 ℃时继续向健材蔓延活动，16～24 ℃时扩展比较迅速，当年夏秋季散布孢子，自各种伤口侵染危害。衰弱树、濒死树易感病。伤口多而衰弱的树发病常重。

防治措施：修剪后及时涂抹油漆、乳胶漆保护伤口，其中混加戊唑醇等三唑类药剂效果更好，浓度为生长季节喷雾浓度的 5～10 倍。

3.12.3.4　褐斑病

危害症状：叶表初生针头大小带紫色的斑点，后扩大为圆形褐色斑，直径 1～5 mm，后病部干燥收缩，周缘产生离层，常由此脱落成褐色穿孔，边缘不明显，斑上具黑色小粒点。

发病规律：褐斑病 6 月下旬或 7 月初始见发生，7 月下旬进入发病高峰；初次防治关键期为 6 月中旬。该病菌越冬基数低，6 月之前不需重点防，6 月之后(采后)需重点防治。

防治措施：喷施丙森锌、代森锰锌、咪鲜胺、戊唑醇、苯醚甲环唑、氟硅唑、醚菌酯、吡唑醚菌酯等有效药剂。

3.12.3.5　黑斑病

危害症状：病原菌主要危害大樱桃果实，在果面上形成大小不一的黑色斑块，其上常伴有轮纹晕圈，导致果实腐烂，病患处组织硬化，后期果面凹陷、开裂，最终造成果实干缩、脱落。

发病规律：裂果是果实黑斑病发生的主要原因；7月后降雨量大是叶片病害发生严重的重要因素。

防治措施：初次防治关键期为6月中旬，多抗霉素、异菌脲、戊唑醇、己唑醇、醚菌酯、吡唑醚菌酯、丙森锌、代森锰锌等是有效药剂。

3.12.3.6　樱桃炭疽病

危害症状：此病主要危害果实，也可危害叶片和枝梢。果实发病常发生于果实硬核期前后，发病初出现暗绿色小斑点，病斑扩大后呈圆形、椭圆形凹陷，逐渐扩展至整个果面，使整果变黑，收缩变形以致枯萎。天气潮湿时，在病斑上长出橘红色小粒点，即病菌分生孢子盘和分生孢子。叶片受害后，病斑呈灰白色或灰绿色近圆形病斑，病斑周围呈暗紫褐色，后期病斑中部产生黑色小粒点，略呈同心轮纹排列，叶片病、健交界明显。枝梢受害后，病梢多向一侧弯曲，病梢上的叶片萎蔫下垂，向正面纵卷成筒状。

发病规律：病菌在病档和落叶中越冬，下年春产生分生孢子，侵染新梢、幼果和叶片，以后叶片发生多次再侵染。幼果期阴雨潮湿是导致炭疽病严重发生的主要因素；树势衰弱、日灼严重、虫害防治不及时及通风透光不良等均可加重该病发生。

防治措施：喷施福美锌、丙森锌、代森锰锌、戊唑醇、咪鲜胺、醚菌酯、吡唑醚菌酯等有效药剂。

3.12.3.7　细菌性穿孔病

危害症状：发病初期叶片上出现半透明水渍状淡褐色小点，扩大心紫褐色至黑褐色圆形或不规则形病斑，边缘角质化，周围有水渍状淡黄色晕环。病斑干枯，病、健交界处产生一圈裂纹，病斑脱落形成穿孔。有时数个病斑相连，形成一个大斑，焦枯脱落而穿孔，其边缘不整齐。果实染病形成暗紫色中央稍凹陷的圆斑，边缘水渍状。

发病规律：病菌在上年受害的枝条上越冬，春季出芽展叶时随风雨传播到新的叶片、新梢上引起发病。

防治措施：

①冬季结合修剪，彻底清除枯枝落叶及落果，减少越冬菌源。

②容易积水，树势偏旺的果园，要注意排水；修剪时疏除密生枝、下垂枝、拖地枝、改善通风透光条件。

③增施有机肥料，避免偏施氮肥，提高抗病能力。

④可在出芽展叶后喷施中生菌素、噻唑锌、喹啉铜、代森锰锌、福美锌、福美双等防治药剂。

3.12.3.8　褐腐病

危害症状：主要危害叶、果。叶片染病，多发生在展叶期的叶片上，初在病部表面现不明显褐斑，后扩及全叶，上生灰白色粉状物。嫩果染病，表面初现褐色病斑，后扩及全果，致果实收缩，成为灰白色粉状物，即病菌分生孢子。病果多悬挂在树梢上，成为僵果。

发病规律：花期分离后需重点防治，跟湿度关系大，湿度高，发病重。

防治措施：

①消灭越冬菌源，彻底清除病僵果、病枝，集中烧毁。

②发芽前喷 3～5 波美度石硫合剂。

③从花脱萼期开始，每隔 7～10 d 喷布 1 次腐霉利、异菌脲、戊唑醇、菌核净、吡唑醚菌酯。樱桃幼果期对农药较为敏感，防止药害发生。

3.12.3.9　樱桃灰霉病

危害症状：首先危害花瓣，特别是即将脱落的花瓣，然后是叶片和幼果。受害部位首先表现为褐色油浸状斑点，以后扩大呈不规则大斑，其上逐渐着生灰色毛绒霉状物。危害幼果及成熟果，果变褐色，后在病部表面密生灰色霉层，最后病果干缩脱落，并在表面形成黑色小菌核。

发病规律：病原以菌核及分生孢子在病果上越冬。春天随风、雨传播侵染。该病在棚内发生的时期是在末花期至揭棚前，由气流和水传播。棚内湿度过大、通风不良和光照不足易发病。在棚内湿度超过 85%的情况下，即使其他条件都好，灰霉病亦照常发生，由蔬菜改植樱桃的大棚内更易发生此病。

防治措施：

①从花序分离期开始，每隔 7～10 d 喷布 1 次腐霉利、异菌脲、戊唑醇、菌核净、吡唑醚菌酯(绝不可以使用嘧霉胺，有药害)。

②花期分离后，需重点防治，跟湿度关系大(戊唑醇幼果前不能用，抑制赤霉素合成，抑制营养生长)。

3.12.3.10　樱桃灰霉病

危害症状：全叶呈碎状后期为慢性症状，叶片变绿，仅在叶背形成大量深绿色的舟形耳突，然后树势缓慢衰落，直至整株死亡。

发病规律：烟草花叶病毒在多种植物上越冬，种子也带毒，成为初侵染源。主要通过汁液接触传染，只要寄主有伤口，即可侵入。附着在种子上的果屑也能带毒。

防治措施：病毒病，在田间没有可以治疗的有效药剂，需注意一定不要从有严重症状表现的树上取接穗，建议栽植脱毒苗。

3.12.3.11　圆斑根腐病

危害症状：病株地下部分发病，是先从须根开始，病根变褐枯死，然后延及其上部的肉质根，围绕须根基部形成一个红褐色的圆斑。病斑的进一步扩大与相互融合，并深达木质部，致使整段根变黑死亡。

发病规律：在果园里，只有当果树根系衰弱时才会遭受到病菌的侵染而致病。因此干旱、缺肥、土壤盐碱化、水土流失严重、土壤板结通气不良、结果过多、杂草丛生以及其他病虫严重危害等导致果树根系衰弱的各种因素，都是诱发病害的重要条件。

防治措施：

①存在病菌的地块不要育苗或建园，避免重茬栽植果树。

②提倡起垄栽培，防止地涝沤根。

③增施土杂肥或有机肥，改善土壤生态环境。

④喷施多菌灵、苯菌灵、甲基硫菌灵、咪鲜胺、醚菌酯、吡唑醚菌酯等有效药剂。

3.12.3.12　红颈天牛

危害症状：红颈天牛是危害大樱桃枝干害虫，以幼虫蛀食树干。前期在皮层下纵横串食，后蛀入木质部，深达树干中心，虫道呈不规则形，在蛀孔外堆积有木屑状虫粪，易引起流胶，受害树树体衰弱，严重时可造成大枝甚至整株死亡。初龄幼虫于皮下蛀食韧皮部，后蛀食枝干和木质部，造成流胶，蛀入木质部后便向上蛀食，每隔一定距离向外蛀排粪孔。成虫取食嫩枝皮和叶。

发生规律：每3年完成1代，6月中旬至7月中旬羽化产卵。

防治措施：

①因成虫群体量不大，可人工扑杀。

②及时扒除或用50%敌敌畏乳油100倍液喷幼虫危害部后包扎塑料膜熏杀幼虫（王波，2019）。

3.12.3.13　桑白蚧

危害症状：以雌成虫和若虫群集固着在枝干上吸食养分，严重时灰白色的介壳密集重叠，形成枝条表面凹凸不平，树势衰弱，枯枝增多，甚至全株死亡。

防治措施：

①萌芽前和卵孵化期是关键防治时期。

②萌芽前：用3～5波美度石硫合剂喷“干枝”，或95%机油乳剂50～70倍液+50%氟啶虫胺腈水分散粒剂6000倍液均匀喷布枝干和叶片。

③卵孵化期（5月上旬、7月上旬、9月初）：用24%螺虫乙酯悬浮剂3000倍液或50%氟啶虫胺水分散粒剂6000倍液均匀喷布枝干和叶片。

3.12.3.14　梨小食心虫

危害症状：一代、二代幼虫危害樱桃、桃树嫩梢，多从上部叶柄基部蛀入髓部，向下蛀至木质化处便转移，蛀孔流胶并有虫粪，被害嫩梢渐枯萎，俗称“折梢”。

发生规律：芽萌动期越冬代成虫开始羽化，花盛期为成虫羽化盛期，产卵于新生嫩梢。第一代幼虫只危害嫩梢，不危害幼果。第二代开始危害幼果。

防治措施：

①建园时，尽可能避免桃、梨、苹果、樱桃混栽或近距离栽培。

②结合修剪，注意剪除受害桃梢。

③可在末代幼虫越冬前在主干绑草把，诱集越冬幼虫，来年春季集中处理。

④喷施氯虫苯甲酰胺、溴氰虫酰胺、甲维盐、啶虫脒、高效氟氯氰菊酯等防治药剂。

3.12.3.15　山楂叶螨

危害症状：山楂叶螨吸食叶片及幼嫩的汁液。叶片严重受害后，先是出现很多失绿小斑点，随后扩大连成片，严重时全叶变为焦黄而脱落，严重抑制了果树生长，甚至造成二次开花，影响当年花芽的形成和次年的产量。

发生规律：一年发生6～9代，以受精雌成螨在树皮缝隙、树干基部土缝中，以及落叶、枯草等处越冬；次年春果树萌芽时，开始出蛰上树危害芽和新展叶片，夏至开始蛰伏越冬。

防治措施：在防治关键时期（花序分离期出蛰盛期，谢花后第一代卵盛期，麦收前群体数量爆发期，麦收后危害盛期）喷施阿维菌素、三唑锡、螺螨酯、联苯肼酯等有效药剂。

3.12.3.16　果蝇

危害症状：以蛹和成虫在20 cm土下越冬，危害成熟的果实，在果实近成熟期开始将卵产于果皮下，一旦产卵进去，果面再喷药已无效，繁殖一代仅需1周时间。其他果园如苹果园、桃园的果蝇也会飞至樱桃园进行侵害，喷药时会飞走，很难防治，樱桃采收后，再飞入桃园、苹果园等地进行侵染。

防治措施：

①适时采收。

②15％原糖液加入杀虫剂进行诱杀。

③果实膨大期开始喷施甲维盐、阿维菌素或乙基多杀菌素杀虫剂，间隔5～7 d再喷1次。

3.12.3.17　畸形果

危害症状：畸形果除了病毒病引起之外，也有因生理不良因素引起，大多为上一年花芽分化时，温度过高且干旱引起，例如双棒果，高温干燥导致花芽形态分化时，组织溢裂，形成两个花芽原基分别分化发育，最终导致形成双棒果。

防治措施：采后及时施肥，为花芽分化提供足够营养物质，行间种草提墒保湿，维持果园稳定生态系统，适当浇水，果园降温。

3.12.4　农业气象周年服务方案

根据大樱桃生育需求，制定大樱桃农业气象周年服务方案，见表3.40。

表3.40　烟台大樱桃农业气象周年服务方案

时间(旬)	农业气象指标	农事建议	重点关注
2月下旬至3月上旬(萌芽前)	(1)萌芽期适宜温度范围为8～10 ℃； (2)适宜的土壤相对湿度为65％～75％； (3)温度低于－1.7 ℃时，花芽会遭受冻害	(1)修剪整形，幼树拉枝； (2)如果年前没有追肥的要抓紧施肥，施肥后立即浇水，整理树盘，覆盖地膜，促墒增温； (3)防治根部病害，有根癌病的可进行外科切除，然后用药剂浇根	果树萌芽期霜冻及倒春寒
3月中旬至下旬(萌芽期)	(1)萌芽期适宜温度范围为8～10 ℃； (2)适宜的土壤相对湿度为65％～75％； (3)温度低于－1.7 ℃时，花芽会遭受冻害	(1)喷布3～5波美度石硫合剂防治病虫害； (2)萌芽后抹除过密芽、竞争芽、锯口芽等； (3)花过多、没有倒春寒的要进行花前修剪； (4)此时是幼树开张角度的最好时期，主要进行拉枝，拉枝时，主枝一般为70°～80°，其他辅养枝拉平	果树萌芽期霜冻及倒春寒
4月上旬至中旬(开花期)	(1)开花期适宜温度范围为10～16 ℃； (2)适宜的土壤相对湿度为50％～60％； (3)初花期当温度低于－1.7 ℃会产生冻害； (4)盛花期当温度低于－1.1 ℃会产生冻害	(1)花期防冻，花前灌水、熏烟； (2)授粉，可喷布芸苔素内脂或天达2116，另加0.3％的硼砂、0.3％的尿素和0.3％的磷酸二氢钾，提高授粉率，对授粉缺乏的大樱桃园，可以通过放蜂或人工授粉提高授粉率； (3)大樱桃树体发芽后至6月，注意防治金龟子；幼龄果园注意防治大灰象甲	果树开花期霜冻、倒春寒、大风及连阴雨
4月下旬至5月中旬(果实发育期)	(1)果实发育期适宜的温度范围为18～20 ℃； (2)适宜的土壤相对湿度为50％～60％	(1)防止大樱桃幼果早衰，加强肥水管理，提高树体营养水平；谢花后至果实硬核前，根据土壤墒情适时适度浇水； (2)此期可喷一遍生物杀菌剂和磷酸二氢钾，预防穿孔病、补充营养、防止落果	干旱、冰雹、大风及果实发育后期久旱后的强降水

续表

时间(旬)	农业气象指标	农事建议	重点关注
5月下旬至6月上旬(成熟期)	(1)成熟期适宜温度范围为24～26 ℃; (2)适宜的土壤相对湿度为50%～60%	(1)控制水分,防治裂果。选用抗裂品种;叶面喷钙,谢花后至采收前,叶面喷600倍的氨基酸钙液4次;小水勤灌,架设防雨措施; (2)防止鸟害。果实成熟期,采取人工和机械方法驱赶鸟类,或架设防鸟网; (3)采果后要进行修剪加强幼树形修剪,及时对背上枝多次摘心,促进花芽形成	连阴雨、强降水、冰雹及大风
6月中旬至8月下旬(花芽分化期)	(1)花芽分化期适宜的温度范围为24～26 ℃; (2)适宜的土壤相对湿度为50%～60%	(1)采果后,及时施肥,此期可施用全年化肥施用量的1/3,同时叶面喷施磷酸二氢钾; (2)控制树体旺长; (3)预防病虫害,可每隔20 d左右喷1次农药,或根据雨水多少确定喷药次数; (4)保护叶片,雨季来临前,喷1次戊唑醇和等量式波尔多液(1∶200)进行叶面保护; (5)防渍排涝,注意排水,防止果园发生内涝,造成死树	强降水形成的涝灾及大风
9月上旬至11月中旬(花器形成期至营养贮备期)	(1)花器形成期至营养贮备期适宜温度范围为15～20 ℃; (2)适宜的土壤相对湿度为50%～60%	(1)幼树拉枝开角,疏除少量直立的过旺枝条; (2)防治病虫害,此期主要防治早期落叶病和大青叶蝉; (3)施肥,此期可把全年用肥的70%施上	干旱
11月下旬至次年2月中旬(休眠期)	(1)休眠期适宜温度范围为－10～7 ℃; (2)适宜的土壤相对湿度为60%～70%,温度低于－20 ℃以下,发生冻害; (3)温度低于－25 ℃以下时会造成死树; (4)土壤相对湿度低于60%时,易发生"抽条"现象	(1)清理果园,清扫枯枝落叶、残病枝,减少越冬病虫害的越冬基数; (2)树体涂白,可减少冻害的发生,同时清除越冬的病虫卵; (3)介壳虫发生严重的果园,可用铁刷刷破介壳虫的介壳,杀死越冬若虫; (4)注意天气干湿,如土壤过干,可在土壤结冻前浇1次透水,以利树体安全越冬,防止抽条,浇水的时候,要注意一棵棵地浇,不要全园大水漫灌造成根部病害大面积的传播	果树越冬期低温冻害、寒潮和大风

3.13 黄岛蓝莓

3.13.1 农业气象指标

蓝莓果树一个生命周期主要分为萌动期、花期、果实生长期、成熟期、花芽分化期和休眠期共6个物候期(高勇 等,2016)。其中,萌动期分为花芽膨大、花芽绽裂、花序分离等阶段,花期分为粉红花芽、开花、花冠脱落等阶段,果实生长期分为幼果发育期、果实膨大期等阶段,花芽分化期包含花芽分化、秋叶变色阶段。

山东蓝莓露地栽培,3月中旬萌芽,4月中旬展叶,4月中旬至6月上旬为春梢生长期,7月中旬至8月上旬为夏梢生长期,8月中旬至9月中旬为秋梢生长期;4月中旬始花,4月下旬盛花,5月上中旬落花,花期为17～28 d;6月上旬至6月下旬为果实速长期,6月下旬果实开始成熟;9月花芽开始分化;10月下旬叶片开始变色,深秋季节变为深红色,11月下旬至12月中旬落叶。果实发育期为60～65 d,营养生长期为230 d左右。设施栽培(主要是暖棚和冷棚)蓝莓物候期较露天有所提前,因人工升温日期和保温效果不同,提前的时间各不相同。

3.13.1.1 花芽膨大期(暖棚:1月中下旬;冷棚:2月下旬;露天:3月中下旬)

(1)适宜气象指标

花芽膨大的适宜温度15～20 ℃,花芽的这个阶段耐受温度为−12～−9 ℃。空气适宜相对湿度为70%～80%。

(2)不利气象指标

剧烈降温天气容易造成枝条抽梢,花芽干瘪。

(3)管理措施

对已满足需冷量的暖棚蓝莓树可进行升温。升温不要太急,要分步进行,通过慢慢升温使植株适应温度变化,达到地、气温协调,不宜升温过快。升温时开始第一周白天将草苫卷起棚面高度的1/4～1/3,傍晚盖草苫,温度控制在白天10～15 ℃,夜间5～8 ℃;第2周白天拉起草苫至1/2～2/3处,温度控制在白天15～18 ℃,夜间7～10 ℃。以后白天逐渐将草苫全揭开,温度控制在白天18～23 ℃,夜间8～10 ℃,直至花芽萌动膨大。

注意应对灾害性天气,冬暖棚蓝莓生产者一定要收听收看天气预报,如遇大风降温天气尽量不通风。

暖棚在升温后要及时浇萌芽水,开花前浇花前水。

3.13.1.2 花芽绽裂期(暖棚:2月上旬;冷棚:3月上旬;露天:4月上旬)

(1)适宜气象指标

适宜温度是15～23 ℃,寒冷耐受温度为−7 ℃。空气适宜相对湿度为70%～80%。

(2)不利气象指标

剧烈降温、大风容易造成枝条抽梢,花芽败育。

(3)管理措施

开花前棚内白天温度以23～25 ℃为宜,夜间尽量保温。进入开花期温度要求:晴天白天温度18～24 ℃,最高不超过28 ℃,通过开启和关闭通风口进行白天温度调节;夜间尽量保温,以温度12～15 ℃为宜,最低不低于10 ℃。阴天也要拉起草苫见光,保持3～5 ℃的昼夜温差。

注意应对灾害性天气,要收听收看天气预报,对遇到连续阴天或连雾天气:冬暖棚草苫应晚揭早盖,揭盖时间应根据棚内的温度变化而定,当棚内温度降至蓝莓生长发育的下限时,每天也要在中午揭开2 h;阴雾严重时,也要在中午隔一揭一草苫,或拉起1/2。

3.13.1.3 花序分离期(暖棚:2月中旬;冷棚:3月中旬;露天:4月中旬)

(1)适宜气象指标

适宜温度是20～25 ℃,寒冷耐受温度为−7～−5 ℃。空气适宜相对湿度为65%～70%。

(2)不利气象指标

剧烈降温、大风容易造成枝条抽梢,花芽败育。

(3)管理措施

进入开花期温度要求：晴天白天温度 18～24 ℃，最高不超过 28 ℃，通过开启和关闭通风口进行白天温度调节；夜间尽量保温，以温度 12～15 ℃为宜，最低不低于 10 ℃。阴天也要拉起草苫见光，保持 3～5 ℃的昼夜温差。

3.13.1.4　粉红花芽期(暖棚：2月中下旬；冷棚：3月中下旬；露天：4月中下旬)

(1)适宜气象指标

适宜温度是 20～25 ℃；早期耐寒温度为－5～－4 ℃，末期耐寒温度为－4.4～－2.8 ℃。空气适宜相对湿度为 45%～65%。

(2)不利气象指标

剧烈降温、大风容易造成枝条抽梢，花芽败育。

3.13.1.5　开花期(暖棚：2月下旬至3月上旬；冷棚：3月下旬至4月上旬；露天：3月下旬至4月上旬)

(1)适宜气象指标

开花期白天适宜温度 23～25 ℃，夜间 12～15 ℃为宜；耐寒温度为－2.2 ℃，耐热温度为 28 ℃。空气适宜相对湿度为 45%～65%。

(2)不利气象指标

28℃以上高温干热、大风容易造成花芽败育，降雨时间长影响坐果率。

(3)管理措施

开花授粉棚内白天温度以 18～24 ℃为宜，最高不超过 28 ℃，夜间尽量保温。

蓝莓常用授粉蜂有熊蜂和蜜蜂。在放蜂前，放风口处提前设置纱网，防止蜜蜂飞出逃逸。在蓝莓约有 3%的开花量时开始放置蜂箱。放置位置在暖棚顶部放风口处下方，蜜蜂可直接放置在地面；熊蜂蜂箱离地面高度约为 50 cm，蜂箱上面遮盖遮阳网。安放蜂箱时，巢门面向东南。放置后要按照规定时间及时饲喂糖水，蜂箱固定后，不要再更换位置，否则蜜蜂不能归巢，导致夜晚低温时蜜蜂冻死。放蜂量每亩至少 2 箱蜂，1 箱熊蜂和 1 箱蜜蜂。

3.13.1.6　花冠脱落期(暖棚：3月上中旬；冷棚：4月上中旬；露天：5月上中旬)

(1)适宜气象指标

耐寒温度为 0 ℃。

(2)不利气象指标

适宜温度 23～25 ℃；耐寒温度为 0 ℃。空气适宜相对湿度为 45%～65%。

(3)管理措施

在花落 80%时结合浇膨果水滴灌使用第一次膨果肥，以氮磷钾肥料为主。在采收前 10 d 再施一次，以磷钾肥料为主，目的为促进果实膨大，提高产量和品质。

做好温度、大风、降水、光照等天气预报服务，提醒加固大棚、适时通风、温度调控等工作，根据降水情况做好灌溉工作。

3.13.1.7　幼果发育期(暖棚：3月中下旬；冷棚：4月中下旬；露天：5月中下旬)

(1)适宜气象指标

适宜温度为 22～26 ℃；空气适宜相对湿度为 60%～70%。

(2)不利气象指标

温度过低、过高都影响细胞分裂，产生畸形果。

(3)管理措施

幼果发育期：白天温度为 25～30 ℃，最高不超过 33 ℃，通过开启和关闭通风口进行白天温度调节。夜间温度为 10～18 ℃为宜。

做好温度、降水、光照等天气预报服务，提醒加固大棚、适时通风、温度调控等工作。

3.13.1.8 果实膨大期(暖棚：4 月上中旬；冷棚：5 月上中旬；露天：6 月上中旬)

(1)适宜气象指标

适宜温度为 22～28 ℃；空气适宜相对湿度为 60%～70%。

(2)不利气象指标

温度过低、过高都影响细胞膨胀，影响果实膨大。

(3)管理措施

蓝莓果实膨大期温度以白天温度为 25～30 ℃，夜间温度为 13～18 ℃，温差保持在 10～15 ℃为宜。

3.13.1.9 成熟期(暖棚：4 月下旬；冷棚：5 月下旬；露天：6 月下旬)

(1)适宜气象指标

适宜温度为 23～26 ℃；空气适宜相对湿度为 50%～60%。

(2)不利气象指标

高温、光照强度过强影响果实变色，雨水过多容易造成裂果。

(3)管理措施

果实成熟采收期温度白天为 24～28 ℃，不超过 32 ℃。夜间温度不低于 15 ℃。在外界夜间最低温度高于 15 ℃时要昼夜通风。

注意高温天气防范：晴天如棚内温度高于 33 ℃就应考虑遮阴降温问题，尽量避免棚温长时间高于 30 ℃。可采用以下方法：一是加大通风量；二是采用遮阴网遮阴：在晴天强光、温度高于 33 ℃时盖上。14 时 30 分至 15 时(棚温低于 30 ℃时)将遮阴网撤下，第二日 10—11 时(棚温高于 33 ℃时)再盖上，严禁遮阴网整天遮阴，以免对蓝莓造成徒长、果实糖度低、果实发育差等不良影响。

在采摘前 2 周完成施肥。蓝莓果实成熟采摘期要适当控水，不旱不浇，并减少每次浇水量。叶面喷施几丁聚糖和果蔬钙提高果实品质和树体抗逆性。采果期间严禁大水漫灌。

在采摘前提前准备好采摘筐等采摘用品，果实成熟一般穗顶部发育好的果实先变色成熟，需分批采收，采收一次以 3～5 d 为宜。采摘时戴手指套，轻摘、轻拿、轻放，保证成熟度高，果蒂痕小而干，保持果粉完整。

3.13.1.10 花芽分化期(暖棚：9 月上中旬；冷棚：9 月上中旬；露天：9 月上中旬)

(1)适宜气象指标

适宜温度为 18～25 ℃，空气适宜相对湿度为 50%～80%。

(2)不利气象指标

温度过高过低都不利于花芽形成。

(3)管理措施

蓝莓采摘后，处于枝条生长期。利用设施栽培(暖棚和冷棚)的蓝莓覆盖物要全部去除，完成露天生长。此时要适时浇水，见干见湿，不旱不浇。过旺枝摘心、剪除病枯枝。

进入夏季后，气温高，降雨集中已进入汛期，在雨后及时排水防涝，防内涝。

高温多雨易罹病害，要定期喷施几丁聚糖等杀菌剂防治枝枯病及叶斑病，对介壳虫、蓟马、叶蛾类害虫要加强监测和调查，根据发生情况及时制定防治方案。对介壳虫、蓟马、椿象、叶蝉等选用烟碱类、亩旺特、双氯虫酰胺类农药防治。对美国白蛾、刺蛾类、尺蠖类、卷叶蛾类、象甲类等害虫选用双氯虫酰胺、甲维盐、Bt、绿僵菌、菊酯类等农药防治。

3.13.1.11 秋叶变色期(暖棚:10月下旬;冷棚:10月下旬;露天:10月下旬)

(1)适宜气象指标

平均温度低于20 ℃，低温低于15 ℃。

(2)不利气象指标

秋末冬初温度过高，不利于养分回流。

(3)管理措施

暖棚秋季施肥10月下旬完成。使用大豆有机肥料(有机质≥90%、氮磷钾≥12%(8∶3∶1)、氨基酸≥40%)，每亩用100 kg左右。施用金利源有机肥(水洗牛粪为主原料)每亩1000 kg左右。冷棚秋季施肥从10月下旬开始至11月下旬完成。露天秋季施肥从10月下旬开始至11月下旬完成。采用地表施肥。已覆盖锯末及防草布的地块使用时，可扒开树冠垂直投影处1/2部分锯末露出土将大豆有机肥、锦利源有机肥(发酵牛粪有机肥)撒施后再盖好锯末。未覆盖锯末的地块可先将有机肥垄面全层撒施，紧跟浅耧垄面(浅耧3 cm深)，然后整理垄沟，向垄面覆土1～2 cm。

对干枯病虫枝进行人工剪除，并带出蓝莓园进行集中烧毁。适当控制水分，减少浇水量。保持地面见干见湿，以干为主。促进树体养分积累，防治秋季旺长。

根据土壤pH测定结果，对pH低的利用碳酸钙粉垄面撒施调节土壤pH，每亩用量15 kg左右。撒施碳酸钙要在晴天下午进行，注意要撒均匀，不重撒不漏撒，且不能溅叶片上。

3.13.1.12 休眠期(11月中下旬开始进入休眠)

(1)适宜气象指标

平均气温低于7.2 ℃，蓝莓进入休眠期，蓝莓一般需要满足650～800 h低于7.2 ℃的低温，才能正常的开花结果。不同品种的蓝莓需冷量不同。

(2)不利气象指标

11月气温偏高，休眠期推迟，容易导致暖棚蓝莓休眠期不足。

(3)管理措施

为保证满足暖棚蓝莓需冷量需求，在11月中旬蓝莓进入休眠后扣棚加盖草苫，前期白天放苫遮光降温，晚间收苫放风，草苫起到挡光、降温、隔热的作用。中后期温度较低时，草苫昼夜放下，白天降温，夜间保温，使棚内温度维持在2～3 ℃。落叶期注意喷杀菌剂防病。冷棚、露天蓝莓完成秋季施肥。在防寒前要浇透越冬水，水下渗40 cm，浇水时间为日平均气温0～3 ℃为宜。

3.13.2 主要农业气象灾害

蓝莓是浅根系植物，喜光、喜湿、不耐涝、不耐盐碱，喜弱酸性土壤，要求土壤pH为4.0～5.2的适宜范围，最好为4.3～4.8。蓝莓没有主根，根系分布浅，一般在5～25 cm土层内，抗旱能力较差，对土壤质地要求严格(郭俊英，2018)。

山东蓝莓常见的主要农业气象灾害有花期冻害、干热风、高温热害、干旱等。

3.13.2.1　花期冻害(霜冻害)

蓝莓开花期抗低温的能力较差，遇到低温会造成花器冻害，影响开花受精而不结实，发生大量落花，致使当年蓝莓产量减少。寒害是指发生时温度在 0 ℃以上低温，使植物遭受伤害。霜冻是指温暖时期地面和植物表面的温度突然下降到足以使植物遭受冻害或死亡的天气现象。在发生霜冻时，可能有霜也可能没有霜。霜冻最严重的是危害蓝莓的芽和花，在盛花期，如果雌蕊和子房低温几个小时后变黑即说明发生冻害。霜害虽然不能造成花芽死亡，但是会影响花芽的发育，造成坐果不良，果实发育差。花芽发育的不同阶段，蓝莓的抗寒能力也不同。花芽膨大期可抗－10 ℃左右的低温，花芽鳞片脱落后－5 ℃的低温可冻死，开花初期－2 ℃左右的低温可冻死，花冠开始脱落形成小果阶段在 0 ℃时即可引起严重的伤害。蓝莓花期冻害温度指标如表 3.41 所示。

表 3.41　黄岛蓝莓冻害温度指标

序号	花芽发育阶段	耐受寒冷温度(℃)
1	膨大期	－12～－9
2	绽裂期	－7
3	花穗紧密期	－7～－5
4	粉红花芽初期	－5～－4
5	粉红花芽末期	－4.4～－2.8
6	开花初期	－4～－2.2
7	开花完全期	－2.2
8	花冠脱落期	0

注：1. 随着花芽发育，寒冷耐受能力逐渐减弱。
2. 花冠脱落期，寒冷耐受能力最弱，0 ℃可致冻害。

3.13.2.2　花期干热风

干热风是指一种高温、低湿并伴有一定风力的农业灾害性天气。蓝莓花期干热风对蓝莓坐果的影响很大。山东地区冷棚、露天蓝莓 4 月中旬至 5 月中旬花期时干旱少雨，一旦遇上高温天气(28～30 ℃或以上)，空气湿度常常低于 20%，蓝莓花冠常常萎缩枯黄，对蓝莓雄蕊花粉活力和雌蕊柱头影响较大，造成授粉不良，发生严重的坐果不良或者坐果后果实发育不良的现象。有时因花期干热风造成的僵果或者不能正常成熟的果实比例高达 30%以上，有的蓝莓园甚至绝产。蓝莓干热风标准不同于小麦干热风，盛花期出现 28 ℃以上干热天气，就会出现坐果不良现象。蓝莓花期干热风指标如表 3.42 所示。

表 3.42　蓝莓花期干热风指标

序号	干热风等级	日最高气温(℃)	14 时相对湿度(%)	14 时风速($m \cdot s^{-1}$)
1	轻度	≥28	≤20	≥2
2	中度	≥30	≤30	≥3
3	重度	≥33	≤30	≥3

3.13.2.3　高温热害

果树高温热害是指温度上升到植物所能忍受的临界高温以上，对植物生长发育以及产量形成造成损失的一种气象灾害。夏季高温天气，常造成植株叶片干枯、脱落，果实灼伤、萎缩、脱落及畸形果等，对果树产量、产品品质产生显著影响。

蓝莓高温热害主要影响花期、果实发育期。当温度过高时，会降低光合作用、加速呼吸作用产生毒害并使植物脱水受害。在果实成熟期，还会造成蓝莓果实高温逼熟。当气温达到30 ℃时，叶片的光合作用会下降。虽然品种间的耐热性有差异，但一般来说，叶面温度超过20 ℃时生长停滞，超过30 ℃就有可能引起热害。高温热害还经常与日灼、干热风等同时发生，加剧对蓝莓的危害程度，造成果实出现斑痕甚至开裂、枝条表面出现裂斑。高丛蓝莓的果实品质与夏季高温成反相关。夏季高温天气还影响蓝莓的采收和贮藏性能。蓝莓高温热害指标如表3.43所示。

表3.43　蓝莓高温热害指标

序号	生长发育期	危害程度	日最高气温(℃)
1	开花期	中度	≥30
		重度	≥33
2	果实膨大期	轻度	≥33
		中度	≥35
		重度	≥37
3	果实成熟期	中度	≥33
		重度	≥35

3.13.2.4　干旱

蓝莓的根系较浅，耐干旱能力较弱，当每7 d降水量低于25 mm时，果树体内的水分收支就会失去平衡。开始出现轻度的缺水，光合作用减弱，茎和叶片的生长速率降低。随着水分的减少，植株受到的旱害加重，光合作用显著减弱，生长大大减慢，叶片开始下垂、脱落，枝条逐渐枯干，并扩大到主干，最后全株死亡。

蓝莓在整个生长季节中，正常生长每周需要25 mm的降水量，特别是在果实发育期，其对降水的需要量则提高到每周40～50 mm。当同期的降雨量较正常降雨量低2.5～5.0 mm时，即可能引起蓝莓干旱(李亚东 等，2014)。蓝莓定植后1～2年需要灌水量4～8 $L \cdot d^{-1}$，3～4年需要8～12 $L \cdot d^{-1}$，5年以上12～24 $L \cdot d^{-1}$。

蓝莓不同生育期的抗旱性有所差异。通常在开花、结果期对缺水最为敏感。开花前遇旱，常常引起花蕾脱落。在坐果期发生干旱会大量落果。因此在春夏之际要特别加强水分的管理防止旱灾。

3.13.3　主要病虫害

3.13.3.1　灰霉病

灰霉病是蓝莓的常见病害，也是对蓝莓产量影响最大的病害，不但引起果实严重腐烂，还可侵染叶、花和枝梢，严重影响蓝莓的产量和品质。主要危害小枝、花、叶片和果实，造成严重损失。受害的幼嫩枝条由褐变黑，最后呈黄褐色或灰色。受侵染花萎蔫，上面产生灰色霉层。

受侵染果表面由青绿色变为淡蓝紫色，果实失水皱缩，严重的整个果实皱缩成绿豆大小。受害果常发生脱落。花期和果实发育期最容易感染此病。

灰霉病由灰葡萄孢引起。灰霉病多从伤口侵入，高湿低温有利于其发生。病菌以休眠菌丝体在植物残体上越冬。春天，菌丝生长，菌核萌发产生大量分生孢子。分生孢子容易分散，借风传播到易感植株上。在高湿、低到中温的条件下，病菌侵染花、果实，造成严重损失。高湿的空气环境持续 6～9 d，休眠芽会受害，花只需 3～4 d 就可被感染。孢子萌发的最适温度为 0～25 ℃。15～20 ℃时植株最易受害。

防治技术：每年进行一次修剪，改善树体通风透光条件，创造不利于病菌生长的环境。加强通风排湿工作，使空气相对湿度不超过 65%，可有效防治和减轻灰霉病。避免在春季过量施用氮肥，抑制枝条的过旺生长、因为病菌易侵染幼嫩部位。在花期使用有效的杀菌剂能够控制灰霉病。除嗪胺灵以外，能够控制其他病害和炭疽病的大部分杀菌剂一般都可以控制灰霉病（李亚东 等，2012）。

3.13.3.2　僵果病

僵果病是蓝莓生产中发生最普遍、危害最严重的病害之一，由 Monilina vaccinii-corybosi 真菌侵染所致。在侵害初期，成熟的孢子在新叶和花的表面萌发，菌丝在细胞内和细胞间发育，引起细胞破裂死亡，从而造成新叶、芽、茎干、花序等突然萎蔫、变褐。3～4 周以后，由真菌孢子产生的粉状物覆盖叶片叶脉、茎尖、花柱，并向开放花朵传播，进行二次侵染，最终受侵害的果实萎蔫、失水、变干、脱落，呈僵尸状。越冬后，落地的僵果上的孢子萌发，再次进入第二年循环侵害。在最严重的年份，可有 70%～85%的蓝莓受害，较轻的年份也可达 8%～10%。

僵果病的发生与气候及品种相关。早春多雨和空气湿度高的地区发病重，冬季低温时间长的地区发病重。通常在低洼、潮湿的地区受害最重。相对湿度高有利于在枯萎组织中产生分生孢子梗和分生孢子。风和雨影响分生孢子的扩散。蜜蜂传粉能特别有效地把分生孢子传播到健康花朵的柱头上。

防治技术：生产中可以通过品种选择、地区选择降低僵果病害。入冬前，清除果园内的落叶、落果，烧毁或埋入地下，可有效降低僵果病的发生。春季开花前浅耕和土壤施用尿素也有助于减轻病害的发生。可以根据不同的发生阶段，使用不同的药剂进行防治。早春喷施 0.5%的尿素，可以控制僵果的最初阶段，开花前喷施 50%速克灵可以控制生长季发病，或选用 70%代森锰锌可湿性粉剂 500 倍液、70%甲基托布津 1000 倍液、50%多菌灵 1000 倍液或 40%菌核净 1500～2000 倍液（于强波，2017）。

3.13.3.3　炭疽病

蓝莓炭疽病属真菌性病害，由尖孢子炭疽菌或胶孢炭疽菌侵染所致。该病菌既可侵染果实，又可危害叶片和枝条。果实染病后，在成熟期才表现症状，在果实上形成凹陷状斑，病斑上着生橘黄色、胶质状的孢子体。幼嫩枝感病，病部黑褐色，子实体呈同心轮纹状排列，受侵染的芽枯死。叶片染病时，叶片上形成棕红色、边界明显的病斑。

病原菌在土壤、受害枝条、果实、残叶等病组织上越冬，第二年春夏病原菌孢子靠风雨、浇水等传播，侵染幼嫩叶片、枝条及幼果。幼果被侵染后在膨大期不表现症状，至果实成熟期或采收后才表现症状。病原菌生长的适宜温度为 26～28 ℃，具有潜伏浸染的特点。花期至幼果期是孢子传播高峰期。高温高湿有利于病害的流行。

防治技术：根据树势培养通风透光能力强的树形。及时剪除病枝、枯枝、枯叶，结合冬剪剪除侧上徒长枝、病害枝，并连同落叶收集起来集中烧毁。药剂防治发病前，喷施保护性药剂甲基托布津 WP 1000 倍液或 75%百菌清可 WP500 倍液，在病原菌潜伏期及春、夏、秋梢的嫩梢期，各喷药 1 次，在落花后 1 个月内，喷药 2～3 次，每隔 10 d 喷 1 次。发现病株及时剪除病枝、病叶，用 80%炭疽福美 WP 500 倍液或 50%代森氨 AS 800～1000 倍液，或 50%多菌灵 WP 800 倍液，或 10%苯醚甲环唑 WG 2000～2500 倍液，或 25%苯菌灵 EC 900 倍液药剂防治，7～8 d 喷 1 次，轮换用药，连续防治 2～3 次。喷药时叶背面要喷到，喷药后雨及时补喷（于强波，2017）。

3.13.3.4　金龟甲

由于蓝莓种植穴中使用大量草炭土等有机质，较适宜金龟甲幼虫的定殖。金龟甲除以其成虫危害叶片、花果外，其幼虫——蛴螬对蓝莓根系的危害尤其严重。在一些新植蓝莓园，蓝莓幼株因蛴螬危害而生长缓慢、死亡的现象时有发生。

在春天到来时，土壤中的温度达到 5 ℃以上，蛴螬幼虫就开始危害蓝莓的根部了。

防治方法：在每年的 4 月初期时，使用白僵菌药汁或是辛硫磷药液对蓝莓的根部进行浇灌，是防治蛴螬幼虫最有效的方法。对蛴螬成虫的防治可以使用灯光诱杀的方法，或是将杨柳枝条浸泡在药物的溶液中，诱杀蛴螬成虫。此外，还可以利用小卷叶蛾线虫扼杀和防治蛴螬成虫。

3.13.3.5　果蝇

果蝇属于昆虫类，对成熟的蓝莓果实有危害。6 月、7 月正是蓝莓成熟的季节，同时也是果蝇繁殖最旺盛的季节，成熟的蓝莓给果蝇带来了丰盛的食物。许多果蝇选择把虫卵产在蓝莓的果实中，破坏了蓝莓果实的质量，大大降低了蓝莓的生产产量，影响了蓝莓的销售市场。给蓝莓收获以后的果实处理和加工带来了困难。

防治方法：一是培育蓝莓新品种，错开果蝇排卵时期；二是杀虫剂灭果蝇，将选用的甲基丁香油放到瓶子里，瓶口打开，果蝇闻到甲基丁香油的味道就会钻进瓶中，只要果蝇吃了甲基丁香油就会死亡；三是用糖醋毒杀果蝇，将麦麸炒香，加入糖和醋，用敌敌畏搅拌，放在蓝莓果树底下引诱果蝇前来食之；四是将漂白水喷洒在蓝莓果园潮湿的土壤中，对果蝇的幼虫进行消灭（于强波，2017）。

3.13.4　农业气象周年服务方案

根据蓝莓生育需求，制定蓝莓农业气象周年服务方案，见表 3.44。

表 3.44　露天蓝莓农业气象周年服务方案

时间	主要发育期	农业气象指标	农事建议	重点关注
1—2 月	休眠期	平均气温低于 7.2 ℃，蓝莓进入休眠期	此阶段处于露天蓝莓的防寒阶段，无具体农事，此期间主要监测蓝莓抽条冻害，加强田间巡视，对于田间被揭起的覆盖物进行重新盖压，进行水利建设等	寒潮、低温及强冷空气活动
3 月	休眠至萌动	15 cm 土壤温度达到 8 ℃时，蓝莓的新根开始生长，然后叶芽膨大	随着气温的升高，树液开始由根系向枝梢加快流动。主要农事操作有撤除防寒物，修剪，水肥管理； 地温升高后及时浇萌芽水，施肥以氮肥为主，配合磷钾多元素肥	寒潮、低温及强冷空气活动

续表

时间	主要发育期	农业气象指标	农事建议	重点关注
4月	现蕾至花序分离至花期	白天适宜温度在15～23 ℃,最高温度不超过25 ℃,夜间不低于7 ℃。盛花期－2 ℃就能造成冻害	农事操作有水肥管理与除草,植保管理,蜜蜂授粉; 结合施肥浇花前水,花期忌浇大水,以不旱不浇,旱了少浇为原则;在开花前5～10 d施用1次蓝莓专用促花肥,花期不宜施肥	霜冻、倒春寒、干热风
5月	花期至落花至幼果	白天适宜温度在18～24 ℃,最高温度不超过28 ℃,夜间不低于10 ℃。花冠脱落后0 ℃就能造成冻害	农事操作有撤除蜂箱,水肥管理,植保管理; 坐果后结合浇水施用第一次膨果肥,以氮磷钾肥料为主,在采摘前再施1次,以磷钾肥为主;建议购买蓝莓专用膨果肥施用	干热风、高温
6月	幼果至果实膨大至成熟	适宜温度22～28 ℃,最高温度不超过30 ℃,夜间不低于10 ℃	农事操作有水肥管理,植保管理,采摘; 采摘前两周完成施肥,果实成熟期间不再施肥。水以旱了少浇为原则。此时为露天蓝莓采摘初期,安排好采摘人员进行采摘; 要清理园内卫生,适时快采,及时清除落地果,减少果蝇的危害。若果蝇爆发危害,可选用药剂有60 g·L^{-1}乙基多杀菌素悬浮剂1500倍液,选用药剂后必须按照安全间隔期安排采摘,药剂残留量必须符合国家标准	高温、降水偏少
7月	成熟期	适宜温度23～26 ℃,最高温度不超过30 ℃,夜间不低于15 ℃	主要农事为采摘。适当控水,不旱不浇。植保管理同6月成熟期农事	高温、降水过量
8月	枝条生长	适宜温度15～25 ℃	夏秋季雨水较多,雨后要及时排水防涝,适时浇水,不旱不浇; 做好植保管理,病害方面,蓝莓采摘后容易发生枝枯病、叶斑病及根腐病。虫害方面,检查介壳虫、蛴螬、蓟马、刺蛾的发生情况,对病虫害进行科学防治	高温、降水过量; 注意病虫害防治
9月	枝条生长至花芽分化	适宜温度15～25 ℃	适当控制水分,减少浇水量,以干为主,促进树体养分积累,防止秋季旺长; 施花芽分化肥,以磷钾肥为主	阴雨天气; 注意病虫害防治
10月	花芽分化至秋叶变色	适宜温度15～25 ℃	秋季施有机肥,采用地表施肥,将有机肥垄面全层撒施,紧跟浅搂垄面	干旱; 注意病虫害防治
11月	秋叶变色至养分回流至休眠	温度低于7.2 ℃,有利于蓝莓进入休眠期	农事操作有植保管理,水管理,防寒; 喷施波尔多液,预防蓝莓病害; 在防寒前浇足越冬水,渗透土壤40 cm; 一般11月下旬开始露天蓝莓防寒,封冻前完成,确保植株安全越冬,防止初春蓝莓抽条,对于结果树采用膜覆盖,而对小树一般采用土覆盖	寒潮、低温及强冷空气活动; 秋季降水偏少,田间墒情较差

续表

时间	主要发育期	农业气象指标	农事建议	重点关注
12 月	休眠期	平均气温低于 7.2 ℃，蓝莓进入休眠期	此阶段露天蓝莓处于防寒期。未完成露天防寒的蓝莓继续进行防寒； 剩余时间无具体农事，主要加强田间巡视，对于田间被风等揭起的覆盖物进行重新盖压，进行水利建设等	寒潮、低温及强冷空气活动

第4章　特色农业气象服务

山东省气候适宜，光、热、水、土、气等自然资源的区域性特点差异显著，物质资源丰富，日照茶、金乡大蒜等多种具有独特品种、特殊品种、特定区域的特色农产品带有明显地域特色的农产品不断涌现，成了农民增收的主要来源。

4.1　日照茶

4.1.1　农业气象指标

茶树在一年中随季节变化的特性称季节生长周期，主要表现在新梢具有明显的轮性生长特点和花果、根系生长的季节变化。在自然生长条件下，茶树全年有3次生长和休止，分别是春茶期(4—5月)、夏茶期(6—7月)、秋茶期(8—10月)和越冬期。把日平均气温稳定通过≥10 ℃的初日至终日作为茶树的生长期。

4.1.1.1　春茶期(4—5月)

(1)适宜气象指标

①温度：当日平均气温稳定通过≥10 ℃初日左右的时候，茶芽开始萌动，14～16 ℃时，开始展叶，达到15～25 ℃，茶树生长较为迅速。

②湿度：春茶期适宜空气相对湿度为70%～90%。

③日照：茶树具备耐阴特性，需要较短的日照，适宜茶树生长的月日照百分率<45%。

④降水：茶树是需水较多的作物，适宜茶树生长的月降水量大于100 mm，月平均供水量一般不能少于70 mm。

(2)不利气象条件

①温度：早春低温及倒春寒天气。萌芽期温度为−3 ℃，展叶期温度为−2 ℃，1芽2叶期温度为0 ℃，均使茶叶受冻。早春低温使茶芽萌动延迟，生育减慢，影响春芽的数量，延迟春茶的采摘日期。

②湿度：空气相对湿度<50%时，新梢生长将受到抑制，空气相对湿度<40%茶树将受害。

③降水：月降水量<50 mm，茶叶产量显著降低，不仅减缓了茶树新梢生长速度，还减缓了春茶茶芽的数量，导致叶形变小，叶色失去光泽，形成对荚叶，直接降低春茶产量。

(3)农事建议

①及时通过烟熏、凝雾等方式降低春季冻害对茶树造成的影响。

②茶园选择在群山环抱、绿树掩映的山坞、阴山坡或山间小盆地中，其日照时数短，便于提高茶树品质。

③平地茶园周围栽培防护林，直接或间接减弱太阳辐射强度。

④遇到干旱天气，应该对有微喷设施的茶园进行适时浇灌。返青水对促进茶树生长、增强

树势、减缓冻害程度有非常重要的作用。浇返青水要适时足量，一般在天气预报没有大寒流的情况下，于春分至清明时期连续5 d最低气温为6 ℃，最高气温为15 ℃左右进行浇水，才能达到理想的效果，浇水过早反而易造成茶树冻害。

4.1.1.2 夏茶期(6—7月)

(1)适宜气象指标

①温度：当日平均气温为20～25 ℃，水分和空气湿度条件很适宜时，茶芽的生长速度最快。

②日照：当月日照百分率<45%时，光照柔弱条件下能够生产出优质绿茶。

③降水：夏茶期适宜月降水量为100～200 mm，月平均供水量一般不能少于100 mm。

④湿度：湿度高可以减少土壤水分蒸发，降低茶树蒸腾作用，提高水分利用率。适宜空气相对湿度为75%～95%，当空气相对湿度高于90%时，往往可形成云雾，降低直射光强度，改变光质，增加漫射光比例，有利于茶叶优良品质的形成。

(2)不利气象指标

①温度：茶树一般能耐的最高温度是34～40 ℃，生存临界温度是45 ℃。当日平均气温高于30 ℃，新梢生长就会减缓或停止，如果气温持续超过35 ℃，新梢就会枯萎、落叶。当日最高气温≥35 ℃连续出现3 d以上时，茶叶新梢会出现明显枯萎落叶现象，严重时会焦黄枯死。高温不仅使光合作用减弱，而且使呼吸作用增强，消耗体内有机物多，减少了干物质积累。同时，因温度高，茶胆宁含量高，茶叶味道略苦，影响品质。

②降水：月降水量低于100 mm，茶叶产量会降低。该期五莲县易受西太平洋副热带高压控制，高温少雨，易出现干旱，使新梢顶点停止生长，严重时使枝叶枯焦，甚至植株死亡。

(3)农事建议

①出现干旱时及时遮阴，有条件的可进行微喷或浇灌。如遇涝，需及时排水或搭棚，注意防风。适当早采茶叶，采摘标准为1芽2叶或1芽3叶。当茶园内有10%的新梢达到标准时，实行“跑马采”，抑制“洪峰”，促进迟发芽生长，达到15%～20%时，全面开采，留1叶，采尽对夹叶，并做到分批多次及时按标准采摘。

②夏茶期间，茶区主要病虫害有茶小绿叶蝉、茶毛虫、茶螨类、炭疽病、轮斑病、茶煤烟病等。病虫害防治要以防为主，大力推广农艺措施、人工摘除和生物防治方法。选用抗病品种，加强茶园管理，增强树势，改善生态条件，保护茶树害虫的天敌。

4.1.1.3 秋茶期(8—10月)

(1) 适宜气象指标

8月立秋之后，茶树进入秋茶期，此时茶叶产量迅速下降。当气温降到15 ℃以下时，茶树新梢速度也迅速降低，降到10 ℃以下，茶树进入休眠期。

①温度：秋茶期适宜平均气温为18～23 ℃。

②降水：适宜月降水量为120～150 mm。由于秋茶期生产同等数量的鲜叶所消耗的水分是春茶期的3.5倍，故秋茶对水分要求比较高。

(2)不利气象指标

①温度：日最高气温≥35 ℃对茶树生长不利。立秋后，日最高温度仍较高，温度日较差大，对茶叶品质有一定影响，同时由于气温高，引起地面蒸发和空气中水分蒸发加快，导致湿度

下降，对茶树生长有负面影响。

②日照：日照百分率≥55%。过高的日照百分率成为限制秋茶质量和产量的不利因子。秋茶滋味平淡，与秋茶期秋高气爽、晴朗少云的天气有直接联系。

(3)农事建议

①合理采摘、适时封园。日照茶区一般于9月下旬至10月上旬封园为宜。封园过晚，刺激新茶芽萌发，导致茶树恋秋，不利于茶树根部生长和营养储存，造成茶树树势衰弱，抗冻性差；封园过早，影响茶叶产量，如果肥水充足易导致茶树新梢徒长，消耗过多养分，反而不利于茶树抗冻。

②由于茶树很快面临封园，为培养茶树的树势并让其安全越冬，采完最后一批茶叶后应及时浇灌。秋天蒸发加大，降水减少，应注意干旱无雨天气及时浇灌。

4.1.1.4 越冬期

气温下降到茶树适应极限时，可引起茶树冻害，通常最低气温低于－5 ℃，就会有少数幼嫩芽叶出现轻微冻害；低于－11 ℃，常有明显冻害现象发生；遇到干冷风，冻害程度则加重。统计表明山东茶树冻害基本验证了谚语“大冻三年有两头”的正确性。

(1)适宜气象指标

①温度：极端最低气温≥－5 ℃，1月平均气温≥0 ℃，适宜茶树安全越冬。

②水分：冬季降水量≥50 mm，冬季平均空气相对湿度≥65%，茶树不易发生冻害。

③冻土深度和持续时间：冬季最大冻土深度≤10 cm且连续持续日数为5 d以下，茶树根系水分吸收容易，不易发生冻害。

(2)不利气象指标

①温度：持续低温，凡冬季1月平均气温低于0 ℃，极端最低气温低于－10 ℃，茶树往往容易出现冻害，极端最低气温绝对数值越大，冻害越重。

②水分：冬季降水量在50 mm以下，空气相对湿度在65%以下，茶树易发生冻害。

③冻土深度和持续时间：冬季最大冻土深度超过10 cm且持续日数达5 d以上，就会导致茶树因根系水分吸收困难而受冻。

④积雪：在个别年份虽然湿度大，降水多，茶树遇到长时间连续积雪天气，仍会遭受严重冻害。化雪期间，白天积雪融化，枝干及叶面会留有水珠，夜间气温下降，在树体表面形成冰壳，使茶树受冻。

⑤日照时数：日照茶区冬季降水少，晴天日数多，日照时数充足，晚上辐射降温快，气温低，导致茶树容易受冻。一般来说，冬季白天日照时数越多，茶树自身吸收的热量越多，晚上降温后抵御寒冷天气的能力越强；反之，白天日照时数越少，茶树自身体温越低，晚上受冻程度越高。

(3)农事建议

①浇越冬水的时间以“立冬”至“小雪”为宜。此时茶树吸收的水分更多地参与生理代谢，成为束缚水，提高了茶树的抗冻性。茶园浇灌越冬水，对增强茶树抗冻能力，提高茶树光合作用效果显著。山东茶区冬季干旱少雨，干旱程度的高低往往影响冻害程度；二者相互影响、相互作用，所以普浇一遍越冬水非常重要。通过浇越冬水，既可以满足茶树冬季生长对水分的需要，又可以提高地温，增强茶树抗寒能力。生产实践证明，“浇足越冬水，能抗七分灾”。

②对茶树进行全培土。越冬培土时间易在“小雪”至“大雪”期间，冬季气温较高的年份，全

培土时间应向后推迟，培土过早，因为土壤温度较高，造成茶树枝叶腐烂，降低抗冻性。

③对幼龄茶园进行越冬半培土，并覆盖稻草和玉米秸。覆盖 3～5 cm 稻草，由于透气性好，茶苗长势较好。茶园半培土结合其他防护模式效果更好，如北面搭风障、土墙等，春季应先撤除覆盖物，经过一段时间炼苗后，再撤除所培的土。

④成龄茶园冬季行间铺草越冬。在麦糠、长麦秸、花生壳、玉米秸 4 种材料中，以铺麦糠效果最好，其次是长麦秸和花生壳，最差的是玉米秸。其中，铺麦糠厚度以 5～10 cm 为宜。

⑤对茶树进行扣棚管理。在各种拱棚中，以大拱棚防护效果最好，因为大拱棚空间大，温度相对稳定，避免了过高或过低温度的出现。其次是中拱棚，最差的是小拱棚。拱棚的扣棚时间，宜在“小雪”和“大雪”之间。扣棚过早，会导致茶芽萌发，易造成冻害；扣棚过晚，越冬芽易遭受霜冻。

4.1.2　主要农业气象灾害

山东省露天茶树多于 4 月上中旬开始萌芽，4 月中下旬开始采摘，一直采摘到 10 月下旬封园，12 月开始进入越冬期（中共日照市委农工办，2018）。茶树在一年中随季节变化的特性称季节生长周期，主要表现在新梢具有明显的轮性生长特点和花果、根系生长的季节变化。在自然生长条件下，茶树全年有 3 次生长和休止，分别是春茶采摘期（4—5 月）、夏茶期（6—7 月）、秋茶期（8—10 月）和越冬期（朱秀红，2007）。把日平均气温稳定通过≥10 ℃的初日至终日作为茶树的生长期。常见的主要农业气象灾害有越冬期冻害、萌芽期冻害、干旱、高温等。

4.1.2.1　越冬期冻害

越冬期冻害指在越冬期因气温下降到茶树不能适应的限度，可能伴有干旱、大风等恶劣天气导致茶树受冻的现象。主要包括冰冻、雪冻和干冻。茶树性喜温暖，自 1966 年“南茶北引”以来，山东并未培育出大量适应本地气候的茶树品种，因此经历了多次冻害，小冻害每年都有不同程度发生。山东绿茶面临的最大灾害就是冻害，当地茶农有句俗语“小冻年年有，大冻三年冻两头”，充分说明了冻害对茶树的影响，越冬期冻害严重时会把茶树冻死（朱秀红 等，2012）。山东茶区冬季几乎每年最低气温在－10 ℃以下，多数茶园不具备设施越冬条件，仅凭覆盖杂草、打风障等简易防护措施难以阻挡－14 ℃以下的低温严寒。依据当年春茶减产程度及茶树叶、茎、根颜色和外形等特点将茶树冻害分为轻冻、中冻、重冻和特重 4 个级别，越冬期冻害指标见表 4.1（中共日照市委农工办，2018；朱秀红，2007；朱秀红 等，2008）。

表 4.1　日照茶越冬期冻害等级指标

灾害程度	产量	叶	茎	根
轻	$C \leqslant 10\%$	叶片尖端、边缘受冻后呈黄褐色或红色，略有损伤	树冠枝梢略有损伤，呈黄褐色或红色	未有变化
中	$10\% < C \leqslant 30\%$	老叶呈水渍状、枯绿无光	枝梢受冻变色，出现干枯现象，枝梢逐渐向下枯死	浅层部分根部细胞死亡
重	$30\% < C \leqslant 50\%$	叶层明显呈水烫状，冰融化后茶树上部叶层缺水枯死	骨干枝及树皮冻裂受伤，皮层、韧皮部因失水而收缩与木质部分离，枝梢失水干枯	浅层根部枯死
特重	$C > 50\%$	叶片全部受冻，根系变黑、裂皮、腐烂，甚至植株枯死	茶树主干基部自下而上出现纵裂，树液流出	根系变黑、裂皮、腐烂，甚至植株枯死

注：C 为春茶减产情况。

根据冬季月平均气温、日极端最低气温及其持续日数、11 月至次年 2 月降水量对茶树越冬期冻害进行分级(越冬前 11 月降水量影响冬季抗冻能力),见表 4.2。

表 4.2　日照茶越冬期冻害等级指标

灾害程度	温度和持续天数	降水量距平百分率(%)
轻	$-12<T_{min}\leqslant-10$ 且 $1<D_{ays}\leqslant3$　$-0.5<T\leqslant0$	$P_a<15$
中	$-15<T_{min}\leqslant-12$ 且 $D_{ays}\geqslant1$　$-1.0<T\leqslant-0.5$	$15\leqslant P_a<35$
重	$-18<T_{min}\leqslant-15$ 且 $D_{ays}>1$　$-1.0<T\leqslant-1.5$	$35\leqslant P_a<55$
特重	$T_{min}\leqslant-18$ 且 $D_{ays}>1$　$T\leqslant-1.5$	$P_a\geqslant55$

注:T_{min} 为极端最低气温,单位为 ℃;T 为冬季平均气温,单位为 ℃;D_{ays} 为持续天数,单位为 d;P_a 为 11 月至次年 2 月降水量距平百分率,单位为%。

4.1.2.2　萌芽期冻害

萌芽期冻害指在早春茶树萌芽的季节,因气温下降至 5 ℃以下或地温下降到 0 ℃以下,出现霜冻或冰冻,导致茶树嫩芽受冻而减产的现象。在茶叶生产中也称“倒春寒”,对当年春茶的产量和品质影响最大,主要是指霜冻,严重时伴有冰冻。依据当年春茶减产程度及茶树叶、茎、根颜色和外形等特点将茶树萌芽期冻害分为轻冻、中冻、重冻和特重 4 个级别,见表 4.3(浙江省气象标准化技术委员会,2020;安徽省气象局,2012)。

表 4.3　日照茶萌芽期冻害等级指标

灾害程度	产量	叶	茎	根
轻	$C\leqslant10\%$	芽叶受冻变褐色、略有损伤,嫩叶出现“麻点”“麻头”、边缘变红、叶片呈黄褐色	未有变化	未有变化
中	$10\%<C\leqslant30\%$	芽叶受冻变色,叶尖发红,并从叶缘开始延到叶片中部,茶芽不能展开,嫩叶失去光泽、芽叶枯萎、卷缩	未有变化	未有变化
重	$30\%<C\leqslant50\%$	茶芽叶受冻变暗褐色,叶片卷缩干枯、易脱落	部分新梢和上部枝梢干枯	未有变化
特重	$C>50\%$	茶树芽叶受冻变褐色、焦枯	新梢和上部枝梢干枯,枝条表皮开裂	未有变化

注:C 为春茶减产情况。

在山东茶区,春季茶树抗冻能力跟茶树萌芽时所处的阶段关系密切,由于茶树萌芽前后对气温需求不同,萌芽前期抗冻能力比后期强。一般来说,3 月抗冻能力>4 月抗冻能力,4 月抗冻能力>5 月抗冻能力。在多年对比观测和充分调研的基础上,将倒春寒引起的冻害按照最低气温所出现的时间进行了分级别划分,见表 4.4。

表 4.4　山东茶树萌芽期冻害等级指标　　单位:℃

冻害时段	冻害程度	温度
3 月下旬	轻	$1<T_{min}\leqslant2$
	中	$0<T_{min}\leqslant1$
	重	$-1<T_{min}\leqslant0$
	特重	$T_{min}\leqslant-1$

续表

冻害时段	冻害程度	温度
4月上旬	轻	$2<T_{min}\leqslant 3$
	中	$1<T_{min}\leqslant 2$
	重	$0<T_{min}\leqslant 1$
	特重	$T_{min}\leqslant 0$
4月中旬到5月上旬	轻	$3<T_{min}\leqslant 4$
	中	$2<T_{min}\leqslant 3$
	重	$1<T_{min}\leqslant 2$
	特重	$T_{min}\leqslant 1$

注：T_{min}为最低气温，单位为 ℃

4.1.2.3 干旱

干旱是指作物生长季内，因水分供应不足导致农田水利供需不平衡，阻碍作物正常生长发育的现象。茶树生长需要大量水分，山东省茶区降水时空分布不均，春季素有“十年九旱”之说，几乎每年都会发生的春旱给茶树生长带来了不利影响，伏旱、秋旱也时有发生。长时间无有效降雨会导致茶树缺水萌发新芽受限，规模茶园通过滴灌或喷灌等方式解决缺水问题。

可用降水量负距平百分率对茶树干旱灾害等级进行划分，其干旱等级指标见表 4.5。

表 4.5 茶树干旱等级指标 单位：%

时段	轻旱	中旱	重旱	特重干旱
越冬期	$P_a<15$	$15\leqslant P_a<35$	$35\leqslant P_a<55$	$P_a\geqslant 55$
春茶期	$P_a<15$	$15\leqslant P_a<35$	$35\leqslant P_a<55$	$P_a\geqslant 55$
夏茶期	$P_a<20$	$20\leqslant P_a<40$	$40\leqslant P_a<60$	$P_a\geqslant 60$
秋茶期	$P_a<30$	$30\leqslant P_a<50$	$50\leqslant P_a<70$	$P_a\geqslant 70$

某时段降水量负距平百分率(P_a)是指茶树生育阶段的降水量与常年同期气候平均降水量的差值占常年同期气候平均降水量的百分率的负值，按公式(4.1)计算：

$$P_a=\frac{P-\overline{P}}{\overline{P}}\times 100\%\ (P<\overline{P}) \tag{4.1}$$

式中，P_a 为茶树生育阶段的降水量负距平百分率(单位：%)；P 为茶树生育阶段的降水量(单位：mm)；$\overline{P}$为同期气候平均降水量(单位：mm)，一般计算 30 年的平均值。

4.1.2.4 高温

在夏季，五莲县易出现高温天气。因光照强，气温高，空气湿度低，引起茶树生理失水而遭受危害。茶树不耐高温，高温天气影响茶叶品质，使得咖啡碱含量增多，口感苦涩。持续数天可使植株生育停滞，茎叶枯焦，叶片脱落，甚至枯死。五莲县 6—8 月年平均≥35 ℃高温日数 3.5 d，年平均≥35 ℃高温最长连续日数 6 d，给茶树生长带来不利影响，尤其是持续高温天气，抑制茶树生长，既影响产量，也影响品质。用≥35 ℃高温及其持续日数进行高温热害等级划分，见表 4.6。

表 4.6　茶树高温等级指标

灾害程度	温度
轻	$35<T_{max}\leqslant 36$ 且 $1<D_{ays}\leqslant 3$
中	$36<T_{max}\leqslant 37$ 且 $1<D_{ays}\leqslant 2$
重	$37<T_{max}\leqslant 38$ 且 $D_{ays}>1$
特重	$T_{max}>38$ 且 $D_{ays}>1$

注：T_{max}为极端最高气温，单位为 ℃；D_{ays}为持续天数，单位为 d。

4.1.3　主要病虫害

经过调查，日照市茶树虫害有 2 纲 4 目 11 科 15 种，按危害面积和危害程度的大小，依次是小绿叶蝉、黑刺粉虱、茶叶瘿螨、茶橙瘿螨、角蜡蚧、绿盲蝽、蚜虫、小地老虎、大蓑蛾、褐蓑蛾、扁刺蛾、卷叶蛾、黄刺蛾、棉铃虫等。从历年发生量和危害程度看，日照茶园主要 4 大虫害是小绿叶蝉、绿盲蝽、黑刺粉虱、螨类。在实际生产中，茶农经常性打药防治的害虫主要是：小绿叶蝉、绿盲蝽、黑刺粉虱、螨类。

4.1.3.1　小绿叶蝉

该虫是日照茶园最主要的害虫。经研究证实小绿叶蝉在日照茶区一年仅发生 9 代，比杭州少发生 1～2 代，但世代重叠明显。越冬成虫在 4 月下旬，气温在 10 ℃以上时，开始危害，卵产于新梢皮层，5 月上旬出现第一代若虫，以后每 15～30 d 发生 1 代，9 月中旬是危害高峰期，10 月下旬当温度低于 10 ℃时，成虫进入越冬期。

4.1.3.2　绿盲蝽

该虫是日照茶园春季主要害虫之一，一年发生 5 代，以卵在豆类，茶树茎梢，杂草内越冬，越冬卵在 4 月孵化，若虫期平均长达 27 d，成虫期在 30 d 以上，至 5 月中旬第一代成虫羽化后，则陆续飞去，迁至其他植物，茶园虫口随即显著减少。

绿盲蝽生活隐蔽，爬行迅速，成虫且善于飞翔，晴天日间多隐蔽在茶丛内，夜晚、晨昏爬至芽叶开始活动危害。该虫在适温多湿的气候条件下易于发生。

绿盲蝽主要危害春茶。成虫、若虫刺吸幼芽汁液，被害处先呈现红点，后渐变为褐色枯死斑点，随着芽叶伸展，叶面呈现不规则形空孔，叶缘残缺破烂，严重时幼芽弯曲、萎缩，以致褐枯。被害芽叶制成的干茶，条索粗松，碎末多，香气低，味淡且涩，品质显著下降。绿盲蝽主要以第一代若虫危害茶树，适宜防治期一般在部分茶树芽尖被刺出现小红点时（即 4 月中下旬），或田间发现危害症状后的 3～10 d 内比较适宜。

4.1.3.3　黑刺粉虱

经调查，黑刺粉虱在日照茶区一年发生 3～4 代，以卵或幼虫在叶背越冬，次年 4 月下旬，成虫大量羽化（越冬代）。1～3 代成虫分别在 6 月中下旬、8 月上中旬、9 月下旬盛发；卵分别在 5 月中下旬、6 月下旬至 7 月上旬、8 月中旬至 9 月上旬、9 月下旬至 10 月上旬大量出现，盛卵期在 5 月中下旬、7 月中旬、9 月中旬、10 月上旬。第一代发生整齐，第二代后世代重叠越来越明显。成虫羽化后，蛹壳背面留有“⊥”形裂口，成虫白天较活跃，早晚喜在芽梢新叶背面栖息，卵产于叶背，以中下部成叶和鱼叶附近叶片的叶背为多，初孵化幼虫就近在叶背定居刺吸危害，直至化蛹羽化。

黑刺粉虱的发生与茶园密度、间作物多少、树势都有密切关系，密植园多于常规园；间作套种作物、低洼茶园透气透光不良，小气候温湿等茶园都易于发生。另外，冬季低温和 4 月、5 月的气温高低都直接影响第一代虫的孵化和发生迟早及多少。

4.1.3.4　茶橙瘿螨

茶橙瘿螨一年发生 16～20 代，以卵和成螨在叶背的叶脉两侧上凹处越冬，次年当旬平均气温到 10 ℃以上时，卵开始孵化；初孵化幼螨以及若螨活动力甚微。室内饲养发现，卵期平均为 2.1～7.3 d，幼、若螨期平均为 2.0～6.4 d，产卵前期为 1～2 d。在 6—8 月室内温度 23 ℃以上时，成虫寿命平均为 4～6 d，9 月下旬后可长达近 1 个月，一雌成螨产卵为 21～53 粒，产卵后陆续死亡。

4.1.3.5　茶叶瘿螨

茶叶瘿螨在茶园中常与茶橙瘿螨混合危害。一年发生 10 代，在 6 月室内饲养，完成 1 代需 12～14 d，其中卵期为 5 d，幼、若螨期为 4～5 d，产卵前期为 4 d，成虫寿命为 6～7 d，当 6 月下旬或 7 月上中旬完成 1 代仅需 10 d 左右，每雌螨产卵为 15～28 粒，发生与环境关系及消长规律似茶橙瘿螨。

4.1.4　农业气象周年服务方案

根据日照茶生育需求，制定日照茶农业气象周年服务方案，见表 4.7。

表 4.7　日照茶农业气象周年服务方案

时间	主要发育期	农业气象指标	农事建议	重点关注
1 月	茶树处于越冬期	气温降至 0 ℃以下，茶树停止生长	寒潮来临前，对茶园利用麦糠、稻草、秸秆等铺盖茶树行间及根部，以利于提高土壤温度，保持土壤湿度	寒潮，低温及强冷空气活动
2 月	茶树处于越冬期	气温降至 0 ℃以下，茶树停止生长	茶园采取覆盖法、越冬拱棚防护、行间铺草铺膜法等措施做好冻害防御	(1)寒潮，低温及强冷空气活动；(2)秋冬连续无有效降水，田间墒情较差
3 月	春茶萌芽期	日平均气温稳定通过≥10 ℃初日，茶芽开始萌动	注意采取覆盖法、烟熏法、喷水法、屏障法等措施预防春霜冻。干旱时及时灌溉，保证茶树春芽萌发的水分需求	(1)寒潮、倒春寒等恶劣天气；(2)3 月下旬注意茶树开始萌芽
4 月	春茶期	茶树芽萌发以后，当气温升高到 14～16 ℃时，茶芽逐渐展开嫩叶，气温为 15～25 ℃，茶树生长较为迅速，茶芽采摘	(1)茶园防御春季晚霜冻害和干旱；及时通过烟熏、凝雾等方式降低春季冻害对茶树造成的影响 (2)返青水对茶树促进生长，增强树势，减缓冻害程度有非常重要的作用；浇返青水要适时足量，一般在天气预报没有大寒流的情况下，于春分至清明时期连续 5 d 最低气温 6 ℃，最高气温 15 ℃左右进行浇水，才能达到理想的效果，浇水过早反而易造成茶树冻害	春季晚霜冻、春季干旱等不利天气，尤其注意防霜冻，霜前、雨前及时采摘嫩芽

续表

时间	主要发育期	农业气象指标	农事建议	重点关注
5月	春茶期	日平均气温为15～25 ℃，茶树生长较为迅速，茶芽采摘	发生干旱时及时浇灌，茶芽展叶至1芽1叶或1芽2叶时及时采摘	春季大风、干旱、冰雹、强降水等恶劣天气，大风、降雨前及时采摘
6月	夏茶期	茶树一般能耐的最高温度是34～40 ℃，生存临界温度是45 ℃；当日平均气温高于30 ℃，新梢生长就会减缓或停止，如果气温持续超过35 ℃，新梢就会枯萎、落叶	做好茶园田间管理，防治病虫害，干旱时及时浇灌	暴雨、大风、雷暴、冰雹、高温等恶劣天气
7月	夏茶期	茶树一般能耐的最高温度是34～40 ℃，生存临界温度是45 ℃。当日平均气温高于30 ℃，新梢生长就会减缓或停止，如果气温持续超过35 ℃，新梢就会枯萎、落叶	做好茶园田间管理，防治病虫害，干旱时及时浇灌；高温时及时遮阴，温度过高，停止采摘	暴雨、大风、雷暴、冰雹、高温等恶劣天气
8月	夏茶期	日平均气温为20～25 ℃，水分和空气湿度条件适宜，茶芽生长速度最快，茶芽采摘	做好茶园田间管理，防治病虫害，干旱时及时浇灌；高温时及时遮阴，温度过高，停止采摘	暴雨、大风、雷暴、冰雹、高温等恶劣天气
9月	秋茶期	当气温降到15 ℃以下时，茶树新梢速度也迅速降低，降到10 ℃以下，茶树进入休眠期	对茶园可通过营造防护林、铺草帘、人工搭棚等方法减少直射光，增加漫射光，提高茶叶品质。由于茶树很快面临封园，为培养茶树的树势并让其安全越冬，采完最后一批茶叶后应及时浇灌	干旱、大风、秋季连阴雨等不利天气
10月	茶树处于封园期	当气温降到15 ℃以下时，茶树新梢速度也迅速降低，降到10 ℃以下，茶树进入休眠期	对茶园可通过营造防护林、铺草帘、人工搭棚等方法减少直射光，增加漫射光，提高茶叶品质。由于茶树很快面临封园，为培养茶树的树势并让其安全越冬，采完最后一批茶叶后应及时浇灌	干旱、大风、秋季连阴雨、秋季早霜等不利天气
11—12月	茶树处于休眠期	气温降到10 ℃以下，茶树进入休眠期	及时施肥、喷施石硫合剂、浇封园水，培养树势，提高越冬防冻能力	干旱、大风等不利天气

4.2　崂山茶

崂山茶采用“适密适矮区田栽培法”，1980年在全国茶叶区划时把崂山茶划为中国江北茶区山东新茶区的适宜区，崂山区2020年茶叶种植面积约1.7万亩，主要分布在王哥庄街道（产量与种植面积约占75%）、沙子口街道（约占20%）、北宅街道和中韩街道（约占5%），崂山茶种植区域年产值为5亿多元。

4.2.1　农业气象指标

崂山茶分为春茶、夏茶和秋茶。春茶占总产量的30%～35%，夏茶占总产量的40%～

50%，秋茶占总产量的 15%～20%，春茶品质最好，价格最高，秋茶次之，夏茶品质较差，也最便宜。崂山茶的主要品种为安徽黄山地区中小叶群体种和鸠坑种，新建茶园中龙井系列品种占到大约 40%，主要有长叶龙井、龙井 43 等。崂山茶由于生长周期长、气候条件适宜、气象灾害较少，氨基酸等营养物质含量丰富，再加上崂山被黄海环绕，常年多海雾，茶叶中的有机营养成分含量较高，崂山茶具有叶片厚、豌豆香、滋味浓和耐冲泡等特点。崂山茶每年 10 月下旬至次年 2 月为营养生长阶段，每年 3 月至 10 月中旬为生殖生长阶段。

崂山茶叶生长季节适宜于雨量偏多、平均气温偏高、温度变化趋势平稳的气象条件（刘春涛 等，2018a；刘春涛 等，2018b）。5 月至 7 月中旬降水量＞230 mm，5 月中旬至 6 月上旬平均气温＞20 ℃，5 月中旬至 6 月上旬最高气温在 25～30 ℃，7—8 月平均气温在 25～30 ℃、最高气温在 30～35 ℃，9 月平均气温在 22～24 ℃，7 月日照时数为 140～180 h，冬季日最低气温在 －8 ℃以上，均有利于崂山茶生长及产量提高。

5—7 月中旬降水量＜180 mm，5 月中旬至 6 月上旬平均气温＜18 ℃，5 月中旬至 6 月上旬最高气温＞30 ℃，7—8 月最高气温＞35 ℃，9 月平均气温＜20 ℃，冬季日最低气温 －10 ℃以下的日数为 2 d 以上，7 月日照时数＞200 h，都不利于崂山茶叶生长，会导致崂山茶产量下降。

茶叶的质量与品质包括色、香、味、形、叶底 5 个方面，茶叶的质量由制作茶叶的原材料——茶树上采摘的芽叶和制作工艺决定，同时与茶叶生化成分与气象要素存在着密切关系（娄伟平 等，2013）。茶叶的主要化学成分与采茶前 1 d 到采茶前 30 d 的各个时段的平均气温、气温日较差、平均空气相对湿度、累计日照时数、累计降雨量存在显著相关关系。茶叶的生化成分主要包括：水浸出物、茶多酚、氨基酸、酚氨比、还原糖等。

水浸出物主要与采茶前 1～6 d 的相对湿度、降雨量、平均气温呈负相关，与日照时数、气温日较差呈正相关。茶多酚是形成茶叶色、香、味和茶叶具有保健功能的主要成分之一。茶多酚含量与采茶前 2～10 d 的气象因素密切相关，与降雨量、空气相对湿度呈负相关，与平均气温、日照时数、气温日较差和光温系数呈正相关。氨基酸是茶叶具有鲜味及保健功能的主要生化成分之一，氨基酸含量与采茶前 2～17 d 的气象因素密切相关，与降雨量、空气相对湿度呈正相关，与平均气温、日照时数、气温日较差和光温系数呈负相关。酚氨比决定着茶汤的滋味，酚氨比的含量通常与采茶前 1～13 d 的气象因素关系密切，通常与降雨量、空气相对湿度呈负相关，与平均气温、日照时数、气温日较差和光温系数呈正相关。还原糖的含量通常与采茶前 1～22 d 的气象因素存在密切关联，与空气相对湿度、降雨量、平均气温均呈正相关，与日照时数、气温日较差均呈负相关。

根据不同阶段茶叶生长需求，给出农业气象指标及田间管理措施。

4.2.1.1　春茶期（4 月初至 5 月下旬）

崂山大田春茶的适宜采摘期通常在 4 月初至 5 月下旬。早熟品种（如龙井 43）通常 4 月初至中旬采摘，每年 4 月初采摘上市的崂山大田春茶仅限于崂山区东部沿海王哥庄街道所辖的太清、青山、黄山、长岭、返岭几个社区，受地形与气候条件的影响，此处小气候特点显著，雨量充沛，年平均降雨量在 1000 mm 以上，北方的冷空气被崂山山脉阻挡，常年吹东南风，与福建、浙江具有相似的农业气候特点，崂山区的大田明前茶就出产于此。晚熟品种如鸠坑种通常在 4 月下旬采摘。

（1）适宜的气象指标

通常把日平均气温稳定通过 10 ℃以上，作为崂山茶芽开始萌动的起始温度。平均气温 12～22 ℃为春茶生长的适宜温度，当土壤温度≥5 ℃时，茶树根系开始生长，生长速度随着土壤温度升高而加快，土壤温度 20～25 ℃为根系生长的适宜温度；崂山春茶≥10 ℃活动积温为 900.0～1440.0 ℃·d，空气的平均相对湿度在 70%～80%，土壤相对湿度在 80%～90%，月降雨量为 100 mm 以上，日平均耗水量为 2.0 mm 左右，日照时数在 5.0～8.0 h，茶树喜散射光（漫射光），忌直射光，漫射光比直射光弱而柔和，辐照度在光的补偿点和饱和点之间，光合效率高。

（2）不利的气象条件

日平均气温≤10 ℃或≥30 ℃，当土壤温度＞30 ℃时，根系易老化；当土壤温度＞35 ℃时，根系逐渐停止生长。空气平均相对湿度≤60%，土壤相对湿度≤70%，日照时数小于 3 h 或大于 10 h，会影响春茶的产量与品质。

（3）春茶田间管理措施

3 月上旬浇返青水，中旬茶园要中耕除草、松土，这叫春茶前中耕，中耕深度 10～15 cm，3 月下旬茶园修剪，4 月上旬进行春追肥（蔡烈伟，2014），又称为“催芽肥”，催芽肥之后几天，约 4 月中旬浇“催芽水”，春追肥要以速效氮肥为主，追肥量占全年的 50%左右，氮、磷、钾的追肥比例一般为 3∶1∶1。

4.2.1.2　夏茶期（6 月至 8 月中旬）

夏茶在 6 月至 8 月中旬前后，其中 7 月 20 日—8 月 20 日前后为伏茶。

（1）适宜的气象指标

适宜的平均气温 20～30 ℃，其中平均气温 20～25 ℃时生长最快，大叶种则在 25～30 ℃时生长良好，叶温在 20～25 ℃时，茶树新梢的生长速度随叶温的升高而加快，夏茶≥10 ℃活动积温在 1709～2733 ℃·d，主要吸收 380～710 nm 的光合有效辐射（photosynthetically available radiation，PAR）（黄寿波 等，2010）。波长 400～510 nm 的蓝紫光，可被叶绿素强烈吸收，波长 510～610nm 的黄绿光具有较好的持嫩性，波长 720 nm 以下的红橙光，可为鲜叶提供大量热量，促进叶片生长、叶面蒸腾和水分循环，同时被叶绿素吸收，参与光合作用。但是在红橙光下生长的茶树，新梢生长短小，叶片少而小。要求降雨量在 300～400 mm，月降雨量在 100 mm 以上，日耗水量达 5.0 mm 左右，空气平均相对湿度在 70%～90%，土壤相对湿度 80%～90%。

（2）不利的气象条件

当日平均气温≥30 ℃或日最高气温≥35 ℃时，茶树新芽停止生长，连续高温天气，可以造成茶树叶片枯萎和脱落。叶温≥35 ℃，新梢生长速度减慢或停止。降雨量不足导致土壤墒情下降，夏季日照时间太长、日照强度太强、蒸发量大对茶树生长不利。

（3）田间管理措施

6 月上旬要浅锄，又称春茶后浅锄，浅锄深度在 5～10 cm，清除杂草。夏季追肥（蔡烈伟，2014）为“接力肥”，约占全年追肥量的 30%，通常在 6 月上旬末施肥，氮、磷、钾肥的追肥比例一般为 3∶1∶1。茶园追肥过后，根据降雨情况，确定是否灌溉。

4.2.1.3　秋茶期（8 月下旬至 10 月中旬）

（1）适宜气象指标

8 月下旬至 10 月中旬为秋茶。适宜的平均气温在 22～12 ℃，秋茶≥10 ℃活动积温在 614.9～1400.4 ℃ · d，要求降雨量在 150～200 mm，秋季茶园的日平均耗水量为 2～3 mm，要求空气平均相对湿度在 70%～90%，土壤相对湿度在 80%～90%。

(2)不利气象条件

当日平均气温>30 ℃或日最高气温>35 ℃时，茶树新芽生长会受到抑制，土壤相对湿度>90%或<70%，干旱、湿害、日照时间太长、日照强度太强均对茶叶生长不利。

(3)秋茶田间管理(蔡烈伟，2014)

8 月下旬初，天气炎热，杂草旺盛，土壤蒸发量大，要及时浅锄，为夏茶后浅锄，浅锄深度 5～10 cm，此时耕锄要特别注意当时的天气状况，如果持续高温干旱，就不宜进行。

8 月下旬末追肥，为“秋追肥”，追肥量约占全年的 20%，氮、磷、钾肥的施肥比例为 3∶1∶1，施肥后根据降雨情况，确定灌溉量。

4.2.1.4　休园至越冬期(10 月下旬至次年 2 月)

10 月下旬至 11 月底茶园进入休园期。要加强茶园田间管理，及时铲除杂草，修剪茶园，消灭盲蝽象、角蜡蚧等寄生的越冬害虫，每年在 11 月上旬(立冬前)要深耕 15～30 cm，茶园施基肥，基肥以农家肥为主，包括厩肥等。要有机肥与无机肥混合配施，一般每亩施有机肥150～250 kg 或饼肥 100～200 kg，磷肥 25～50 kg，钾肥 15～25 kg。因为豆制品有固氮作用，近年来崂山茶农为了降低劳动强度，省时省力用发酵的黄豆、豆饼与有机肥混合施基肥。

11 月下旬至 12 月上旬初，要在小雪节气后期浇足茶园越冬水，以增强茶树越冬期抗寒能力。每年要在大雪节气之前，通常在 12 月上旬末采取茶园防冻害措施，要用单层、双层或多层塑料薄膜扣棚，准备茶园越冬(崂山区农谚有“大雪不封冻，不过三二日”之说)。

4.2.2　主要农业气象灾害

茶树的主要气象灾害有寒潮、大风、冻害、晚霜冻、高温、干旱、暴雨、台风、冰雹、雷电等。其中干旱是崂山茶全年的主要气象灾害。按季节划分，春季茶园的主要气象灾害有大风、干旱和晚霜冻，其中晚霜冻严重影响春茶的产量与品质。影响夏茶的主要气象灾害有高温、干旱、暴雨(涝渍)等。影响冬季茶园的主要气象灾害为冻害，会导致茶树被冻死而减产。

4.2.2.1　晚霜冻

霜冻是指在春秋转换季节，土壤表面和植被表面温度下降到(0 ℃以下)足以使植被遭受伤害甚至死亡的一种农业气象灾害。根据发生的季节，主要分为两种：春霜冻(晚霜冻)和秋霜冻(早霜冻)。

茶树霜冻灾害的影响机理(冯秀藻 等，1991)：早春气温回暖，茶芽萌动后，茶树抗寒能力减弱，如果气温突降至 0 ℃或以下，会使已萌动的茶芽受冻。茶树霜冻的实质是由于组织内部结冰引起的。当气温逐渐降低时，细胞间隙的自由水首先形成冰晶的核心，随着温度的继续下降，冰晶体不断增大，细胞内部的自由水不断凝结或外渗，结果细胞的原生质严重脱水，同时受到冰块的挤压而造成伤害，当缺水和挤压超过一定限度时就会引起细胞原生质的不可逆破坏，大量电解质和糖外渗，主动运输酶系统失去活性，并由此引起体内各种代谢紊乱和生理过程受阻，最终导致叶片受伤甚至死亡。茶树晚霜冻受许多因子影响，研究表明与低温及其持续时间、茶树品种、所处的地理条件以及栽培管理等因子均密切相关。

崂山茶晚霜冻(刘春涛 等，2018c)发生的时段为每年 4 月，是影响大田崂山春茶发芽期的主要农业气象灾害，会导致春茶大幅减产，茶农收入减少。崂山春茶晚霜冻主要是由日最低气温、最低气温的持续时间和茶树新芽受害率3个因素决定。崂山春茶晚霜冻害主要农业气象指标见表4.8。

表4.8 崂山春茶晚霜冻害主要农业气象指标

霜冻等级	气象指标	茶树新芽受害率
轻霜冻	$0<T_{min}<2$ 且 $2\leqslant H<3$；$2\leqslant T_{min}<3$ 且 $H\geqslant 3$	<60%，日出后死亡
中霜冻	$-2<T_{min}<0$ 且 $H\leqslant 3$；$0\leqslant T_{min}<2$ 且 $H\geqslant 3$	60%～100%，日出后死亡
重霜冻	$T_{min}<-2$ 且 $H<3$；$-2\leqslant T_{min}<0$ 且 $H\geqslant 3$	100%，日出后死亡

注：T_{min}表示日最低气温，单位为℃；H表示日最低气温持续时间，单位为h。

防御措施：茶农要密切关注天气变化，根据最新的气象信息，提前采取以下措施：

①熏烟法：在霜冻发生的前夜，在茶园大棚内熏烟可有效地减轻避免霜冻灾害，烟火密一点，点燃时要注意防火。

②喷水法：在霜冻发生前，用喷雾器对茶树表面喷水，增加大气中水蒸气含量，水汽凝结放热，以缓和霜害，明显的霜冻天，可多次喷水。

③灌溉法：在霜冻发生前夜，灌溉茶园，增加茶树根系及茎叶的含水量，可有效地减轻灾害。

④ 覆盖法：用草帘、薄膜、遮阳网将茶蓬覆盖。适用面积较小的茶园与即将采摘的茶园。

4.2.2.2 高温

高温危害(冯秀藻 等，1991)是指农作物因高温出现，超过其生长发育甚至生命活动的上限温度而导致伤害的一种农业气象灾害。高温危害作物的机理在于，高温使植株叶绿素失去活性，阻滞光合作用的暗反应，破坏光合作用和呼吸作用的平衡，降低光合效率，消耗大大增强；促进蒸腾作用，破坏水分平衡；使细胞内蛋白质凝聚变性，细胞膜半透性丧失，导致有害代谢产物的积累(如蛋白质分解时氨的积累)，植物中毒，作物的器官组织受到损伤，酶的活性降低。

当日平均气温>30 ℃或者日最高气温>35 ℃时，茶树新梢生长缓慢或停止。

防御措施：在茶园周边营造防护林带，在茶蓬叶面喷水、喷灌、滴灌等。

4.2.2.3 干旱

干旱指标在茶树生长季节，月降雨量<50 mm，土壤相对湿度<70%；其他季节茶园土壤相对湿度<40%。干旱是常年影响崂山茶叶产量与品质的主要制约因子。

防御措施：采取喷灌、滴灌、浇灌等。

4.2.2.4 暴雨(涝渍)

夏季因连续性降雨或暴雨导致茶园积水，不利于茶叶采摘、晾晒与加工制作，使得茶园土壤相对湿度达100%，茶园土壤通透性变差，茶树营养物质传输受到抑制。茶园长时间涝渍会被窒息而死。

防御措施：及时排涝，晴天以后及时耕锄。

4.2.2.5 冻害

冻害是指越冬作物和果木在越冬期间由于0 ℃以下低温或剧烈变温所造成的一种农业气

象灾害。这主要与冬季低温强度、低温持续时间及作物的越冬性和抗寒性有关。一般低温强度越强、持续时间越长、越冬性及抗寒性越弱，冻害就越严重。越冬性是指农作物在越冬期间对冻害和其他不良气象条件（如干旱、大风、冰害、雪害等）的忍耐和抵抗能力的总称。抗寒性仅指作物在越冬期间抵抗低温冻害的能力，作物抗寒性取决于其生理特性、气象条件及冬前适当的锻炼。

每年冬季12月到次年2月，崂山茶易遭受的主要气象灾害为冻害。根据近30年以来崂山区冬季强冷空气或寒潮气象资料，12月茶树发生冻害占到冬季的12.5%，1月茶树发生冻害占62.5%，2月茶树发生冻害占25%，因此崂山茶的遭受冻害主要发生在每年的1月，且呈现出强冷空气或寒潮强度越强、持续时间越长、冬季降雨量越少，茶园遭受的冻害越严重的特点。

冻害气象指标：指标一（刘春涛 等，2018c）：当日最低气温连续两天以上低于－10 ℃以下时，茶树会遭受冻害致死。

指标二：当冬季冷空气的强度达到强冷空气及以上时（包括强冷空气、寒潮、强寒潮）且最低气温低于－8 ℃时，茶树易遭受冻害。

崂山茶冻害的防御措施：通常采取营造防护林带、选择抗性品种、加强茶园冬前肥水管理、塑料大棚覆盖、茶园行间铺草等措施防御茶园冻害（刘春涛 等，2019）。

（1）营造防护林带

在茶园周围营造防护林可以对茶园起到保护作用，一般栽种乔木与灌木相结合，选择与茶园无相同病虫害的树种，崂山茶园周边乔木主要选黑松，灌木主要选侧柏，四季常绿，冬季可以防冻，夏季可以遮阴。

（2）选择抗性品种

崂山区主要茶树品种有鸠坑、福鼎大白、龙井43，此类品种具有抗寒、抗旱、抗病虫害，茶叶的产量高、品质优的特点，是近年来国家重点培育的优良品种，适宜崂山茶区栽培。

（3）要加强茶园的肥水管理

秋茶采摘后，一般是在10月下旬至11月，要重施基肥，尤其重施有机肥，少施氮肥、多施磷肥和钾肥，这样能够使茶树植株体内积累糖分，要适时灌溉，促进茶树及根系的健壮成长，以积累较多的有机物质，增强茶树越冬的抗冻能力。

（4）采取塑料大棚覆盖

采用塑料大棚覆盖茶园，这是崂山区茶农防御冻害的主要措施，茶农根据茶园的大小面积不同而建设不同的拱棚，棚内安装温湿度计，当寒潮到来时，茶农或者在大棚内浇地下水，或者在棚内用烟熏法点燃木柴，均能收到良好效果。

崂山茶冬季扣棚一般在12月上旬，近年来随着气候变暖，冬季平均气温、最低气温偏高，如果扣棚过早，茶树得不到自然越冬锻炼，易导致棚内温度过高，如果通风不及时，茶树被灼伤的现象；因此为了让茶树逐渐适应环境，经过自然驯化，逐渐提高抗寒能力，茶农要根据每年的气候变化选择科学的扣棚时间，可以在12月中下旬。

（5）茶园行间铺草防冻

冬季茶园行间铺草比不铺草地温可以提高1～2 ℃，行间铺草可以减少冻土的深度，保持土壤水分，增加茶园抗冻能力。将杂草、麦秸、草皮、地毯等于寒潮到来之前铺设到茶园行间，重点是茶树根部，用土层压紧、压实，开春后去掉这些覆盖物。

(6)崂山茶冻害的补救方法

茶树受冻后，为了减少损失应采取补救措施，尽快恢复茶树的生机，减轻冻害造成的损失，可以采用以下补救措施：

①早春及时修剪：茶树受冻后，部分枝叶失去活力，应在早春气温稳定通过≥8～10 ℃时进行修剪，修剪要根据受害程度来定，应剪除死枝、枯枝，促使新枝芽尽早萌发，受害轻的茶树轻修剪、重的要进行重修剪或台刈，对于冻死的幼龄茶树要在 6 月拔掉重新栽种。

②浅耕施肥：受冻茶树修剪后，要在春季解冻之后进行浅耕松土，在春茶萌芽前后及时早施有机肥或氮磷钾肥，并要及时灌溉；对于重修剪或台刈的茶园，要以培养树冠为宜，春夏梢不采，秋季待树势恢复后才恢复采摘。

③及时防治病虫害：受冻后的茶树伤口增多，抵抗病虫害的能力下降，更容易诱发盲蝽象、蚜虫、黑刺粉虱、小绿叶蝉及炭疽病等病虫害的侵害，可以用石硫合剂及早喷施修剪过的茶园，同时加强对受害茶园的监测，做好病虫害的防治工作。

综合茶叶主要农业气象灾害及防御措施，制定崂山茶叶主要气象灾害及防御指南，见表 4.9。

表 4.9　崂山茶主要气象灾害及防御指南

灾害种类	影响时间	气象灾害指标	主要危害	防御指南
冻害	12 月至次年 2 月	当日最低气温连续 2 d 低于－10 ℃以下时	3～5 年的幼龄茶树会被冻死	10—11 月增施有机肥；每年 12 月上旬用塑料大棚覆盖茶园；或在棚内灌溉、烟熏等
轻霜冻	4 月	当 0 ℃＜日最低气温＜2 ℃且 2 h≤持续时间＜3 h 或 2 ℃≤日最低气温＜3 ℃且持续时间≥3 h	茶树新芽受灾率＜60%，日出后死亡	灌溉、大棚覆盖、茶园铺草、大棚内烟熏
中霜冻	4 月	当－2 ℃≤日最低气温≤0 ℃且持续时间＜3 h 或 0 ℃≤日最低气温＜2 ℃且持续时间≥3 h	60%≤茶树新芽受灾率＜100%且，日出后死亡	灌溉、大棚覆盖、茶园铺草、大棚内烟熏
重霜冻	4 月	当日最低气温＜－2 ℃且持续时间＜3 h 或－2 ℃≤日最低气温≤0 ℃且持续时间≥3 h	茶树新芽受灾率≥100%，日出后死亡	灌溉、大棚覆盖、茶园铺草、大棚内烟熏
干旱	全年	4 月至 10 月中旬，月降雨量＜100 mm 或土壤相对湿度＜70%；其他季节茶园土壤相对湿度≤40%	茶树产量和品质明显下降，不能正常生长	采取喷灌、滴灌、浇灌等
暴雨（涝渍）	6—9 月	因暴雨或连续性降雨，导致茶园出现积水、内涝	影响茶叶生长、采摘与加工制作	雨后要及时排涝、耕锄
高温	7—8 月	当日平均气温≥30 ℃或日最高气温≥35 ℃时	茶树新梢生长缓慢或停止	在茶园周边营造防护林带、在茶蓬叶面喷水、喷灌、滴灌

4.2.3　主要病虫害

据不完全统计，我国茶树的病虫害（石春华，2013）有 400 余种，主要的有 40 余种，按其取食方式和危害部位不同可分为吸汁类、食叶类、钻蛀类和地下类 4 大类害虫，每年都会对茶树造成较大危害，带来不同程度的经济损失。崂山茶的主要病虫害大概有 10 种，由于茶农缺乏科学防治病虫害的知识，普遍存在着重治轻防的思想，重化学防控，轻绿色防控的现象，因此准确地识别茶树病虫害，掌握其发生特点，开展茶树病虫害绿色防控，是确保茶叶生产安全的关键技术措施。

茶树病虫害绿色防控措施主要有农业防治、物理防治、生物防治和化学防治。农业防治：通过优化茶园生态环境、选择抗性强的茶树品种、合理修剪、适时采摘、中耕除草、合理施肥、加强水分管理、及时清园疏枝等。物理防治：人工捕杀或摘除、灯光诱杀、色板诱杀、性信息素诱杀、食饵诱杀、应用矿物油等。生物防治：保护和利用自然天敌、人工释放天敌、真菌治虫、细菌治虫、病毒治虫等。化学防治：一是在农药科学使用方面要做到：根据防治对象选择农药种类、掌握适期施药、按照防治标准施药、农药的合理混用、良好的喷药技术、遵循安全间隔期、农药要轮换使用。二是防止不合理使用农药造成的后果，包括农药残留、虫害抗药性、虫害再次猖獗及污染环境等。

4.2.3.1　春茶病虫害及防治

崂山春茶的主要虫害为盲蝽象、蚜虫、黑刺粉虱。通常在每年 3 月下旬，茶园修剪过后立即喷洒 0.5 波美度石硫合剂，消灭在茶丛中越冬的盲蝽象，根据虫害的趋光性等特点，蚜虫、黑刺粉虱喜黄色，通常在 4 月下旬，在茶园安装黄色黏虫板诱集蚜虫、黑刺粉虱等害虫，也可以使用 2.5%鱼藤酮乳油进行物理防治，还可以在采茶后立即喷施，要与下次采茶安全间隔 7 d 以上。

4.2.3.2　夏茶病虫害及防治

夏茶茶园主要病害为炭疽病、芽枯病、云纹叶枯病、叶斑病等。防治方法：病害发生期用 60%百泰 1500 倍，或健达 2500 倍，或用爱可 1500 倍液喷雾，可用以上药剂与四霉素 800 倍复配使用效果更好。

夏茶的主要虫害为小绿叶蝉、蚧类害虫、红蜘蛛等。用芽绿色黏虫板诱集茶小绿叶蝉，用蓝色的黏虫板诱集蓟马，可以在茶园安装杀虫灯。可选用菊酯类药剂，结合苦参碱生物农药效果较好，采茶后立即喷施，要与下次采茶保持安全间隔在 7 d 以上。

4.2.3.3　秋茶病虫害及防治

秋茶的病虫害及其防治：小绿叶蝉、盲蝽象、蚧壳虫等，在深秋季节，采茶结束后，可以利用茶叶休眠期冲施毒死蜱乳油，根部吸收传达到茎秆，杀死蚧壳虫等害虫。

4.2.4　农业气象周年服务方案

根据崂山茶生育需求，制定崂山茶农业气象周年服务方案，见表 4.10。

表 4.10　崂山茶农业气象周年服务方案

时间	主要发育期	农业气象指标	农事建议	重点关注
12 月至次年 2 月	越冬期	降雨量＞40 mm，日最低气温＞－8 ℃，平均风力＜5 级，平均相对湿度＞60%	12 月上旬（大雪节气前后）采用单层或多层塑料薄膜扣棚，扣棚前浇足越冬水	强冷空气、寒潮、大风、冰冻
3 月	返青期	日平均气温在 5～8 ℃，日照时数＞200 h，降雨量＞20 mm，平均相对湿度＞60%	3 月上旬浇返青水，中旬茶园要中耕除草、松土，中耕深度 10～15 cm，3 月下旬茶园修剪，清理茶园，用石硫合剂消灭盲蝽象等越冬害虫	寒潮、大风、干旱

续表

时间	主要发育期	农业气象指标	农事建议	重点关注
4月	春茶期	日平均气温12～22 ℃为春茶生长的适宜温度，土壤温度20～25 ℃为根系生长的适宜温度；空气平均相对湿度70%～80%，土壤相对湿度80%～90%，月降雨量为100 mm，日照时数在5.0～8.0 h，茶树喜散射光，忌直射光	4月上旬追催芽肥，中旬浇“催芽水”	晚霜冻、干旱
5月	春茶期	日平均气温15～22 ℃，土壤温度20～30 ℃；空气平均相对湿度70%～80%，土壤相对湿度80%～90%，月降雨量为100 mm以上，日照时数在5.0～8.0 h	遇到干旱要及时灌溉，6级以上大风和阴雨天气不利于采茶与制作	干旱、大风、冰雹、降雨
6月至8月中旬	夏茶期	日平均气温20～30 ℃，其中平均气温20～25 ℃时生长最快，叶温在20～25 ℃时，茶树新梢的生长速度随叶温的升高而加快，降雨量在300～400 mm，月降雨量在100 mm以上，空气平均相对湿度在70%～90%，土壤相对湿度80%～90%	6月上旬要浅锄，浅锄深度5～10 cm，清除杂草；夏季追肥量占全年的30%，在6月上旬末施肥，氮、磷、钾肥的追肥比例一般为3∶1∶1;8月下旬初，天气炎热，杂草旺盛，土壤蒸发量大，要及时浅锄，为夏茶后浅锄，浅锄深度5～10 cm；大雨过后及时排涝、耕锄。遇到干旱要及时灌溉。要防治各种病虫害	干旱、高温、暴雨、冰雹
8月下旬至10月中旬	秋茶期	日平均气温在22～12 ℃，降雨量在150～200 mm，空气平均相对湿度在70%～90%，土壤相对湿度80%～90%	8月下旬追肥量约占全年的20%，氮、磷、钾肥的施肥比例为3∶1∶1，施肥后根据降雨情况，确定灌溉量。	高温、干旱、大风、暴雨
10月下旬至11月	休园区	日平均气温为8～11 ℃，月日照时数>240 h，平均相对在湿度60%～70%，降雨量>35 mm	10月下旬或11月上旬要深耕15～30 cm，茶园施基肥，要有机肥与无机肥混合配施，及时铲除杂草，修剪清理茶园，要消灭盲蝽象、角蜡蚧等寄生的越冬害虫	干旱、大风、强冷空气

4.3 长清茶

4.3.1 农业气象指标

济南市长清区茶树为3年或以上的成龄茶树，整个发育阶段可分为：茶芽萌发期、春茶期、夏茶期、秋茶期、越冬期。

4.3.1.1 茶芽萌发期(3月中下旬)

(1)适宜气象指标

①温度：3月中旬，当日平均气温≥10 ℃，持续时间≥3 d，有利于休眠状态的越冬芽逐渐膨大，当芽体露出鳞片部分达鳞片长度的1/3以上时，即进入萌动期。此后气温增加，有利于茶芽萌动生长。

②水分、日照：当空气相对湿度为70%～90%、日照百分率<45%，在适宜的土壤水分下，

利于茶芽萌动生长发育。

(2)不利气象指标

①温度:日最高温度<10 ℃,茶芽生长缓慢,干物质积累受影响。

②水分、日照:空气相对湿度<70%、日照百分率>50%,影响茶芽生长,不利于正常发育,甚至对成龄茶树生长发育和后期产量、品质的形成造成一定影响。

(3)关键农事活动及指标

茶树具有喜温、喜湿润、耐荫的生理特点(王镇恒,1999)。在茶芽萌发期,日平均气温稳定通过≥10 ℃、适宜的水分和光照,能满足茶芽萌动的需求,利于春芽生长和逐渐膨大(李倬等,2005;庄晚芳 等,1995)。当日最低气温<0 ℃,影响茶芽萌动;日最低温度<−3 ℃,茶树出现低温、霜冻灾情。茶芽萌发期适宜气象条件指标见表4.11。

表4.11　茶芽萌发期气象条件适宜度指标

项目	不适宜条件	适宜条件
温度	$T<10$ ℃或 $T_{min}<-3$ ℃	$T\geqslant 10$ ℃
空气相对湿度	$U<70\%$	$70\%\leqslant U<90\%$
日照百分率	$S\geqslant 50\%$	$S<45\%$

(4)农事建议

在春季注意采取保温、增湿措施,如覆盖法、烟熏法、喷水法等预防春季霜冻。干旱时,茶园可采取喷洒、滴灌设备和其他辅助管理设施,为茶园茶树增水、增湿,保证春芽萌发的水分需求。选择适宜的树种营造茶园防护林、行道树网或遮阴树,力求达到茶树既有充足的日照时数,同时又避免强光直射,以保证茶业的优良品质。

4.3.1.2　春茶期(4—5月)

(1)适宜气象指标

①温度:4月上旬开始,日平均气温达到15 ℃,有利于鱼片迅速展开,茶芽、叶片生长加快,此时可开始采摘少量优质灵岩绿茶。达到16～20 ℃时,茶芽生长最为迅速。当平均气温达20～25 ℃时,春梢的生长速度最快,是春茶生长旺盛期,

②水分、日照:在此期间,茶树生长需水较多,空气相对湿度为U,$70\%\leqslant U<90\%$,期间月降水量>120 mm,适宜的月降水量利于春梢生长发育。茶树具备耐荫的生理特点,需要较短的日照,日照百分率<45%,较弱的光照条件能生产优质绿茶。

(2)不利气象指标

①温度:当日平均气温<10 ℃,茶树生长受到影响,叶片生长缓慢。日平均气温≤10 ℃,日最低温度在1～3 ℃,出现阴雨天气,持续≤2 d,对产量略有影响;日最低温度≤0 ℃,持续≥3 d,将影响春茶生长,采茶次数减少,对总产量有明显影响。

②水分、日照:空气相对湿度<70%、日照百分率>50%,影响茶芽生长,不利于正常发育。当土壤相对湿度<20%时,茶树发生干旱缺水,会造成茶芽生长量不足,造成当年产量锐减,甚至对成龄茶树的后期产量、品质的形成造成一定影响。

(3)关键农事活动及指标

此期间,进入春茶生产期,主要防御春季晚霜冻害和干旱对茶树造成的影响(王培娟等,2021),适时适量浇足返青水,促进其生长,增强树势,减缓冻害的影响。但要把握好浇

水的日期，当日最高气温达到 15～17 ℃时，浇水能起到较好的效果。春季空气干燥和干旱会加重茶树的冻害，影响春茶的生产，可采取茶园安装喷洒、滴灌设备和其他辅助管理设施，达到茶园茶树增水、增湿的效果。同时，应采取正确合理的管理措施减轻强对流天气和极端天气对茶树生长造成的不利影响（史春彦 等，2016）。春茶期适宜气象条件指标见表 4.12。

表 4.12　春茶期适宜气象条件指标

项目	不适宜条件	适宜条件
温度	$T \leqslant 10$ ℃或 $T_{min} < 0$ ℃	15 ℃$\leqslant T \leqslant$20 ℃
空气相对湿度和降水量	$U<50\%$，$R<100$ mm	$70\% \leqslant U < 90\%$，120 mm$\leqslant R \leqslant$300 mm
日照百分率	$S \geqslant 55\%$	$S<45\%$

（4）农事建议

可通过烟熏、凝雾等方法降低春季晚霜冻害对茶树造成的危害，适时适量浇足返青水减缓冻害程度。干旱少雨时，要及时进行人工浇水灌溉，并及时采摘茶芽。

4.3.1.3　夏茶期（6 月至 8 月下旬）

（1）适宜气象指标

①温度：日平均气温稳定在 22 ℃左右，有利于夏梢的快速生长，利于夏茶采摘；7 月中下旬日平均气温为 28.0 ℃，叶片生长良好，适宜夏梢生长发育。

②水分、日照：适宜的空气相对湿度（$75\% \leqslant U < 95\%$），月平均降水量＞120 mm，适宜的月降水量利于夏梢生长发育，空气相对湿度高于 90%时，利于茶叶优良品质的形成。月日照百分率＜45%，较弱的光照条件利于生产优质绿茶。

（2）不利气象指标

①温度：茶树能耐 35～40 ℃高温，日平均气温≥30 ℃，日最高温度≥35 ℃，持续天数≤2 d，新梢生长受到抑制，对产量略有影响；当此温度条件下，持续天数≥3 d，会导致新梢枯萎，造成落叶，产量造成歉收。

②水分、日照：空气相对湿度＜75%、日照百分率＞50%，不利于夏梢正常发育，造成夏茶产较量少、质量较差。

（3）关键农事活动及指标

茶树具有喜光怕晒的生物特性，注意做好茶园管理，尤其是病虫害的防治，干旱时及时进行人工浇灌。夏茶期适宜气象条件指标见表 4.13。

表 4.13　夏茶期适宜气象条件指标

项目	不适宜条件	适宜条件
温度	$T>30$ ℃，$T_{max} \geqslant 35$ ℃，且持续≥3 d	20 ℃$\leqslant T \leqslant$25 ℃
空气相对湿度和降水量	$U<70\%$，$R<200$ mm	$75\% \leqslant U < 95\%$，150 mm$\leqslant R \leqslant$450 mm
日照百分率	$S \geqslant 50\%$	$S<45\%$

（4）农事建议

在实际生产中，注意做好茶园管理，防治病虫害。同时，茶园应注意改善茶园生态环境条件，选择适宜的树种营造茶园防护林、行道树网或遮阴树，避免茶树遭受强光直射，以保证茶业的优良品质。

4.3.1.4 秋茶期(9月至10月上旬)

(1)适宜气象指标

①温度：日平均气温在18～22 ℃，有利于秋梢的生长和秋茶采摘。

②水分、日照：空气相对湿度70%≤U<90%、月平均降水量120～150 mm，利于秋梢生长发育。月日照百分率<50%，利于生产优质绿茶。

(2)不利气象指标

①温度：日最高气温≥35 ℃对秋梢发育不利。立秋后，昼夜温差较大，对茶叶品质产生一定影响。

②水分、日照：空气相对湿度<60%、日照百分率>55%，不利于秋梢正常发育。由于秋季白天日最高气温仍较高，受蒸腾作用影响，空气相对湿度下降明显，对新梢生长不利。光照较强，直接影响秋茶产量和品质。

(3)关键农事活动及指标

做好茶园管理，干旱时及时进行人工浇灌，减少直射光，高温注意遮阴，提高茶叶品质。秋茶期适宜气象条件指标见表4.14。

表4.14 秋茶期适宜气象条件指标

项目	不适宜条件	适宜条件
温度	T>26 ℃，T_{max}≥35 ℃	18 ℃≤T≤22 ℃
空气相对湿度和降水量	U<60%，R<120 mm	70%≤U<90%，150 mm≤R≤300 mm
日照百分率	S>55%	S<50%

注：T为平均气温；T_{max}为日最高气温；U为空气相对湿度；R为月平均降水量；S为月日照百分率。

(4)农事建议

实际生产中，茶农可采取营造防护林、铺草帘、搭拱棚等方式，减少光照直射，增加漫射光。同时，做好茶园管理，及时浇灌茶树，为茶树安全越冬做好准备。

4.3.1.5 越冬期(10月下旬至次年2月)

(1)适宜气象指标

①温度：当日最低气温≤10.0 ℃，日平均气温<5 ℃，茶树进入休眠状态。1—2月，月极端最低气温≥−5 ℃，月平均气温≥0 ℃，适宜茶树越冬。

②水分、日照：空气相对湿度≥60%，冬季降水量≥50 mm，月日照百分率<50%，利于茶树休眠且不易发生冻害。

(2)不利气象指标

①温度：日平均气温≤0 ℃，日最低气温≤−10 ℃，持续≥2 d，茶树易出现低温冻害；T≤−3 ℃、T_{min}≤−14 ℃，持续≥2 d，将出现严重的冻害。

②水分、日照：空气相对湿度<60%、冬季降水量<50 mm，加上较低的气温，冻土深度≥10 cm，持续≤5 d，茶树根系水分吸收受阻，易发生冻害。日照百分率>55%，光照较强，影响茶树休眠越冬。

(3)关键农事活动及指标

做好茶园冬前肥水管理,提高茶树越冬抗寒抗旱能力。越冬期间,加强茶园冬季田间管理,注意采取保暖措施,如铺草、搭拱棚、搭风帐等措施确保安全越冬。做好寒潮防御,寒潮在来临前,可在茶树行间及根部铺设麦糠、稻草、秸秆等,达到增温保湿。越冬期适宜气象条件指标见表 4.15。

表 4.15　越冬期适宜气象条件指标

项目	不适宜条件	适宜条件
温度	$T\leqslant 0$ ℃、$T_{min}\leqslant -10$ ℃,持续≥2 d,易出现低温冻害;$T\leqslant -2$ ℃、$T_{min}\leqslant -12$ ℃,持续≥2 d,出现中度冻害;$T\leqslant -3$ ℃,$T_{min}\leqslant -14$ ℃,持续≥2 d,将出现重度冻害	0 ℃$\leqslant T\leqslant$5 ℃
空气相对湿度和降水量	$U<60\%$,$R<50$ mm	$60\%\leqslant U<80\%$,$R\geqslant 50$ mm
日照百分率	$S>55\%$	$S<55\%$

注:T 为平均气温;T_{max}为日最低气温,单位为℃;U 为空气相对湿度;R 为月平均降水量;S 为月日照百分率。

(4)农事建议

实际生产中,加强茶园冬季田间管理,注意低温、霜冻危害,做好防寒保湿,确保安全越冬。

4.3.2　主要农业气象灾害

长清茶树从 3 月中下旬开始茶芽萌发,4 月上旬春茶采摘至 10 月上旬秋茶采摘结束。常见的主要农业气象灾害有低温冻害、高温热害等。

4.3.2.1　低温冻害

低温冻害是农业气象灾害的一种,冬季气温下降到茶树植株受害或致死的临界温度以下,引起茶树芽叶、枝条受到损害或死亡(浙江省气象标准化技术委员会,2020)。茶树作为叶用农作物,易受低温冻害的影响。低温冻害降低光合作用强度,减少茶树根系对养分的吸收,影响养分的运转。冻害较轻时,茶树的嫩叶、芽叶出现卷曲、变褐、变焦,茶叶出现减产和品质下降;严重时则出现长势衰落,叶落枝枯,甚至死亡。茶树易在早春时节发生低温冻害,可用温度、湿度、降水量等气象要素作为指标,根据茶树受灾害程度进行划分,其低温冻害灾害气象指标见表 4.16。

表 4.16　长清茶树低温冻害气象指标

指标	轻度	中度	重度	特重度
温度和持续天数	$T\leqslant 0$ ℃,$T_{min}\leqslant -10$ ℃,持续≥2 d	$T\leqslant -2$ ℃,$T_{min}\leqslant -12$ ℃,持续≥2 d	$T\leqslant -3$ ℃,$T_{min}\leqslant -14$ ℃,持续≥2 d	$T\leqslant -5$ ℃,$T_{min}\leqslant -15$ ℃,持续≥3 d
空气相对湿度	$60\%\leqslant U<70\%$	$U\leqslant 60\%$	$U\leqslant 60\%$	$U\leqslant 50\%$
降水量	30 mm$\leqslant R<$50 mm	20 mm$\leqslant R<$30 mm	$R<20$ mm	$R<20$ mm
地温及冻土	$H\geqslant 10$ cm,持续≥2 d	$H\geqslant 15$ cm,持续≥3 d	$H\geqslant 20$ cm,持续≥3 d	$H\geqslant 20$ cm,持续≥5 d

续表

指标	轻度	中度	重度	特重度
表现症状	叶片尖端、边缘受冻后出现变色，略有损伤，叶片受害率<20%	叶片受冻后出现变色，顶芽和上部腋芽变色较重，叶片受害率 20%～50%。	生产枝受冻变色，出现干枯现象，老叶枯绿无光，枝梢逐渐向下枯死，叶片受害率 50%～75%	骨干枝及树皮冻裂受伤，严重时主干基部自下向上出现纵裂，枝梢失水干枯，甚至叶片全部枯萎、凋落，植株枯死，叶片受害率 75%～95%

注：T 为冬季月平均气温；T_{min} 为极端最低气温；U 为冬季月平均空气相对湿度；R 为冬季降水量；H 为冻土深度。

4.3.2.2　高温热害

高温热害是指日平均气温上升到 30 ℃以上、日最高气温上升到 35 ℃以上，使茶树芽叶、枝条等受到损害的一种农业气象灾害(浙江省气象局，2017)。气象指标包括 6 月中下旬至 9 月中旬的日平均气温、最高气温和日平均空气相对湿度。茶树高温热害划分为 4 个等级，各单项指标的等级判断标准见表 4.17。

表 4.17　长清茶树高温热害等级气象指标

等级	气象指标		受害情况
	温度	空气相对湿度	
轻度	$T \geq 30$ ℃、$T_{max} \geq 35$ ℃，持续≥5 d；或 $T_{max} \geq 38$ ℃，持续≥5 d；或 $T_{max} \geq 40$ ℃，持续≥3 d	$U \leq 65\%$	受害茶树上部成叶出现变色、枯焦，茶芽仍呈现绿色，芽叶受害率<20%
中度	$T \geq 30$ ℃、$T_{max} \geq 35$ ℃，持续≥10 d；或 $T_{max} \geq 38$ ℃，持续≥8 d；或 $T_{max} \geq 40$ ℃，持续≥5 d	$U \leq 65\%$	受害茶树上部成叶出现变色、枯焦或脱落，茶芽萎蔫、枯焦，芽叶受害率 20%～50%
重度	$T \geq 30$ ℃、$T_{max} \geq 35$ ℃，持续≥12 d；或 $T_{max} \geq 38$ ℃，持续≥10 d；或 $T_{max} \geq 40$ ℃，持续≥9 d	$U \leq 65\%$	受害茶树叶片变色、枯焦或脱落，蓬面嫩枝出现干枯，芽叶受害率 50%～80%
特重度	$T \geq 30$ ℃、$T_{max} \geq 35$ ℃，持续≥15 d；或 $T_{max} \geq 38$ ℃，持续≥15 d；或 $T_{max} \geq 40$ ℃，持续≥12 d	$U \leq 60\%$	受害茶树叶片变色、枯焦或脱落，成熟枝条出现干枯甚至整株死亡，芽叶受害率>80%

注：T 为日平均气温；T_{max} 为极端最高气温；U 为日平均空气相对湿度。

4.3.3　主要病虫害

茶树害虫会对茶树的正常生长造成较大的不利影响，降低了茶叶的品质。茶树害虫主要包括：吸汁类，主要有假眼小绿叶蝉、茶橙瘿螨、茶蚜、黑刺粉、蛇眼等；食叶类，主要有茶尺蠖、茶毛虫、茶丽纹象甲等；钻蛀类，主要有茶枝镰蛾、茶天牛、茶枝木蠹蛾等；地下害虫，主要包括蟋蟀、蛴螬等(石春华，2017)。

4.3.3.1　茶毛虫

又称毒毛虫。一年发生 2 代，以卵块越冬，次年 4 月中旬越冬卵开始孵化，各代幼虫发生期分别为 4 月中旬至 6 月中旬、7 月下旬至 9 月下旬。幼虫 3 龄前群集，成虫有趋光性。低龄幼虫多栖息在茶树中下部成叶背面，取食下表皮及叶肉，2 龄后食成孔洞或缺刻，4 龄后进入暴食期，严重发生时也可使成片茶园光秃。

防治措施：a. 秋冬季清园，摘除卵块；b. 点灯诱蛾，减少产卵量；c. 应用茶毛虫核型多角体病毒，人工释放赤眼蜂；d. 化学防治在百丛卵块 5 个以上时进行，掌握在 3 龄幼虫期前，以侧位低容量喷洒为佳。药剂可选用 80%敌敌畏亩用 80～100 mL 或 2.5%天王星亩用 15～25 mL，也可采取敌敌畏毒砂（土）的方法，即每亩用 80%敌敌畏 100～150 mL，加干湿适宜的砂（土）10 kg 拌匀，覆盖塑料膜闷 10～15 min 后，均匀撒在茶地上，防效能优于喷雾。

4.3.3.2　茶尺蠖

又称拱拱虫。以蛹在茶树根际土壤中越冬，次年 2 月下旬至 3 月上旬开始羽化。幼虫发生危害期分别为 4 月下旬至 5 月中旬、5 月下旬至 6 月下旬、6 月下旬至 7 月下旬、7 月中旬至 8 月中旬、8 月中旬至 9 月下旬、9 月下旬至 10 月中旬。它以幼虫残食茶树叶片，低龄幼虫危害后形成枯斑或缺刻，3 龄后残食全叶，大发生时可使成片茶园光秃。

防治措施：a. 保护天敌；b. 清园灭蛹、培土杀蛹；c. 化学防治在亩幼虫量超过 4500 头时进行，掌握在 3 龄前，以低容量蓬面喷扫为宜。药剂可选用 2.5%敌杀死亩用 20～25 mL 或 2.5%天王星亩用 20 mL。

4.3.3.3　茶丽纹象甲

又称花鸡娘。以幼虫在茶园土壤中越冬，次年 4 月下旬开始化蛹，5 月中旬前后成虫开始出土，5 月底至 6 月上旬为出土盛期，主要危害夏茶。成虫活动能力强，爬行迅速，具假死性，主要咬食叶片成缺刻。

防治措施：a. 茶园伏耕（7—8 月）及秋末耕翻；b. 利用成虫假死性进行人工捕杀；c. 化学防治在亩虫量达 10000 头时进行，防治适期一般在 5 月底至 6 月上旬，即出土盛末期，以低容量喷雾为佳，可选用 2.5%天王星亩用 60 mL。

4.3.3.4　茶橙瘿螨

又称茶刺叶瘿螨。该虫虫态混杂、世代重叠，一年可发生 10 余代。各虫态均可在成、老叶越冬，其卵散产于嫩叶背面，尤以侧脉凹陷处居多。它吸取茶树汁液，使受害芽叶失去光泽，叶脉发红，叶片向上卷萎缩，严重时造成芽叶干枯，叶背并有褐色锈斑，影响茶叶产量和质量。以 5 月中旬至 6 月下旬及 7 月中旬至 8 月下旬危害较重。

防治措施：a. 及时分批采摘；b. 秋末结合清园用 0.5 波美度石硫合剂封园；c. 化学防治在每叶虫口数达 20 头左右时进行全面喷药，叶片正反面均须喷湿。茶树生长季节可选用 73%克螨特 1500～2000 倍液或天王星亩用 20 mL（克螨特对茶树嫩芽叶易产生药害，使用时应特别注意稀释浓度，以大容量喷雾为宜）。

4.3.3.5　茶树病害

茶树病害根据其危害部位可分为叶部病害、茎部病害和根部病害 3 大类。叶部病害包括加害芽梢和成叶的病害，如茶云纹叶枯病、茶炭疽病及茶轮斑病等。长清区茶园中病害发生较少，主要以茶炭疽病为主，主要危害成叶和老叶。病斑多自叶缘或叶尖，开始成水渍状暗绿色，圆形，后渐扩大，成不规则形，并渐呈红褐色，后期变灰白色，病健分界明显。病斑上生有许多细小、黑色突起粒点，无轮纹。其发病通常在多雨年份，在一年中以秋雨期间发生较多。同时，偏施氮肥的茶园中也易发生。

防治措施：a. 加强茶园管理，做好积水茶园的开沟排水；b. 秋冬季清除园间枯枝落叶，以减少第二年病菌数量；c. 增施磷钾肥，增强茶树抗病力；d. 药剂防治可选用 70%甲基托布津 1000～1500 倍液或多菌灵 1000 倍液等进行喷施；每年 11—12 月用 0.3～0.5 波美度的石硫合剂封园。

4.3.4　农业气象周年服务方案

根据长清茶生育需求，制定长清茶农业气象周年服务方案，见表 4.18。

表 4.18　长清茶农业气象周年服务方案

时间	主要发育期	农业气象指标	农事建议	重点关注
3 月中下旬	茶芽萌发期	(1)3 月中旬，当日平均气温稳定通过≥10 ℃、适宜的水分和适宜的光照，休眠状态的越冬芽开始进入萌动期，此后气温增加，有利于茶芽萌动生长； (2)日最高温度<10 ℃，茶芽生长缓慢，干物质积累受影响。空气相对湿度<70%、日照百分率>50%，影响茶芽生长，对成龄茶树生长发育和后期产量、品质的形成造成一定影响	(1)在春季注意采取保温、增湿措施，如覆盖法、烟熏法、喷水法等预防春季霜冻； (2)在实际生产中，茶农可采取喷洒、滴灌设备和其他辅助管理设施，为茶园茶树增水、增湿，保证春芽萌发的水分需求； (3)选择适宜的树种营造茶园防护林、行道树网或遮阴树，力求达到茶树既有充足的日照时数，同时又避免强光直射，以保证茶业的优良品质	(1)强冷空气活动，如寒潮； (2)倒春寒； (3)霜冻、低温； (4)干旱、缺水
4—5 月	春茶期	(1)4 月上旬开始，日平均气温达到 15 ℃，茶芽、叶片生长快，可少量采摘优质灵岩绿茶。达到 16～20 ℃时，茶芽生长最为迅速；当平均气温达 20～25 ℃时，春梢的生长速度最快，是春茶采摘旺盛期。在此期间茶树生长需水较多，空气相对湿度 70%≤U<90%，期间适宜的月降水总量>120 mm，利于春梢生长发育；日照百分率<45%，较弱的光照条件能生产优质绿茶； (2)日平均气温<10 ℃，日最低温度在 1～3 ℃，出现阴雨天气，持续≥2 d，对产量略有影响；日最低温度≤0 ℃，持续≥3 d，将影响春茶的采摘期、采茶次数减少，对总产量有明显影响	(1)主要防御春季晚霜冻害和干旱对茶树造成的影响，茶园可采取烟熏、凝雾等方法降低春季冻害对茶树的影响；适时适量浇足返青水，减缓冻害的影响； (2)春季空气干燥和干旱会加重茶树的冻害，影响春茶的生产，茶园可采取安装喷洒、滴灌设备和其他辅助管理设施，达到茶园茶树增水、增湿的效果； (3)做好强对流天气(冰雹)的应对措施	(1)春季晚霜冻害； (2)干旱、缺水； (3)强对流天气(大风、冰雹)
6 月至 8 月下旬	夏茶期	(1)日平均气温稳定在 22 ℃左右，适宜的空气相对湿度 75%≤U<95%、月平均降水量>120 mm，利于夏梢快速生长和夏茶采摘；空气相对湿度>90%时，利于茶叶优良品质的形成；月日照百分率<45%，较弱的光照条件利于生产优质绿茶； (2)日平均气温≥30 ℃，日最高温度≥35 ℃，新梢生长受到抑制，对产量略有影响；当此温度条件下，持续天数≥3 d，会导致新梢枯萎，造成落叶，产量歉收	1. 注意做好茶园管理，防治病虫害，干旱时及时进行人工浇灌； (2)在实际生产中，茶园应注意改善茶园生态环境条件，选择适宜的树种营造茶园防护林、行道树网或遮阴树，力求达到茶树既有充足的日照时数； (3)避免强光直射，以保证茶业的优良品质	(1)干热风； (2)高温热害； (3)病虫害； (4)强对流天气(大风、冰雹)； (5)干旱、少雨

续表

时间	主要发育期	农业气象指标	农事建议	重点关注
9月至10月上中旬	秋茶期	(1)日平均气温在18～22 ℃,空气相对湿度70%≤U<90%、月平均降水量120～150 mm,利于秋梢生长发育,利于秋茶采摘。日照百分率<50%,利于生产优质绿茶; (2)日最高气温≥33 ℃、空气相对湿度<60%、日照百分率>55%,不利于秋梢正常发育,对茶叶品质产生一定影响	(1)做好茶园管理,干旱时及时进行人工浇灌,减少直射光,提高茶叶品质; (2)实际生产中,茶农可采取营造防护林、铺草帘、搭棚等方式,减少光照直射,增加漫射光; (3)做好茶园管理,及时浇灌茶树,为茶树安全越冬做好准备	(1)高温热害; (2)病虫害; (3)干旱、少雨
10月下旬至次年3月上旬	越冬期	(1)当日最低气温≤10.0 ℃,日平均气温<5 ℃,茶树进入休眠状态;1—2月,极端最低气温≥−5 ℃,月平均气温≥0 ℃,适宜茶树越冬; (2)日平均气温≤0 ℃,日最低气温极端≤−10 ℃,持续≥2 d,茶树易出现低温冻害;T≤−3 ℃,T_{min}≤−14 ℃,持续天数≥2 d,将出现严重的冻害;平均空气相对湿度<60%、冬季降水量<50 mm,冻土深度≥10 cm,持续≤5 d,茶树易发生冻害; (3)日照百分率>55%,光照较强,影响茶树休眠越冬	(1)做好茶园冬前肥水管理,提高茶树越冬抗寒抗旱能力; (2)越冬期间,加强茶园冬季田间管理,注意采取保暖措施,如铺草、搭风帐、搭建拱棚等措施确保安全越冬; (3)做好冻害及寒潮天气防御,在来临前,可在茶树行间及根部铺设麦糠、稻草、秸秆等,达到增温保湿	(1)寒潮等强冷空气活动; (2)干旱、缺水

4.4 金乡大蒜

4.4.1 农业气象指标

大蒜性喜冷凉,喜湿怕旱,较耐寒冷,不耐强光,适合中等光照强度,对土壤要求不严,但富含有机质、疏松透气的肥沃壤土更适宜大蒜生长。金乡县大蒜的种植时段在10月上旬至11月上旬,其生长过程可划分为播种期、出苗期、越冬期、返青期、花芽和鳞芽分化期、蒜薹伸长期、鳞茎膨大期及成熟收获期8个时期。

4.4.1.1 播种至出苗期(10月上旬至12月上旬)

(1)适宜气象指标

①温度:大蒜种子在3～5 ℃的低温下就可萌芽;幼苗生长的适宜温度为12～16 ℃,温度在12 ℃以上萌芽迅速,日平均温度低于22 ℃,即可播种。

②水分:土壤相对湿度为60%～80%适宜。

(2)不利气象指标

①温度:温度>23 ℃,不利于播种出苗。

②水分:土壤相对湿度<50%干旱,不利于种子生根发芽。

(3)关键农事活动及指标

大蒜播种期一般在稳定通过≥22 ℃终日后播种,播种期越早,越有利于大蒜冬前壮苗的形成。根据天气情况适时播种大蒜，一般掌握在 10 月 5—10 日播种，大蒜播种的最适时期是使植株在越冬前长到 6～8 片叶，此时植株抗寒力最强，在严寒冬季不致被冻死，并为植株顺利通过春化打下良好基础。如播种过早，幼苗在越冬前生长过旺而消耗养分，则降低越冬能力，还可能再行春化，引起二次生长，第二年形成复瓣蒜，降低大蒜品质；播种过晚，越冬时苗小，营养生长期短，积累的养分相对减少，抗寒力下降，容易受冻害，导致蒜头小、蒜瓣数量减少，同样也会诱发大蒜二次生长现象，出现苗子小，组织柔嫩，根系弱，积累养分较少，抗寒力较低，越冬期间死亡多等现象。所以大蒜必须严格掌握播种期。大蒜播种气象条件适宜度等级指标见表 4.19。

表 4.19 大蒜播种气象条件适宜度等级指标

农事活动	判别项目	不适宜条件	较适宜条件	适宜条件
大蒜播种	未来 24 h 日平均气温(℃)	<3 或≥23	3～16 或 18～23	16～18
	预报日前一日 10 cm 土壤湿度(%)	<50 或>90	60～70	70～80
	逐日日照时数(h)	<8		>8

(4)农事建议

大蒜播种后要及时浇水，以达到降低地温和增加土壤湿度的目的，并及时盖膜保墒，确保大蒜一播全苗。为保证大蒜安全越冬，此期应特别注意保护地膜完好，防止被风刮起。11 月幼苗期一般不需浇水和追肥。

4.4.1.2 大蒜越冬期(12 月中旬至 2 月中旬)

(1)适宜气象指标

①温度：大蒜属绿体春化型，在出苗到幼苗期间，需 0～4 ℃的低温，经过 30～40 d，即可通过春化过程。

②水分：苗期土壤相对湿度在 60%～80%范围内，即可满足越冬期大蒜所需水分。

(2)不利气象指标

①温度：气温高于 5 ℃，不利于大蒜通过春化过程；日平均气温稳定降至 2～3 ℃，大蒜基本停止生长，≤－10 ℃可能会发生冻害。

②水分：土壤相对湿度<50%，影响越冬期幼苗生长，>100%，幼苗易弱黄或死亡。

(3)关键农事活动及指标

大蒜此期不要追施任何的肥料，追肥不当会导致大蒜出现大面积异常生长现象。大蒜越冬气象条件适宜度等级指标见表 4.20。

表 4.20 大蒜越冬气象条件适宜度等级指标

农事活动	判别项目	不适宜条件	较适宜条件	适宜条件
大蒜覆盖地膜	未来 24 h 日平均气温(℃)	<－7 或>5	－7～0	0～5
	预报日前一日 10 cm 土壤湿度(%)	<50 或>90	60～70	70～80
	逐日日照时数(h)	<7		>7

(4)农事建议

根据天气预报及时加固地膜，防止被大风刮起。

4.4.1.3　大蒜返青期(2月下旬至3月中旬)

(1)适宜气象指标

①温度：蒜田日平均5 cm地温稳定回升至5～6 ℃，气温为3～6 ℃；无倒春寒现象。

②水分：水分充足，土壤相对湿度在60%～80%范围内。

③光照：日照时数为7 h以上。

(2)不利气象指标

①温度：气温≤2 ℃，不利于大蒜返青。

②水分：土壤相对湿度＜50%或＞80%，影响根系发育。

(3)关键农事活动及指标

根据土壤墒情，注意及时灌溉或开沟渗水。大蒜返青气象条件适宜度等级指标见表4.21。

表4.21　大蒜返青气象条件适宜度等级指标

判别项目	不适宜条件	较适宜条件	适宜条件
未来24 h日平均气温(℃)	＜2或＞23	3～12	12
预报日前一日10 cm土壤湿度(%)	＜50或＞80	60～70	70～80
逐日日照时数(h)	＜7		＞7

(4)农事建议

注意收看这一阶段的中长期天气预报，降水偏少，应及时灌溉追肥，土壤相对湿度＞80%，需在田边开沟渗水。

4.4.1.4　大蒜花芽和鳞芽分化期(3月中旬至4月上旬)

(1)适宜气象指标

①温度：大蒜花芽和鳞芽分化期适宜的温度为15～20 ℃，无倒春寒现象。

②水分：水分充足，土壤相对湿度在60%～80%范围内。

③光照：日照时长8 h以上。

(2)不利气象指标

①温度：气温≤8 ℃，生长速度缓慢。

②水分：土壤相对湿度＜50%或＞80%，影响根系发育。

③低温、寡照、连阴雨。

(3)关键农事活动及指标

根据土壤墒情，注意及时开沟渗水。大蒜鳞芽分化气象条件适宜度等级指标见表4.22。

表4.22　大蒜鳞芽分化气象条件适宜度等级指标

农事活动	判别项目	不适宜条件	较适宜条件	适宜条件
开沟渗水	未来24 h日平均气温(℃)	＜8或＞26	8～15或20～26	15～20
	预报日前一日10 cm土壤相对湿度(%)			60～70
	逐日日照时数(h)	＜8		＞8

(4)农事建议

土壤相对湿度>80%,需在田边开沟渗水。一般情况下,3 月无需浇水。

4.4.1.5　抽薹伸长期(4 月上旬至 5 月上旬)

(1)适宜气象指标

①温度:大蒜抽薹的适宜温度为 17～22 ℃,无极端天气。

②水分:土壤相对湿度在 70%～100%范围内。

③光照:日照时数为 8 h 以上。

(2)不利气象指标

①温度:当温度>26 ℃时蒜头停止生长,转入休眠状态。

②少水缺肥。

③持续降水,低温寡照。

(3)关键农事活动及指标

此期大蒜需水量较大,需多次灌溉。大蒜抽薹伸长期气象条件适宜度等级指标见表 4.13。

表 4.23　大蒜抽薹伸长期气象条件适宜度等级指标

农事活动	判别项目	不适宜条件	较适宜条件	适宜条件
灌溉	未来 24 h 日平均气温(℃)	<10 或>26	10～17 或 22～26	17～22
	预报日前一日 10 cm 土壤相对湿度(%)			>90
	逐日日照时数(h)	<8		>8

(4)农事建议

此期是需肥水量最大的时期,一般浇 2 次水,4 月初浇 1 次,结合追肥,以促进蒜苗快速生长。4 月下旬,即蒜薹收获前 5 d 应及时浇抽薹水,同时此期为病虫害高发期,需及时防治。

4.4.1.6　鳞芽膨大期(5 月初至 5 月下旬)

(1)适宜气象指标

①温度:蒜头膨大适宜温度为 20～25 ℃,无极端天气。

②水分:土壤相对湿度在 70%～100%范围内。

③光照:日照时数为 9 h 以上。

(2)不利气象指标

①温度:当温度>26 ℃时蒜头停止生长,转入休眠状态。

②少水缺肥。

③持续降水,低温寡照。

(3)关键农事活动及指标

5 月上旬大蒜进入蒜薹膨大期。鳞茎形成期的适宜温度为 17～27 ℃,日平均温度超过 30 ℃根系开始生长缓慢,出现枯萎、叶片干枯,假茎松软倒伏等状况。膨大期温度高于 25 ℃,易导致根叶早衰,不利于大蒜干物质积累。大蒜鳞芽膨大期气象条件适宜度等级指标见表 4.24。

表 4.24　大蒜鳞芽膨大期气象条件适宜度等级指标

判别项目	不适宜条件	较适宜条件	适宜条件
未来 24 h 日平均气温(℃)	<12 或>30	12～20 或 25～30	20～25
预报日前一日 10 cm 土壤相对湿度(%)			>90
逐日日照时数(h)	<9		>9

(4)农事建议

5 月为大蒜收获蒜薹期、鳞茎膨大期以及大蒜收获期。蒜薹收获后根据田间墒情，浇好鳞茎膨大水，该时期要大水大肥。大蒜收获前 5 d 停止浇水，以免造成鳞茎含水量大，影响大蒜商品性。假茎变软倒伏时需及时收获并进行晾晒。

4.4.2　主要农业气象灾害

大蒜生育期内光温水是大蒜主要影响因素。其中温度影响最大，由于大蒜生育期较长，期间温度变化剧烈，极易形成春季低温冻害及后期由于高温引发的根叶早衰等。其次是水分，大蒜是喜湿作物由于缺水而引发的干旱在大蒜生育期内时有发生。同时，长时间的阴雨寡照天气也会对大蒜生长发育带来不利影响。大蒜鳞芽分化期和蒜头膨大期，冰雹等强对流天气，常造成蒜茎光杆，对大蒜生长发育造成严重影响。大蒜不同生育阶段农业气象灾害指标见表 4.25。

表 4.25　大蒜不同生育阶段农业气象灾害指标

发育期	霜冻	干热风	连阴(雨)天	冰雹
鳞芽分化期(3 月中旬至 4 月上旬)	轻霜冻：≤−2 ℃ 重霜冻：≤−5 ℃	无	连续降雨≥3 d 或日照时数不足 2 h 连续在 5 d 以上	直径≥2 cm
蒜头膨大期(4 月上旬至 5 月下旬)	轻霜冻：≤−2 ℃	最高气温≥30 ℃，14 时相对湿度≤30%，14 时风速≥2 $m \cdot s^{-1}$	连续降雨≥3 d 或日照时数不足 2 h 连续在 5 d 以上	直径≥2 cm

4.4.3　主要病虫害

4.4.3.1　叶枯病

危害特征：叶枯病主要危害蒜叶，发病开始于叶尖或叶的其他部位。初呈花白色小圆点，后扩大呈不规则形或椭圆形灰白色或灰褐色病斑，上部长出黑色霉状物，严重时病叶全部枯死，在上散生许多黑色小粒。危害严重时全株不抽薹。

发生特点：

①大蒜叶枯病的发生与田间温湿度呈正相关，一般温度越高，湿度越大，发病越重。

②多年重茬种植，大蒜长势弱的地块发病重。

③氮肥施用过多，底肥不足，发病重。

④种植密度大，田间通风不良，发病重。

防治方法：发病初期可选用苯醚甲环唑、苯甲溴菌腈、戊唑醇等治疗性杀菌剂，同时配合代森联、吡唑醚菌酯等保护性药剂一起使用，治病的同时防病。

4.4.3.2　细菌性软腐病

危害特征:大蒜染病后,先从叶缘或中脉发病,沿叶缘或中脉形成黄白色条斑,可贯串整个叶片。湿度大时,病部呈黄褐色软腐状。一般脚叶先发病,后逐渐向上部叶片扩展,致全株枯黄或死亡。

发生特点:播种较早,大水漫灌或生长过旺的田块发病重。

防治方法:发病时可用恶霉灵、络氨铜、枯草芽孢杆菌等喷淋防治。

4.4.3.3　大蒜菌核病

危害特征:发病部位在膜下大蒜假茎基部,初期病斑水渍状,以后变暗成灰白色,溃疡腐烂,腐烂部位发出强烈的蒜臭味。大蒜叶鞘腐烂后上部叶片表现萎蔫,并逐渐黄化枯死,蒜根须、根盘腐烂散瓣。

发生特点:

①连年重茬种植的老蒜区,病原菌基数大发病重。

②播种偏早,秋冬季气温高年份,冬前即可发病。

③地势低洼排水不良,靠近河道下潮地块发病重。

防治方法:发病后可使用霉腐利、异菌脲、嘧菌环胺、啶酰菌胺等药剂喷淋防治。

4.4.3.4　疫霉根腐病

危害特征:该病菌主要危害大蒜根和鳞茎,发病初期根呈水渍状逐渐变褐腐烂,剖开鳞茎后,靠近根盘的鳞茎变褐色;染病植株叶片从底部开始向上逐渐变黄,干枯死亡,植株明显矮化,蒜薹细短或不抽薹,严重病株不能形成产量或整株死亡。

发生特点:

①播种期温度偏低,田间湿度大的年份发病重。

②气温变化大,浇水过早的地块发病重。

③大水漫灌,淹水时间长的地块发病重。

防治方法:发病后可用络氨铜、枯草芽孢杆菌、恶霉灵等喷淋茎基部防治。

4.4.3.5　疫病

危害特征:主要危害叶片,叶片染病初在叶片中部或叶尖上生苍白色至浅黄色水浸状斑,边缘浅绿色,病斑扩展快,不久半个或整个叶片萎垂,湿度大时病斑腐烂,其上产生稀疏灰白色霉,即病菌孢囊梗和孢子囊;花茎染病亦呈水渍状腐烂,致全株枯死。

发生特点:

①降雨量大、雾天次数多,温度偏高时发病重。

②播期过晚的地块发病重。

③施氮肥过早过重的易发病;肥水条件差的田快发病重。

④过度密植,造成通风不良,田间湿度大的发病重。

防治方法:及时选用甲霜灵锰锌、霜脲锰锌、烯酰吗啉等药剂喷施防治,同时注意加强水肥管理。

4.4.4　农业气象周年服务方案

根据大蒜生育需求,制定大蒜农业气象周年服务方案,见表4.26。

表 4.26　大蒜农业气象周年服务方案

时间	主要发育期	农业气象指标	农事建议	重点关注
10—11 月	大蒜播种		在播种以后，土壤墒情差时要立即浇透水，促进幼芽萌发	(1)寒潮，低温及冷空气活动； (2)秋冬连续无有效降水，田间墒情较差
11—12 月	大蒜苗期	幼苗生长的适宜温度为 12～16 ℃，温度在 12 ℃以上萌芽迅速，日平均温度低于22 ℃即可播种；土壤相对湿度在 60%～80%适宜	(1)播种以后 1 周幼苗出土，再浇 1 次催苗水，而后浅中耕，疏松土壤，保持水分； (2)出苗后表土见干时浇第三遍水，有利幼苗生长。第二片真叶出现后，在土壤干湿适宜时，锄松 2～3 次	(1)寒潮，低温及强冷空气活动； (2)降水偏少，田间墒情差
12 月至次年 2 月	大蒜越冬期	大蒜属绿体春化型，在出苗到幼苗期间，需 0～4 ℃的低温，经过 30～40 d，即可通过春化过程；土壤相对湿度在 60%～80%范围内，即可满足越冬期大蒜所需水分	大蒜苗期的吸收能力还不是很强，又遇上冬季比较低的天气，所以在苗期的肥水管理上一定要注意，不可施肥过多。在施肥后要及时进行浇水，以免烧苗	冬季天气严寒，雨雪稀少，墒情较差，蒜苗易遭受冻害
2—3 月	大蒜返青期	蒜田日平均 5 cm 地温稳定回升至 5～6 ℃，气温 3～6 ℃；日照时长 7 h 以上；水分充足，土壤相对湿度在 60%～80%范围内	(1)净化地膜膜面，增加地膜透光率 大蒜返青的关键是温度，此期管理以提高地温为主。地膜覆盖的大蒜，要对膜上的遮盖物，比如树叶、完全枯死的大蒜叶和尘土要及早清除，净化膜面，以增加透光度提高地温，对于损坏的地膜要及时修补，以增加保温、增温效果，促进大蒜及早返青； (2)及时清除杂草。气温转暖，有利杂草生长，杂草生长既能争夺土壤养分，又能拱破地膜，严重影响大蒜生长，应及时清除杂草，把杂草消灭在幼嫩期； (3)加强肥水管理。及时浇水追肥，结合浇水冲施一次追肥，每亩追施尿素 15 kg、硫酸钾 10 kg，以促茎叶生长。若遇特殊干旱情况，可在 3 月下旬进行一次浇水，原则上不要浇水太早，否则易引起病害或大蒜二次生长。随后进行浅锄松土，提温保墒。4 月 5 日(清明节)以后若叶片出现黄尖现象，要及时增加浇水次数，一般每隔 10～15 d 浇水 1 次，促使植株生长； (4)加强病虫害防治，提高大蒜抗逆能力，由于气温的影响，为预防大蒜发生病虫害，可在 3 月底大蒜进入返青后选晴天午后进行叶面喷肥、喷药，促生根早发，防倒春寒，提高其抗逆能力。对未发病地块进行保护性用药，对发病地块进行保护性和治疗性用药，普喷一遍杀菌剂、植物生长调节剂、叶面肥，促大蒜健壮生长。特别注意对病害严重地块要坚决杜绝早浇返青水，视天气、墒情推迟浇水时间，为大蒜根系再生提供良好的环境，培育健壮植株	(1)倒春寒； (2)降水过少引起的墒情较差

续表

时间	主要发育期	农业气象指标	农事建议	重点关注
3—4 月	大蒜花芽和鳞芽分化期	适宜的温度为 15～20 ℃；日照时数为 8 h 以上；水分充足，土壤相对湿度在 60%～80%范围内	退母后植株开始独立生活，花芽、鳞芽开始分化，植株进入旺盛生长周期，也是大蒜由“他养”向“自养”过渡期。此期如果肥水不足，不仅加重黄尖现象，而且影响花芽和鳞芽的分化，使假茎和蒜薹下粗上细，采薹时口紧不易抽出，也影响鳞茎的发育，所以，此期要“肥大水勤”	(1)连阴雨； (2)低温寡照
4—5 月	大蒜抽薹伸长期	适宜温度为 17～22 ℃；长日照时数为 8 h 以上；土壤相对湿度在 70%～100%范围内	(1)抽薹后，鳞茎进入生长盛期，距收蒜不过 20 d，应视天气情况浇水 1～2 次，以保持土壤湿润，降低田间气温、地温。叶面可喷 0.3%磷酸二氢钾 1 次，地力差的可及早随水追施尿素； (2)有蒜蛆危害可用 50%辛硫磷乳油 1000 倍液或 90%敌百虫晶体 800 倍液灌根防治。待蒜薹露出 15～20 cm 时即可提薹，苍山大蒜应在薹打钩后提薹	(1)持续降水； (2)低温寡照
5 月	大蒜鳞芽膨大期	适宜温度为 20～25 ℃；长日照时数为 9 h 以上；土壤相对湿度在 70%～100%范围内	(1)水肥管理。地下鳞茎的生长需要大量的水分和养分，必须及时浇水和施肥，满足大蒜对水肥的需求，一般间隔 5～7 d 浇水 1 次，可以达到以水促苗的目的，直到收薹前 2～3 d 停止浇灌水。此时，大蒜鳞茎的生长也需要磷钾肥，磷肥和钾肥可以促进蒜薹的生长以及蒜瓣的膨大。这样可以保证大蒜中后期水肥充足，预防植株早衰，促进养分向蒜头转移运输，确保蒜头的膨大发育； (2)及时除草。在大蒜进入鳞茎期后管理上，田间杂草需要及时清理。如果杂草长得过多，就会夺取土壤中的营养和光照，导致大蒜因为营养不足而影响蒜头的膨大发育，降低大蒜的产量	(1)持续降水； (2)低温寡照

4.5　莱芜生姜

4.5.1　农业气象指标

莱芜生姜整个发育阶段可分为发芽期、幼苗期、旺盛生长期和成熟收获期。

4.5.1.1　发芽期(3 月上旬至 5 月中旬)

从种姜幼芽萌动到第一片姜叶展开，包括催芽和出苗的整个过程，需要 40～50 d。

(1)适宜气象指标

①温度：研究表明(赵德婉 等，2005)，种姜在 22～25 ℃发芽速度较适宜，幼芽较肥壮，经过 25 d 左右，符合播种要求。经过催芽后的生姜，大田种植适宜播种的温度指标为终霜后气温稳定在 15 ℃以上，适宜温度 22～25 ℃，出苗至初霜适于生姜生长的天数应在 135 d 以上，生长期间≥15 ℃有效积温达 1200～1300 ℃ · d，把根茎形成期安排在昼夜温差大而温度又适宜的月份里，以利于产品器官的形成。

莱芜 4 月中下旬为适宜播种期。若播种太早，地温低，热量不足，播种后种姜迟迟不能出苗，极易导致烂种或死苗；播种过晚，则出苗迟，从而缩短了生长期，造成减产。

②水分：播种时土壤相对湿度在 65%～70%（<60%不利于出苗），在适宜的土壤水分下，生姜出苗快、出苗齐。

③无连阴雨或干旱天气阶段出现。

(2)不利气象指标

①温度：气温低于 15 ℃播种，幼芽一般不萌发。高于 28 ℃则导致幼苗徒长而瘦弱。温度超过 30 ℃生长受到抑制。

②水分：土壤相对湿度>85%，易出现烂种；土壤相对湿度<60%，不利于发芽。

③发育期内出现霜冻、干旱、冰雹、强光照。

(3)关键农事活动及指标

播种的早晚、出苗素质的好坏，直接影响生姜后期的生长和产量的形成。所以，播种一定要选择合适的播种时间—适宜播种期。生姜播种后适宜温度为日平均气温为 20～28 ℃。播种适宜土壤相对湿度为 65%～75%，土壤湿度过大或过小均影响种子发芽，播种前土壤表层过湿，不利于播种作业，甚至烂种；当 10～20 cm 土壤相对湿度<60%时，影响适时播种，出苗率低。

(4)农事建议

①注意播种期的降雨和温度趋势预报，适时下种。

②加强田间管理，及时插遮阴帐或遮阴网，避免阳光长时间直射幼苗，还能改善田间小气候，降低地温，减少土壤蒸发，保持稳定墒情。

③姜的根系分布浅，吸水能力弱，既不耐旱，也不耐涝，要保持田间供水均匀。

④及时除草，避免草荒。

4.5.1.2 幼苗期(5 月下旬至 7 月下旬)

从展叶开始，到具有 2 个较大的侧枝，俗称“三股杈”时期，为幼苗期结束的形态标志，需 65～75 d。

(1)适宜气象指标

①温度：幼苗期生姜生长适宜气温为 20～28 ℃。

②水分：土壤相对湿度在 70%～80%，田间不能有积水，防止形成渍涝。

(2)不利气象指标

①温度：温度超过 30 ℃生长受到抑制。春末夏初，还未进入雨季，高温少雨，中午气温高，光照强，容易灼伤幼苗，造成叶片干枯、卷曲。

②水分：土壤相对湿度<60%，轻度水分不足，不利于分蘖；土壤相对湿度<40%，植株生长严重缺水，长势差，分枝少。

③高温、干旱、强降雨、连阴雨、大风、冰雹、台风、强光照。

(3)关键农事活动及指标

日平均气温在 20～28 ℃，此时已经到了生长旺季，需水量大大增加，土壤水分维持在田间持水量的 70%～80%为宜。在干旱条件下生长不良，易造成大量减产，根系纤维增多，品质下降；土壤积水，根系发育不良，气温忽高忽低，容易诱发姜瘟病，引起减产甚至绝产。

(4)农事建议

①及时浇水，保持土壤墒情，否则易造成减产，根系纤维增多，品质下降。

②降雨过后及时排除田间积水，防止烂根或根系发育不良，气温忽高忽低，容易诱发姜瘟

病，引起减产甚至绝产。

③及时除草划锄，破除土壤板结，要保持土壤湿润状态。

④姜苗大约1尺[①]高时，应及时施肥，促进根系和主茎生长，为后期根茎膨大打好基础。

4.5.1.3　旺盛生长期（8月上旬至10月上旬）

从三股杈以后（立秋前后），地上茎叶和地下部根茎同时进入旺盛生长阶段，需70～75 d。

(1)适宜气象指标

①温度：白天生姜生长适宜气温为25～28 ℃，夜间为17～18 ℃，昼夜有较大的温差，利于姜块生长。

②水分：土壤相对湿度在75%～85%，田间不能有积水，防止形成渍涝，在适宜的土壤水分下，生姜生长快，分枝多。

③无连阴雨或忽晴忽热天气出现。

(2)不利气象指标

①温度：温度超过30 ℃生长受到抑制。夏末秋初昼夜温差小，不利于姜块膨大。

②水分：土壤相对湿度<60%，轻度水分不足，不利于分蘖；土壤相对湿度<40%，植株生长严重缺水，长势差，分枝少，产量大幅下降。

③出现高温、干旱、强降雨、连阴雨、大风、冰雹、台风。

(3)关键农事活动及指标

从三股杈以后，地上茎叶和地下部根茎进入旺盛生长期，以保持25～28 ℃对茎叶生长较为适宜。白天温度稍高，在25 ℃左右，夜间为17～18 ℃，要求一定的昼夜温差，利于养分的制造和积累，降低夜间呼吸消耗；旺长期需水量大，要求土壤始终保持湿润，适宜的土壤相对湿度为75%～85%；旺长期群体大，植株相互遮蔽，要求较强光照，满足茎叶光合作用的要求。田间过湿或渍涝不利于植株旺盛生长，容易烂根，发生病害。主要的气象灾害为高温、干旱、洪涝。

(4)农事建议

①加强田间管理，拔除遮阴帐或遮阳网，增加田间光照强度，改善田间小气候，促进光合作用进行。

②旺盛生长期生长量大，需水量多，要保持土壤湿润状态，土壤过湿应及时排水，防止烂根。

③及时追肥，追肥量要大，养分要全面，将肥料施入姜沟中，覆土封沟培土，最后浇透水，同时及时中耕和向垄上培土，保持土壤疏松，利于姜球膨大。

4.5.1.4　成熟收获期（10月中旬至下旬）

(1)适宜气象指标

①温度：气温<15 ℃，姜块基本停止生长，日最低气温<4 ℃，初霜冻出现之前适时收获。

②水分：土壤相对湿度在75%～85%。在适宜的土壤水分下，生姜生长快，姜块饱满。

(2)不利气象指标

①温度：气温>15 ℃，初霜冻出现较晚，可适当延缓收获。

②水分：土壤相对湿度<60%，不利于姜块膨大，产量明显下降；土壤相对湿度<40%，严

---

① 1尺=1/3 m。

重缺水，产量大幅下降，品质变劣。

③初霜冻出现时间较早。

生姜不耐 0 ℃以下低温，收获期要在霜期到来之前，地上部分茎叶干枯时为宜。要随时注意收听、收看天气预报，在初霜之前收获。收获前 3～4 d 浇 1 次水使土壤湿润、疏松，收姜时姜球不易损伤，利于贮存。

(3)关键农事活动及指标

生姜不耐 0 ℃以下低温，收获要在“霜降”之前，地上部分茎叶干枯时为宜。

(4)农事建议

①关注天气预报，在初霜之前收获。收姜前提前 2～3 d 浇 1 次水使土壤湿润、疏松，收姜时姜球不易损伤，利于贮存。

②气温高，不宜提前收获，影响产量。

③选取无病姜块长期储存，姜窖温度控制在 11～13 ℃，空气相对湿度>96%，接近饱和但不能过湿。

4.5.2　主要农业气象灾害

4.5.2.1　高温

生姜喜阴喜湿，不耐高温强光。在高温烈日下，姜苗生长不良，叶片不能正常展开，植株分叉时间推迟，从营养生长至生殖生长的时间延长，会影响姜块的膨大和产量形成。气温超过 30 ℃，生姜生长受阻(王琪珍 等，2006)。高温强光使地膜内气温迅速升高，将直接导致姜芽干枯死亡，致新生叶片畸形，长出的新叶不能正常伸展，植株矮小，叶色衰黄，导致姜块瘦小、产量降低、品质变劣。

4.5.2.2　暴雨、连阴雨

持续的强降水和连阴雨天气可使低洼地块长时间浸水，引发姜瘟病，造成减产甚至绝收。雨后要及时排除田间积水，并中耕培土，改善田间小气候。

4.5.2.3　干旱

生姜为浅根性作物，根系不发达，对土壤深层水分吸收能力较弱；叶片的保护组织不发达，水分蒸发较快。因此，生姜不耐旱，要求土壤始终保持湿润，以土壤相对湿度 70%～80%为宜。一般幼苗期生长量少，需水少；旺盛生长期则需要大量水分。土壤相对湿度低于 40%，植株生长严重缺水，表现生长不良，产量大幅下降，纤维素增多，品质变劣(赵德婉 等，2005)。

4.5.3　主要病虫害

4.5.3.1　姜腐烂病

姜腐烂病又称姜瘟病，是生姜生产中最常见且普遍发生的一种毁灭性病害。

植株受病菌侵害后，无论茎叶或根茎都出现症状。发病地块一般减产 10%～20%，重者减产 50%以上，甚至绝产。幼苗期到旺盛生长期都会受姜腐烂病危害(赵德婉 等，2005；王琪珍 等，2007)。

姜瘟病的发生与蔓延，受温度、湿度等多种因素影响(江胜国 等，2010)。病菌发育的适宜温度为 26～31 ℃，温度越高，病毒蔓延越快。高温多雨天气，病菌随雨水扩散，短时间造成大批植株死亡。高温多雨年份危害严重，低温少雨年份发病较轻(任清盛 等，2003)。

4.5.3.2　姜枯萎病

姜枯萎病又称茎腐烂病，主要危害地下部根茎，造成根茎变褐腐烂，地上部植株枯萎。

病原菌均以菌丝体和厚垣孢子随病残体遗落土壤中越冬。带菌的肥料、种姜和病土成为次年初侵染源。病部产生的分生孢子，借雨水溅射传播，进行再侵染。植地连作、地势低洼、排水不良、土质黏重或施用未充分腐熟的土杂肥易发病。

4.5.4　农业气象周年服务方案

根据生姜生育需求，制定生姜农业气象周年服务方案，见表 4.27。

表 4.27　生姜农业气象周年服务方案

时间	主要发育期	农业气象指标	农事建议	重点关注
3 月	发芽期	适宜气温为 22～25 ℃	严格选择健康无病姜种，培育壮芽	
4 月	发芽期	播种后，适宜气温为 22～25 ℃，土壤相对湿度为 65%～70%	(1)终霜后播种，覆盖地膜及时浇水； (2)干旱时及时中耕松土、浇水，保持土壤墒情	倒春寒、晚霜冻、干旱
5 月	发芽期	出苗后，适宜气温为 22～25 ℃，不耐强光，土壤相对湿度为 65%～70%	(1)高温、强光照时，增加土壤墒情，增加蒸腾，避免缺水造成幼苗萎蔫和叶片灼伤；用遮阴帐或遮阳网遮阴； (2)关注天气预报，强降雨来临前不要浇水，及时排除田间积水	干旱、高温、强光照、冰雹
	幼苗期	适宜气温为 20～28 ℃，土壤相对湿度为 70%～80%，光照稍强	(1)中午前后注意防护强光照； (2)干旱时及时浇水提高墒情	干旱、高温、冰雹、强降雨
6 月	幼苗期	适宜气温为 20～28 ℃，土壤相对湿度为 70%～80%，光照稍强	(1)阴雨天结束后及时喷药，防止病菌蔓延；中耕除草； (2)冰雹过后要及时喷药灭菌； (3)苗高 30 cm 左右时第一次追肥，促进幼苗健壮生长	干旱、高温、冰雹、强降雨、连阴雨
7 月	幼苗期	适宜气温为 20～28 ℃，土壤相对湿度为 70%～80%，光照稍强	(1)阴雨天结束后及时喷药，防止病菌蔓延；中耕除草； (2)强降水过程来临前 2 d 内不要浇水，强降水过后及时排除田间积水； (3)及时拔除病株及周围 0.5 m 内健株	高温、冰雹、强降雨、连阴雨、台风、大风
8 月	旺盛生长期	适宜气温为 25～28 ℃，土壤相对湿度为 75%～85%	(1)及时去除遮阴帐或遮阳网； (2)高温时保持土壤墒情，增加蒸腾； (3)8 月上旬第二次追肥，追肥量要大，养分要全面	高温、冰雹、阴雨、台风、大风
9 月	旺盛生长期	适宜气温为 25～28 ℃，土壤相对湿度为 75%～85%	(1)阴雨天结束后及时喷药，防止病菌蔓延；中耕除草； (2)强降水过程来临前 2 d 内不要浇水，强降水过后及时排除田间积水； (3)9 月上旬第三次追肥，宜使用速效肥	冰雹、连阴雨、台风、大风

续表

时间	主要发育期	农业气象指标	农事建议	重点关注
10月	成熟收获期	适宜气温为15～25 ℃,土壤相对湿度为75%～85%	(1)关注天气预报,早霜来临前收获; (2)生姜进入休眠状态,长期贮藏适宜气温11～13 ℃,空气相对湿度近乎饱和(>96%)为宜	临近收获时干旱、初霜冻、强降温

4.6 章丘大葱

4.6.1 农业气象指标

章丘大葱是采用种子繁殖,从播种到收获成株需410 d左右。其中关键生长期可分为发芽期、幼苗期、缓苗越夏和葱白生长期。章丘大葱的播种期绝大多数都是采用秋播,秋播时间大约在9月下旬(播完冬小麦)。秋播大葱,葱白形成(次年秋季)避开了夏季炎热气候,大葱整个生长阶段也处于有利于生长的温湿条件中。

4.6.1.1 发芽期(9月底至10月初)

(1)适宜气象指标

①温度:适宜播种的温度指标为日平均气温13～20 ℃,该温度下发芽迅速,7～10 d便可出土。培育壮苗所需冬前≥0 ℃积温在620～740 ℃·d(胡定东 等,2004);种子发芽的最低温度为4～5 ℃,最适温度为15～18 ℃,最高温度为33 ℃。

②水分:播种时20 cm土壤适宜的相对湿度为60%～70%。低于60%,发芽延缓;高于70%,遇有低温,易发粉种、烂种。

(2)不利气象指标

①温度:温度高于25 ℃发芽受影响,过于33 ℃不能发芽。若冬前≥0 ℃积温少于620 ℃·d,则不利于葱苗营养生长形成壮苗;若冬前积温多于740 ℃·d,则使葱苗从营养生长向生殖生长转化,多造成抽薹开花,也不利于培育壮苗。

②水分:20 cm土壤相对湿度低于50%推迟出土,低于35%不能发芽。

(3)关键农事活动及指标

秋播育苗,播期至关重要,必须严格掌握。播种期安排是否恰当,将影响大葱整个生长发育阶段以及葱白的形成。葱白形成期若遇高温条件,则阻碍葱白的形成,产量低;葱白形成期处于有利气候条件,葱白质量好,产量高。其次,播种偏早,幼苗冬前旺长,越冬期植株易通过低温春化,次年春季发生过早抽薹现象;播种过晚,越冬期幼苗过小,遇有极端低温天气,幼苗容易冻死,以冬前长出三叶为好。从播种到发芽需要>7 ℃的有效积温达到140 ℃·d。大葱种子小,种皮坚硬,吸水力弱,种子萌发慢,子叶弓形出土阻力大,且拉弓至伸腰阶段土壤缺水板结,幼苗根系极易枯死。因此,秋播育苗播种前7 d,需要将畦面浇水漫灌润透苗床。大葱播种气象条件适宜度等级指标见表4.28。

表 4.28 大葱播种气象条件适宜度等级指标

判别项目	不适宜条件	较适宜条件	适宜条件
未来1周日平均气温(℃)	$T<4$ 或 $T>33$	$4\leqslant T<13$ 或 $20<T\leqslant 33$	$13\leqslant T\leqslant 20$
预报日前一日 20 cm 土壤相对湿度(%)	$SW_{20}<50$ 或 $SW_{20}\geqslant 80$	$50\leqslant SW_{20}<60$ 或 $70\leqslant SW_{20}<80$	$60\leqslant SW_{20}<70$

(4)农事建议

播种前需要精细整地,清除前茬作物的枯枝落叶和杂草,深翻细耕,保证畦平、埂直、土松。浇足水,保证底墒充足。注意播种期的降水量和气温趋势预报,以及前一日 20 cm 土壤相对湿度,适时下种。

4.6.1.2 幼苗期(10 月上旬至次年 6 月下旬)

(1)适宜气象指标

①温度:最适宜温度为 15～17 ℃,低于 10 ℃、高于 25 ℃生长缓慢。高温条件下,植株细弱,叶片发黄,容易发生病害。气温高于 35 ℃,植株处于半休眠状态,外叶开始枯死。日平均气温在 13 ℃以上时是培养壮苗最关键的时期,应随时间苗、除草,确保幼苗生长健壮。

②水分:20 cm 土壤适宜的相对湿度为 50%～70%。低于 30%,生长缓慢,遇旱浇水。6 月上旬,停水控苗,准备移栽。

③日照:大葱对光照要求适中,一般情况下均能满足。只有在营养生长过渡到生殖生长时,才与日照时间长短有关。长日照可诱导花芽分化,促进抽薹开花。适宜日照为每天 14～16 h。

(2)关键农事活动及指标

幼苗从 11 月下旬基本停止生长开始越冬,至次年 2 月中旬开始返青。此期幼苗呈休眠状态。休眠时间长短与气温有关,当日平均气温达到 2～3 ℃时幼苗停止生长。日平均气温超过 7 ℃时,大葱开始返青。从返青到定植为返青生长期,历时 80～100 d,是培育壮苗的关键时期,须及时浇灌返青水,施提苗肥。返青水浇得过早易降低地温,引起叶片发黄。越冬幼苗返青后至 3 月上旬以前,因气温低,通常有雪或霜冻,生长仍很缓慢。3 月中旬以后,随着气温(超过 13 ℃)的升高,生长显著加快,5 月幼苗生长达到最旺盛阶段。6 月中旬以后因气温过高(超过 25 ℃)生长又趋缓慢,此时即为最好的移栽时期。6 月 11—30 日降水量少于 25 mm 或多于 70 mm 不利于高产(胡定东 等,2001)。6 月中下旬降水量在 25～70 mm,平均气温为 25～27 ℃时,有利于葱苗移栽定植生长。

(3)农事建议

关注气温趋势预报,日平均气温降低至 3 ℃之前(小雪前后),视土壤墒情(相对湿度<60%),浇足封冻水,确保幼苗安全越冬。次年 2 月中下旬,日平均气温超过 7 ℃时,大葱开始返青,此时要及时浇灌返青水,同时注意间苗、中耕松土,特别是后期要控制土壤水分,少浇水或不浇水,防止秧苗拥挤、徒长和倒苗。定植前 10 d 停止浇水,以加强幼苗锻炼。定植前 1～2 d浇水润畦,以利定植起苗。

4.6.1.3 植株生长期(7 月上旬至 8 月上旬叶鞘增长,8 月上旬至 10 月下旬叶鞘增重)

(1)适宜气象指标

①温度:叶鞘增长期适宜温度为 20～25 ℃,最低温度为 4～5 ℃,最高为 35 ℃;叶鞘增重

期适宜温度为13～20 ℃，最低温度为7 ℃，最高为35 ℃，高于35 ℃植株处于半休眠状态。进入秋季，夏季风逐步减弱，并向冬季风过渡，气旋活动频繁，锋面降水较多，气温冷暖变化较大。气温日较差≥15 ℃时，有利于大葱高产，品质提高。

②水分：叶鞘增长期20 cm土壤适宜的相对湿度为60%左右；叶鞘增重期空气相对湿度过大(60%～70%)，容易发生病害；土壤过湿(相对湿度>90%)，容易烂根。葱白形成期是需水高峰，需要保持土壤湿润，缺水植株矮小，辛辣味浓，品质下降。但大葱怕涝，此间为汛期，降水频繁，容易形成渍涝，注意排水。收获前，减少浇水量，增强耐储性。

③日照：叶鞘增长期每日适宜日照时数为12～13 h；叶鞘增重期为13～14 h。

(2)关键农事活动及指标

大葱的定植时期各地略有差异，章丘地区一般在“夏至”至“小暑”之间，与当地气候特点密切关联：一是6月下旬气温偏高，葱苗生长趋缓，有利于移栽；二是可以满足定植至收刨期130 d的生长期。生产实践表明，定植越晚，葱白形成期越短，产量越低。定植期过晚还可能引起秧苗徒长，定植时又值高温雨季，栽后也不宜缓苗。因此，在条件许可的情况下，大葱应尽早定植。大葱定植后正值高温季节，植株恢复生长缓慢，而且雨季地表容易板结，土壤高温高湿、通气不良的环境，容易发生烂根、黄叶和死苗，应加强中耕。越夏后进入生长旺盛期，大葱的产量和葱白外观商品质量，主要是在这一时期形成的，因此这一时期是水肥管理的关键时期，应分期培土，追施速效化肥，加强灌水，促进植株的生长，并使叶身的营养物质及时向叶鞘转移，加速葱白的形成。

(3)农事建议：关注降水量和气温趋势预报，尽早移栽定植。“立秋”以后，天气转凉，进入叶生长盛期，以加强水肥管理为主；“白露”以后，天气凉爽，进入葱白形成期，以加强浇水和培土软化管理为主。定植后，重点关注强降水预报，雨后及时破表深刨、散墒通气。

4.6.1.4 收刨期(11月中旬以前)

(1)适宜气象指标

大葱收刨时适宜温度为4～5 ℃，最低温度为0 ℃，最高温度为12 ℃，必须在封冻以前收刨完毕。

(2)关键农事活动及指标

当日平均气温降到4～5 ℃或开始下霜时，大葱叶身生长趋于停滞，葱白生长速度减慢，但叶身和外层叶鞘的养分继续向内层叶鞘转移，进一步充实葱白，而成龄叶的叶身和叶鞘趋于衰老黄化，此为葱白充实期，历时约30 d，也是大葱收获的最适宜时期，应在此时及时收刨。

(3)农事建议

关注低温和强冷空气预报，上冻前及时收刨。

4.6.2 主要农业气象灾害

章丘大葱以秋播为主，9月下旬播种，次年11月上旬收刨。常见的农业气象灾害主要有大风、暴雨洪涝、高温、冰雹、干旱等。

4.6.2.1 大风

章丘大葱植株生长前期，由于葱苗较矮小，风力较大时，影响不大，但从生长后期直至收刨期(8月至11月上旬)，由于葱苗较高，风力达到5级及以上时就会对大葱的生长造成影响。大风可致葱棵折断、倒伏。2003年10月11日，章丘一场雨后大风，摧折千亩大葱，减产过半。统计近30年的气象资料发现，虽然章丘5级以上大风多发于春季，但对大葱影响较大的时期内，5 级及以上的大风也时有发生。为了减少大风灾害的发生，从 8 月至收刨，应重点关注大风预报，在大风发生前加大力度培土，减少大风对植株的影响。大风等级划分见表 4.29。

表 4.29 大风等级指标

等级	风灾指数	受灾情况
轻风灾	平均风力超过 5 级，或阵风 6 级并持续	大葱小面积倒伏，叶片轻度伤残，容易复生，基本不影响产量
中风灾	平均风力超过 6 级，或阵风 7 级并持续	大葱部分倒伏，茎叶机械损伤较重，较难复生，若及时扶起，则对产量影响不大
重风灾	平均风力超过 7 级，或阵风 8 级并持续	大葱大面积倒伏，植株部分机械损伤严重，茎叶折断，若不及时扶起，产量影响极大

4.6.2.2 暴雨洪涝

章丘汛期雨水较多，7—8 月又正值大葱移栽期及移栽后的缓苗期，植株生长较慢，根系不发达。此时若是遇上暴雨或是短时强降水，葱田不及时排水，可能会发生渍涝，渍水会造成烂根，对大葱的生长产生较大的影响，轻者大葱品质下降，重者大幅减产。根据专家意见将涝灾等级指标列于表 4.30。

表 4.30 涝灾等级指标

等级	暴雨	短时强降水
轻涝灾	一日内出现大暴雨级降水	2 h 降水量达 40 mm 以上
中涝灾	一日内出现特大暴雨级降水，或连续两日出现大暴雨级降水，或连续两个日中有一日有暴雨一日有大暴雨级降水	2 h 降水量达 60 mm 以上
重涝灾	连续两日以上出现特大暴雨级降水或连续两日以上一日有大暴雨一日以上有特大暴雨级降水	2 h 降水量达 80 mm 以上

4.6.2.3 高温

章丘夏季高温多雨，雨后葱田洼地易积水，土壤相对湿度容易达到饱和，此时土壤透水、排气能力极差。雨后天晴，太阳暴晒，地表形成板结，气温、低温迅速上升，很容易对大葱产生不利影响，造成大葱根须死亡。章丘≥30 ℃的高温多发于 6—8 月，暴雨多发于 7—8 月，因此，应注意 7—8 月暴雨过后的高温天气。此外，葱叶生长最适温度 12～20 ℃，超过 24 ℃则叶子生长不良或停滞。高温等级指标列于表 4.31。

表 4.31 高温等级指标

降水量	日最高气温
前一日或当日降水量达 50 mm 以上	日最高气温达 30 ℃以上

4.6.2.4 冰雹

章丘冰雹发生的概率不是很大，但是如果发生较严重的冰雹，那对大葱的影响通常是毁灭性的，严重时可能造成绝产。章丘冰雹多发生于 4—7 月，此时大葱多处于幼苗期，应注意冰雹预报，提前预防，减少影响。冰雹等级指标见表 4.32。

表 4.32　冰雹等级指标　　单位：mm

等级	雹灾指数(直径 DD)	受灾情况
轻雹灾	5≤DD<10	大葱叶片轻度伤残，影响不大
中雹灾	10≤DD<20	大葱茎叶机械损伤较重，较难恢复，影响产量形成
重雹灾	DD≥20	大葱植株部分机械损伤严重，茎叶折断，生长不能恢复，产量受到严重影响甚至绝收

4.6.2.5　干旱

章丘干旱多发于冬春两季，此时大葱处于幼苗期，易发生阶段性干旱。夏季大葱处于移栽定植及缓苗越夏期，需水量不大，降水量可以满足大葱的生长需要。主要是越夏后，雨水逐渐减少，此时大葱开始旺盛生长，进入葱白形成期，也是水肥管理的关键时期，需水量极大，此时若发生干旱会对大葱的品质和产量产生影响，因此应在此时重点关注干旱。根据降水量负距平百分率对干旱等级进行划分，见表 4.33。

表 4.33　大葱干旱等级指标　　单位：%

时段	轻旱	中旱	重旱	严重干旱
苗期(10 月至次年 6 月)	$20 \leq P_a < 40$	$40 \leq P_a < 60$	$60 \leq P_a < 80$	$P_a \geq 80$
植株盛长期(9—10 月)	$10 \leq P_a < 20$	$20 \leq P_a < 40$	$40 \leq P_a < 60$	$P_a \geq 60$

某时段降水量负距平百分率(P_a)是指大葱生育阶段的降水量与常年同期气候平均降水量的差值占常年同期气候平均降水量的百分率的负值，按公式(4.2)计算：

$$P_a = \frac{P-\overline{P}}{\overline{P}} \times 100\% \quad (P<\overline{P}) \tag{4.2}$$

式中，P_a 为大葱生育阶段的降水量负距平百分率(单位：%)；P 为大葱生育阶段的降水量(单位：mm)；$\overline{P}$ 为同期气候平均降水量(单位：mm)，一般计算 30 年的平均值。

4.6.3　主要病虫害

4.6.3.1　紫斑病

大葱紫斑病又叫黑斑病、黑疸，是章丘大葱的主要病害，历年都有发生，对产量影响很大。病菌以菌丝体或分生孢子潜伏在寄主内或病残体上越冬，越冬后的菌丝体次年产生分生孢子，借雨水和气流传播。分生孢子萌发生出芽管，由气孔或伤口侵入，也可直接穿透寄主表皮侵入。分生孢子萌发适宜温度为 24～27 ℃，低于 12 ℃不发病。病菌侵入葱叶后 1～4 d 即表现症状，5 d 后即在病斑上出现分生孢子。在温暖、多湿的条件下发病快。田间病害流行是由病株病斑上产生的分生孢子借风、雨传播。在章丘，大葱紫斑病的发病盛期为 5 月中下旬(主要危害种株)和 7—8 月阴天多雨期间，葱地过于潮湿，特别是雾天，发病严重。

症状：主要危害叶及花梗。得病初期呈水渍状白色小点，迅速变淡褐色病斑，由圆形渐变成纺锤形，稍凹陷(温嘉伟，2007)。病斑扩展时呈暗紫色或淡褐色，周围常有黄色晕圈，病部长满褐色或近黑色的粉霉状物，常排列呈同心轮纹，病斑可继续扩大，最后使全叶变黄枯死，变软易折断。种株花梗发病后一般折断率 35%，使种子不能发育或皱缩。葱地缺肥，生长不良，葱蓟马危害严重的地块，发病亦重。

4.6.3.2　小菌核病

大葱小菌核病是影响章丘大葱种株采种量的主要病害。特别是全株冬栽采种法，由于种株带病，常造成开花前植株死亡。一般年份，损失产量(收种量)30%以上。病原菌要求冷凉气候，阴天多，气温为14～25 ℃，空气相对湿度在90%以上，种植密度大，有利于病害的流行。在章丘，发病于春秋两季，尤以春季留种田为重。

症状：主要危害叶和花梗，在贮藏期间，亦可发生此病。叶和花梗受浸染后，首先从先端开始变色，呈淡黄色，逐渐向下蔓延，最后枯死下垂。贮藏期间的大葱，常使外层叶片及叶鞘的外部变色呈软腐状，后期病部呈灰白色，内外产生一层白色病丝体(块)，其中混有先白色变为黑色小粒体，即菌核。

4.6.3.3　霜霉病

此病在潮湿冷凉的气候条件下发生较为普遍。在章丘每年发生在4月、5月和10月，引起葱叶、花薹大量发病，提前枯死，严重时可减产30%以上。病害的发生与气象因素有密切的关系。一般夜晚湿凉、白天温暖、浓雾重露、土壤黏湿时最有利于病害流行。孢子囊形成的温度范围为13～18 ℃，以15 ℃为最适温度，10 ℃以下或20 ℃以上显著减少。孢子囊形成的适宜空气相对湿度为95%。孢子萌发适宜温度为11 ℃，3 ℃以下或27 ℃以上孢子不萌发。

症状：幼小植株很少发病，多在葱叶长13～17 cm以后呈现症状。下部叶片先发病，由下向上蔓延，病叶最初产生浅紫色，此时叶色无明显变化，后期病部呈苍白色或淡黄绿色。天气潮湿时扩展蔓延很快，全叶受害并延及叶鞘，发黄枯死。发病严重时病叶逐渐死，仅存嫩叶，嫩叶抽展后又再发病。有的病叶扭曲成畸形。在病斑上长出一些灰白色的短毛，但在空气干燥的情况下，不易见到。

病组织死亡后，往往由于其他腐生菌或半腐生菌的浸染，而产生暗黑色的黑霉层，有的呈同心轮纹状。

4.6.3.4　灰霉病

此病是近年来危害大葱常见的病害之一，主要危害叶片和花薹，严重影响产量。发病指标分为3个等级：不易发生，容易发生，极易发生。晴天，不易发生。连续1～2 d阴雨天：a.空气相对湿度$U<80\%$，不易发生；b.$U\geqslant80\%$，容易发生。连续3 d以上阴雨天：a.$U<80\%$，容易发生；b.$U\geqslant80\%$，极易发生。

症状：大葱叶片发病有3种主要症状：即白点型、干尖型和湿腐型。其中白点型最为常见，叶片出现白色至浅褐色小斑点，扩大后成菱形至长椭圆形，潮湿时病斑上有灰褐色绒毛状霉层，后期病斑相互连接，致使大半个叶片甚至全叶腐烂死亡，干尖型病叶的叶尖，初呈水渍状，后变为淡绿色至灰褐色，后期也有灰色霉层，湿腐型叶片呈水渍状，病斑似水烫一样微显失绿，病斑上或交界处密生有绿色绒霉状物，严重时有恶腥味、变褐腐烂。高温高湿有利于灰霉病的发生。大葱一般秋苗期即可被侵染，冬季发展缓慢，春季条件适宜时再蔓延，并达到发病高峰。4—5月雨天数多少和阴天时间长短是判断是否大面积流行的关键因素。

4.6.3.5　锈病

病原菌主要以冬孢子在植株残体上越冬，次年春季依靠风力传播扩散，夏孢子是再次侵染的主要来源。病菌从寄主表皮或气孔侵入，萌发适宜温度为9～18 ℃，24 ℃以上萌发率明显下降，病菌侵染后潜育期约10 d。一般当肥料不足、植株长势不良或春秋多雨、气温较低的年份发病较重。

症状：主要侵害较老的叶和绿茎，最初在叶表面产生椭圆形、纺锤形小孢斑，稍凸起，中央部分逐渐变橙黄色，即病原菌的夏孢子堆，以后表皮破裂，散出橙黄色粉末，即夏孢子；不久夏孢子堆附近产生长椭圆形或纺锤形黑褐色凸起病斑，即冬孢子堆，以后表皮破裂，散出黑褐色粉末，即冬孢子。

4.6.3.6 软腐病

细菌性病害，在田间和贮运过程中可发生。从植株伤口处开始发病，病部初呈浸润状半透明，以后黏滑软腐，有恶臭，出现白色细菌溢脓。病菌在 4～39 ℃均可生长，25～30 ℃最为合适。

4.6.3.7 葱蓟马

葱蓟马虫体小，成虫、幼虫都能危害，以刺吸式口器吸取葱叶的汁液。一个葱叶上多者有数百头，被害叶呈许多细密、长形的灰白色小点，严重时叶子扭曲，尖端枯黄变白，以至全株花白，失去食用价值。种株花梗被害后，轻者减产，重者绝产失收。一般大范围的发生总是在温度较高而少雨的季节。葱蓟马在葱上活动最适宜的温度条件是 23～28 ℃，空气相对湿度为 40%～70%。超过 38 ℃，若虫不能存活。在高温、高湿条件下，葱蓟马危害明显减轻，暴风雨后葱蓟马显著减少。葱蓟马成虫能飞能跳，又能借风力传送，所以扩散相当迅速。葱蓟马成虫怕光，白天大都躲在叶背或叶脉部危害，遇到阴天及夜间才飞到叶面上危害。

4.6.3.8 葱蛆

葱蛆为葱蝇的幼虫，全体乳白色，长 6 mm 左右。幼虫孵化后顺葱白向下移动，最后集中在茎盘上危害，被蛀成的孔道引起腐烂，严重者可引起整株死亡。葱蛆在章丘一年发生 4～5 代，以幼虫或蛹越冬。次年 3 月越冬幼虫即开始危害。越冬蛹于 3 月下旬羽化成虫，卵多产生在葱苗周围的土缝或土块下，7～9 d 孵化出幼虫，半月左右化蛹，蛹期为 7～8 d。成虫对肥料发酵气味和葱根茎伤口散发出的气味有趋化性，能诱致成虫来产卵。幼虫喜潮湿的土壤，怕干燥。

4.6.4 农业气象周年服务方案

根据大葱生育需求，制定章丘大葱农业气象周年服务方案，见表 4.34。

表 4.34 章丘大葱农业气象周年服务方案

时间	主要发育期	农业气象指标	农事建议	重点关注
9 月	播种期至发芽期	(1)适宜播期日平均气温为 16.5～17.0 ℃；培育壮苗需要 10—11 月≥0 ℃的积温为 620～740 ℃·d；(2)土壤相对湿度为 60%～70%	播前整地，保证底墒	(1)前期土壤湿度；(2) 9 月下旬天气预报、10—11 月气候预测
10 月	发芽期至幼苗期	(1)生长适宜温度为 10～25 ℃，最适宜温度为 15～17 ℃；(2)土壤相对湿度为 50%～70%	葱苗出土后，浇水 3～4 次，至次年 2 月，不需要田间管理	阶段性干旱
11 月	幼苗期	日平均气温达到 2～3 ℃时停止生长，进入休眠状态	越冬前，浇足冻水	阶段性干旱
次年 3 月	返青期	日平均气温≥7 ℃	返青前，浇足返青水	阶段性干旱
4—5 月	幼苗期	(1)生长适宜温度为 10～25 ℃，最适宜温度为 15～17 ℃；(2)土壤相对湿度为 50%～70%	(1)清明节以后进行除草、间苗等田间管理；(2)适时浇水，保持土壤见干见湿	(1)冰雹；(2)小菌核病、霜霉病、灰霉病、锈病、葱蓟马

续表

时间	主要发育期	农业气象指标	农事建议	重点关注
6 月	苗期	6 月 11—30 日降水量在 25～70 mm,平均气温在 25～27 ℃	(1)移栽定植,出现高温干旱天气时,要适时浇水; (2)当降水量过大时,及时排涝,中耕松土	(1)连阴雨、高温、冰雹; (2)软腐病、葱蓟马
7 月	定植至植株生长期	(1)适宜温度为 13～25 ℃,气温≥35 ℃可致灾; (2)降水适中,不宜过湿	定植、缓苗越夏期。雨水过多形成内涝或气温过高时,才会对产量有明显影响,要及时松土,排水防涝	(1)高温、极端降水、冰雹、大风; (2)紫斑病、软腐病、葱蛆
8 月	植株生长期	叶鞘增长适宜温度为 20～25 ℃;降水适中	越夏期,注意排水防涝	(1)高温、极端降水、大风; (2)紫斑病、葱蛆
9 月	植株生长期	叶鞘增重适宜温度为 13～20 ℃;需水量较大	生长旺盛,需水关键期,应于 9 月上中旬初和下旬中期各浇 1 次水	(1)干旱、大风; (2)小菌核病、灰霉病、锈病、葱蛆
10 月	植株生长期	葱白形成适宜温度为 10～20 ℃,需水量大	降水明显减少,需水最为关键,一般每 6～7 d 浇 1 次透水	(1)干旱、大风; (2)小菌核病、霜霉病、灰霉病、锈病
11 月	收刨期	适宜气温为 4～5 ℃	立冬前后收刨,封冻前收刨完毕	冰冻

4.7　潍县萝卜

4.7.1　农业气象指标

潍县萝卜属秋冬萝卜,其营养生长期又可以分为发芽期、幼苗期、肉质根形成期和休眠期。

4.7.1.1　发芽期(8 月下旬)

从种子萌动到第一片真叶显露需 5～6 d,此期间主要是子叶和根的生长。

(1)适宜气象指标

种子在 2～3 ℃温度条件下开始发芽,但其适宜温度保持在 20～25 ℃,在此阶段,所需 6 ℃以上有效积温为 160～170 ℃·d;水分含量对潍县萝卜的影响起重要作用,应掌握“土壤湿润,先控后促”的原则,因发育阶段不同对水分需求有所差异,此期间土壤相对湿度在 65%～80%。

(2)不利气象指标

土壤相对湿度>80%,容易出现烂种;土壤相对湿度<65%,不利于种子膨胀发芽;日降水量合计>5 mm 时影响发芽率,导致不能正常出苗。

(3)关键农事活动及建议

栽培上应创造适宜的温度、水分和空气等条件,以保证顺利出苗。播后浇蒙头水,以保幼苗期不浇水。第一片真叶展开即间苗,间距 3～4 cm。注意固定幼苗,让胚轴直立不弯,及时防治蚜虫危害。

4.7.1.2　幼苗期(9 月上旬、中旬)

从真叶显露到根部破肚,并具有 5～7 片真叶,需 15～20 d。此期叶片加速分化,叶面积不断扩大,肉质根开始膨大。所谓破肚,指的是因肉质根加粗生长,其外部的表皮连同部分皮层不能相应的生长膨大,因而造成下胚轴部位破裂的现象。

(1)适宜气象条件

幼苗的适宜生长温度为 15～20 ℃,需要≥6 ℃有效积温为 270～280 ℃ · d;幼苗期一般需水较少,此阶段保持小水勤浇,保持土壤湿润,使得土壤重量含水率控制在 16%～18%,叶片生长盛期保持适量水分。

(2)不利气象条件

该发育期若土壤相对湿度>30%,宜造成叶片生长过快。

(3)关键农事活动及建议

此期间需要对未出苗植株及时进行补苗。并间苗两次,第一次萝卜 2～3 片真叶,苗距8～9 cm;第二次萝卜 5～6 片真叶定苗,株距 26 cm 左右,每亩定株 6000～7000 苗,定苗后浇水、中耕保墒除草。

4.7.1.3　肉质根生长期(9 月中旬至 10 月下旬)

该阶段包括肉质根生长前期和盛期间。从破肚到露肩,为叶片生长盛期,也是肉质根生长前期,需 20～30 d。露肩是指根头部开始膨大变宽。这一时期的生长特点是:叶片不断增加,叶面积迅速扩大,肉质根延长生长和加粗生长同时进行。此时期地上生长量仍超过地下生长量。从露肩到收获时期需 40～60 d,此期是肉质根生长最快的时期,地上部分生长逐渐缓慢,大量的同化产物运输至肉质根贮藏积累,因而肉质根生长迅速;到肉质根生长的末期,叶片重量仅为肉质根重量的 20%～50%。

(1)适宜气象条件

肉质根膨大的适宜温度为 18～20 ℃,所以萝卜营养生长的温度以由高到低为好,前期温度高,植株出苗快,可形成繁茂的叶丛,为肉质根生长打好基础;后期温度低,有利于光合作用使得营养物质积累和肉质根膨大。在肉质根生长前期和生长盛期对有效积温的需求有所差异,前期所需的 6 ℃以上有效积温为 240 ℃ · d 左右,而生长盛期对 6 ℃以上有效积温的需求量高达 440～450 ℃ · d,该期间的昼夜温差宜保持在 7～12 ℃。在潍县萝卜的整个生长过程中对 6 ℃以上有效积温需要求量为 1400～1700 ℃ · d。叶片生长盛期保持适量水分,避免叶片生长过茂;肉质根生长前期掌握"不干不浇,地发白才浇"的原则,但水分含量不宜过高;肉质根生长盛期应保持土壤重量含水率的 18%～22%,保持 5～6 d 浇 1 次,收获前 6～7 d 停止浇水。

(2)不利气象条件

该阶段影响较大的气象要素主要是水分和光照。肉质根生长前期,土壤相对湿度>50%,造成地上部分叶片生长过快,不利于肉质根的生长;生长盛期内若日照时数<2 h 日数超过 3 d,易造成光合作用效果差,影响肉质根营养物质积累,萝卜品质下降;此外若温度<−2 ℃,易对肉质根产生受冻影响。

(3)关键农事活动及建议

肉质根生长前期适度促进叶丛健壮生长,管理措施上掌握先促后控,促控结合,使苗株壮而不旺，肉质根与叶片生长平衡。第 10 叶片展开后控水，避免叶片徒长。基肥不足、苗株长势弱的每亩追复合肥 15～20 kg；肉质根生长盛期结合浇水每亩追硫酸钾 30～40 kg 或草木灰 50 kg，基肥不足或前期没有追肥的应冲施腐殖酸或三元复合肥 20～30 kg；进行疏叶增光，摘除病叶、老叶、残叶可以使根皮接受更多的阳光照射，使得表皮、根肉更绿，达到疏叶增光的目的，同时能减少不必要的养分消耗以及减少病虫害发生。

4.7.2　主要农业气象灾害

4.7.2.1　高温

潍县萝卜的播种时间一般为立秋后一周播种，较合适的时间为 8 月下旬。若播种时间过早，萝卜在高温干旱的环境下生长，尤其是夜晚温度过高，植株生长旺盛，大量消耗有机物，造成糠心。所以白天温度高、夜晚温度低的温度环境有利于叶片的生长和肉质根积累光合作用产物；同时由于温度较高，病虫害的发生概率明显增加。

4.7.2.2　连阴雨

土壤水分严重影响潍县萝卜的品质。若土壤中水分含量过大，尤其是肉质根发育过程，其生长在潮湿的土壤中，造成地上叶片部分疯长，地下部分由于封闭环境的限制，阻碍了营养物质的积累与运转；此外，若长期生活在湿润的土壤，肉质根的可溶性固形物减少，但细胞直径较大，地上部与地下部之比减少，易造成糠心。

4.7.3　主要病虫害

危害潍县萝卜生长比较大的病虫害主要是“四病”“四虫”。“四病”即霜霉病、病毒病、软腐病、黑腐病；“四虫”即白粉虱、蚜虫、菜青虫、小地老虎。一般年份，潍县萝卜秋季栽培于 8 月 23 日、24 日前后，播种后首先是地下害虫发生，出苗后，最早是白粉虱危害，9 月上旬病毒病、软腐病、黑腐病开始发生，9 月中下旬霜霉病开始发生。针对“四病”“四虫”的发生规律，在潍县萝卜种植过程中宜采取叶面喷肥和病虫害防治一体的综合防治办法。

4.7.3.1　病毒病

萝卜幼苗期较易感染病毒病，染病的幼苗心叶沿叶脉退绿，产生浓淡相间的绿色斑状，形成花叶和皱缩。轻病植株有轻微花叶和皱缩及不明显矮化，重病植株甚至出现畸形，造成根部发育不良。该病由多种病毒引起，其在种子间及田间越冬，借害虫接触等方式传播，虫害严重地段病毒病也相应严重。

4.7.3.2　软腐病

在肉质根膨大期发病，初期由于日光较强，温度较高，致使病株外部叶片萎蔫下垂，露出心叶，根颈部或叶柄基部腐烂，叶片易脱落，或从叶边缘及叶片虫伤处向下向四周蔓延，引起整株腐烂。感染此病的重要特征是腐烂组织产生恶臭，病健部分界明显，植株老根外观完好，心髓腐烂，仅存空壳。软腐病病原为残存在病株残体、种株、土壤及未充分腐熟的土杂肥料中的细菌，其通过雨水、浇水、肥料等途径，从叶片、根部伤口裂痕处侵入萝卜植株，易发生在播种过早、光照不良、地势低洼、排水不良、土壤黏重的环境条件下。

4.7.3.3　霜霉病

该病害主要表现为叶片正面产生淡绿色斑点、逐渐扩大成黄绿色或黄褐色病斑，背面产生白色霉层的症状，其主要危害叶片，致使病叶枯死。诱发该病的病原是真菌，寄生在土壤中随风雨传播侵染，多雨、多湿、多露、日照不足的环境条件下易发生，多出现在9—10月。在连作地块发病较高，同时病毒病严重地段霜霉病也严重。

4.7.3.4　黑腐病

黑腐病主要危害叶和根。幼苗期发病子叶呈水浸状，根髓变黑腐烂，叶片发病多处产生黄色斑，后变为“V”字形向内发展，叶片变黑呈网纹状，逐渐整叶变黄干枯。最后使全株叶片变黄枯死。黑腐病病原是细菌，其在种子、种株及土壤中的病株残体越冬，在田间通过灌溉水、雨水及虫害或农事操作造成伤口传播蔓延。在发病植株上，病菌从果柄维管束侵入，使种子表面带菌，成为此病远距离传播的主要途径。多雨、结露时间长易发病，十字花科重茬地、地势低洼、排水不良、播种早易发此病。

4.7.3.5　白粉虱

白粉虱是潍县萝卜生产中最大危害的害虫，其繁殖能力强、速度快、危害长。常寄生在叶片背面，吸食汁液，造成叶片退绿，影响植株的光合作用，导致萝卜失绿，影响萝卜价值，是造成潍县萝卜白心的关键因素。

4.7.3.6　菜青虫

该虫害为菜粉蝶幼虫，为咀嚼式口器害虫，其在叶片背面啃食，致使幼苗死亡。同时，菜青虫啃食幼根，一定程度上诱发软腐病和肉质根疤痕，严重影响萝卜生长。

4.7.3.7　蚜虫

蚜虫又称蜜虫子，具有趋绿性，多聚集在蔬菜心叶和花序。萝卜幼苗期是蚜虫的大量爆发期，使寄生叶片发生卷曲，叶片皱缩，影响植株生长，甚至枯死。同时蚜虫还会传播病毒，使肉质根表皮变粗糙。

4.7.3.8　小地老虎

该虫害主要发生在8月下旬至9月上旬，幼虫啃食萝卜心叶，造成叶片残缺，长大后幼虫食量大增，常在土层下2～6 cm处或地面活动，啃食萝卜幼茎或心叶，导致缺苗或肉质根疤痕。

4.7.4　农业气象周年服务方案

根据萝卜生育需求，制定萝卜农业气象周年服务方案，见表4.35。

表4.35　萝卜农业气象周年服务方案

时间	发育期	农业气象指标	农事建议	重点关注
8月下旬	播种至发芽期	适宜温度为20～25 ℃；6 ℃以上有效积温为160～170 ℃·d；土壤相对湿度在80%	(1)播种前应进行土地翻耕 (2)潍县萝卜最佳播种时间为立秋后1周，8月23—24日为宜，不应过早	连阴雨、强降水； 主要病虫害：白粉虱、小地老虎
9月上中旬	幼苗期	适宜温度为15～20 ℃；6 ℃以上有效积温270～280 ℃·d；土壤重量含水率控制在16%～18%	(1)苗出齐后第一次间苗，苗间距4～5 cm，同时去除弱苗、病苗、注意及时补苗； (2)及时排涝，注意培土，防止肉质根弯曲	连阴雨、强降水、高温； 主要病虫害：病毒病、软腐病、蚜虫、菜青虫

续表

时间	发育期	农业气象指标	农事建议	重点关注
9 月中旬至 10 月下旬	肉质根形成期	适宜温度为 18～20 ℃；昼夜温差宜保持在 7～12 ℃；低于－2 ℃对肉质根产生破坏；土壤重量含水率控制在 18%～22%	(1)浇水浇足，保持土壤湿润，5～6 d 浇 1 次，收获前 6～7 d 停止浇水 (2)适时追补钾肥； (3)及时去除老叶，保持通透，减少营养物质消耗； (4)当温度低于－2 ℃时，采取扣棚等措施进行低温保护防止冻害	高温、连阴天、低温冻害； 主要病虫害：软腐病、霜毒病、黑心病、菜青虫

4.8　滕州马铃薯

4.8.1　农业气象指标

滕州市两膜马铃薯多在 1 月中旬播种，5 月上旬收获。整个发育阶段可分为出苗期、苗期、团棵期和结薯期。

4.8.1.1　出苗期(1 月 18 日—2 月 16 日)

①适宜气象指标：最适 10 cm 地温 7～8 ℃。

②不利气象指标：10 cm 地温低于 4 ℃或高于 15 ℃，生长缓慢。

③农事建议：做好温度调控措施，及时放风、破膜引苗。

4.8.1.2　苗期(2 月 17 日—3 月 8 日)

①适宜气象指标：最适温度为 13～18 ℃。

②不利气象指标：气温低于 5 ℃或高于 23℃，生长缓慢。最低温度降到－1 ℃时，马铃薯叶细胞受霜冻害，－1 ℃持续 1 h 以上，植株嫩叶受冻，－2 ℃持续 1 h 以上，植株地上部分冻死。

③关键农事活动及指标：采用提早灌水、棚内烟熏或点燃蜡烛，幼苗披膜、棚外覆盖草苫等方式防冷冻保薯苗。

④农事建议：在幼苗期外界气温低，时有霜冻、倒春寒，应密切关注天气变化。

4.8.1.3　团棵期(3 月 9—22 日)

①适宜气象指标：最适温度为 15～20 ℃。

②不利气象指标：气温低于 7 ℃或超过 25 ℃就会延迟块茎生长。

③关键农事活动及指标：团棵期追肥应慎重，水分调控，遇到干旱，及时浇水。

④农事建议：合理施肥和控水。

4.8.1.4　结薯期(3 月 23 日—4 月 30 日)

①适宜气象指标：最适气温为 21～25 ℃。

②不利气象指标：气温低于 9 ℃或超过 30 ℃时块茎生长受阻。

③关键农事活动及指标：及时喷药防治晚疫病。

④农事建议：昼夜温差越大越好。

4.8.2　主要农业气象灾害

马铃薯主要农业气象灾害为霜冻害，霜冻是由于日最低气温下降而使植物茎叶温度下降到0 ℃或以下，使正在生长发育的作物受到冻伤，从而导致减产、品质下降或绝收的灾害。不同发育期霜冻害指标见表4.36。

表4.36　马铃薯不同生育期霜冻害等级指标(日最低气温)　单位：℃

受害等级	苗期	结薯期
轻	−1.0～−2.0	−0.5～−1.0
中	−2.0～−3.0	−1.0～−2.0
重	−3.0～−4.2	−2.0～−3.5

4.8.3　主要病虫害

4.8.3.1　晚疫病

症状：晚疫病是马铃薯主产区最严重的一种真菌性病害。主要危害叶、茎和薯块，发生在薯块膨大期。发生发展的适宜气象条件：低温、高湿利于马铃薯晚疫病发生发展。气温在13～16 ℃，空气相对湿度≥80%易于造成马铃薯晚疫病的发生发展。

①叶部症状：病害常先从植株的下部或中部叶片发生，初期出现苍白色或水渍状深绿色小斑块，逐渐扩大，往往自叶尖或叶缘向叶中部发展，或从中部叶脉附近形成病斑。天气潮湿时，病斑迅速扩大成圆形或不规则形大斑。严重时病斑扩展到主脉、叶柄和茎部，使叶片萎蔫下垂，最后整个植株的叶片和茎秆变黑或呈湿腐状。天气干燥时，病斑干枯成褐色，不产生霉状物。

②茎部症状：茎部的斑病是在皮层形成长短不一的褐色条斑，开裂或不开裂，在潮湿的条件下也会长出稀疏的白霉。茎部的感染可从叶柄的病斑扩展至茎部，也可以由带病种薯侵入幼苗后向上扩展所致。带病种薯形成的病苗是中心病株。

③块茎症状：受感染的薯块初期在表面出现淡褐色或稍带紫色的圆形或不规则褪色小斑，之后稍微下陷。病斑向薯块表层扩展，有的扩展到内层，呈深度不同的褐色坏死组织。

防治方法：

①选用抗病品种，种植无病种薯。

②适期晚播可减轻危害，加强田间管理增强抗病性。

③化学防治。

4.8.3.2　环腐病

症状：环腐病属细菌性维管束病害。分为枯斑和萎蔫两种类型。枯斑型多在植株基部复叶的顶上先发病，叶尖和叶缘及叶脉呈绿色，叶肉为黄绿或灰绿色，具明显斑驳，且叶尖干枯或向内纵卷，病情向上扩展，致全株枯死；萎蔫型初期则从顶端复叶开始萎蔫，叶缘稍内卷，似缺水状，病情向下扩展，全株叶片开始褪绿，内卷下垂，终致植株倒伏枯死。

防治方法：

①播种前挑拣出病烂薯。

②芽栽。

③切刀消毒。

4.8.3.3　疮痂病

症状：马铃薯疮痂病是放线菌侵染引起的，主要危害薯块。发病初期在块茎表面先产生褐色小点，以后病斑逐渐扩大，破坏表皮组织，形成褐色圆形或不规则形大斑块，因产生大量木栓化组织使表面粗糙，后期中央稍凹陷或凸起呈疮痂状硬斑块，病斑仅限于皮部不深入薯内，有别于粉痂病。病菌主要从皮孔侵入，表皮组织被破坏后，易被软腐病菌入侵，造成块茎腐烂。

防治方法：

①在块茎生长期间，进行少量多次灌水，保持土壤湿度，防止干旱。

②播种前用 0.2%福尔马林（含甲醛 40%）浸种 2 h，捞出晾干后播种。

4.8.3.4　蚜虫

症状：蚜虫俗称“旱虫”，一般为成虫群集在马铃薯叶背，传播马铃薯病毒。

防治方法：

①种薯处理。

②药剂防治。

4.8.3.5　瓢虫

症状：成虫、幼虫均有危害性，咬食叶肉，仅留表皮，被害叶片成天窗状，而且危害期较长，重害田块的马铃薯叶片提前干枯。

防治方法：

①人工捕捉成虫。利用成虫的假死性，拍打植株使之坠落，收集消灭。

②人工摘除卵块。此虫产卵集中，颜色鲜艳易找，也易于摘除卵块，集中处理。

③药剂防治。

4.8.4　农业气象周年服务方案

根据马铃薯生育需求，制定马铃薯农业气象周年服务方案，见表 4.37。

表 4.37　马铃薯农业气象周年服务方案

时间	主要发育期	农业气象指标	农事建议	重点关注
2 月	幼苗期	最适温度为 13～18 ℃，低于－1 ℃时，受冻	在幼苗期外界气温低，时有霜冻、倒春寒，应密切关注天气变化	霜冻、寒潮、低温及强冷空气活动
3 月	团棵期	最适温度为 15～20 ℃，低于 7 ℃或超过 25 ℃时，块茎形成受抑制	合理施肥和控水	干旱
4 月	结薯期	最适温度是 21～25 ℃，低于 9 ℃或超过 30 ℃时，块茎生长受阻	做好夜间温度调控措施	霜冻、低温及强冷空气活动

4.9　桓台山药

4.9.1　农业气象指标

桓台县新城细毛山药多在 4 月初种植，10 月后收获，11 月到次年 3 月为山药休眠期。根据山药特性和耕作习惯可以分为：晾种期、苗期、抽条发棵期、块茎生长盛期（也称膨大期）、茎叶渐衰期（也称膨大后期）、收获期和块茎休眠期。

4.9.1.1　种植期（4 月上中旬）

（1）适宜气象指标

①地面温度和气温上升至 10 ℃以上。

②种植层深度(4～8 cm 处)根系生长的最适宜温度是 28～30 ℃。

(2)不利气象指标

①气温高于 40 ℃或低于 10 ℃时。

②低温多雨渍。

(3)农事建议

①露地栽植要在终霜后,当气温回升到 12 ℃以上,5 cm 地温稳定在 10 ℃以上时开始种植,一般为 4 月中旬以后。最佳播种时间是清明节后、谷雨前,最早不宜早于 3 月 20 日,最晚不晚于 4 月底。

②适宜的密度为每 667 m^2 栽植 3500～4000 株,栽种时顺垄开沟种植,株距 12～15 cm。栽前先灌足水,将栽子平摆于沟中,芽朝上,然后覆土 5 cm 培成垄,垄高 10 cm 左右,两边用脚踩实。

③下种后到出苗前,将种植沟两侧行间的土壤深翻 20～30 cm,施入基肥,每 667 m^2 施磷酸二铵 25 kg,有机肥 1000～3000 kg,氮磷钾复合肥 75 kg,混合后施入,并翻土充分混合,同时加入 2 kg 辛硫磷防地下害虫。

4.9.1.2 苗期至甩蔓发棵期(4 月下旬至 6 月)

(1)适宜气象指标

①气温:山药茎蔓的生长需要较高的气温,当气温高于 12 ℃以上时,藤蔓生长速度加快,适宜气温为 25～28 ℃。

②地温:块茎生长和膨大的适宜温度为 20～30 ℃。

(2)不利气象指标

①高于 35 ℃或者低于 10 ℃藤蔓生长缓慢或者停止生长,5 ℃以下藤蔓受冻害。

②块茎生长和膨大在低于 15 ℃时生长缓慢,低于 10 ℃块茎停止生长;高于 30 ℃,块茎呼吸加强,养分消耗多,不利于有机物质的积累,地温低于－3 ℃,会出现冻害。

(3)关键农事活动

引蔓上架、追肥。

(4)农事建议

①苗期基本不浇水,在茎叶旺盛生长后期保持土壤见干见湿。

②春季当苗高 25 cm 左右时,用长 2 m 的竹竿或树枝搭牢固的“人”字形或三角、四角形支架,架高 1.5～2.0 m,然后引蔓上架以利通气透光;或进行网架搭建,成本更低,透光性更强。

③山药追肥整个生长过程中追肥 3～4 次,分别在抽蔓期、茎叶旺盛生长期和块茎膨大期各追肥 1 次,每次每 667 m^2 施硫酸钾复合肥 20～25 kg,高钾冲施肥 10 kg。收获前 30～40 d 进行最后一次追肥。结合防治病虫可进行叶面追肥,一般每 15 d 喷 1 次,共喷 3～4 次。叶面喷施可用硒硼微肥或芸苔素等。

4.9.1.3 开花、茎叶生长、块茎膨大期(7 月至 9 月上旬)

(1)适宜气象指标

①气温:20～28 ℃,白天温度保持在 25～28 ℃,夜间温度保持在 17～18 ℃,昼夜温差保持在8～10 ℃,有利于茎养分的积累。

②降水量略偏少，利于山药根系生长。

(2)不利气象指标

①温度：气温高于 35 ℃；地温低于 10 ℃。

②水分：这段时间占山药整个发育期需水总量的 60%以上，如果此期缺水干旱，不仅藤蔓生长缓慢，叶面积减少，而且块茎的生长和膨大将受到很大的影响，块茎将大幅度减产。土壤含水量过多对块茎的生长不利，土壤含水过多或者水淹情况下，土壤空气减少，块茎受渍，轻则降低块茎产量，影响品质，严重时可能造成腐烂。

③大风：大风天气容易造成山药架倒伏，山药秧断裂，造成植株损害或者死棵。

④冰雹：冰雹天气容易造成山药藤蔓、叶片破碎脱落。

(3)关键农事

浇水、施肥、除草、通风。

(4)农事建议

6 月下旬至 9 月上旬，每隔 7～10 d 喷施 1 次叶面肥，时间选在 10 时前或 16 时后。6 月中旬，主攻山药秧蔓，以追氮肥为主。7 月中旬后进行一次耕深除草，耕锄深度 5～10 cm。7 月中下旬后，开始开花、结“零余子”(山药豆)，此时主要关注地上部分是否旺长。8 月中旬后，剪枝、摘花蕊。浇水：块茎膨大期应适当浇水，保持土壤湿润状态，收获前 10 d 停止浇水。每次大雨过后，应及时排除积水和换水。中耕：种植后要及时中耕 1～2 次，以后每次浇水和降雨后都应进行中耕。中耕：距离山药近的地方中耕深度要浅，离山药远的地方可深些，以免损伤根系。除草：山药栽植后可用 33%施田补除草剂进行化学除草，山药生长中期结合中耕浇水可再进行一次化学除草，每 667 m^2 用施田补 150 g，兑水 50 kg(山东省质量技术监督局，2009)。剪枝、摘花蕊：8 月中旬后，山药转入地下块茎生长旺期。当中上部的茎蔓叶腋间生长出“零余子”的花蕊时，除留下结“零余子”的植株叶，其他植株花蕊应全部抹掉，并可及时剪去侧枝，以减少养分消耗，利于通风透光，使养分集中于块茎膨大上。

4.9.1.4 茎叶渐衰(块茎膨大后期)(9 月中旬至 10 月上旬)

①适宜气象指标：气温为 15～20 ℃。

②不利气象指标：持续强降水天气过程、大风、冰雹。

③主要农事：调节地面水分、扫收“零余子”。

④农事建议：及时排除积水，预防渍涝。扫收“零余子”。从 9 月上旬开始，可以根据市场需求收刨部分山药，割秧子，扫山药豆、板架。大部分山药农户选择 10 月下旬到 11 月上旬收刨，在春节前集中出售完毕。

4.9.1.5 收获、休眠期(10 月中旬至次年 4 月上旬)

(1)适宜气象指标

气温 0～3 ℃；霜降后地上藤蔓枯死，块茎处于休眠状态，但块茎的生理活动并没有停止，因此休眠要求低温。气温 0～3 ℃最为适宜，在这个温度范围内能够抑制呼吸作用和蒸发作用，减少存储期间养分和水分的消耗。

(2)不利气象指标

气温低于－2 ℃或高于 10 ℃；长时间气温低于－2 ℃容易发生冻害；高于 10 ℃时，贮藏中消耗增加，并容易引起腐烂，温度过高，休眠期的块茎还容易发芽。

(3)关键农事

收刨、清理田园、贮存、销售、挖山药沟。

(4)农事建议

①收刨:山药从遇霜后茎叶枯黄时,一直到次年 3 月收获,挖山药时应防止机械损伤。越冬前需盖土防冻。一般山药应在茎叶全部枯萎时采收,过早采收不仅产量低,而且含水量多易折断。如不急于上市,也可在地里保存过冬,延迟到次年 3 月中下旬萌芽前采收。山药的成熟期一般是进入寒露(10 月 8 日以后),完熟期一般在霜降(10 月 23 日以后),完熟的山药地上至枝蔓老黄、干枯、干缩,完全失去绿色,坚持完熟收刨,利于高产优质。

②清理田园:清理枝蔓、扫收山药豆,减少病害。

③人工开挖:收获山药应从沟的一端开始,按山药的长度挖深沟,待全部块茎暴露出来后,手握中上部,用铲铲断其余的细根,小心提出,避免受伤和折断。气生块茎(山药豆子)可在地下块茎收获前一个月采收,也可在霜前自行脱落前采收。

④贮存:山药在 $-2\sim10$ ℃均可保存,最适宜贮藏温度在 4 ℃左右,贮藏期间应保持干燥,通风冷凉。必要时可以就地贮存,延迟至次年 3 月上中旬采收,也可用土窖贮藏。常温贮存,将山药分级上垛,分层盖土,埋土时不要埋严两头,留出山药呼吸气道,垛高不超过 1.5 m。采用此方法贮存的,日平均气温 10 ℃以上的月份,要注意开窗透气。长时间室内气温低于 0 ℃以下时,可以在山药上加盖草毡、棉帘保温,不可用塑料薄膜覆盖,以免影响呼吸造成腐烂。地下或半地下贮存的,需做好通风换气管理。种薯的保存气温应在 5 ℃以上,气温低于 0 ℃会引起冻害,10 ℃以上容易造成山药发芽。恒温贮存的方法主要是在 4 月下旬到 10 月上旬,休眠期已过,此时需要恒温冷库,适宜温度范围为 $2\sim5$ ℃,适宜相对湿度为 80%～85%,并保持冷库内空气新鲜,还要适当换气。

4.9.2 主要农业气象灾害

山东山药的主要发育期是 4—9 月。常见的主要农业气象灾害有:大风、雹灾、涝灾、连阴雨、干旱。

4.9.2.1 大风

当瞬时风速达到或超过 $17.2\ m\cdot s^{-1}$,即风力≥8 级时,就称作大风,大风会造成作物植株产生机械损害,造成倒伏、折断、落粒、落果及传播植物病虫害等。从而影响作物正常发育、生长、收获(全国气象防灾减灾标准化技术委员会,2012a)。

4.9.2.2 雹灾

猛烈的冰雹会打毁作物,特大的冰雹甚至比鸡蛋还大,会毁坏大片农田和树木,具有强大的杀伤力。雹灾轻重主要取决于降雹强度、范围以及降雹季节与农作物生长发育的关系。一般分为轻雹灾、中雹灾、重雹灾 3 级,在山药苗期到花期结束前,是对山药影响的主要阶段(全国气象防灾减灾标准化技术委员会,2011b)。

4.9.2.3 涝灾(含暴雨、台风和连阴雨引起的长期积水)

涝灾是长期阴雨或暴雨后,在地势低洼、地形闭塞的地区,由于地表积水,地面径流不能及时排除,农田积水超过作物耐淹能力,造成农业减产的灾害。造成农作物减产的原因是,积水深度过大,时间过长,使土壤中的空气相继排出,造成作物根部氧气不足,根系部呼吸困难,并产生乙醇等有毒有害物质,从而影响作物生长,甚至造成作物死亡。

4.9.2.4　干旱

旱灾指因气候严酷或不正常的干旱而形成的气象灾害。一般指因土壤水分不足,农作物水分平衡遭到破坏而减产或歉收。

4.9.3　主要病虫害

4.9.3.1　炭疽病

是山药生产中最常见且普遍发生的一种病害,从山药的出苗到藤蔓枯死,整个生长期间都可以发生,高温多雨的季节尤为严重,田间发病率一般为50%～60%,严重的地块,则高达100%。山药炭疽病的发生、蔓延与田间温度、湿度有密切关系,病菌危害的适宜温度为25～30 ℃,在这个范围内温度越高,潜育期越短,病害蔓延越快。田间湿度大小是发病或者流行的决定因素,相对湿度在80%以上发病加重。病害发生的轻重与雨季到来的早晚、降水日数的多少也有密切关系。雨季到来的早,中心病株出现的就早,为多次侵染造就了机会,发病就重。降水日数多,田间湿度大,为病虫害扩展、侵入、繁殖提供了有利条件,因此,多雨的年份发病重,另外,氮肥使用过多,田间发病重。

4.9.3.2　白涩病

又称纹枯叶病,往往与山药炭疽病混合发生,发病时期多集中在高温季节,主要是危害山药的叶片和藤蔓。造成叶片干枯或藤蔓枯死。一般减产10%～17%,严重的田块减产30%以上。发病的适宜温度为25～32 ℃。因此,该病一般都多从温度较高的7月中下旬开始发生,8月发生严重,一直延续到山药收获,较高的空气湿度容易引起病害的发生蔓延,因此多雨季节,发病迅速,危害加重,氮肥施用过多,也容易发病。

4.9.3.3　茎腐病

又称山药根腐病,危害山药藤蔓基部、块茎、顶芽附近的根系等,阻碍水分养分的吸收,运输和传导,造成藤蔓生长不良或整株枯死。从山药出苗到9月上中旬均可发病,一般干旱年份发病较轻,田间积水时发病,重茬地发病重。

4.9.3.4　褐斑病

主要危害山药叶片,影响叶片正常的光合作用,严重时造成叶片脱落。温暖多湿的季节容易发病,特别是生长期风雨频繁或山药架内郁闭,通风透光条件差,湿度大,有利于发病。

4.9.3.5　灰斑病

又称大褐斑病,主要危害山药叶片,叶柄和藤蔓也受危害,造成叶片脱落或藤蔓枯死。病菌危害最适宜温度为11 ℃,温度为25～28 ℃,相对湿度在80%以上。

4.9.3.6　褐腐病

主要危害山药地下块茎,引起块茎斑点腐烂,收刨时易从病斑部折断,影响块茎食用。块茎生长初期症状表现不明显,收获时常可以看到。传播以菌丝体、厚垣孢子或分生孢子在土壤、病残体和种薯上越冬,带病的肥料、种薯和病土等,成为次年主要的侵染源。借助雨水、流水、农具及田间操作传播。病菌生长发育的温度范围为13～35 ℃,适宜温度为29～32 ℃。高温高湿的环境利于发病。连作、低洼、田间积水、排水不良、土质黏重等也利于发病。

4.9.3.7 枯萎病

俗称死藤病，主要危害藤蔓基部和地下块茎，影响水分、养分的吸收运输，严重时造成藤蔓枯死，对山药产量的影响较大。高温多雨地势低洼排水不良，使用氮肥过多，土壤偏酸等均利于发病。

4.9.3.8 斑枯病

多在秋季发生，主要危害山药叶片，轻则病叶干枯，重则全株枯死，发病较早，山药减产严重。菌丝体生长和分生孢子形成的适宜温度为 25 ℃左右，在适宜的温度与湿度条件下，病菌 48 h 内可入侵寄主组织内。温暖潮湿的阴天，利于该病的发生。当气温在 15 ℃以上时，遇到阴雨天气，同时土壤缺肥，植株生长衰弱，病害容易流行，在高温干燥的情况下，病害发生受到抑制，发病较轻。山药上常在苗期和生长后期发生。

4.9.3.9 花叶病毒病

是新发现的一种病害，造成山药藤蔓生长不良，块茎减产，减产幅度随着病毒感染的程度而不同，一般减产 15%～30%，病情严重时，产减幅度更大，对山药生产构成潜在的威胁。病毒可随着种薯在储藏窖内越冬，使用带病的种薯是田间病毒主要来源，病毒在田间的传播主要为蚜虫。

4.9.3.10 根结线虫病

是新发现的一种病害，据报道，山东病株率为 30%左右，减产为 24%～80%。山药根结线虫以卵在山药病残体和土壤中越冬，第二年春天环境条件适宜时越冬卵开始孵化，以穿刺的形式进入山药幼嫩的块茎和根尖危害并进行繁殖。山药根结线虫病危害与土壤温度和湿度、土壤质地等有密切关系，一般情况下，砂土壤土发病较重，黏土发病较轻，病原线虫活动的适宜温度为 20～30 ℃。10 ℃以下停止活动，因此在夏季发病较重，根结线虫的活动需要较高的土壤湿度，潮湿的土壤，使块茎皮孔膨大，线虫易于侵入。

4.9.3.11 根腐线虫病

是新发现的一种病害，主要危害山药的块茎和根系，影响山药的生长和块茎的品质。田间发病率一般为 30%～80%。山药根腐线虫好气，砂土地发生较重，黏土土地发生较轻。山药根腐线虫活动要求的土壤湿度，湿度大，发病重，土壤干旱则发病轻，活动的适宜温度为 25～28 ℃，温暖的季节发病重，连作可以使病害加重。另外，不同的品种间和施用有机肥多少，也能影响发病。

4.9.3.12 蛴螬

是金龟子幼虫的统称，又称白土蚕、白地蚕，是地下危害山药根茎的害虫，对山药叶片的危害不重。蛹期约为 20 d，蛴螬始终在地下活动，与土壤湿度和温度关系密切，当 10 cm 深处土壤温度达 5 ℃时，开始上升至表土层，土壤温度达到 13～18 ℃时，最为旺盛，土壤温度达到 23 ℃以上时，则往深土中移动，土壤湿润，则活动性强，小雨连阴天危害尤为严重。

4.9.3.13 小地老虎

又称黑土蚕，其幼虫危害山药近地面的种薯、根系和幼苗，造成整株死亡，严重时大面积缺苗断垄。幼虫共 6 龄，3 龄前在地表的杂草或寄主幼嫩部位取食，危害不大。3 龄后白天在土中潜伏，夜间出来危害，动作敏捷，常自相残杀。老熟幼虫有假死习性，受惊缩成环形。幼虫发育历期：15 ℃为67 d，20 ℃为32 d，30 ℃为18 d，蛹发育历期为12～18 d，越冬蛹长达180 d。小地老虎喜温暖及潮湿的条件，最适宜发育温度为13～25 ℃，适于低洼内涝，雨水充足的地区生活。

4.9.3.14　蝼蛄

又称为土狗子。成虫或若虫均危害山药根茎，易使山药根系脱离土壤，而造成缺水死亡，严重时会造成明显的缺苗断垄。在我国北方，两年发生1代，以成虫或若虫在地下越冬，春天清明节后上升到地表活动，在洞口可顶起一堆虚土，5月上旬至6月中旬最活跃的时期，也是第一次危害高峰，6月下旬到8月下旬，天气炎热，转入地下活动。6—7月产卵盛期，9月气温下降，再次上升地表，形成第二次危害高峰，10月中旬以后陆续钻入深层土中越冬，蝼蛄昼伏夜出，21—23时活动最盛。早春或晚秋气候凉爽，仅在地表土层活动，不到地面上来。蝼蛄具有趋光性，对香甜物质也有强烈的趋性。成虫和若虫均喜欢在软潮的土壤或砂土中活动，最适宜气温为13～20 ℃，20 cm土壤温度为15～20 ℃的条件下活动，温度过高或过低，则潜入土层中隐藏。

4.9.3.15　金针虫

幼虫在土中取食薯及幼根，对山药块茎危害较重，常常在块茎上留下许多洞眼儿，有些还藏在块茎内休眠，若沟金针虫大发生，可导致大面积断苗缺垄。每2～3年发生1代，幼虫和成虫在土中越冬。越冬成虫于2月下旬出蛰，3—4月为活动盛期，白天在表土内潜伏，夜间出土交尾产卵。雌虫无飞行能力，每次雌虫产卵约90颗；雄虫善飞，有趋光性。卵发育历期约40 d，5月上旬幼虫孵化。在食源充分时，当年体长可长至15 mm以上。到第三年8月下旬，幼虫老熟后入20 cm左右深的土层中做土室化蛹，蛹期16 d左右，9月羽化，当年在蛹室内越冬。3月下旬土壤温度达到9 ℃开始危害，4月上中旬危害最烈。5月上旬后，幼虫则趋向13～17 cm深的土层中栖息，9月下旬至10月上旬土壤温度降至18 ℃左右，幼虫又上升至表土层中活动，10月下旬随着土壤温度下降，幼虫也开始下潜。至11月下旬，10 cm深处土壤温度在1.5 ℃左右时，沟金针虫潜到27～33 cm深的土层中越冬。由于雌成虫活动能力弱，一般在原地交尾产卵，扩散危害受到限制。

4.9.3.16　斜纹夜蛾

又称莲纹夜蛾。幼虫咬食山药叶片，有时能咬断茎蔓，造成地上部枯死，大发生时对山药块茎产量影响较大。华北地区一年4～5代。成虫夜间活动，飞行力强，一次可飞数十米远，高达十几米。成虫有趋光性，对糖、醋、酒精及发酵的胡萝卜、麦芽、豆饼、牛粪等有趋性。成虫补充营养不足时产卵很少，卵多产于高大、茂密的田边作物上，以产于植株中部叶片背部叶脉分叉处为多。初孵幼虫群集取食，3龄前仅食叶肉，残留上表皮及叶脉，叶呈白纱状后转黄，容易识别。4龄后进入暴食期，多在傍晚出来危害。幼虫共6龄。老熟幼虫在1～3 cm表土内做土室化蛹，土壤板结时可在枯叶层下化蛹。在7—10月危害严重。

4.9.3.17　山药叶蜂

该虫主要咬食山药叶片，山药叶蜂大发生时对山药块茎产量影响较大。在北方一年发生4代。第一代在5月上旬至6月中旬，第二代在6月上旬至7月中旬，第三代在7月上旬到8月下旬，第四代在8月中旬至10月中旬，成虫在晴朗高温的白天极为活泼，并交尾产卵。卵发育历期在春秋两季为11～14 d，夏季为6～9 d，幼虫共有5龄，发育历经10～

12 d,幼虫早晚活动取食,有假死习性。老熟幼虫入土作茧化蛹,每年春秋两季发生高峰(荣存良,2014)。

4.9.4 农业气象周年服务方案

根据山药生育需求,制定山药农业气象周年服务方案,见表 4.38。

表 4.38 山药农业气象周年服务方案

时间	主要发育期	农业气象指标	农事建议	重点关注
3 月	晒种期	晴好、通风天气利于晒种	防范持续低温或连阴雨天气	低温、连阴雨天气
4 月	种植期	地面温度≥10 ℃,开始发芽 连阴雨:降水日数≥3 d	注意排除田间积水,防治种薯受涝腐烂	倒春寒、低温、连阴雨天气
5 月	苗期	苗期一般不浇水,土壤做到见干见湿; 预防冰雹、大风天气影响; 连阴雨:降水日数≥3 d; 大风:风速≥17.2 m·s^{-1}	5 月下旬到 6 月是山东冰雹影响相对集中的阶段,重点关注对流天气引起的冰雹、大风影响。如因大风对支架有影响,及时重新加固	(1)干旱,轻微干旱对山药影响不大,重点关注重度干旱; (2)暴雨:重点关注暴雨后的积水; (3)大风; (4)冰雹; (5)渍涝
6 月	抽条发棵、茎叶生长期	气温≥12 ℃藤蔓生长速度加快,气温≤5 ℃藤蔓受冻; 暴雨:日降水量≥50 mm; 连阴雨:降水日数≥3 d; 大风:风速≥17.2 m·s^{-1}	5 月下旬到 6 月是山东冰雹影响相对集中的阶段,重点对流天气引起的冰雹、大风影响	
7 月	开花、茎叶生长期	暴雨:日降水量≥50 mm; 连阴雨:降水日数≥3 d; 大风:风速≥17.2 m·s^{-1}; 7—9 月是山药的主要需水期,干旱缺水影响发育和产量;长期积水则引起块茎腐烂;大风会引起支架倒伏,冰雹会造成植株折断、茎蔓叶的破损;暴雨或连阴雨会造成积水	7—9 月既要防干旱也要防涝,适当浇水保持土壤湿润,每次大雨过后要及时排出积水和换水。重点关注暴雨、干旱、连阴雨、大风和冰雹的影响	
8 月	茎叶生长、块茎膨大期			
9 月	茎叶渐衰(块茎膨大后期)			
10 月	块茎膨大后期、收获期	收刨前,山药地块长时间泡水会引起地下块茎腐烂	收刨前重点关注:长时间田间的积水	暴雨、渍涝
11 月至次年 2 月	休眠期	储存最适宜温度是:−2 ℃≥气温≤10 ℃	做好山药的控温、控湿	存储环境的温度和湿度

4.10 文登西洋参

4.10.1 农业气象指标

文登西洋参生长 4 年,花期 7 个月,果熟期 9 个月,于 10 月中上旬茎叶变黄时采收。西洋参生育时期分为出苗期、展叶期、开花期、结果期、红果期和枯萎期。西洋参播种分为两种,秋播于 11 月中下旬至 12 月上旬土壤封冻前进行;春播于 3 月上中旬土壤解冻后进行。

4.10.1.1 出苗期(4 月上中旬)

从第一株西洋参出苗至最后一株西洋参出土止,为出苗期。

(1)适宜气象指标

①温度:一般土壤平均温度达到5 ℃时,西洋参便能萌动,平均8 ℃时缓慢出土,平均温度稳定在10 ℃以上时为参苗出土适宜温度,幼苗的根在15～18 ℃生长最快。

②水分:出苗期土壤湿度应保持在70%为宜。

③光照:西洋参是喜阴植物,参棚透光度应保持在18%～25%为宜。

(2)不利气象指标

①温度:低于10 ℃时,出苗缓慢,延长出苗期;高于25 ℃,则会迅速腐烂。土壤温度逐渐上升有利于出苗,温度忽高忽低影响出苗,甚至烂芽。

②水分:春天风大少雨,土壤蒸发大,土壤相对湿度低于25%不利于参苗出土。

③光照:透光度高于30%,参苗易发生日灼。

(3)农事建议

根据天气情况适时浇水防止春旱;出苗前应搭好参棚,进行遮阴管理工作,并根据气候状况调整透光率;西洋参常因土壤板结造成出苗困难,因此要及时松土。

4.10.1.2　展叶期(4月下旬至5月)

西洋参叶片从卷曲褶皱状态逐渐展开的过程称为展叶,一般西洋参出苗7 d左右开始展叶。

(1)适宜气象指标

①温度:展叶期最适温度为15～18 ℃。

②水分:展叶期土壤湿度应保持在70%为好。

③光照:参棚透光度应保持在18%～25%。

(2)不利气象指标

①温度:低于15 ℃时生长缓慢,高于25 ℃则会枯萎。

②水分:此时正处于春旱季节,缺水严重时吸收根易脱落。

③光照:透光度高于30%,参苗易发生日灼。

(3)关键农事活动

叶片全部展开后,要及时进行摘蕾,以减少西洋参的过度消耗,保证产量。

(4)农事建议

春旱季节应十分注意对水分的调节;摘蕾应在晴天进行,阴天时伤口不易愈合,容易感染病害。

4.10.1.3　开花期(6—7月)

小花的萼片和花瓣平展开启,露出乳白色的花药。这个时期的自然温度和光照条件最适宜西洋参的生长,地上部营养器官基本停止生长,光合作用能力强,制造营养物质增加,根系的吸收和生长能力提高,致使繁殖器官迅速增大。

(1)适宜气象指标

①温度:开花期的最适温度为20～25 ℃。

②水分:开花期西洋参的蒸腾作用强,耗水量加大,土壤相对湿度以75%为好。

③光照:夏季参棚透光度应相应降低,但不可低于18%。

(2)不利气象指标

①温度：气温高于 30 ℃时西洋参易萎蔫。

②水分：7 月高温多雨，易造成土壤相对湿度过大，土壤透气不良，氧气不足，影响根部呼吸，产生和积累较多的有害物质，使根系中毒受害，出现代谢受阻，容易使西洋参染病和发育不良。

③光照：气温升高，西洋参承受太阳辐射的能力下降，透光度高于 25%西洋参易萎蔫。

(3)关键农事活动

西洋参开花期需水量较多，应及时供水。由于西洋参花期较长，果实成熟不一致，所以采用人工疏花疏果的方式，在 3 年生西洋参花序中的 1/3 小花已开放时，用尖嘴钳仔细摘除中央花蕾，只留外围 25～30 个花蕾。

(4)农事建议

多雨时应及时排涝，遇旱应及时浇水。

4.10.1.4 结果期(7—8 月)

正常情况下，小花开放 3～5 d 后子房明显膨大，进入绿果期。这个时期西洋参地下器官旺盛生长，地上部营养器官生长达顶峰，茎叶的光合作用最强，制造的营养物质也多，繁殖器官的果实生长加快，果实大小达到年度的生长量，地下根部的生长量开始增强，越冬芽开始分化，是营养消耗的最大阶段。

(1)适宜气象指标

①温度：结果期的最适温度为 20～22 ℃。

②水分：土壤相对湿度应保持在 75%左右。

③光照：夏季参棚透光度可相应降低，但不可低于 18%。

(2)不利气象指标

①温度：气温高于 32 ℃时，西洋参易萎蔫。

②水分：7 月、8 月高温多雨，高温多湿下易发生病害。

③光照：夏季光照强，透光度高于 25%时，西洋参易发生日灼。

(3)农事建议

可用带叶树枝等散压棚上减弱透光度，并在前后檐挂面帘。可适时进行追肥，保证西洋生的生长发育。

4.10.1.5 红果期(8—9 月)

西洋参果实由绿变为鲜红色，为果实红熟的特征。此时期西洋参根和越冬芽进入快速生长阶段，根的增重和越冬芽生长加快。

(1)适宜气象指标

①温度：红果期的最适温度为 20～30 ℃。

②水分：土壤相对湿度应保持在 80%左右。

③光照：参棚透光度应保持在 18%～25%。

(2)不利气象指标

①温度：9 月后期气温开始下降。

②光照：入秋后日照减少，光合强度降低。

(3)农事建议

可分两次采收变为红色的果实，将好果与病果分别采收，避免种子带菌。根据光照强度，进行适当防雨、放阳,促进光合作用。

4.10.1.6 枯萎期(10月至次年3月)

当气温低于10℃时,西洋参在低温和霜冻影响下,停止生长,茎叶开始变黄枯萎,地上同化器官茎、叶质量开始下降,光合作用减弱,营养物质向根部输送,参根增重达到年度内最高峰。吸收根脱落,吸收能力减弱,根内储藏物质也达到年内高峰。

(1)关键农事活动

10月初直至结冻,作为商品西洋参,应考虑适时收获。

(2)农事建议

冬季温度低,不适合西洋参生长,为确保安全过冬,应进行防寒覆盖,可用稻草覆盖整块农田。

4.10.2 主要农业气象灾害

影响西洋参的主要农业气象灾害包括高温、低温、暴雨等。

4.10.2.1 高温

高温是指日最高气温达到或超过35℃的天气现象。西洋参的生长发育需要适宜的光照和温度,但如果温度过高,光照过强,会使西洋参茎叶组织原生质变性,引起叶片局部发生灼伤症状。高温灾害主要发生夏至前后,气温高、光照强,天气闷热,适逢西洋参的开花期和结果期,常会使西洋参发生不同程度的日灼。被害叶初呈黄白色,后变褐色,叶片变脆,易破碎和脱落,严重影响参株正常发育,使参根减产。

4.10.2.2 低温

低温灾害是指因冷空气异常活动等原因造成剧烈降温以及冻雨、雪、冰(霜)冻所造成的灾害事件。低温通常会造成西洋参发生不同程度的冻害,发生冻害轻者越冬芽和根茎变色腐烂,重者主根脱水软化腐烂,造成缺苗或者整床毁掉。晚秋和早春气温忽高忽低反复变化时,使栽参的土壤层温度在0℃上下反复变动,参根受到一冻一化的反复影响,是冻害产生的主要原因,通常发生在西洋参的枯萎期。

4.10.2.3 暴雨

暴雨是指24 h降雨量≥50 mm,或12 h降雨量≥30 mm的雨。西洋参的生理代谢活动对水分要求很高,土壤缺水会抑制生长,造成脱叶、落花、落果;而土壤水分过多,会使西洋参叶片变黄、脱落,参根腐烂,茎叶萎蔫致死。若暴雨天气不能及时排水,使土壤水淹过久,氧气供应不足,会造成参根窒息,易遭受病菌侵染。西洋参结果期易受暴雨天气影响。

4.10.3 主要病虫害

4.10.3.1 立枯病

立枯病是西洋参苗期的主要病害。在春季低温、高湿的环境条件下易发生,一般危害率为20%以上,严重的可达到50%,造成参苗成片死亡。西洋参立枯病主要发生在一年生植株,5—7月发病多。3~4年生少有发生,发病部位多在幼苗茎基部,据表土以下3~5 cm干湿土交界处。病菌侵入嫩茎后,茎基部呈现黄褐色的凹陷长形斑,逐渐扩展至茎内部并可绕茎1周,造成茎部溢缩腐烂,隔断输导组织,致使幼苗倒伏死亡。病菌侵染幼苗可使小苗不能出土,幼苗根部受侵染后,须根生长受阻水分运输被破坏,失水症状首先表现为叶片萎蔫,然后茎部失水变软弯曲倒伏。发病后，从中心病株迅速向周围蔓延，幼苗依次倒伏，造成成片死亡。种子受侵染后变软，腐烂而不能萌芽，造成缺苗断垄。

立枯病病原菌为土壤寄生菌，寄主广泛，可侵染近百种植物，亦可在土壤或病残体上营腐生活，一般在土壤中存活 2～3 年，病菌以菌丝体或菌核在土壤中的病残组织上越冬，来年春季当种子萌芽出土前后，病原菌即开始侵染循环。5 月末气温达 12～18 ℃、土壤温度为 14～16 ℃、土壤相对湿度为 30%～35%时，开始发病。6 月中旬发病盛期。7 月中旬基本停止。在土壤 5 cm 深处温度为 15.4～16.7 ℃、土壤重量含水率为 27.3%～32.2%时，立枯病蔓延极为迅速。因此，早春连续低温、土壤干湿交替频繁，参苗出土缓慢的年份，为病原菌创造了长时间侵染的机会，立枯病发生严重。而温度高，参苗出土快的年份发病轻。

防治方法：加强苗床管理，注意合理通风，防止苗床高温高湿条件出现，苗期喷洒 0.1%～0.2%磷酸二氢钾，增加抗病力。发病初期可用 70%甲基硫菌灵可湿性粉剂 600 倍液、5%井冈霉素水剂 500 倍液、70%恶霉灵水剂 400 倍液、50%腐霉利可湿性粉剂 1500 倍液喷施。

4.10.3.2　菌核病

菌核病主要侵染 3 年以上的参根，多发生在低洼地、阴坡及下坡地块，该病虽不普遍，一旦发生亦造成严重损失。菌核病侵染西洋参的根部，芽孢和地下茎感病后病部内部软化，外部很快出现白色的绒状菌丝体，然后内部软腐迅速消失，只剩下外表皮，病体上形成不规则的黑色鼠粪状菌核。此病蔓延极快，很难早期识别，前期地上部几乎和健壮株一样，当植株出现萎蔫症状时，地下根部早已溃烂不堪。

西洋参菌核病一般从土壤解冻到出苗期间（4—5 月）为发病盛期，6 月以后发病基本停止。低温多湿，地势低洼，排水不良，氮肥过多时易得此病。出苗前土壤温度低、湿度大，往往造成菌核病流行。病菌以菌核在病根上越冬，并成为来年的侵染来源。当土壤低温多湿时，开始产生菌丝侵染参根。

防治方法：早春出苗前浇灌 0.5%的硫酸铜液或 1200 倍波尔多液进行床面消毒。重视参地排水，防止参床过度潮湿。

4.10.3.3　黑斑病

西洋参黑斑病，又称斑点病，褐斑病，是西洋参最流行和最严重的病害之一。造成叶片早期枯萎落叶，种子干瘪，对参根和种子产量及质量影响很大。严重发生时可引起毁苗。西洋参黑斑病在苗期和成株期均可发生。参株地上、地下任何部位，如根、侧根、根茎、芽孢、茎、叶柄、花轴、果实、果柄、种子等均能被侵染引起发病，但以叶、茎、花轴、果实受害最为普遍。叶片的叶尖、叶缘和叶片中间产生近圆形或不规则的水浸状褐色斑点。后黑褐色，病斑中心色淡，干燥后极易破裂，阴雨潮湿则病斑迅速扩展，达全叶片及叶柄时叶片即枯萎脱落。染病的茎、大叶柄、花梗等呈椭圆形褐色病斑，逐渐延伸成长条斑，病部凹陷，着生黑色霉层状病菌子实体。严重时植株折垂、倒伏，病株上部干瘪枯萎，引起“倒秸子”。花梗发病后，造成花序枯死，果实与籽实干瘪形成“吊干籽”。受害果实表面生不规则褐色、水浸状病斑，果实逐渐干缩，上生黑色霉层。种子受害时，表面米黄色，逐渐变锈褐色，上升墨绿色霉层，胚乳变黑霉烂。根部受害时，主根、侧根、根茎、芽孢开始呈棕褐色、湿腐病斑、烧须，并蔓延扩展全根，变黑色腐烂。

附着于参苗或病残体上越冬的病菌分生孢子温度在 5～35 ℃，相对湿度在 50%以上时即可萌发，其中温度为 20～25 ℃，相对湿度在 98%以上时最适宜孢子萌发。病菌侵入要求 10～

30 ℃,相对湿度在90%以上的条件,但以温度在15～20 ℃,相对湿度在98%以上的高湿,最有利于侵染。每年5月中下旬,土壤温度稳定达到10～15 ℃,土壤重量含水率为23.5%～26.0%时,是参床土壤中参根、芽孢及茎开始发生黑斑病的外界条件。此时出现的茎斑病株,便成为参田中心病株,在适宜条件下产生大量的分生孢子,随风传播到健康的植株上附着,气温18～21 ℃,晨露或雨后茎叶表面形成一层水膜时,附着其上的分生孢子在4 h内即可萌发,侵入植株,迅速繁殖。在防治不利的情况下,黑斑病菌在整个生育期会形成多次侵染,造成参苗成片死亡,也是下个生长季节的初侵染源。影响西洋参黑斑病发生发展的因素很多,包括气候因素、栽培条件、初侵染源等。1～2年生植株发病轻,3～4年生植株发病较严重,而且易造成多次侵染,其主要原因是病菌基数逐年增加,感病机会增多。黑斑病在同一参棚里因西洋参栽植位置不同,发病轻重也不同。易受雨水淋和日晒的地方发病重,尤以棚盖开放的东侧1～2排最重,3～6排发病最轻。而后檐第一排、第二排也易遭雨水飞溅及下午阳光直射,故发病率稍有提高。

防治方法:发病初期喷洒70%代森锌500倍液或75%百菌清可湿性粉剂800倍液、50%扑海因可湿性粉剂1000倍液,64%杀毒矾可湿性粉剂500倍液、47%加瑞农1000倍液,视病情防治1～2次。

4.10.3.4 西洋参金针虫

西洋参金针虫分为细胸金针虫和沟金针虫。细胸金针虫幼虫体细长、筒形、长20 mm、黄褐色、细长而圆,胸腹部背面无纵沟。尾节圆锥形,背面颈部两侧各有一个褐色圆斑,并有两条深褐色纵沟。表皮坚硬、有光泽,胸足3对,没有腹足;成虫为硬壳虫,体长8～9 mm,宽约2.5 mm,翅稍黑褐色,有许多刻点和小沟。体黄褐色,体形中部与前后宽度相似,背平坦,足黄褐色。前胸背板前后宽度大致相同,成虫头部能上下活动,似叩头状。沟金针虫幼虫体长24 mm、金黄色,体扁平而肥大,腹部背面有一条纵沟,尾节粗短、黄褐色、无斑纹,尾端有分叉。蛹为裸蛹,细长、近纺锤形,长8～13 mm乳白色,后期变褐色。卵近椭圆形,乳白色,直径0.5～1.0 mm;成虫体长15～17 mm,体色深褐色。体中部最宽,前后两端较窄,并显著隆起。足浅褐色。

土壤解冻后金针虫开始活动,危害西洋参。西洋参幼苗期,金针虫危害严重,将茎和根咬成缺口或钻孔进入根和茎内危害。受伤的植株由于水分、养分的输送受到影响,呈现萎蔫状态。茎部被咬断,植株会死亡,参根伤口感染其他病害而腐烂。

西洋参金针虫以成虫和幼虫在土壤里越冬。成虫在5月中旬开始出现,白天躲在杂草和土块下,夜晚出来活动交尾,无趋光性,对禾本科植物腐烂气味有趋性,6—7月为产卵盛期,多产于3～9 cm深的土层中,产卵适宜温度为22 ℃,卵期最短为8 d,最长为21 d,孵化期一般为15～18 d,幼虫喜湿、怕干,多发生在湿度大的低洼地及有机质含量高的土壤中。幼虫4月出现,土壤温度为8～10 ℃时,活动最盛。食害幼根幼茎。幼虫不耐高温,有越夏习性。当土壤温度达17 ℃时逐渐向深处移动,秋季气温降低时,又上升到土壤表层危害参根。幼虫7—8月,在深9 cm土壤中化蛹,蛹期为10～20 d,8—9月羽化为成虫。3年发生1代。

防治方法:整地、做床松土时每亩5%阿维毒死蜱颗粒2～3 kg,出苗后发现害虫时,可浇灌高效氯氰菊酯500～800倍液。

4.10.3.5 西洋参蝼蛄

西洋参蝼蛄成虫体棕褐色或黄褐色,头部近半圆锥形,触角呈丝状、黄褐色。复眼呈卵形,向前突出。胸部短，腹部长。前足为开掘式，胫茎扁阔坚硬，尖端有4个锐利扁齿，上面有两个大凿可以活动。非洲蝼蛄体形小，体长为29～31 mm，后足胫节上方有3～4枚刺，等距排列。腹部近纺锤形。华北蝼蛄体长36～39 mm，后足胫节背侧内缘有刺1枚或无刺，腹部近圆形。若虫：初孵化时为乳白色，经数小时后头、胸、足变成暗褐色，腹部淡黄色，形状和成虫相似，没有翅膀，只有很小的翅芽。老熟若虫体长25～30 mm。华北蝼蛄若虫黄褐色，后足5～6龄同成虫。非洲蝼蛄2～3龄后足就与成虫相同。卵长椭圆形，初期为乳白色，后变成黄褐色，孵化前呈暗紫色，长约为4 mm，宽约为2.3 mm。华北蝼蛄卵长1.5～1.8 mm，淡黄后变黄褐，孵化前深灰。

春季土壤解冻后即能发现成虫和幼虫，它是危害西洋参较严重的害虫，喜食幼根及接近地面的嫩茎。轻的影响西洋参正常发育，重的枯萎死亡，造成缺苗断条。同时在参床内钻成隧道，使土壤过于疏松和透风，不利参根发育。

蝼蛄为不完全变态害虫，以成虫或若虫在土穴中越冬。第二年4月开始活动，白天潜伏，夜间出来取食和交尾。有趋光性，喜欢在湿润、温暖的低洼地和腐殖质多的地方繁殖、危害。若虫逐渐长大变为成虫，继续危害参根。成虫5月中下旬开，5—6月是危害盛期。6月中下旬出土交尾始活动产卵，卵喜产于参根附近湿土下25～30 cm深的土室内，每只雌虫一生产卵30～250粒，卵期21～30 d孵化成幼虫，经15 d后出土活动危害西洋参。若虫当年脱皮4次，经5个龄期的当年早期若虫，可变为成虫。蝼蛄活动的适宜温度为14～20 ℃，土壤相对湿度为22%～27%。成虫对灯光、鲜马粪、腐烂的有机质有较强的趋性。因此，土壤有机质高、低洼多湿的参地蝼蛄发生较重。

防治措施：提前一年整地，减少虫卵，利用豆渣或小米煮成半熟，晾成半干，或用10 kg炒香麦麸拌入0.5 kg敌百虫，加适量水，傍晚撒入田间或畦面上诱杀，或在畦帮上开沟，把毒饵撒入沟内覆盖土，诱杀效果更好。松土时，将5%阿维毒死蜱颗粒或5%辛毒死蜱颗粒每亩3～5 kg加细土撒匀。在成虫发生时期，于参地周围设置黑光灯、马灯、电灯，灯下放置一个内装适量水和煤油的容器诱杀成虫，或用糖蜜诱杀器，效果更佳。

4.10.4　农业气象周年服务方案

根据西洋参生育需求，制定西洋参农业气象周年服务方案，见表4.39。

表4.39　西洋参农业气象周年服务方案

时间	主要发育期	农业气象指标	农事建议	重点关注
4月	出苗期、展叶期	从第一株西洋参出苗至最后一株西洋参出土止，为出苗期；一般土壤平均温度达到5 ℃时西洋参出土苗便能萌动，8 ℃时缓慢出土，温度稳定在10 ℃以上是适宜温度；出苗期最适温度为15～18 ℃，土壤相对湿度应保持在70%左右； 展叶期最适温度为15～18 ℃，土壤相对湿度应保持在70%左右	应根据天气情况适时浇水防止春旱；西洋参刚顶出土苗时，应进行遮阴管理工作，并根据气候状况调整透光率	春季多风少雨、土壤蒸发量大、墒情较差、病虫害

续表

时间	主要发育期	农业气象指标	农事建议	重点关注
5 月	展叶期	展叶期最适温度为 15～18 ℃，土壤相对湿度应保持在 70%左右	叶片全部展开后，要及时进行摘蕾，以减少西洋参的过度消耗，保证产量。由花梗的基部掐掉花蕾，或用剪刀剪断花蕾，应在晴天进行，阴天时伤口不易愈合	此时正处于春旱季节，缺水严重时吸收根易脱落、病虫害
6 月	开花期	开花期的最适温度为 20～25 ℃，应保持土壤相对湿度在 75%左右	西洋参开花期需水量较多，及时供水。由于西洋参花期较长，果实成熟不一致，所以采用人工疏花疏果的方式，在 3 年生西洋参花序中的 1/3 小花已开放时用尖嘴钳仔细摘除中央花蕾，只留外围 20～30 个	高温多雨应及时排涝，遇旱及时浇水，病虫害
7 月	开花期、结果期	开花期的最适温度为 20～25 ℃，应保持土壤相对湿度在 75%左右；结果期最适温度为 20～22 ℃，土壤相对湿度应保持在 75%左右	西洋参开花期需水量较多，及时供水。由于西洋参花期较长，果实成熟不一致，所以采用人工疏花疏果的方式，在 3 年生西洋参花序中的 1/3 小花已开放时用尖嘴钳仔细摘除中央花蕾，只留外围 20～30 个	大风、气温、病虫害、降水
8 月	结果期、红果期	结果期最适温度为 20～22 ℃，土壤相对湿度应保持在 75%左右	可用带叶树枝等散压棚上减弱透光度，并在前后檐挂面帘；可适时进行追肥，保证西洋生的生长发育；采收变为红色的果实，将好果与病果分别采收，避免种子带菌；根据光照强度，进行适当防雨、放阳，促进光合作用	大风、降水、气温高、易发生日灼；高温多湿下易有病害
9 月	红果期	红果期最适温度为 20～30 ℃，土壤相对湿度应保持在 80%左右	分两次采收变为红色的果实，将好果与病果分别采收，避免种子带菌；根据光照强度，进行适当防雨、放阳，促进光合作用	大风、病虫害
10 月—次年 3 月	枯萎期	当气温低于 10 ℃时，西洋参在低温和霜冻影响下，停止生长，茎叶开始变黄枯萎，地上同化器官茎、叶质量开始下降，光合作用减弱，营养物质向根部输送，参根增重达到年度内最高峰	进行防寒覆盖，确保安全过冬，同时作为商品西洋参，可考虑适时收获	大风、低温、冻害

4.11　诸城黄烟

4.11.1　农业气象指标

烟叶生产受气候、土壤、地形、人为和社会经济条件等多种因素影响，特别是与气候条件密切相关。烟叶生产适宜区的基本条件是：无霜期不少于 120 d，≥10 ℃的活动积温不低于

1600 ℃·d,日平均气温高于 20 ℃的持续天数要在 70 d 以上。一般要求土壤相对湿度为 60%～80%;要求结构良好的红土、红黄土、土黄土,pH 在 5.5～7.0 的弱酸性和中性土壤,肥力中等或偏上为好。

4.11.1.1 苗期(播种至七真叶,2 月中下旬至 4 月底 5 月初)

诸城烟区春烟播种时间一般为 2 月下旬到 3 月初,夏烟播种时间一般为 4 月中旬。

(1)适宜气象条件

种子发芽的适宜温度为 24～29 ℃,最高温度为 35 ℃,最低温度为 8～10 ℃。8 ℃以上种子可以萌发,但是低于 10 ℃幼苗生长缓慢。苗期每天光照时间以 8 h 左右为宜。

播种至两片真叶期,土壤相对湿度以 70%左右为宜。在"大十字"期,适当控水利于根系发育,竖叶期至成苗期耗水量较大,需保持土壤湿润。移栽前 10～15 d 停止供水,进行炼苗。

(2)不利气象条件

苗期气温高于 35 ℃或低于 8 ℃,土壤相对湿度>80%,均对烟叶的生长不利。烟叶苗期棚内温度高于 35 ℃时,若揭膜不及时易造成热害,烟苗叶片变褐,严重时可致死亡。温度持续过低或遇寒潮天气棚温夜间陡降,会造成幼苗冷害。苗期处于 0 ℃左右的低温环境时,易造成幼苗心叶"黄瓣"。若较长时间处于－3～－2 ℃的低温环境中,则可能造成植株死亡。苗期棚内土壤湿度较大,持续 3 d 土壤相对湿度在 80%以上时,易诱发烟叶黑胫病、炭疽病、根黑腐病及野蛞蝓等病虫害。

(3)农事活动建议

①水、肥

育苗早期阶段,可保持 5～10 cm 水层,后期阶段应保持 10～15 cm 水层。播种出苗后应注意观察烟苗苗色,若苗色偏黄即表明脱肥,此时应根据苗的长势和缺肥程度酌情补充肥料。

②温、湿度

在防止高温烧苗和保持棚内温度适当的前提下,尽量提高棚温。早晚温度较低时,应压实拱棚两侧薄膜以保温;中午棚内温度超过 30 ℃时,应卷起拱棚两侧薄膜通风降温。棚内湿度较大时,应揭膜排湿,加强通风透光,防止炭疽病发生。

③间、定苗

烟苗长至"小十字"期开始间苗,拔去苗穴中多余的烟苗,同时在空穴上补栽烟苗,保证每穴一苗,均匀一致。

④炼苗

移栽前两周开始逐渐揭膜炼苗,移栽前 10 d 开始断水、断肥炼苗,以增强烟苗的抗逆性,提高烟苗的成活率。

⑤病虫害防治

及时防治地老虎、蛴螬、炭疽病等主要病虫害。

4.11.1.2 还苗期(移栽至成活,5 月上中旬)

(1)适宜气象条件

移栽期适宜气温≥18 ℃,最高气温为 35 ℃,最低气温为 12～13 ℃。还苗期间土壤相对湿度在 60%左右为宜。

(2)不利气象条件

还苗期气温≥35 ℃，将对幼苗造成伤害，降低移栽幼苗的成活率。土壤相对湿度低于40%，烟苗生长受阻，严重时造成幼苗旱死；高于 80%，影响根系生长，对后期生育不利，且易引发烟叶根黑腐病。

(3)农事活动建议

①查苗补栽。栽后及时查苗补苗，保证苗全、苗匀。对补栽的小苗，施“偏心肥”，用 0.3%的硝酸钾水浇施，平均每株 0.5～1 kg，促其快速生长。

②移栽后至团棵初期忌大水漫灌，以防影响根系发育。若遇干旱，幼苗生长受阻，可打孔注灌补水。揭膜培土后 5～7 d，每亩用烟叶专用复合肥 5 kg、硝酸钾 5 kg 兑成 2%的肥水，对长势较差的烟株进行补肥提苗。

③中耕除草

栽后要及时进行浅中耕，以破除土壤板结，松土保墒，清除杂草，切忌伤根或触动烟苗。

④病虫害防治

移栽后在烟田撒施毒饵或用药剂灌根，防治金针虫、伪金针虫等地下害虫，同时注意防治蚜虫。

4.11.1.3　伸根期(还苗至团棵，5 月下旬至 6 月上旬)

(1)适宜气象条件

适宜气温为 23～25 ℃，土壤相对湿度以 60%～70%为宜。

(2)不利气象条件

气温低于 13 ℃对烟叶的生长发育不利，若气温持续 7 d 以上低于 13 ℃，将导致早花现象。田间土壤相对湿度高于 80%或低于 40%，影响根系正常生长。

(3)农事活动建议

①烟田追肥

追肥以钾肥为主，离烟株根部 15～25 cm 穴施或打孔浇。

②中耕培土

中耕以松土、保墒、促根、除草为目的。烟田培土应在晴天进行，培土后垄体高度达到25～35 cm 为宜，垄面要宽实饱满，呈瓦背形并与烟茎部紧密接触。

③病虫害防治

团棵期可用杀菌剂灌根，防治根黑腐病和黑胫病。用杀虫剂防治蚜虫、烟青虫、斑须蝽等害虫。

4.11.1.4　旺长期(团棵至现蕾，6—7 月)

(1)适宜气象条件

适宜气温为 25～28 ℃，土壤相对湿度以 80%左右为宜。旺长期对光照的要求较高，每天光照时间以≥10 h 为宜。

(2)不利气象条件

气温低于 16 ℃、田间土壤相对湿度低于 40%时，烟叶生长受阻；温度适宜但田间土壤相对湿度高于 80%时，易诱发病虫害；高温多雨易引发青枯病、病毒病。

旺长期植株较高，易受大风和冰雹危害。肥水等条件不适时，烟株不能旺长，将错过旺长的最佳时期。此期也是烟叶的水分临界期，干旱对烟株品质形成极为不利，烟农称为“握脖旱”；若降水过多，引起烟株徒长并早衰，影响烟叶质量。

(3)农事活动建议

①摘除病叶及土脚叶，并及时清理出烟田。改善通风透光条件，减少病虫害的发生。

②烟田缺水时，应及时补水，进行喷灌或隔垄灌溉（水层以达到垄高的 2/3 为宜），促进烟株早发快长。灌水后，及时进行中耕，破除板结。如降大雨应及时排水，保证烟田不积水，减少病虫害的发生。

③病虫害防治方法同伸根期。

4.11.1.5 成熟期（现蕾至采收结束，7—8 月）

(1)适宜气象条件

适宜气温为 20～25 ℃，持续 30 d 以上，土壤相对湿度以 60%为宜，此期水分稍少可提高烟叶品质。

(2)不利气象条件

若雨量大、雨日多，常导致烟叶赤星病流行。若昼夜温差大、土壤潮湿、夜间结露时间长、易导致赤星病病菌的侵染和发病。土壤水分过多易造成延迟成熟和烟叶品质下降。

(3)农事活动建议

田间管理的中心任务是：增叶重、防早衰、防贪青晚熟。做好打顶、抹杈，适当控制水分，及时收烤。同时要抓好防治病虫害工作。

①打顶留叶：单株留叶数 18～24 片。顶叶长为 50～55 cm，宽为 20～25 cm。根据地力和天气条件，分两次打顶，协调顶叶发育，既防顶叶发育过剩，也防顶叶生长不良。在 50%烟株第一朵中心花开放期间打顶，视烟株高度适当多留 2～3 片叶，一周内两次打顶，调整开叶叶片整齐度；控制株高，打顶后相同品种的群体烟株株高应一致；打除的烟花、烟杈等应清理出田外，集中处理。

②化学抑芽：抑芽剂如“灭芽灵”“抑芽敏”“除芽通”等制剂都有很好的抑芽效果。用喷淋或涂抹抑芽剂的方法，进行化学抑芽。

③清除底脚叶：清除烟质偏差、病叶、烂叶等失去采烤价值的近地叶片，改善田间通风透光条件，以利于烟叶干物质的积累和适时落黄成熟。

4.11.2 主要农业气象灾害

黄烟生长期间易遭受的气象灾害主要包括冷害、热害、风灾、雹灾、暴雨洪涝、干旱等。

4.11.2.1 冷害

黄烟早春育苗期间，由于气温不稳定，有时会出现持续寒流，棚温夜间骤降，造成幼苗冷害。当气温低于 10 ℃时，烟叶生长受阻。烟叶在苗期能忍受短时 0 ℃左右的低温，但易造成冷害（吴建梅 等，2010），致使幼苗心叶呈现“黄瓣”。如长时间处于－3～－2 ℃的低温条件下，则植株死亡。一般轻度冷害所造成的幼苗“黄瓣”，经过追肥和管理，仍能恢复正常生长。在苗期或移栽后，若烟苗长期生长在低温条件下，易导致早花减产。冷害发生后，烟株叶片发厚，边缘内卷或呈舌状伸展，舌状叶和心叶片上有白色或浅黄色斑块，严重时会出现烟苗畸形，生长点死亡。一般情况下，经过 4～5 d 回暖，烟苗可自行恢复正常生长。

因此，在早春烟草生产上，除做好烟苗保温防寒和后期防病外，要适时播种，移栽。大棚农膜最好选用无滴膜，搭建在阳光充足的地方。大棚面积越大，温度降低越慢，保温效果越好。

4.11.2.2 热害

晴天中午，气温过高，若揭膜不及时，棚内温度持续高于 35 ℃，则出现热害，烟苗叶片变褐，甚至导致死亡。小棚烟苗 4 片叶后，若沿苗床周边苗大，中部大面积苗小或缺苗较多，这种现象即是高温热害。

4.11.2.3 风灾

烟叶在大田生长后期株高叶茂，容易遭受风害。叶片成熟期，10 $m \cdot s^{-1}$的风速就能造成危害，大风易使烟叶相互摩擦形成伤痕，使叶片接触部分变成褐色，即风磨；台风除造成风磨外，还会造成烟株倒伏、烟叶折断等现象。

倒伏的烟株应及时扶正，并进行浅培土，以促进根系下扎，增强抗倒伏能力。

4.11.2.4 雹灾

烟叶在大田生长后期，冰雹易使叶片形成大小不等的穿孔、烂叶或掉叶，也会形成大量的伤口，这些伤口易于烟草病害的入侵，特别是烟株根系的损伤会导致烟草根茎病的发生。冰雹给黄烟造成的危害比其他大田作物都大，在多雹地区，冰雹往往成为黄烟生产的限制因子。

4.11.2.5 暴雨洪涝

烟草需水量大但不耐涝(李静 等，2009)，若较长时间处于水分较多条件下生长，烟叶细胞间隙大，组织疏松，调制后颜色淡，香气不足，烟碱含量相对较低。若雨量大、雨日多，常导致烟叶赤星病流行。土壤相对湿度高于 80%，影响根系生长，易诱发病虫害；高温多雨易引发青枯病、病毒病。

4.11.2.6 干旱

烟田缺水会使烟株生长缓慢，烟叶小而厚，组织紧密，蛋白质、尼古丁等含氮化合物增加，烟味辛辣，品质低劣(王惠娟 等，2006)。土壤相对湿度低于 40%，烟苗生长受阻，严重时造成幼苗旱死。

4.11.3 主要病虫害

黄烟病虫害的发生，气象环境条件起着重要的作用。

4.11.3.1 苗期炭疽病

高温高湿利于发病。温度：在 25～30 ℃时，发病最多。湿度：水分对病菌的繁殖和传播起着决定性作用。

4.11.3.2 猝倒病

低温高湿利于发病。温度：只有在温度低于烤烟最适宜生长温度的条件下猝倒病才严重发生；湿度：空气相对湿度 80%以上，土壤含水量大，易发病，苗床排水不良造成大棚内水分过多过湿，易造成病害流行。

4.11.3.3 大田期黑胫病

高温高湿有利于病害流行，当平均气温达 24～32 ℃时，最适合侵染，在 28～32 ℃时，发病最快。湿度是大田期烟株黑胫病能否流行的决定因素。

4.11.3.4 大田期赤星病

中温高湿利于病害发生。特别是烟叶进入成熟期后，连续的阴雨天气，常会导致病害的流行。

4.11.3.5 普通花叶病

最适宜温度为 28～30 ℃，由团棵期进入旺长期，如遇干热风或突降冷雨，容易引起普通花叶病的暴发流行。

4.11.3.6 黄瓜花叶病、马铃薯Y病毒

冬季气温的高低，对蚜虫越冬数量影响很大，传毒蚜虫基数越少，春季烟苗发病越低，当高温干旱，蚜虫发生较多时，一般发生较重。病毒病防治方法：加强对蚜虫动态监测

4.11.3.7 青枯病

高温高湿是青枯病流行的先决条件。气温在30～35 ℃，空气相对湿度在90%以上，病害严重发生。

4.11.3.8 烟草野火病

湿度是影响野火病的重要因素。暴风雨后常会导致烟叶叶面形成伤口，细菌借助雨水从伤口侵入。

4.11.3.9 小地老虎

温度是小地老虎发生发展的重要条件。高温不利于小地老虎生长与繁殖，平均温度高于30 ℃时成虫寿命缩短，不能产卵。

4.11.3.10 烟蚜

温度24～28 ℃，湿度适中，有利于烟蚜的繁殖。当温度高达29 ℃以上或下降到6 ℃以下，相对湿度为80%以上或40%以下时，对烟蚜不利。

4.11.3.11 斜纹夜蛾

斜纹夜蛾生长发育适宜温度为28～30 ℃。

4.11.4 农业气象周年服务方案

根据黄烟生育需求，制定黄烟农业气象周年服务方案，见表4.40。

表4.40 黄烟农业气象周年服务方案

时间	主要发育期	农业气象指标	农事建议	重点关注
2月中下旬至4月底5月初	苗期（播种至七真叶）	黄烟种子发芽的适宜气温为24～29 ℃，最高气温为35 ℃，最低气温为8～10 ℃；幼苗苗床最适温度为20～25 ℃，土壤温度维持在20～33 ℃；土壤相对湿度为70%左右	采取大棚保温育苗、薄膜拱架育苗，提高薄膜内气温和土壤温度，满足苗期有效积温在350～450 ℃·d	高温、连阴天、高湿
5月上中旬	还苗期（移栽至成活）	移栽期适宜气温≥18 ℃，最高气温为35 ℃，最低气温为12～13 ℃；土壤相对湿度为60%左右	(1)栽培上要采用地膜覆盖措施，才能提高土壤温度，避免因较长时间的阴雨低温，导致早花和造成病害的发生； (2)缓苗期需要较足的移栽水（定根水），但土壤水分过大，降低地温，不利于缓苗	大风、暴雨
5月下旬至6月上旬	伸根期（还苗至团棵）	适宜气温为23～25 ℃，最低气温为10～13 ℃，最高气温为35 ℃；土壤相对湿度以60%～70%为宜	(1)伸根期土壤水分不宜过大，否则不利于根系培育； (2)中心任务是蹲苗、壮株、促根，重点做好深中耕、培土、追肥和适当控水等管理工作	冰雹，干旱，洪涝，强风

续表

时间	主要发育期	农业气象指标	农事建议	重点关注
6—7 月	旺长期(团棵至现蕾)	适宜气温为 25～28 ℃,最低气温为 10～13 ℃,最高气温为 35 ℃;土壤相对湿度以 80%左右为宜;旺长期对光照的要求较高,每天光照时间以不小于 10 h 为宜	旺长期需要充足的水分,满足旺长的需要,使肥料肥效适时发挥	冰雹,干旱,洪涝,强风
7—8 月	成熟期(现蕾至采收结束)	适宜气温为 20～25 ℃,持续 30 d 以上,最低气温为 10～13 ℃,最高气温为 35 ℃;土壤相对湿度以 60%为宜;每天日照时数为 8～10 h	成熟期需要适中的土壤水分,较为充足的光照,利于烟叶产量、质量的形成	洪涝、阴雨寡照、冰雹

4.12　菏泽牡丹

4.12.1　农业气象指标

牡丹从春天芽萌发到落叶休眠(王忠敏,1991),经过 13 个时期的周期变化:萌芽期、发芽期、现蕾期、小风铃期、大风铃期、园桃透色期、开花期、叶片放大期、鳞芽分化期、成熟期、花芽分化期、落叶期、相对休眠期(中国气象局,1993a)。

4.12.1.1　萌芽期(2 月中下旬)

(1)适宜气象条件

菏泽牡丹一般在 2 月中下旬,日平均气温稳定通过 3～5 ℃以上时,包有鳞片的芽开始萌动膨大,并逐渐绽裂(高志民 等,2002;喻衡,1989)。此期最适宜日平均气温 4～9 ℃,牡丹鳞芽正常萌动。

(2)不利气象条件

日平均气温低于 3 ℃,萌动缓慢,发育期推迟,日平均气温高于 10 ℃,发育期提前,春季冷空气活动频繁,若气温骤降且出现 0 ℃以下时,容易出现冷害(中国气象局,2006)。

(3)关键农事活动

此时是春季施肥的最佳季节、视土壤墒情适时浇水、松土等,并做好地下害虫的防治工作。

4.12.1.2　发芽期(3 月上旬)

(1)适宜气象条件

日平均气温达 6～8 ℃,牡丹的鳞芽顶端开裂,俗称“蚊子咀”,露出牡丹的鳞芽,俗称“蚂蜂翅”。叶芽露出叶尖,花芽则可看见花蕾尖,多呈土红、黄绿、暗紫等颜色。此期最适宜日平均气温 6～12 ℃,牡丹鳞芽正常裂开。

(2)不利气象条件

日平均气温低于 5 ℃,鳞芽涨列缓慢,发育期推迟,日平均气温高于 13 ℃,发育期易提前,春季冷空气活动频繁,若气温骤降且出现 0 ℃以下时,容易出现冷害。

(3)关键农事活动

惊蛰前后,当年嫁接苗开始萌动,此时对越冬覆土过厚地块去除部分覆土,并对嫁接成活的砧木剪掉，顶芽上部留土 3 cm 左右以便保护顶芽免受冻害。

4.12.1.3 现蕾期(3 月中旬)

(1)适宜气象条件

日平均气温达 10 ℃左右，花蕾突出鳞片包，茎上叶序基本形成，花蕾直径 1 cm 左右，嫩枝长 3 cm 左右。此期最适宜日平均气温为 10～15 ℃，露出幼叶和顶蕾，花蕾正常生长，叶序正常形成。

(2)不利气象条件

日平均气温低于 9 ℃，发育期推迟，日平均气温高于 16 ℃，发育期易提前，春季冷空气活动频繁，若气温骤降且出现 0 ℃以下时，容易出现冷害。

(3)关键农事活动

部分移栽定植 3 年以上地块进行修剪整枝、抹芽。

4.12.1.4 小风铃期(3 月下旬)

(1)适宜气象条件

随着气温的逐渐回升，日平均气温为 14 ℃左右，牡丹新枝长至 10 cm，叶片叶柄紧靠新枝随茎直立生长，叶片逐渐展开。牡丹花蕾直径一般在 1.5～2.0 cm，和“小风铃”大小相似，传统称为“小风铃期”。此期最适宜日平均气温 11～16 ℃，牡丹新枝正常生长，叶片展开，花蕾达到(小风铃)大小。

(2)不利气象条件

日平均气温低于 10 ℃，发育期推迟，日平均气温高于 17 ℃，发育期易提前，如果在此期间，温度忽冷忽热，变化异常，有些不抗寒的品种，易冻害，花蕾停止生长或发育不良，出现只长雄、雌蕊而无花瓣的异常现象(李嘉钰 等，2011)。

(3)关键农事活动

牡丹育苗地块要做好立枯病的药剂预防工作。

4.12.1.5 大风铃期(4 月上旬)

(1)适宜气象条件

日平均气温为 15 ℃左右，花蕾外苞叶完全张开，花蕾开始增大，当年牡丹新枝长至 15 cm 左右，叶柄离开新枝斜伸，叶片平展，颜色由暗红转为绿色带紫晕；花蕾(除短颈品种外)高于叶面之上，花蕾直径一般为 2～2.5 cm。此期最适宜日平均气温为 12～17 ℃，牡丹内部组织器官发育已完成。新枝生长正常的长度，叶片展开，呈现绿色，花蕾直径达 3 cm 左右。

(2)不利气象条件

日平均气温低于 11 ℃，新枝短小，花蕾直径偏小，发育期生长缓慢。日平均气温高于 18 ℃，新枝、花蕾生长过快。遇有寒潮等降温天气，极易受到冻害。

(3)关键农事活动

防御红斑病等，同时根外施肥，结合除草，雨后、浇水后及时松土等。

4.12.1.6 园桃透色期(4 月上旬后期)

(1)适宜气象条件

大风铃期后 5～7 d，日平均气温 16 ℃左右，花蕾迅速增大，形似棉桃，顶端由尖变钝圆，开始发暄，牡丹已基本发育成熟。此期最适宜日平均气温 14～18 ℃，花蕾如桃形，圆满硬实，萼片下垂，并逐渐完成花蕾着色过程，花蕾顶端露出花的颜色，新枝生长极慢，长度达到20 cm左右后一般不再伸长。

(2)不利气象条件

日平均气温低于13 ℃，发育期生长缓慢，日平均气温高于19 ℃，花蕾生长过快。遇有寒潮等降温天气，极易受到冻害。

(3)关键农事活动

防御红斑病等，连续3～4次根外施肥，结合除草，雨后、浇水后及时松土等，对新栽植地块，花前摘除花蕾。

4.12.1.7　开花期(4月上中旬)

(1)适宜气象条件

日平均气温稳定在17～22 ℃时，花蕾泛暄(发软)绽开，花瓣微微张开为初花期，随后进入盛花期至花瓣凋谢，这个过程称为开花期。此期最适宜日平均气温17～22 ℃，花蕾正常开放，姹紫嫣红。

(2)不利气象条件

若日平均气温低于16 ℃，花开缓慢且花期比较长，花色艳丽。但若日平均气温高于23 ℃，导致牡丹花蕾很快开放，并缩短了花期且花色较正常花色略有逊色。

(3)关键农事活动

花期进行人工辅助授粉、杂交育种、采摘花瓣等。

4.12.1.8　叶片放大期(4月下旬)

(1)适宜气象条件

日平均气温达到18～24 ℃时，花瓣凋谢后，牡丹叶片迅速放大，称之为叶片放大期。此期最适宜日平均气温18～24 ℃，牡丹叶片增大、增厚，颜色加深，呈绿色或深绿色。

(2)不利气象条件

日平均气温低于17 ℃，植株生长缓慢，日平均气温高于25 ℃，发育期生长较快。

(3)关键农事活动

花后中耕除草，并开始进行连续杀菌防虫等管理工作。

4.12.1.9　鳞芽分化期(4月下旬至7月下旬)

(1)适宜气象条件

随着花的凋谢，在叶腋处又重新开始孕育着新的鳞芽，一般在4月下旬至7月，鳞芽开始分化。此期需要时间比较长，但营养生长相对变缓慢。此期最适宜日平均气温为25～32 ℃，牡丹叶腋处又重新开始分化花芽，花芽分化一直到9月左右基本完成。

(2)关键农事活动

加强中耕除草、防治病虫害、防汛抗旱、防御干热风等。

4.12.1.10　成熟期(7月下旬至8月上旬)

(1)适宜气象条件

7月下旬至8月初，果角由绿变黄，呈蟹黄色时种籽已经成熟，可进行采收。此期最适宜日平均气温为26～31 ℃。

(2)关键农事活动

果角成熟，应根据种子成熟度分批适时采收，蓇葖果呈熟香蕉皮色，种子呈红棕色或刚开始变黑时采收最好。若收获过晚，成熟过度，果角部分开裂，种籽呈褐色或黑色，难于发芽。

进入雨季做好排水防涝。加强病虫防治、喷药保叶。对采收的果角应放在通风荫凉处。

4.12.1.11　花芽分化期(8月中旬至10月中旬)

(1)适宜气象条件

进入8月中旬，日平均气温略有下降，牡丹花芽分化加快，9月上旬至10月中旬一般品种花芽已基本分化形成(王莲英，1986)，芽外观饱满光滑圆润。此期最适宜日平均气温为22～31 ℃，只要有适当的方法措施(低温或激素解除休眠)，便可进行催花。此时根生长最快，根部迅速萌出新根。

(2)关键农事活动

中耕除草，处暑后播种育苗，白露后开始油用牡丹栽植(李兆玉，2016；成仿云 等，2005；喻衡，1980；王莲英 等，2017)工作。

4.12.1.12　落叶期(10月下旬至11月上旬)

(1)适宜气象条件

10月下旬至11月上旬，叶片逐渐变黄，形成离层而脱落。此期最适宜日平均气温12～22 ℃，植株叶片逐渐枯黄脱落。

(2)关键农事活动

牡丹栽植，平茬、覆土等管理工作。

4.12.1.13　花芽分化相对休眠期(11月中旬)

(1)适宜气象条件

11月中旬，植株基本停止生长，进入相对休眠期。此期最适宜日平均气温为10～15 ℃，次年2月中旬，“雨水”前后，又开始萌动生长，年复一年，周而复始。

(2)关键农事活动

清除落叶，加强防寒措施。

综上，牡丹不同发育期农业气象服务指标见表4.41。

表4.41　菏泽牡丹不同发育期农业气象服务指标

牡丹	最适宜温度(℃)	有利条件	不利条件
萌动期	$2.8 \leqslant T \leqslant 8.9$	光照、温度适宜	霜冻、低温冷害
发芽期	$2.2 \leqslant T \leqslant 12.3$	光照、温度适宜，水分充足	大风天气、强降温
现蕾期	$5.8 \leqslant T \leqslant 15.8$	光照、温度适宜、风速较小	霜冻、低温冷害
小风铃期	$10.9 \leqslant T \leqslant 17.5$	光照、温度适宜，水分充足	暴雨、干旱
大风铃期	$11.0 \leqslant T \leqslant 16.9$	光照、温度适宜	暴雨、干旱
圆桃透色期	$12.1 \leqslant T \leqslant 17.4$	光照、温度适宜，水分充足	暴雨、干旱
开花期	$10.4 \leqslant T \leqslant 22.2$	温度适宜、风速较小、降水强度适中	强降水、大风
叶片放大期	$14.5 \leqslant T \leqslant 23.7$	光照、温度适宜	暴雨、干旱
鳞芽分化期	$17.9 \leqslant T \leqslant 32.3$	光照、温度适宜，水分充足	干热风、暴雨
成熟期	$24.0 \leqslant T \leqslant 31.3$	温度、水分适宜、风速较小、降水强度适中	强降水、干旱、大风、
花芽分化期	$16.4 \leqslant T \leqslant 31.0$	光照、温度适宜、土壤水分充足	低温冷害、连阴雨
落叶期	$7.8 \leqslant T \leqslant 21.8$	光照、温度适宜	低温冷害、暴雪
相对休眠期	$8.1 \leqslant T \leqslant 15.0$	光照、温度适宜或风速较小	低温冷害、暴雪

4.12.2　主要农业气象灾害

牡丹从春天芽萌发到落叶休眠，经过一个完整发育周期变化（中国气象局，1993b），7 月下旬至 8 月初，种子成熟采收。处暑后播种育苗，白露后开始栽植工作，年复一年，周而复始。牡丹常见的主要农业气象灾害有干旱、低温冷害、霜冻、连阴雨、涝灾等。

4.12.2.1　干旱

干旱是指长期无降水，或降水显著偏少，造成空气干燥、土壤缺水，从而使作物体内水分亏缺，正常生长发育受到抑制，最终导致产量下降的气候现象（欧阳海 等，1990；宋迎波 等，2006）。干旱在牡丹整个生长季均有可能发生，但春季干旱发生频繁，牡丹春季缺水，影响牡丹生长，萌动到叶片放大期不同时期，降水偏少，出现干旱，会导致牡丹新发枝条少、短、节间短；观赏牡丹花朵小，不艳丽，花期短。油用牡丹果荚小，影响种子品质、产量。牡丹春季干旱指标见表 4.42。

表 4.42　牡丹春季干旱指标　单位：mm

春季干旱	1—3 月累计降水量（R_1）	1—4 月累计降水量（R_2）	1—5 月累计降水量（R_3）	受害症状
$Y=F(R_1)$	$10\leqslant R_1\leqslant 20$			新发枝条少、短、节间短
$Y=F(R_1,R_2)$	$10\leqslant R_1\leqslant 20$	$25\leqslant R_2\leqslant 40$		新发枝条少、短、节间短；观赏牡丹花朵小，不艳丽，花期短
$Y=F(R_1,R_2,R_3)$	$10\leqslant R_1\leqslant 20$	$25\leqslant R_2\leqslant 40$	$30\leqslant R_3\leqslant 45$	新发枝条少、短、节间短；观赏牡丹花朵小，不艳丽，花期短。油用牡丹果荚小，影响种子品质、产量

4.12.2.2　低温冷害

在作物生长季节，温度在 0 ℃以上，有时可能接近 20 ℃条件下，由于作物连续处在低于其生育适宜温度或受短期低温的影响，生育推迟，甚至发生生理障碍造成减产（李嘉钰，1999）。冷害一般在外观上不明显，不易引起人们的注意，故称“哑巴灾”，需认真观测。

春季气温偏高或偏低会造成牡丹发育期的变化，如风铃期的幼小花蕾受冷空气影响而萎缩，圆蕾期的花蕾受低温影响停止发育等。不同发育期牡丹低温冷害指标见表 4.43。

表 4.43　牡丹低温冷害指标

发育期	持续天数	平均气温	最低气温
现蕾期	6 d	低于 10 ℃（在牡丹生长关键期，现蕾、小风铃期出现气温迅速升温但又急剧降温，且降温幅度较大，易发生冻害）	低于 0 ℃
小风铃期	6 d	低于 10 ℃（在牡丹生长关键期，现蕾、小风铃期气温迅速升温但又急剧降温，且降温幅度较大，牡丹易发生冻害）	低于 0 ℃
大风铃期	6 d	低于 15 ℃（大风铃期气温偏高又逐渐下降且降温幅度较大易出现冻害现象）	低于 10 ℃，出现低于 5 ℃低温
圆桃透色期	6 d	低于 15 ℃（大风铃期气温偏高又逐渐下降且降温幅度较大易出现冻害现象）	低于 10 ℃，出现低于 5 ℃低温

4.12.2.3 霜冻

在植株生长季节，夜间土壤和植物表面的温度下降到0 ℃以下使植株体内水分形成冰晶，造成作物受害的短时间低温冻害。

3月下旬，牡丹当年新枝长至10 cm，叶片叶柄紧靠新枝并随茎直立生长，并逐渐展开。花蕾直径一般在1.5～2.0 cm，和“小风铃”大小相似，传统称为“小风铃期”；在此期间，气候常忽冷忽热，变化异常，有些不抗寒的品种，易爱冻害，花蕾停止生长或发育不良，出现只长雄、雌蕊而无花瓣的异常现象。

牡丹处小风铃期时，出现最高气温≥10 ℃的天气，当遇到强降温，且降温幅度为8～13 ℃，持续3 d以上，牡丹将会受到冻害，花蕾停止生长或发育不良，出现只长雄、雌蕊而无花瓣的异常现象。

4月上旬，当年新枝长至15 cm左右，叶柄离开新枝斜伸，叶片平展，由暗红转为绿色带紫晕；花蕾（除短颈品种外）高于叶面之上，直径一般为2～2.5 cm，内部组织器官发育已经完成。

牡丹处大风铃期时，出现最高气温≥15 ℃的天气，当遇到强降温，且降温幅度为12～18 ℃，持续3 d以上，牡丹将会受到冻害，导致观赏牡丹不开花，油用牡丹影响产量，甚至绝产。牡丹不同发育期低温冷害指标见表4.44。

表4.44 牡丹霜冻指标

发育期	春季霜冻害	前期气温(T_1)	降温幅度(T_2)	持续时间(T_3)	受害症状
小风铃期	$Y=F(T_1,T_2,T_3)$	≥10 ℃	8～13 ℃	3 d以上	花蕾停止生长或发育不良，出现只长雄、雌蕊而无花瓣的异常现象
大风铃期	$Y=F(T_1,T_2,T_3)$	≥15 ℃	12～18 ℃	3 d以上	观赏牡丹不开花，油用牡丹影响产量，甚至绝产

4.12.2.4 连阴雨

牡丹开花、成熟期遭遇连阴雨，会影响牡丹的开花、授粉及产量，导致种子发霉，影响晾晒等，牡丹种子采收晚会影响发芽率和出油率等。牡丹不同发育期连阴雨灾害指标见表4.45。

表4.45 牡丹连阴雨指标

发育期	一般影响			严重影响		
	连续阴雨日(d)	降水总量(mm)	受害症状	连续阴雨日数(d)	降水总量(mm)	受害症状
开花期	4	20	影响开花、授粉	＞4	＞20	影响开花、授粉和产量
成熟期	5	50	种子发霉，影响晾晒，采收晚	＞5	＞50	种子发霉，影响晾晒，采收晚

4.12.2.5 涝灾

由于降水而使雨量过于集中，农田积水造成的涝灾。一般发生在夏季，田间积水排水不畅而导致牡丹死亡。牡丹涝害指标见表4.46。

表 4.46　牡丹涝害指标

发育期	一般影响			严重影响		
	持续天数(d)	累计降水量(mm)	农事建议	持续天数(d)	累计降水量(mm)	农事建议
鳞芽分花期	10	＞200	排水防涝，尽快排水散湿	18	＞300	排水防涝，尽快排水散湿

4.12.3　主要病虫害

在牡丹的整个生长过程中，由于气候、土壤重茬及管理不善等多种因素导致病虫害发生，以致危害牡丹的正常生长发育，使其长势变弱，花色衰退，品质差(北京农业大学农业气象专业，1984；易明辉，1990；信乃诠，1999)。

病虫害防治是保证牡丹栽培质量、提高商品价值和观赏品质的重要措施。预防为主，综合防治是病虫害防治的基本原则，在防治时应抓住重点防治对象，掌握其发生规律，综合性防治以达到防治效果好、防治成本低的目的。因此，加强牡丹的病虫害防治工作是保证其健壮生长的重要措施。牡丹主要病害有红斑病、根腐病、灰霉病、褐斑病、炭疽病、白娟病等。

牡丹老产区由于受其他环境条件的影响，加之根肥味甜，容易遭受地下和地上害虫的危害。常见的虫害有：根结线虫、蛴螬、地老虎、金针虫、天牛、蚜虫、红蜘蛛、蚂蚁等。

4.12.3.1　叶斑病

也称红斑病，霉病、轮斑病，是牡丹上发生最为普遍的病害之一。病菌主要危害叶片，也浸染新枝，还可危害绿色茎、叶柄、萼片、花瓣、果实甚至种子。

发生规律：病菌以菌丝在病株残体上越冬。春季产生分生孢子，潮湿天气有利于病害的快速扩展，病菌直接侵入或从伤口侵入寄主。4 月开始发病，多雨潮湿的季节发病最多，遇高温、通风不良、光照不足时迅速蔓延，下部叶片最受害，开花后逐渐明显和加重。人为因素有施用氮肥过多、植株密度大、病株未及时除去等。

症状：主要危害叶片。叶片初期症状为新叶背面现绿色谷粒大小斑点，后扩展成直径为 3～5 mm 的紫褐色近圆形的小斑，边缘色略深，形成外浓中淡、不规则的圆心环纹枯斑，相互融连，以致叶片枯焦凋落。扩大后有淡褐色轮纹，成为直径达 7～12 mm 的不规则形大斑，中央淡黄褐色，边缘暗紫褐色，有时相连成片，严重时整叶焦枯。叶柄受害产生墨绿色绒毛层；茎、柄部染病产生隆起的病斑；病菌在病株茎叶和土壤中越冬。

传染途径：牡丹红斑病菌以菌丝在病组织上及地面枯枝上越冬，次年春季再次侵染。下部叶片最受害，开花后逐渐明显和加重，天气潮湿季节扩展快。

防治措施：

①立冬前后，整枝时将病枝、干叶清除干净，集中烧掉，以消灭病原菌。

②药剂防治早春植株萌动前喷 3～5 波美度的石硫合剂 1 次。

③发病前(5 月)喷洒波尔多液，10～15 d 喷 1 次，直至 7 月。

④发病初期，喷洒甲基托布津、多菌灵，7～10 d 喷 1 次，连续 3～4 次。

注意事项：初见病后及时摘除病叶，喷洒药液进行全面防治。喷药时特别注意叶片背面，并且喷洒均匀、周到。粉尘施药或释放烟雾剂后，封闭大棚、温室过夜。烟熏法、粉尘法，最好与药液喷雾交替使用。

4.12.3.2　根腐病

发生规律：牡丹根腐病主要危害根部。多发于雨季，因雨水过多，排水不畅，田间积水时间过长造成。牡丹根腐病的发生与地下害虫的危害程度密切相关，蛴螬等地下害虫严重发生的地块，根腐病一般比较严重，重茬连作地和梅雨季节最严重。

症状：感病后挖出病株可见根系部分或全部腐烂呈黑褐色。植株感病后，地上部分长势衰弱，叶片失绿、发黄、泛红，有的叶肉变黄色、红色而叶脉不变色。也有表现为叶脉变黄、红而叶肉不变色，严重时叶片、枝条枯死，甚至整株死亡。根皮发黑，水渍状，继而扩散至全根而死亡。挖出病株可见根系部分或全部腐烂呈黑褐色。

防治措施：

①实行轮作，避免重茬，已发生过根腐病的地块在 5 年内栽植牡丹易再度感染。

②加强对地下害虫金龟子成虫及幼虫的防治。

③整地时进行土壤消毒，每公顷撒施呋喃丹或甲基异柳磷颗粒剂 45～75 kg；栽植前再每穴施 3～5 g。

④移植前进行苗木处理，移栽苗在圃地起挖后放入甲基托布津(600～800 倍)＋甲基异柳磷(1000 倍)混合液中浸泡 2～3 min，晾干后移栽。

⑤及时发现并挖除病株，予以烧毁，防止病害蔓延。

4.12.3.3　灰霉病

发生规律：病菌以菌核随病残体或在土壤中越冬，次年 3 月下旬至 4 月初萌发，产生分生孢子，分生孢子借助风雨传播进行初侵染，以后病部又产生大量的孢子进行再侵染。高温和多雨的条件有利于分生孢子大量形成和传播。灰霉病会危害牡丹的叶、茎和花。春季和花谢后是发病高峰。气候潮湿、持续低温、过于密植、氮肥施用过多，易引起发病。

症状：牡丹感染灰霉病后，幼苗基部出现褐色水渍斑，严重时幼苗枯萎并倒伏；叶面上尤其是叶缘和叶尖出现褐色、紫褐色水渍斑，叶柄和茎上出现长条形、略凹陷的暗褐色病斑；花瓣变色、干枯或腐烂。主要危害叶、叶柄、茎、花蕾及花。叶片染病初在叶尖或叶缘处生近圆形至不规则水渍状斑，后病部扩展，病斑褐色至灰褐色或紫褐色，有的产生轮纹。后期在病部长出灰色霉层。

防治措施：

①选择地势开阔、排水良好，通风向阳的地方，为牡丹的生产提供良好的生长环境。

②栽培时施足基肥，以磷、钾肥为主；保持适当的栽培密度，以利于通风；对于地势平坦的基地要做好排水工作。合理密植，适量施用氮肥，雨后及时排去积水。

③及时中耕除草，以保持良好的通风透气环境。

④牡丹发病初期，喷 160～200 倍等量波尔多液，每 10～15 d 喷 1 次，或 65％代森锌500～600 倍液，每 7～10 d 喷 1 次，连续喷 3～4 次。

⑤发现病叶、病株等，应及时清除病组织残体，以减少次年的病害初浸染源。发病期间及时摘除病叶、病蕾和病花，可有效减轻病害的发生。

⑥春季牡丹展叶初期，及时喷洒 1∶1∶100 波尔多液，每隔 10 d 喷施 1 次，连续喷 3 次，全园施药，有一定的保护作用。

⑦在牡丹出现灰霉病症状时，喷施 70％甲基硫菌灵可湿性粉剂 800 倍液。或采用 40％高

多醇悬浮剂1000倍液，每隔15 d喷1次，连喷2～3次。

4.12.3.4 褐斑病

症状：叶表面出现大小不同的苍白色斑点，一般直径为3～7 mm大小的圆斑。病斑中部逐渐变褐色，正面散生十分细小黑点，具数层同心轮纹。相邻病斑合并时形成不规则的大型病斑。发生严重时整个叶面全变为病斑而枯死。

发生规律：病菌以菌丝体和分生孢子在发病组织和落叶中越冬，成为第二年的侵染来源。以风雨传播，从伤口直接侵入。多在7—9月发病，台风季节雨多时病重。下部叶先发病，后期管理放松，盆土过干、过湿时病重。

防治方法：

①采收后彻底清除病残株及落叶，集中烧毁。

②发病前用600～800倍的百菌清预防效果较好。

③发病前或者发病初期可用国光英纳400～600倍液、国光必鲜(咪鲜胺)600～800倍液或80%多菌灵800倍液喷施防治。

4.12.3.5 根腐病

症状：主要危害根部。支根和须根染病根变黑腐烂。且向主根扩展。主根染病初在根皮上产生不规则黑斑，且不断扩展，致大部分根变黑，向木质部扩展，造成全部根腐烂，病株生长衰弱，叶小发黄，植株萎蔫直至枯死。

发病规律：病菌以菌核、厚垣孢子在病残根上或土壤中或进入肥料中越冬，病菌经虫伤、机械伤、线虫伤等伤口侵入。采用育苗移栽的植株，机械伤口较多，受害重。

防治方法：

①土壤处理：用40%拌种双或40%五氯硝基苯(如国光三灭)，每平方米用药量6～8 g撒入播种土拌匀。

②发病初期若土壤湿度大、黏重、通透差，要及时改良并晾晒，再用药。

③用30%恶霉灵水剂(如国光三抗)1000倍液或70%敌磺钠可溶粉剂(如国光根灵)800～1000倍液，用药时尽量采用浇灌法，让药液基础到受损的根茎部位，根据病情，可连用2～3次，间隔7～10 d。对于根系受损严重的，配合使用促根调节剂使用，恢复效果更佳。

4.12.3.6 白绢病

症状：病害主要发生在苗木近地面的茎基部。初发生时，病部表皮层变褐，逐渐向周围发展，并在病部产生白色绢丝状的菌丝，菌丝作扇开扩展，蔓延至附近的土表上，以后在病苗的基部表面或土表的菌丝层上形成油菜籽状的茶褐色菌核。苗木发病后，茎基部及根部皮层腐烂，植株的水分和养分的输送被阻断，叶片变黄枯萎，全株枯死。

发生规律：病菌一般以成熟菌核在土壤、被害杂草或病株残体上越冬。通过雨水进行传播。菌核在土壤中可存活4～5年。在适宜的温湿度条件下菌核萌发产生菌丝，侵入植物体。

防治方法：

①为了预防苗期发病，可用40%五氯硝基苯粉剂处理土壤，每亩用2～5 kg，混合均匀后，撒在播种或扦插沟内，然后进行播种或扦插。

②发病初期，在苗圃内可撒施40%五氯硝基苯粉剂处理土壤，每亩用2～5 kg，施药后松土，使药粉均匀混入土中。

③树体地上部分出现症状后，将树干基部主根附近土扒开晾晒，可抑制病害的发展。

④调运苗木时，严格进行检查，剔除病苗，并对健苗进行消毒处理。

⑤根据树体地上部分的症状确定根部有病后，扒开树干基部的土壤寻找发病部位，确诊是白绢病后，用刀将根茎部病斑彻底刮除，并用抗菌剂401的50倍液或1%硫酸液消毒伤口，再外涂波尔多浆等保护剂，然后覆盖新土。

⑥在病株外围挖隔离沟，封锁病区。

4.12.3.7　根结线虫

症状：被感染后牡丹根上出现大小不等的瘤状物，黄白色，质地坚硬，切开后可发现白色有光泽的线虫虫体，须根末端坏死，同时引起叶变黄，植株矮小，严重时造成叶片早落。

发病规律：危害牡丹根部，由病土、受害植株和流水传播，在根结、土壤或野生寄主内以卵和幼虫形式过冬，第二年春季初次浸染牡丹新生营养根的主要是越冬卵孵化的二龄幼虫，在5—6月和10月形成根结最多，5～25 cm深处土层发病最多。

防治措施：

①严格苗木检疫，防止扩散蔓延。

②实行轮作，结合中耕，每月深耕1次，深度为10 cm左右。

③将受害植株挖起，剪掉受害根部，消毒后再栽。

④用80%二溴氯丙烷或呋喃丹喷洒病区。栽植前用0.1%克线灵浸根30 min。

4.12.3.8　金龟子—蛴螬

金龟子幼虫，体多白色，多褶皱，静止时弯曲呈"C"形，头部黄褐色或橙黄色。成虫为金龟子，多皱纹，危害牡丹根部，5—9月其危害最为明显，会将牡丹的根皮咬出孔洞，严重的情况下还可导致牡丹根部死亡，成虫还会对叶片和嫩叶造成危害，幼虫对根部有侵蚀作用。

发生规律：

铜绿丽金龟最为常见，幼虫称蛴螬，近圆筒形，乳白色，以成虫和幼虫在土中越冬，成虫有趋光性和假死性。

症状：该虫害主要危害牡丹根部，以5—9月最为严重，将牡丹根皮咬成缺刻或孔洞，严重者会造成牡丹根部死亡。成虫危害叶片和嫩梢，幼虫(蛴螬)啃食根部。

防治措施：

①充分利用成虫的假死性和趋光性，白天采取人工捕杀，4—5月用黑光灯诱杀成虫，秋冬季加强翻地，将冬季积存的幼虫翻到地面上。

②采取灌根处理方式，虫害发生初期要使用100～300 mL浓度为15%的乐斯本乳油兑水灌根。一般用50%辛硫磷乳油，1000倍液浇注根部。

③傍晚喷施80%敌敌畏乳剂1000倍液；90%敌百虫1000倍液或氧化乐果1000倍液。

④用3%呋喃丹颗粒剂，每亩使用2 kg，拌湿润细土20～50 kg，结合中耕除草沿垄撒施。

⑤越冬前翻地，用氧化乐果灌根消灭幼虫、冬蛹。

4.12.3.9　地老虎

地老虎经常会咬断幼芽，且该虫在杂草较多的区域比较明显。

发生规律：幼虫啃食靠近地面的嫩茎和根茎，白天潜伏土中，夜间出来危害，以卵、蛹或老熟幼虫在土中越冬。

症状：常从地面咬断幼苗或咬食未出土的幼芽造成缺苗。在杂草丛生地块发生较重，每年发生数代，随各地气候不同而异。

防治措施：

①加强田园管理，应及时清除杂草，减少害虫潜伏和产卵场所。

②用氧化乐果或敌敌畏乳剂 500～800 倍液浇灌根部，或用柔嫩多汁杂草、菜叶拌敌百虫稀释液，于傍晚撒播地面诱杀幼虫。

③清晨查看，发现有被危害后留下的残茎、叶时，要扒开附近的表土，捕杀幼虫。

4.12.3.10　天牛

发生规律，幼虫孵化后钻入木质部，蛀食枝干，使枝干枯死或折断，成虫啃食叶脉和嫩枝表皮，以幼虫在被害枝干内越冬。

防治措施：

①人工捕杀成虫。

②检查茎干，发现有虫粪和虫孔，用 80％敌敌畏或 40％氧化乐果 100 倍液体注入虫孔，再用湿泥封闭虫孔；或用细铁丝插入虫孔勾杀幼虫。

4.12.3.11　红蜘蛛

发生规律：虫体细小，圆形，橘黄色或红色，有 4 对足，繁殖迅速，用刺吸式口器吸食叶片液汁，受害叶片出现灰白色斑点或斑块，卷缩直到枯黄脱落，以雌性成虫或卵在枝干或土缝中越冬。

防治措施：

①喷施三氯杀螨醇或爱福丁（齐螨素）800～1000 倍液，防治时间在 5 月下旬至 6 月上旬效果最好。

②保护和利用天敌，如瓢虫、草蛉等。

4.12.3.12　白蜘蛛

发生规律：

危害根茎和枝干，啃食木质纤维。4 月下旬至 6 月和 10—11 月危害最严重。

防治措施：

①人工挖巢，顺着蚁道寻找蚁巢，消灭蚁群。

②在地上的蚁道中注入灭蚁灵，敲剥被害植株茎干上的蚁道或在受害的园地中堆放拌有灭蚁灵枯枝落叶和草皮，诱杀蚂蚁。

4.12.3.13　蚜虫

蚜虫的成虫、幼虫均能以刺吸式口器在植物上以吸食汁液为生，不仅使植物生长受阻、枯萎，还会传播植物疾病，造成很大的危害和损失。

蚜虫在形态上最大特征就是柔软躯体的腹部背方具有 1 对刺状蜜管，由此分泌蜜露，嗜食蜜露的蚂蚁便和蚜虫形成共生现象。

防治蚜虫可用 10％氧化乐果乳剂 1000 倍液或马拉硫磷乳剂 1000～1500 倍液或敌敌畏乳油 1000 倍液喷洒。

4.12.4　农业气象周年服务方案

根据菏泽牡丹生育需求，制定牡丹农业气象周年服务方案，见表 4.47。

表 4.47　菏泽牡丹农业气象周年服务方案

时段	主要发育期	主要农事活动	适宜的气象条件	主要灾害性天气	重点服务内容
1月	休眠期	(1)田间管理； (2)施底肥	气温、光照适宜；无风或风速较小	低温、寒潮、大风天气	(1)大风天气过程，注意防寒； (2)冬季气象条件评述及春季气候预测
2月	发芽萌动期	(1)施肥、浇水、松土； (2)药物灭虫	气温、光照适宜；土壤水分充足	倒春寒、低温	(1)注意大风天气过程，防倒春寒； (2)干旱监测评价
3月	现蕾期	(1)去覆土； (2)移栽定植，整枝拿芽； (3)药剂预防	气温、光照适宜；无风或风速较小	晚霜冻、干旱	(1)防低温； (2)注意防晚霜冻
4月	大小风铃期和开花期	(1)除草、松土； (2)药物预防	气温、光照适宜；无风或风速较小	低温冷害、干旱	(1)防倒春寒； (2)雨情监测，防强降雨
5—7月	鳞芽分化期	(1)浇水、除草； (2)病害防治。	气温、光照适宜；土壤水分充足	暴雨、冰雹、干旱	(1)防干热风； (2)雨情监测，防强降雨
8月	种子成熟期	(1)种子采收晾晒； (2)播种育苗； (3)病虫害防治	气温、光照适宜；土壤水分充足	暴雨洪涝、冰雹、高温、干旱	(1)干旱监测评价； (2)雨情监测，防强降雨
9—10月	花芽分化期	(1)牡丹移栽； (2)施秋肥	气温、光照适宜；土壤水分充足	秋季连阴雨、干旱	(1)干旱监测评价； (2)雨情监测，防连阴雨
11—12月	落叶休眠期	(1)清扫落叶； (2)浇封冻水	气温、光照适宜；无风或风速较小	强降温、霜冻、暴雪	(1)注意强降温、暴雪防寒设施天气过程； (2)重要天气预报

第 5 章　设施果蔬农业气象服务

随着人民生活水平的提高，社会需求迅速增长，设施农业迅速发展。设施农业是在环境相对可控的条件下，以现代农业装备为手段，实现集约、高效和周年连续生产的一种现代农业生产方式，一般设施农业主要是指设施种植业，单位面积产值一般可达大田的 7～10 倍，甚至更高，已成为农业种植业中效益最高的产业。按照设施架构，设施类型分为现代温室、日光温室、塑料大棚和中小拱棚。山东省生产上普遍使用且发展较快的设施是日光温室和塑料大棚，分布范围较为广泛，种植作物种类较多，依靠设施栽培，实现了蔬菜周年生产，且设施栽培条件下，可使成熟期早、供应期短的果树成熟期提早两个月以上，是解决人们对淡季水果需求的重要途径。

5.1　番茄

5.1.1　农业气象指标

山东省日光温室栽种的秋冬茬番茄一般在 7 月下旬至 8 月下旬播种育苗，8 月下旬至 9 月下旬定植，12 月开始采摘。越冬茬番茄一般在 10 月中旬至 11 月上旬播种育苗，11 月上旬至 12 月上旬定植，3 月开始采摘。

5.1.1.1　育苗期

(1)适宜气象指标

出苗前白天气温为 20 ℃左右，夜间气温为 12～15 ℃；第一片真叶显露，白天气温控制在 20～25 ℃，夜间气温控制在 13～15 ℃。

(2)关键农事活动及指标

出苗前保持苗床地温为 25～30 ℃，70%苗出土时，去掉地膜，及时降温。定植前 1 周，加强秧苗锻炼。

5.1.1.2　苗期

(1)适宜气象指标

①温度：缓苗前保持白天为 28～30 ℃，夜间为 17～20 ℃；缓苗后，白天为 22～26 ℃，夜间为 15～18 ℃。

②湿度：缓苗前空气相对湿度为 70%～80%；缓苗后为 60%～70%。土壤相对湿度为 60%～70%。

(2)不利气象指标

低于 10 ℃植株生长不良，长时间低于 5 ℃容易引发低温冷害，0～1 ℃受冻死苗。30 ℃以上高温容易诱发病害；温度高于 33 ℃生长受阻；温度高于 35 ℃叶片停止生长。

(3)关键农事活动及指标

冬春季节应选晴天上午定植。定植后膜下沟内灌足定植水,徒长苗要适当深栽。定植后要设法提高棚内温度,促进缓苗,适时揭盖草苫。日出后揭开草苫,使棚内温度上升,下午温度降至 22～23 ℃时,盖上草苫,早晨最低温度不要低于 15 ℃,并且 10 cm 地温不低于 18 ℃。

5.1.1.3 开花结果期

(1)适宜气象指标

①温度:白天保持在 25～30 ℃,夜间 15 ℃以上。

②湿度:开花坐果期空气相对湿度在 60%～70%,结果期空气相对湿度在 50%～60%。

(2)不利气象指标

低于 15 ℃花药不易开裂,容易引起落花;低于 10 ℃植株生长不良,长时间低于 5 ℃容易引发低温冷害。温度高于 35 ℃时,花器发育受阻,造成落花落果。

(3)关键农事活动及指标

晴天午后温度达 30 ℃时,可开天窗通风;若达不到 30 ℃,可不通风,实行“高温养果”。若天气晴好,棚内湿度较大时,可于揭苫后立即通风 30～40 min,然后盖严通风口。

番茄喜较强的光照,应采取一切措施增加光照。在不影响温度的前提下,早揭晚盖草苫,尽量延长光照时间,保持棚膜清洁。阴天也要短时间揭帘,如遇连续低温弱光天气突然转晴时,要先揭半帘,植株萎蔫时及时回帘或喷温水,待叶片正常后,再全部揭开。

5.1.2 主要病虫害

番茄常见的病虫害有:根腐病、立枯病、青枯病、灰霉病、白粉病、细菌性溃疡病、早疫病、叶霉病等(肖万里 等,2010)。

5.1.2.1 根腐病

(1)主要危害及发生时段

番茄根腐病主要危害番茄根部,定植后即可发病。发病初期,在发病番茄主根及根茎部产生褐斑,后逐渐扩大凹陷,严重时病斑绕茎基部或根部一周,导致番茄不长新根,植株枯死。

(2)发生发展适宜气象条件

在高温高湿或地温偏低时利于发病。当地温低于 20 ℃,且持续时间较长时,易诱发此病,土壤黏重的重茬地及地下害虫严重的地块发病重。秋冬茬大棚番茄定植后,如果前期生长过快,骤遇连续低温;或遇地温过低、土壤湿度过高,且持续时间长;或连阴雨天气大棚内未能及时防风,棚内温度高、湿度大,特别是大水漫灌后,防风不及时,会导致该病的发生、流行。

5.1.2.2 立枯病

(1)主要危害及发生时段

立枯病在大棚番茄栽培中较为常见。刚出土的幼苗和大苗均可发病,尤以中后期为主,病苗茎基部变褐色,后病部收缩,茎叶枯萎。一般在番茄定植后发病,湿度大时组织腐烂,病部产生淡褐色蛛丝状霉层,后期形成菌核。

(2)发生发展适宜气象条件

病菌发育最适温度为 24 ℃,在低于 12 ℃或高于 30 ℃时,生长受到抑制。春秋番茄育苗期苗床或定植后棚室环境与病害关系密切,苗床或棚室温湿度高,光照弱,通气性差,土壤水分多,施用未腐熟肥料,播种过密,间苗不及时,此病最易发生、流行。

5.1.2.3　青枯病

(1)主要危害及发生时段

番茄青枯病从开花期开始发病。病株叶片色泽变淡，从顶叶开始萎蔫，随后下部叶片凋萎，中部叶片最后凋萎。发病初期病株白天萎蔫，傍晚以后可恢复正常，如果气温高、土壤干旱，病情迅速加重，2～3 d病株迅速死亡。

(2)发生发展适宜气象条件

病菌喜高温、高湿、偏酸性环境，发病最适气候条件为温度30～37 ℃，最适pH为6.6。

5.1.2.4　灰霉病

(1)主要危害及发生时段

番茄灰霉病在番茄苗期、成株期均可发病。苗期可引起番茄茎叶腐烂，病部呈灰褐色，表面密长灰霉。成株叶片病斑由边缘向里呈V形发展。此病主要危害番茄果实，易造成落花落果。

(2)发生发展适宜气象条件

发病最适温度为20～23 ℃。当温度低于4 ℃或高于30 ℃时，病害停止发展。当温度在20 ℃左右、空气相对湿度在90%以上时，此病发生较为严重。

5.1.2.5　白粉病

(1)主要危害及发生时段

主要发生在番茄生长的中后期。一般发生在叶片、叶柄、茎及果实上，以叶片上发病最普通。发病初期叶片正面出现零星的放射状白色霉点，后扩大成白色粉斑。在日光温室中普遍发生，是日光温室栽培番茄的主要病害之一，常造成叶片提早干枯，影响叶片功能从而造成减产。

(2)发生发展适宜气象条件

致病菌分生孢子形成和萌发的适宜温度为15～30 ℃，侵入和发病的适宜温度为15～18 ℃。最适发病环境温度为25～28 ℃，空气相对湿度为40%～95%。

5.1.2.6　细菌性溃疡病

(1)主要危害及发生时段

溃疡病是严重危害番茄的细菌性病害，被许多国家列为检疫病害，一旦发生，可能会产生毁灭性危害。植株从幼苗到坐果期均可发生萎蔫。

(2)发生发展适宜气象条件

病菌生长温度范围为1～33 ℃，最适温度为25～29 ℃，致死温度55 ℃。

5.1.2.7　早疫病

(1)主要危害及发生时段

番茄早疫病又称轮纹病、夏疫病，其最主要特征是不论发生在果实、叶片或主茎上的病斑，都有明显的轮纹，所以又被称作轮纹病。果实病斑常在果蒂附近，茎部病斑常在分杈处，叶部病斑发生在叶肉上。该病多在结果初期开始发生，结果盛期病害重。

(2)发生发展适宜气象条件

温度保持15 ℃左右，空气相对湿度在80%以上，病害开始发生。室温达20～25 ℃，空气相对湿度在80%以上时，发病较重；空气相对湿度低于70%时，发病较轻或很少发病。

5.1.2.8 叶霉病

(1)主要危害及发生时段

番茄叶霉病又叫黑毛病,是在大棚栽培番茄上发生的重要病害。该病流行速度很快,短时间内可使大棚番茄大面积受害。此病害主要危害叶片,严重时也危害茎、花和果实。

(2)发生发展适宜气象条件

病菌发育适宜温度为 20～25 ℃。湿度是影响发病的主要因素。空气相对湿度高于90%,有利病菌繁殖,发病重;空气相对湿度在 80%以下,不利孢子形成,也不利侵染及病斑的扩展;气温低于 10 ℃或高于 30 ℃,病情发展可受到抑制。

5.1.3 农业气象周年服务方案

根据设施番茄生育需求,制定设施番茄农业气象周年服务方案,见表 5.1。

表 5.1 设施番茄农业气象周年服务方案

时间	主要发育期	农业气象指标	农事建议	重点关注
1—2 月	秋冬茬开花结果期	白天温度保持在 25～30 ℃,夜间在15 ℃以上;适宜空气相对湿度为60%～70%	(1)天气预报可能出现冻害时,要利用增温、保温设施; (2)随时注意天气变化,做好大棚蔬菜的防寒、防冻、通风、透光工作	(1)连阴天; (2)大风; (3)低温; (4)暴雪
	越冬茬苗期	缓苗前白天温度保持在 28～30 ℃,夜间在 17～20 ℃;缓苗后,白天在22～26 ℃,夜间在 15～18 ℃;缓苗前空气相对湿度为 70%～80%;缓苗后为 60%～70%;土壤相对湿度为 60%～70%		
3—7 月	结果期	白天温度保持在 25～30 ℃,夜间在15 ℃以上;适宜空气相对湿度为 60%～70%	(1)随着气温升高,应加强棚温调节,要及时通风降温,避免灼伤; (2)防止出现高温高湿的小气候,以免造成徒长和发生病害; (3)若遇低温天气,要注意及时封闭通风口,防止夜温过低造成落花落果	(1)连阴天; (2)大风; (3)倒春寒; (4)暴雨; (5)高温
8 月	秋冬茬育苗期	出苗前白天温度保持在 20 ℃左右,夜间在 12～15 ℃;第一片真叶显露,白天控制在20～25 ℃,夜间在 13～15 ℃	(1)出苗前保持苗床地温 25～30 ℃,70%苗出土时去掉地膜,及时降温; (2)若遇阴天,转晴后要及时通风,以免出现畦温过高,发生烤苗现象; (3)定植前 1 周,加强秧苗锻炼	(1)连阴天; (2)大风; (3)暴雨; (4)冰雹; (5)高温
9 月	秋冬茬定植、苗期	缓苗前白天温度保持在 28～30 ℃,夜间在 17～20 ℃;缓苗后,白天在 22～26 ℃,夜间在 15～18 ℃;缓苗前空气相对湿度为70%～80%;缓苗后为 60%～70%;土壤相对湿度为 60%～70%	(1)定植后膜下沟内灌足定植水,徒长苗要适当深栽; (2)定植后要设法提高棚内温度,促进缓苗,适时揭盖草苫; (3)当晴天中午前后棚内气温高达 30 ℃以上时,立刻通风,适当降温和排湿; (4)重视阴天期间对散射光的利用,要适时揭苫见光	(1)连阴天; (2)大风; (3)暴雨; (4)冰雹

续表

时间	主要发育期	农业气象指标	农事建议	重点关注
10月	秋冬茬苗期	空气白天温度保持在22～26 ℃，夜间在15～18 ℃；空气相对湿度为60%～70%；土壤相对湿度为60%～70%	(1)要设法提高棚内温度，促进缓苗，适时揭盖草苫； (2)当晴天中午前后棚内气温高达30 ℃以上是，立刻通风，适当降温和排湿； (3)重视阴天期间对散射光的利用，要适时揭苫见光； (4)大风天气要及时加固大棚	(1)连阴天； (2)大风
	越冬茬育苗期	出苗前白天保持在20 ℃左右，夜间在12～15 ℃；第一片真叶显露，白天控制在20～25 ℃，夜间在13～15 ℃	(1)出苗前保持苗床地温25～30 ℃，70%苗出土时去掉地膜，及时降温； (2)若遇阴天，转晴后要及时通风，以免出现畦温过高，发生烤苗现象； (3)定植前1周，加强秧苗锻炼	
11月	秋冬茬、苗期	空气温度白天保持在22～26 ℃，夜间在15～18 ℃；空气相对湿度为60%～70%；土壤相对湿度为60%～70%	(1)当晴天中午前后棚内气温高达30 ℃以上时，立刻通风，适当降温和排湿； (2)重视阴天期间对散射光的利用，要适时揭苫见光； (3)大风天气要及时加固大棚	(1)连阴天； (2)大风； (3)寒潮
	越冬茬定植、苗期	缓苗前白天保持在28～30 ℃，夜间在17～20 ℃；缓苗后，白天在22～26 ℃，夜间在15～18 ℃。缓苗前空气相对湿度为70%～80%；缓苗后为60%～70%。土壤相对湿度为60%～70%	(1)定植后膜下沟内灌足定植水，徒长苗要适当深栽； (2)定植后要设法提高棚内温度，促进缓苗，适时揭盖草苫； (3)当晴天中午前后棚内气温高达30 ℃以上时，立刻通风，适当降温和排湿； (4)重视阴天期间对散射光的利用，要适时揭苫见光	
12月	秋冬茬开花结果期	白天温度保持在25～30 ℃，夜间在15 ℃以上；适宜空气相对湿度为60%～70%	(1)结果前期，应加强棚温调节，要及时通风降温； (2)天气预报可能出现冻害时，要利用增温、保温设施； (3)重视阴天期间对散射光的利用，要适时揭苫见光； (4)大风天气要及时加固大棚	(1)连阴天； (2)大风； (3)寒潮； (4)暴雪
	越冬茬苗期	空气温度白天保持在22～26 ℃；夜间在15～18 ℃。空气相对湿度为60%～70%；土壤相对湿度为60%～70%	(1)要设法提高棚内温度，促进缓苗，适时揭盖草苫； (2)当晴天中午前后棚内气温高达30 ℃以上时，立刻通风，适当降温和排湿； (3)天气预报可能出现冻害时，要利用增温、保温设施； (4)重视阴天期间对散射光的利用，要适时揭苫见光； (5)大风天气要及时加固大棚	

5.2　黄瓜

5.2.1　农业气象指标

山东省秋冬茬黄瓜一般在6月中下旬育苗，7月上中旬定植，8—12月采收。越冬茬黄瓜在9月上中旬育苗，10月上中旬定植，11月上中旬至次年7月采收。早春茬12月上旬育苗，1月中下旬定植，3—7月采收。

5.2.1.1　育苗期

(1)适宜气象指标

①温度：黄瓜播种到子叶出土，要保证较高的温度，一般白天控制在25～30 ℃，夜间控制在16～20 ℃；子叶出土到破心，白天温度为20～22 ℃，夜间温度为12～15 ℃；破心到成苗前5～7 d，白天温度为22～25 ℃，夜间温度为13～18 ℃；定植前1周，白天温度为20～23 ℃，夜间温度为8～15 ℃。

②湿度：适宜土壤相对湿度为60%～70%。适宜空气相对湿度为80%～90%。

(2)不利气象指标

①温度：10～12 ℃生长缓慢或停止，5 ℃以下易受冷害，0 ℃以下受冻害。

②湿度：空气相对湿度100%持续12 h以上，容易引起病害。

(3)关键农事活动及指标

秋冬茬育苗要适当遮光降温。若遇阴天，转晴后要及时通风，以免出现畦温过高，发生烤苗现象。出苗后温度不能过高，以防止幼苗过于徒长。苗床期地温保持在20～25 ℃，一般不追肥灌水，确实干旱时，可轻浇水1次，冬季和早春苗床应在晴天上午浇水，夏秋季在早晚浇水。

嫁接后3 d内苗床不通风，苗床温度白天保持在25～28 ℃，夜间保持在18～20 ℃；空气湿度保持在90%～95%。3 d后，以不萎蔫为度进行短时间少量通风，以后逐渐增加通风量。1周后可逐渐揭去草苫，并开始大通风，苗床温度指标白天为22～26 ℃，夜间为13～16 ℃。若苗床温度夜间低于13 ℃，应加盖草苫。

5.2.1.2　苗期

(1)适宜气象指标

①温度：缓苗期白天为28～32 ℃，夜间为16～20 ℃，一般不通风。缓苗后至开花白天保持在25～28 ℃，夜间为13～15 ℃，最低温度控制在10 ℃以上。

②湿度：适宜土壤相对湿度60%～70%。适宜空气相对湿度80%～90%。

(2)不利气象指标

①温度：10～12 ℃生长缓慢或停止，5 ℃以下易受冷害，0 ℃以下受冻害。

②湿度：空气湿度超过90%时，叶面易形成水膜，影响光合作用，病原菌容易侵入；空气相对湿度100%持续12 h以上，容易引起病害。

(3)关键农事活动及指标

温室越冬茬、早春茬和春大棚应选晴天上午定植，其他茬口应选阴天或晴天下午定植。缓苗期尚未结束，仍按幼苗期管理，以促根控秧为中心。在管理上应适当加大昼夜温差。以增加养分积累，白天超过30 ℃从顶部通风，午后降到20 ℃闭风，一般室温降到15 ℃时放草苫。

5.2.1.3 开花结果期

(1)适宜气象指标

①温度:白天为25～30 ℃,夜间为13～18 ℃。

②湿度:适宜土壤相对湿度为70%～80%。适宜空气相对湿度为80%～90%。

(2)不利气象指标

①温度:10～12 ℃生长缓慢或停止,5 ℃以下易受冷害,0 ℃以下受冻害;35 ℃以上生长不良,超过40 ℃引起落花落果,光合作用急剧减弱,代谢受阻;45 ℃高温持续3 h雄花落蕾或不能开花,导致畸形果产生;50 ℃以上易发生"日烧"。

②湿度:空气湿度超过90%时,叶面易形成水膜,影响光合作用,病原菌容易侵入;空气相对湿度100%持续12 h以上,容易引起病害。

(3)关键农事活动及指标

结果前期,应加强温度调节,及时通风降温,防止出现高温高湿的小气候,以免造成徒长和发生病害。若遇寒潮天气,要注意及时封闭通风口,防止夜温过低造成落花落果。重视阴天期间对散射光的利用,要适时揭苫见光。

进入结瓜期,温室内温度须按变温管理,08—13时,温度控制在25～30 ℃,超过28 ℃通风;13—17时,20～25 ℃;17—24时,15～20 ℃;00—08时,12～15 ℃。深冬季节(即12月下旬至2月中旬)晴天时可控制较高温度,实行高温养瓜,温度达30 ℃以上时,可通风。夜间温度不低于10 ℃,阴冷天气不低于8 ℃。

5.2.2 主要病虫害

黄瓜常见的病虫害有:霜霉病、枯萎病、疫病、灰霉病、白粉病、细菌性角斑病等。

5.2.2.1 霜霉病

(1)主要危害及发生时段

霜霉病俗称"黑毛"或"跑马干",主要危害叶片,也能危害茎和花序,苗期至成株期均可发病,特别是黄瓜进入收瓜期发病较重。黄瓜霜霉病是日光温室黄瓜生产上最严重的流行性病害,发病后能在一两周内使黄瓜大部分叶片枯死,黄瓜田一片枯黄(魏野畴 等,2015;李惠明,2012)。

(2)发生发展适宜气象条件

气温为16～20 ℃、叶面结露或有水膜;气温为20～26 ℃、空气相对湿度为85%以上,是霜霉病菌生长的最适条件(胡永军 等,2010d)。

5.2.2.2 枯萎病

(1)主要危害及发生时段

黄瓜枯萎病又叫蔓割病、萎蔫病、死秧病,是黄瓜的重要病害之一。黄瓜枯萎病发生在黄瓜的整个生长期,特别是在开花期与结果期。幼苗期发病时病株表现为茎基部缢缩,变褐呈水渍状,随后萎蔫倒伏。成株发病初期主要表现为植株根茎部叶片在中午萎蔫下垂,呈缺水状(蒋荷 等,2012;杨侃侃 等,2019)。

(2)发生发展适宜气象条件

病菌发育最适宜的温度为24～27 ℃,地温为24～30 ℃,空气相对湿度为90%以上(马晓凤,2019)。

5.2.2.3　疫病

(1)主要危害及发生时段

黄瓜疫病俗称“死藤”“烂蔓”,在黄瓜整个生育期均可发生,能侵染黄瓜的叶、茎和果实,以蔓茎基部及嫩茎节部发病较多。苗期发病多从嫩茎生长点上发生,初期呈现水渍萎蔫,最后干枯成秃尖状。叶片上产生圆形或不规则形,暗绿色的水渍状病斑,边缘不明显,扩展很快,湿度大时腐烂,干燥时呈青白色,易破碎,茎基部也易感病,造成幼苗死亡;成株期发病,主要在茎基部或嫩茎节部发病,先呈水渍状暗绿色,病部软化缢缩,其上部叶片逐渐萎蔫下垂,以后全株枯死。瓜条发病时,形成暗绿色圆形凹陷的水浸状病斑,很快扩展到全果,病果皱缩软腐,表面长出灰白色稀疏的霉状物。黄瓜疫病属于土传病害,主要通过灌溉水传播。

(2)发生发展适宜气象条件

病菌发育适宜温度为25～30 ℃,空气相对湿度为95%以上。在气温为25 ℃并有水滴的情况下,病害循环一次仅需20～25 h(张国红 等,2011)。

5.2.2.4　灰霉病

(1)主要危害及发生时段

黄瓜灰霉病是冬暖式大棚冬季黄瓜生产最重要的病害之一,主要危害黄瓜的花、瓜条、叶、茎,常造成烂花、烂瓜,发病严重的温室可减产20%～30%。成株期发病,主要危害果实,也可危害叶片和茎。花期是病菌侵染的高峰期,幼瓜膨大期浇水后,因湿度大而使病果猛增,是烂果的高峰期(温庆文 等,2018;张金萍,2016)。

(2)发生发展适宜气象条件

最适宜的发病温度为18～25 ℃,空气相对湿度持续90%以上(董金皋,2007)。

5.2.2.5　白粉病

(1)主要危害及发生时段

黄瓜白粉病俗称“挂白灰”,是大棚黄瓜栽培中的重要病害之一,从苗期至收获期均可发生。主要危害叶片,叶柄、茎次之,果最轻(李惠明,2012)。通常在生长中后期发病重,造成叶片干枯甚至提前拉秧(魏野畴 等,2015)。

(2)发生发展适宜气象条件

适宜温度为15～30 ℃,空气相对湿度在80%以上(刘西存,2011)。

5.2.2.6　细菌性角斑病

(1)主要危害及发生时段

黄瓜细菌性角斑病又称角斑病。幼苗和成株期均可受害,以成株期叶片受害为主。主要危害叶片、叶柄、卷须和果实,有时也侵染茎蔓。子叶发病,初呈水渍状近圆形凹陷斑,后微带黄褐色干枯。

(2)发生发展适宜气象条件

发病适宜温度为18～26 ℃,适宜的空气相对湿度在75%以上,棚室低温、高湿利发病。病斑大小与湿度有关。夜间空气饱和湿度持续时间>6 h,叶片病斑大;空气相对湿度低于85%,或空气饱和湿度持续时间不足3 h,病斑小(董金皋,2007)。

5.2.3　农业气象周年服务方案

根据设施黄瓜生育需求,制定设施黄瓜农业气象周年服务方案,见表5.2。

表 5.2　设施黄瓜农业气象周年服务方案

时间	主要发育期	农业气象指标	农事建议	重点关注
1—2 月	越冬茬结果期	白天温度保持在 25～30 ℃，夜间在 13～18 ℃；适宜土壤相对湿度为 70%～80%；适宜空气相对湿度为 80%～90%	(1)天气预报可能出现冻害时，要利用增温、保温设施；(2)随时注意天气变化，做好大棚蔬菜的防寒、防冻、通风、透光工作	(1)连阴天；(2)大风；(3)低温；(4)暴雪
	早春茬苗期	缓苗期白天温度保持在 28～32 ℃，夜间在 16～20 ℃；缓苗后白天保持在 25～28 ℃，夜间在 13～15 ℃，最低控制在 10 ℃以上；适宜土壤相对湿度为 60%～70%。适宜空气相对湿度为 80%～90%		
3—5 月	越冬茬结果期	白天温度保持在 25～30 ℃，夜间在 13～18 ℃；适宜土壤相对湿度为 70%～80%；适宜空气相对湿度为 80%～90%	(1)随着气温升高，应加强棚温调节，要及时通风降温，避免灼伤；(2)防止出现高温高湿的小气候，以免造成徒长和发生病害；(3)若遇低温天气，要注意及时封闭通风口，防止夜温过低造成落花落果	(1)连阴天；(2)大风；(3)倒春寒
	早春茬开花结果期			
6 月	越冬茬、早春茬结果期	白天温度保持在 25～30 ℃，夜间在 13～18 ℃；适宜土壤相对湿度为 70%～80%；适宜空气相对湿度为 80%～90%	(1)随着气温升高，应加强棚温调节，要及时通风降温，避免灼伤；(2)防止出现高温高湿的小气候，以免造成徒长和发生病害	(1)连阴天；(2)大风；(3)暴雨；(4)冰雹；(5)高温
	秋冬茬育苗期	播种到子叶出土，要保证较高的温度，一般控制在白天 25～30 ℃，夜间 16～20 ℃；子叶出土到破心，白天 20～22 ℃，夜间 12～15 ℃；破心到成苗前 5～7 d，白天 22～25 ℃，夜间 13～18 ℃；定植前 1 周，白天 20～23 ℃，夜间 8～15 ℃；适宜土壤相对湿度为 60%～70%；适宜空气湿度为 80%～90%	(1)秋冬茬育苗要适当遮光降温。若遇阴天，转晴后要及时通风，以免出现畦温过高，发生烤苗现象。出苗后温度不能过高，以防止幼苗过于徒长；(2)嫁接后 3 d 内苗床不通风，3 d 后，以不萎蔫为度进行短时间少量通风，以后逐渐增加通风量。1 周后可逐渐揭去草苫，并开始大通风	
7 月	越冬茬、早春茬结果期	白天温度保持在 25～30 ℃，夜间 13～18 ℃；适宜土壤相对湿度为 70%～80%；适宜空气相对湿度为 80%～90%	(1)应加强棚温调节，要及时通风降温，避免灼伤；(2)防止出现高温高湿的小气候，以免造成徒长和发生病害	(1)连阴天；(2)大风；(3)暴雨；(4)冰雹；(5)高温
	秋冬茬苗期	缓苗期白天 28～32 ℃，夜间 16～20 ℃。缓苗后白天保持 25～28 ℃，夜间 13～15 ℃，最低控制在 10 ℃以上；适宜土壤相对湿度为 60%～70%；适宜空气相对湿度为 80%～90%		
8 月	秋冬茬开花结果期	白天温度保持在 25～30 ℃，夜间在13～18 ℃；适宜土壤相对湿度为 70%～80%；适宜空气相对湿度为 80%～90%	(1)应加强棚温调节，要及时通风降温，避免灼伤；(2)防止出现高温高湿的小气候，以免造成徒长和发生病害	(1)连阴天；(2)大风；(3)暴雨；(4)冰雹；(5)高温

续表

时间	主要发育期	农业气象指标	农事建议	重点关注
9月	越冬茬育苗期	播种到子叶出土，要保证较高的温度，一般控制在白天 25～30 ℃，夜间 16～20 ℃；子叶出土到破心，白天 20～22 ℃，夜间 12～15 ℃；破心到成苗前5～7 d，白天 22～25 ℃，夜间 13～18 ℃；定植前 1 周，白天 20～23 ℃，夜间 8～15 ℃；适宜土壤相对湿度为 60%～70%；适宜空气湿度为 80%～90%	(1)育苗期间要防腐防烟熏、防徒长，培育壮苗； (2)若遇阴天，转晴后要及时通风，以免出现畦温过高，发生烤苗现象； (3)嫁接后 3 d 内苗床不通风，3 d 后，以不萎蔫为度进行短时间少量通风，以后逐渐增加通风量。一周后可逐渐揭去草苫，并开始大通风	(1)连阴天； (2)大风； (3)暴雨； (4)冰雹
	秋冬茬结果期	白天温度保持在 25～30 ℃，夜间 13～18 ℃；适宜土壤相对湿度为 70%～80%；适宜空气相对湿度为 80%～90%	(1)应加强棚温调节，要及时通风降温，避免灼伤； (2)防止出现高温高湿的小气候，以免造成徒长和发生病害	
10月	越冬茬苗期	缓苗期白天 28～32 ℃，夜间 16～20 ℃。缓苗后白天保持 25～28 ℃，夜间 13～15 ℃，最低控制在 10 ℃以上；适宜土壤相对湿度为 60%～70%；适宜空气相对湿度为 80%～90%	(1)应选晴天上午定植； (2)缓苗期尚未结束，仍按幼苗期管理，以促根控秧为中心。在管理上应适当加大昼夜温差，以增加养分积累	(1)连阴天； (2)大风
	秋冬茬结果期	白天温度保持在 25～30 ℃，夜间 13～18 ℃；适宜土壤相对湿度为 70%～80%；适宜空气相对湿度为 80%～90%	(1)应加强棚温调节，要及时通风降温； (2)重视阴天期间对散射光的利用，要适时揭苫见光	
11月	秋冬茬、越冬茬结果期	白天温度保持在 25～30 ℃，夜间 13～18 ℃；适宜土壤相对湿度为 70%～80%；适宜空气相对湿度为 80%～90%	(1)应加强棚温调节，夜间及时加盖草苫保温； (2)重视阴天期间对散射光的利用，要适时揭苫见光	(1)连阴天； (2)大风； (3)寒潮
12月	秋冬茬、越冬茬结果期	白天温度保持在 25～30 ℃，夜间 13～18 ℃；适宜土壤相对湿度为 70%～80%；适宜空气相对湿度为 80%～90%	(1)应加强棚温调节，夜间及时加盖草苫保温； (2)重视阴天期间对散射光的利用，要适时揭苫见光	(1)连阴天； (2)大风； (3)寒潮； (4)暴雪
	早春茬育苗期	播种到子叶出土，要保证较高的温度，一般控制在白天 25～30 ℃，夜间 16～20 ℃；子叶出土到破心，白天 20～22 ℃，夜间 12～15 ℃；破心到成苗前 5～7 d，白天 22～25 ℃，夜间 13～18 ℃；定植前 1 周，白天 20～23 ℃，夜间 8～15 ℃；适宜土壤相对湿度为 60%～70%；适宜空气湿度为 80%～90%	(1)育苗期间要防腐防烟熏、防徒长，培育壮苗； (2)若遇阴天，转晴后要及时通风，以免出现畦温过高，发生烤苗现象； (3)嫁接后 3 d 内苗床不通风，3 d 后，以不萎蔫为度进行短时间少量通风，以后逐渐增加通风量。1 周后可逐渐揭去草苫，并开始大通风	

5.3　草莓

5.3.1　农业气象指标

大棚反季节种植草莓，一般从 8 月定植开始到次年 5 月结束，生长期为 10 个月。整个发育阶段可分为定植缓苗期、现蕾期、开花期、结果期、采收期。

草莓是一种对温度适应性较强的作物，喜温不抗高温，有一定的耐寒性；喜光，光是草莓生存的重要因子，只有在光照充足的条件下，草莓植株才能健壮生长，花芽分化良好，浆果才能高产优质。

5.3.1.1　定植缓苗期(9 月上旬至 10 月上旬)

(1)适宜气象指标

适宜温度白天为 26～28 ℃，夜间为 15～18 ℃。温室内空气相对湿度控制在 70%以下为宜。

(2)不利气象指标

当气温低于 15 ℃或超过 30 ℃，叶片光合速率明显下降，植株生长受抑制(胡波 等，2017)。

(3)关键农事活动及指标

草莓定植缓苗后白天温室内的温度不高于 30 ℃，当外界温度较高，大棚应注意通风降温，以免影响植株生长。

(4)农事建议

定植选择晴天上午或傍晚进行。高温强光照时需遮阳网，要浇足定植水。

5.3.1.2　现蕾期(10 月中旬至 11 月上旬)

(1)适宜气象指标

白天温度控制在 25～28 ℃，昼温高可促使花芽发育；夜间温度最适在 10～12 ℃，最低不低于 8 ℃，防止夜温过低导致植株进入休眠状态。在花芽形成期，要求 10～12 h 的短日照和较低温度，温室内空气相对湿度控制在 60%为宜。

(2)不利气象指标

白天温度超过 32 ℃，可能出现叶片灼伤；夜间温度低于 8 ℃植株进入休眠。

(3)关键农事活动及指标

一般在 10 月中下旬日平均气温为 16～18 ℃(王学众 等，2020)或外界夜间温度降至 8～10 ℃时进行扣棚。扣棚过早，温室内温度高，不利于花芽分化；扣棚过晚，植株休眠，会造成植株矮化，不能正常结果。扣棚后 7～10 d，视天气和现蕾情况覆盖黑色地膜，既可降湿又可防草，避免了除草剂的使用。

(4)农事建议

适当控制土壤含水量，适当中耕，少施氮肥促进花芽分化。

5.3.1.3　开花期(11 月中旬至 1 月上旬)

(1)适宜气象指标

开花期，白天温度保持在 22～25 ℃、夜间为 8～10 ℃，以利授粉受精。需要 12～15 h 的较长日照。白天的空气相对湿度最好控制在 40%～50%，空气相对湿度过高或过低都不利于草莓花粉萌发(胡波 等,2017)。

(2)不利气象指标

温度低于 5 ℃可能发生冻害;高于 35 ℃会引起授粉障碍,影响种子发育,导致畸形果发生;夜温超过 13 ℃,腋花芽退化,雌雄蕊发育受阻。

(3)关键农事活动及指标

调控温室内温度白天不高于 30 ℃,尽量降低夜间温度。当白天温室温度在 25 ℃以上时要及时通风、遮阳降温,若不及时通风,达到 35 ℃以上高温或夜间温度超过 13 ℃时,都会造成草莓腋花芽退化,雌雄蕊发育受阻,抽生大量匍匐茎,消耗大量养分,造成减产。

(4)农事建议

控制浇水量,尽量减少打药避免草莓果畸形,同时棚内放蜂辅助授粉。

5.3.1.4　结果期(1 月中旬至 2 月上旬)

(1)适宜气象指标

结果期,白天温度保持在 20～25 ℃、夜间温度为 6～8 ℃,以利果实膨大、糖分积累,提高果实品质,同时利于下一级花序花芽分化,避免断茬。果实膨大期温室内空气相对湿度控制在 80%左右。基质以保持在 50%～60%的含水量为宜,含水量过大或过小均会影响草莓根系活力和果实正常的生长发育。

(2)不利气象指标

当温室温度低于 5 ℃时,对生长发育有障碍,甚至冻害,使植物体内水分结冰,导致细胞组织死亡(郭书普,2010);夜温过高,果实着色早,果实小,商品价值低。

(3)关键农事活动及指标

合理调控温度、湿度,尽量保持温室内的温湿度处在适宜范围。

(4)农事建议

适时追肥浇水,促进果实发育,同时提高温室温度,提高薄膜的透光度。加大温室内温差管理,追施多元素肥和微肥。

5.3.1.5　采收期(2 月中旬至 5 月上旬)

(1)适宜气象指标

采收期,白天温度保持在 20～23 ℃、夜间温度为 5～7 ℃,以利果实转色。

(2)不利气象指标

温室温度低于 5 ℃,可能发生冻害。

(3)关键农事活动及指标

夜间温度控制在 5～7 ℃不影响草莓正常生长的可缓冲范围内,可有效控制炭疽病等主要病害的发生,效果明显,也有利于草莓果实的充实肥大和糖度的保持及提高(胡波 等,2017)。

(4)农事建议

适当控制水分,促进草莓品质提高。果实采摘后做好水肥管理,适时掰叶、除病果。

5.3.2　主要病虫害

草莓病虫害主要包括:灰霉病、白粉病、叶斑病、轮斑病以及枯萎病等。

5.3.2.1 灰霉病

草莓灰霉病是一种低温高湿型真菌性病害，温室内平均温度为 15～25 ℃、空气相对湿度80%以上时，利于发病，而空气相对湿度 50%以下时，则不易发病。因此，严格地控制温室内温度、湿度可以有效地防止草莓灰霉病的发生。草莓进入花期至果实膨大期，白天棚内温度应控制在25 ℃以上，夜温控制在 12 ℃以上时，并适量延长通风时间，使棚室内的空气相对湿度保持在60%～70%。当外界气温白天在 20 ℃左右，夜间不低于 8 ℃时，可昼夜通风。

5.3.2.2 白粉病

主要危害及发生时段：主要危害叶片、叶柄、花、花梗和果实。叶片染病，初期在叶背产生白色近 圆形星状小粉斑，后向四周扩展成边缘不明显的连片白粉斑，严重时整个叶片布满白粉，叶缘向上卷曲变形，最后病叶逐渐枯黄。花、花蕾染病，花瓣呈粉红色，花蕾不能开放。果实染病，幼果不能正常膨大，后期果面覆有一层白粉，着色不良。

发生发展适宜气象条件：病菌侵染的最适温度为 15～25 ℃，低于 5 ℃或高于 35 ℃均不利于发病。空气相对湿度在 80%以上，低湿也可萌发，尤其是当高温干旱与高温高湿交替出现，又有大量菌源时易流行。

通常在坐果期和采收后期都容易发病。

5.3.2.3 叶斑病

又称白斑病、蛇眼病，分布较广。

主要危害及发生时段：主要危害叶片，大多发生在老叶上，叶柄、果梗、花萼、浆果也可受害。叶片染病，最初形成小而不规则的红色至紫红色病斑，以后逐渐扩大为直径 2～5 mm 大小的圆 形或长圆形病斑，病斑中心灰白色，边缘紫褐色，似蛇眼状，后期病斑上产生许多小黑点，危害严重时，许多病斑融合成大病斑，叶片枯死。果柄、花萼染病后，形成边缘颜色较深的不规则形黄褐至黑褐色斑，干燥时易从病部断开。果实染病，浆果上的种子单粒或连片受到侵害，被害种子连同周围果肉变成黑色。

发生发展适宜气象条件：病菌喜潮湿的环境，病菌最适温度为 18～22 ℃。重茬、排水不良、管理粗放的多湿地块或植株生长衰弱的田块发病重。

5.3.2.4 轮斑病

主要危害及发生时段：草莓轮斑病是草莓的常见主要病害。草莓轮斑病的最适感病苗期至成株期。发病潜育期为 3～7 d。

发生发展适宜气象条件：最适的温度为 22～26 ℃，空气湿度饱和易发。气流、雨水、浇水和农事操作传带侵染传播。

5.3.2.5 枯萎病

主要危害及发生时段：草莓的枯萎病是土传病害，发病部位在根系。最适病症表现期为开花至收获期。发病潜育期为 10～20 d。靠近母株的苗发病早，带病率高，发病也严重。

发生发展适宜气象条件：草莓枯萎病在 15～18 ℃开始发病，22 ℃以上发病最严重，25～30 ℃会造成病株枯死，萎蔫也最多。年度间早春温度偏高、多雨的年份发病重；秋季多雨的年份发病重。田块间连作地、排水不良、雨后积水、土质黏重偏酸的田块发病较早较重，特别是保护地栽培连作明显比露地发病重。栽培上沟系偏浅、偏施氮肥、施用未充分腐熟的带菌有机肥、植株生长嫩弱及地下害虫危害重、大水漫灌抗旱易诱发此病（李惠明，2012）。

5.3.3　农业气象周年服务方案

根据草莓生育需求，制定设施草莓农业气象周年服务方案，见表 5.3。

表 5.3　设施草莓农业气象周年服务方案

时间	主要发育期	农业气象指标	农事建议	重点关注
9 月上旬至 10 月上旬	定植缓苗期	适宜温度白天为 26～28 ℃，夜间15～18 ℃；温室内空气相对湿度控制在 70%以下为宜；当气温低于 15 ℃或超过 30 ℃，叶片光合速率明显下降，植株生长受抑制	定植选择晴天上午或傍晚进行。高温强光照时需遮阳网，要浇足定植水	高温、连阴天、大风
10 月中旬至 11 月上旬	现蕾期	白天温度控制在 25～28 ℃，夜间温度最适在 10～12 ℃，最低不低于 8 ℃ 白天温度超过 32 ℃，可能出现叶片灼伤；夜间温度低于 8 ℃植株进入休眠	(1)一般在 10 月中下旬日平均气温 16～18 ℃或外界夜间温度降至 8～10 ℃时，进行扣棚； (2)扣棚后 7～10 d，视天气和现蕾情况覆盖黑色地膜，既可降湿又可防草，避免了除草剂的使用； (3)适当控制土壤含水量，适当中耕，少施氮肥促进花芽分化	高温、低温冻害、连阴天、大风
11 月中旬至 1 月上旬	开花期	白天温度保持在 22～25 ℃、夜间 8～10 ℃，以利授粉受精；需要 12～15 h 的较长日照；白天的空气相对湿度最好控制在 40%～50%	(1)白天温室温度在 25 ℃以上时要及时通风、遮阳降温； (2)控制浇水量，尽量减少打药避免草莓果畸形，同时棚内放蜂辅助授粉	连阴天、大风、低温冻害、暴雪
1 月中旬至 2 月上旬	结果期	白天温度保持在 20～25 ℃、夜间 6～8 ℃，空气相对湿度控制在 80%左右；当温室温度低于 5 ℃时，对生长发育有障碍，甚至冻害	适时追肥浇水，促进果实发育，同时提高温室温度，提高薄膜的透光度。加大温室内温差管理，追施多元素肥和微肥	连阴天、大风、低温冻害、暴雪
2 月中旬至 5 月上旬	采收期	白天温度保持在 20～23 ℃、夜间 5～7 ℃，以利果实转色；温室温度低于 5 ℃可能发生冻害	适当控制水分，促进草莓品质提高。果实采摘后做好水肥管理，适时掰叶、除病果	连阴天、大风、低温冻害、暴雪

5.4　辣椒

5.4.1　农业气象指标

山东省日光温室栽种的越冬茬辣椒一般于 7 月上旬至 9 月上旬播种育苗，9 月中旬至 11 月上旬定植，11 月中旬至次年 1 月上旬进入采收期，延续至 7 月，采收期 8 个月以上。早春茬辣椒一般在 11 月下旬开始播种育苗，1 月下旬定植，4 月进入采收期。

5.4.1.1　育苗期

(1)适宜气象指标

①温度：播种后子叶出现之前，昼夜温度控制在 26～30 ℃；子叶出现之后，3 片真叶出现

之前，白天温度在 26 ℃左右，夜间在 20 ℃左右；3 片真叶之后，白天温度在 26 ℃左右，夜间在 18～20 ℃；5 片真叶之后，定植前 10 d，白天温度在 22～26 ℃，夜间在 15～17 ℃。

②湿度：苗床土壤相对湿度保持在 60%～80%。

(2)不利气象指标

温度低于 10 ℃不能发芽。

(3)关键农事活动及指标

定植前 5～7 d 要进行低温炼苗，夜间温度高于 10 ℃即不需要遮盖保温设施。保持苗土湿润，干燥时及时洒水。在不受冷害的前提下延长光照时间，控制浇水，避免温度过高湿度过大引起秧苗徒长或倒苗。

5.4.1.2　苗期

(1)适宜气象指标

①温度：白天为 23～28 ℃，夜间为 14～18 ℃。

②湿度：棚内空气相对湿度在 60%～75%为宜，土壤相对湿度为 60%～70%。

(2)关键农事活动及指标

定植后缓苗阶段要注意防高温，晴天中午前后的温度超过 35 ℃时要通风降温或遮阴降温。

5.4.1.3　开花结果期

(1)适宜气象指标

①温度：开花期白天为 20～25 ℃，夜间为 15～20 ℃；结果期白天为 25～27 ℃，夜间为 12～18 ℃；23～28 ℃适于果实膨大；25～30 ℃利于果实转色。

②湿度：适宜的空气湿度为 70%左右，土壤相对湿度 60%～70%。

(2)不利气象指标

温度低于 15 ℃生长极慢且不能坐果，落花但一般不会落果；低于 12 ℃生长停止，落花并落果。高于 32 ℃不利于授粉；高于 33 ℃生长缓慢，落花落果；高于 35 ℃不能结果，高于 36 ℃生长停止。

(3)关键农事活动及指标

开花坐果期，夜间闭棚保温，确保夜间温度不低于 15 ℃，白天注意放风降温。当棚内夜间温度稳定在 15 ℃以上时，可不用覆盖棉被。棚外夜间温度高于 15 ℃时要昼夜通风。冬季要注意防寒，最低温度不要低于 5 ℃。白天室温达 28 ℃时要通风。

5.4.2　主要病虫害

设施辣椒常见的病虫害有：灰霉病、菌核病、疫病、白粉病、霜霉病、炭疽病、斑枯病等(胡永军 等，2010b)。

5.4.2.1　灰霉病

(1)主要危害及发生时段

辣椒灰霉病自苗期至成株期均可染病，主要危害叶片、茎秆、花、果实。最适感病生育期为始花期至坐果期。

(2)发生发展适宜气象条件

适宜发病的温度为 2～31 ℃；最适发病环境温度为 20～28 ℃，空气相对湿度为 90%以上。

5.4.2.2 菌核病

(1)主要危害及发生时段

辣椒菌核病主要危害茎基部,也能危害茎、叶和叶柄、花、果实和果柄。辣椒菌核病可发生在辣椒的整个生育期,最适感病生育期为成株期至开花坐果期,引起全株性枯萎死亡。

(2)发生发展适宜气象条件

适宜发病的温度为 0～30 ℃;最适发病环境温度为 20～25 ℃,空气相对湿度为 90%以上。

5.4.2.3 疫病

(1)主要危害及发生时段

辣椒疫病苗期和成株期均可发生,以成株期发病为主。病菌可侵染根、茎、叶、果。在日光温室内发生普遍,是日光温室辣椒生产上毁灭性病害,发生严重时常造成绝收。

(2)发生发展适宜气象条件

病菌生长最适宜温度为 25～27 ℃,产生孢子囊最适宜温度为 26～28 ℃。

5.4.2.4 白粉病

(1)主要危害及发生时段

辣椒白粉病主要危害叶片,老熟或幼嫩的叶片均可被害,正面呈黄绿色不规则斑块,无清晰边缘,白粉状霉不明显,背面密生白粉(病菌分生孢子梗和分生孢子),较早脱落。

(2)发生发展适宜气象条件

病菌产生分生孢子适宜温度为 15～30 ℃,空气相对湿度为 80%以上,分生孢子发芽和侵入适宜空气相对湿度为 90%～95%,气温高于 30 ℃时可加速症状的出现。

5.4.2.5 霜霉病

(1)主要危害及发生时段

辣椒霜霉病主要危害叶片,也能危害叶柄及嫩茎。叶片发病时出现浅绿色不规则形病斑,叶片背面有稀疏的白色薄霉层,叶片稍向上卷,后期病叶易脱落;叶柄嫩茎上的病斑呈褐色水浸状,病部也现白色稀疏的霉层。

(2)发生发展适宜气象条件

适宜温度为 20～24 ℃,空气相对湿度在 85%以上。

5.4.2.6 炭疽病

(1)主要危害及发生时段

辣椒炭疽病俗称轮纹病、轮斑病,主要危害接近成熟的果实和叶片。辣椒炭疽病是日光温室栽培辣椒常见的病害之一,可引起辣椒落叶、烂果,以成熟期果实受害较重。最适感病生育期为结果中后期。

(2)发生发展适宜气象条件

发病温度范围为 12～33 ℃;最适发病环境温度为 25～30 ℃,空气相对湿度为 85%以上。

5.4.2.7 斑枯病

(1)主要危害及发生时段

辣椒斑枯病主要危害叶片,在叶片上出现白色至浅灰黄色圆形或近圆形斑点,边缘明显,病斑中央具许多小黑点,病斑直径为 2～4 mm。

(2)发生发展适宜气象条件

病菌发育最适温度为 22～26 ℃,12 ℃以下 28 ℃以上发育不良。分生孢子在 52 ℃下经 10 min 即死。高湿利于分生孢子从器内逸出,适宜空气相对湿度为 92%～94%,若湿度达不到则不发病。

5.4.3 农业气象周年服务方案

根据设施辣椒生育需求,制定设施辣椒农业气象周年服务方案,见表 5.4。

表 5.4 设施辣椒农业气象周年服务方案

时间	主要发育期	农业气象指标	农事建议	重点关注
1—3 月	越冬茬开花结果、采收期	开花期白天为 20～25 ℃,夜间为 15～20 ℃;结果期白天为 25～27 ℃,夜间为 12～18 ℃;适宜的空气湿度为 70%左右,土壤相对湿度为 60%～70%	(1)开花坐果期,夜间闭棚保温,确保夜间温度不低于 15 ℃,白天注意放风降温; (2)天气预报可能出现冻害时,要利用增温、保温设施,确保夜间最低温度不要低于 5 ℃	(1)连阴天; (2)大风; (3)低温; (4)暴雪; (5)倒春寒
	早春茬定植、苗期	气温保持在白天 23～28 ℃,夜间为14～18 ℃;棚内空气相对湿度在 60%～75%为宜,土壤相对湿度为 60%～70%	(1)定植后缓苗阶段要注意防高温,晴天中午前后的温度超过 35 ℃时要通风降温或遮阴降温; (2)随时注意天气变化,做好防寒、防冻、通风、透光工作	
4—6 月	开花结果、采收期	开花期白天为 20～25 ℃,夜间为 15～20 ℃;结果期白天为 25～27 ℃,夜间为 12～18 ℃;适宜的空气湿度为 70%左右,土壤相对湿度为 60%～70%	(1)随着气温升高,应加强棚温调节,要及时通风降温,防止出现高温高湿的小气候,以免造成徒长和发生病害; (2)当棚内夜间温度稳定在 15 ℃以上时,可不用覆盖棉被。棚外夜间温度高于 15 ℃时要昼夜通风; (3)采收期夜温控制在 20 ℃以下,白天 30 ℃以上时要通风	(1)连阴天; (2)大风; (3)暴雨; (4)高温
7—8 月	越冬茬育苗期	播种后子叶出现之前,昼夜温度控制在 26～30 ℃;子叶出现之后,3 片真叶出现之前,白天在 26 ℃左右,夜间在 20 ℃左右;3 片真叶之后,白天在 26 ℃左右,夜间在 18～20 ℃;5 片真叶之后,定植前 10 d,白天在 22～26 ℃,夜间在 15～17 ℃;苗床土壤相对湿度保持在 60%～80%	(1)定植前 5～7 d 要进行低温炼苗,夜间温度高于 10 ℃即不需要遮盖保温设施; (2)保持苗土湿润,干燥时及时洒水; (3)在不受冷害的前提下延长光照时间,控制浇水,避免温度过高湿度过大引起秧苗徒长或倒苗	(1)连阴天; (2)大风; (3)暴雨; (4)高温
9—10 月	越冬茬定植、苗期	棚内气温白天 23～28 ℃,夜间 14～18 ℃;棚内空气相对湿度以 60%～75%为宜,土壤相对湿度 60%～70%	定植后缓苗阶段要注意防高温,晴天中午前后的温度超过 35 ℃时,要通风降温或遮阴降温	(1)连阴天; (2)大风; (3)暴雨

续表

时间	主要发育期	农业气象指标	农事建议	重点关注
11—12 月	越冬茬开花结果期	开花期温度白天 20～25 ℃,夜间 15～20 ℃;结果期温度白天 25～27 ℃,夜间 12～18 ℃;适宜的空气湿度为 70%左右,土壤相对湿度 60%～70%	(1)开花坐果期,夜间闭棚保温,确保夜间温度不低于 15 ℃,白天注意放风降温; (2)天气预报可能出现冻害时,要利用增温、保温设施,确保夜间最低温度不要低于 5 ℃; (3)重视阴天期间对散射光的利用,要适时揭苫见光; (4)大风天气要及时加固大棚	(1)连阴天; (2)大风; (3)寒潮
	早春茬育苗期	播种后子叶出现之前,昼夜温度控制在 26～30 ℃;子叶出现之后,3 片真叶出现之前,白天在 26 ℃左右,夜间在 20 ℃左右;3 片真叶之后,白天在 26 ℃左右,夜间在 18～20 ℃;5 片真叶之后,定植前 10 d,白天在 22～26 ℃,夜间在 15～17 ℃;苗床土壤相对湿度保持在 60%～80%	(1)定植前 5～7 d 要进行低温炼苗,夜间温度高于 10 ℃即不需要遮盖保温设施; (2)保持苗土湿润,干燥时及时洒水; (3)在不受冷害的前提下延长光照时间,控制浇水,避免温度过高湿度过大引起秧苗徒长或倒苗	

5.5 茄子

5.5.1 农业气象指标

设施茄子主要有春提前茬、秋延后茬、冬春茬、秋冬茬、越冬茬等几个茬次。整个发育阶段可分为种子发芽期、幼苗期、开花结果期等。

5.5.1.1 种子发芽期

(1)适宜气象指标

①温度:茄子发芽的最低温度为 15 ℃,适宜温度为 25～35 ℃,最高温度在 40 ℃左右。出苗期,白天温度为 30 ℃左右,夜间维持在 20 ℃左右。

②光照:光照下发芽慢,在暗处发芽快。

③水分:茄子种子水分含量一般为 5%～6%,发芽时吸收的水分接近其重量的 60%。

(2)不利气象指标

在恒温条件下,种子将发芽不良,需对种子进行变温处理。水分不足发芽率低,出苗慢(邓孟珂 等,2016)。

(3)关键农事活动及指标

播种后苗床温度控制在白天 25～28 ℃,夜间 16～20 ℃。出苗后,早上的最低气温不能低于 12 ℃,地温不能低于 13 ℃。农业灾害高影响天气为连阴天、大风、暴雨、冰雹。易发病虫害为灰霉病。

(4)农事建议

①出苗后要适当降低苗床温度,白天 25 ℃开始通风,地温保持在 18 ℃,当气温降到 20 ℃

时，风口要全部关闭，停止通风。

②通风时要特别注意不要让冷风直接吹入，注意观察苗子及温度的变化。

③重视阴天期间对散射光的利用，要适时揭苫见光。

④大风天气要及时加固大棚。

5.5.1.2　幼苗期

(1)适宜气象指标

①温度：茄子苗期生长最适温度为 22～30 ℃(白天为 25～30 ℃，夜间为 15～20 ℃)，能正常发育的最高温度为 32～33 ℃，最低温度为 5～6 ℃。

②光照：幼苗生长发育不仅受光照度的影响，而且受日照长短的影响，一般在光照时间为 15～16 h 的条件下，幼苗初期生长旺盛。

③水分：幼苗生长初期，要求水分充足。

(2)不利气象指标

随着幼苗的不断生长，植株根系逐渐发达，吸水能力增强，如果水分过多，再遇上光照不足或夜温过高或密度过大，均易引起幼苗徒长(邓孟珂 等，2016)。

(3)关键农事活动及指标

要适当通风降温，棚温维持到 28～30 ℃，一般上午棚温达到 30 ℃时通风换气，下午棚温降到 25 ℃时及时关闭风口，土壤相对湿度控制在 60%～70%。农业灾害高影响天气为连阴天、大风、暴雨、冰雹。易发病虫害为灰霉病。

(4)农事建议

①通风时要特别注意不要让冷风直接吹入，注意观察苗子及温度的变化。

②重视阴天期间对散射光的利用，要适时揭苫见光。

③大风天气要及时加固大棚。

5.5.1.3　开花结果期

(1)适宜气象指标

①温度：白天温度 20～30 ℃；夜间最适温度 18～20 ℃。

②光照：茄子属短日照作物，但对光照条件要求较高。每天 15～16 h 自然光照条件下，幼苗生育旺盛且花芽分泌快，开花早，着花节位低；8～12 h 光照条件下，随着日照时间的缩短，生育状况变劣，花芽分泌逐渐推迟，着花节位上升。日照长度延长，能增加光合作用，使光合产物增加，促进幼苗的生育和花的形成(王善芳 等，2006)。

茄子光饱和点为 4 万 lx，光补偿点为 2000 lx。光照强，开花数多，落花数少；反之，开花结实不良。

③水分：门茄形成前需水量少，门茄迅速生长后需水量增大，对茄收获前后需水达到最高峰(邓孟珂 等，2016)。

坐果期土壤重量含水率(绝对值量比)以 15%～18%为宜(王善芳 等，2006)。

(2)不利气象指标

白天出现 35 ℃左右的高温，花器发育受阻，易产生结实障碍。夜间 15 ℃以下影响授粉受精，果实生长缓慢，10 ℃以下生长停顿。如果水分不足，果实发育不良，多形成无光泽的僵果，品质变劣。如果出现高温干旱，茄子植株长势减弱，生长发育受阻，易引起植株早衰并出现落叶、落花落果现象(邓孟珂 等,2016)。坐果期缺水,则坐果少、果实畸形、品质差;土壤湿度过大,会使土壤通气性差,易造成茄子烂根(王善芳 等,2006)。

(3)关键农事活动及指标

结果前期棚内气温保持在 28～30 ℃的时间每天在 5 h 以上。结果盛期棚内温度应维持在白天为 25～30 ℃,夜间为 15～20 ℃。农业灾害高影响天气为连阴天、大风、低温冻害。易发病虫害为立枯病、灰霉病、叶斑病、蚜虫。

(4)农事建议

①开花结果前期,应加强棚温调节,要及时通风降温。35 ℃以上高温或 17 ℃以下低温,易导致落花、落果或畸形果、小果。

②结果盛期,昼夜温差以 10 ℃左右为宜,有利于光合产物向果实的运转和抑制呼吸消耗。

③重视阴天期间对散射光的利用,要适时揭苫见光。

④遇低温天气要及时盖苫,5 ℃以下会发生冻害。

⑤大风天气要及时加固大棚。

5.5.2 主要病虫害

设施茄子常见的病虫害有灰霉病、立枯病和叶斑病(胡永军 等,2010c)。

5.5.2.1 灰霉病

(1)主要危害及发生时段

茄子灰霉病是由灰葡萄孢侵染所引起的、发生在茄子上的病害。主要危害叶片、茎秆和果实,苗期至成株期均可染病。

①苗期发病:茎秆缢缩变细,或顶芽变色呈水浸状,常造成茎叶腐烂;幼叶染病,呈“V”字形或半圆形向内发展,湿度大时明显可见灰色霉层,并引起成片死苗。

②花器发病:多出现在柱头或花瓣边缘,产生黄色至褐色病斑,后期向花托扩展,严重时整个花朵萎蔫长出大量灰霉。

③果实发病:茄子灰霉病在果实发病时,先对蒂部残存的花瓣或脐部残留柱头进行侵染,之后逐渐向果实的果面或果柄发展,形成幼果软腐,最后果实脱落或失水僵化,湿度大时,病部产生大量灰色霉层。

④叶片发病:从叶尖或叶缘开始向内扩展形成“V”字形水浸状浅褐色病斑,扩展后呈圆形、椭圆形,茶褐色带有浅褐色轮纹形病斑,直径为 5～10 mm;湿度大时,病部密布灰色霉层,严重的大斑连片,致整叶枯死。

⑤茎秆、叶柄发病:产生淡褐色不规则形病斑,病斑可绕茎秆 1 周,患病茎秆上部枝叶萎蔫、呈枯死状,湿度大时长出灰色霉层。

(2)发生发展适宜气象条件

连续阴雨 3 d 以上、低温光照不足。

5.5.2.2 立枯病

(1)主要危害及发生时段

茄子立枯病在苗期发病,一般多发生于育苗的中后期,在病苗的茎基部生有椭圆形暗褐色病斑,严重时病斑扩展绕茎 1 周,失水后病部逐渐凹陷,干腐缢缩,初期大苗白天萎蔫夜间恢复，后期茎叶萎垂枯死。病苗枯死立而不倒，故称立枯病。潮湿时生淡褐色蛛丝状的霉层，拔起病苗丝状物与土坷垃相连。

(2)发生发展适宜气象条件

高温、高湿环境，发病最适宜的条件为温度在20～24 ℃。

5.5.2.3 叶斑病

(1) 主要危害及发生时段

叶斑病是细菌性病害。主要危害叶片、叶柄和幼瓜。茄子整个生长时期均可能受害，零星发病。感病叶片呈水浸状浅褐色凹陷斑，叶片感病初期叶背为浅灰色浸状斑，渐渐变成浅褐色坏死病斑，病斑不受叶脉限制呈不规则状，茄子感染后美玉逐渐变灰褐色，棚室温湿度大时，叶背会有白色菌脓溢出，干燥后病斑部位脆裂、穿孔。

(2)发生发展适宜气象条件

高温、高湿。

5.5.3 农业气象周年服务方案

根据设施茄子生育需求，制定设施茄子农业气象周年服务方案，见表5.5。

表5.5 设施茄子农业气象周年服务方案

时间	主要发育期	农业气象指标	农事建议	重点关注
1月	早春茬幼苗期	最适温度为22～30 ℃；幼苗生长发育受光照度、日照长短的影响，光照时间为15～16 h的条件下，生长旺盛	(1)天气预报可能出现低温时，要利用增温、保温设施，通风时不要让冷风直接吹入；(2)注意天气变化，做好大棚蔬菜的防寒、防冻、通风、透光工作，早揭苫、晚盖苫以延长光照时间；(3)阴雨天气也要拉开草苫透光，利用阴天散光对植株进行光补偿	(1)连阴天；(2)大风；(3)低温；(4)暴雪
	冬春茬开花结果期	白天温度为20～30 ℃；夜间温度为18～20 ℃；光照强，开花数多，落花数少	(1)天气预报可能出现低温时，要利用增温、保温设施，通风时不要让冷风直接吹入；(2)注意天气变化，做好大棚蔬菜的防寒、防冻、通风、透光工作，早揭苫、晚盖苫以延长光照时间；(3)阴雨天气也要拉开草苫透光，利用阴天散光对植株进行光补偿；(4)开花结果前期，应加强棚温调节，要及时通风降温	
2月	早春茬、冬春茬开花结果期	白天温度为20～30 ℃；夜间温度为18～20 ℃；光照强，开花数多，落花数少	(1)天气预报可能出现低温时，要利用增温、保温设施，通风时不要让冷风直接吹入；(2)注意天气变化，做好大棚蔬菜的防寒、防冻、通风、透光工作，早揭苫、晚盖苫以延长光照时间；(3)阴雨天气也要拉开草苫透光，利用阴天散光对植株进行光补偿；(4)开花结果前期，应加强棚温调节，要及时通风降温	(1)连阴天；(2)大风；(3)低温；(4)暴雪

续表

时间	主要发育期	农业气象指标	农事建议	重点关注
3—4月	早春茬开花结果期	白天温度为20～30 ℃；夜间温度为18～20 ℃；光照强，开花数多，落花数少	(1)天气预报可能出现低温时，要利用增温、保温设施，通风时不要让冷风直接吹入； (2)注意天气变化，做好大棚蔬菜的防寒、防冻、通风、透光工作，早揭苫、晚盖苫以延长光照时间； (3)阴雨天气也要拉开草苫透光，利用阴天散光对植株进行光补偿； (4)开花结果前期，应加强棚温调节，要及时通风降温	(1)连阴天； (2)大风； (3)倒春寒
	越夏连秋茬种子发芽期	适宜温度为25～35 ℃；暗处发芽快	(1)天气预报可能出现低温寒流时，要利用增温、保温设施，通风时不要让冷风直接吹入； (2)注意天气变化，做好大棚蔬菜的防寒、防冻、通风、透光工作，早揭苫、晚盖苫以延长光照时间； (3)阴雨天气也要拉开草苫透光，利用阴天散光对植株进行光补偿； (4)出苗后要适当降低苗床温度	
5月	越夏连秋茬幼苗期	最适温度为22～30 ℃；幼苗生长发育受光照度、日照长短的影响，光照时间为15～16 h的条件下，生长旺盛	(1)注意天气变化，做好大棚蔬菜的防寒、防冻、通风、透光工作，早揭苫、晚盖苫以延长光照时间； (2)阴雨天气也要拉开草苫透光，利用阴天散光对植株进行光补偿	(1)连阴天； (2)大风； (3)暴雨； (4)冰雹
6—8月	越夏连秋茬开花结果期	白天温度为20～30 ℃；夜间温度为18～20 ℃；光照强，开花数多，落花数少	(1)注意天气变化，做好大棚蔬菜的防寒、防冻、通风、透光工作，早揭苫、晚盖苫以延长光照时间； (2)阴雨天气也要拉开草苫透光，利用阴天散光对植株进行光补偿； (3)开花结果前期，应加强棚温调节，要及时通风降温	(1)连阴天； (2)大风； (3)暴雨
	秋冬茬、冬春茬种子发芽期	适宜温度为25～35 ℃；暗处发芽快	(1)注意天气变化，做好大棚蔬菜的防寒、防冻、通风、透光工作，早揭苫、晚盖苫以延长光照时间； (2)阴雨天气也要拉开草苫透光，利用阴天散光对植株进行光补偿； (3)出苗后要适当降低苗床温度	

续表

时间	主要发育期	农业气象指标	农事建议	重点关注
9 月	越夏连秋茬开花结果期	白天温度为 20～30 ℃；夜间温度为 18～20 ℃；光照强，开花数多，落花数少	(1)天气预报可能出现低温时，要利用增温、保温设施，通风时不要让冷风直接吹入； (2)注意天气变化，做好大棚蔬菜的防寒、防冻、通风、透光工作，早揭苫、晚盖苫以延长光照时间； (3)阴雨天气也要拉开草苫透光，利用阴天散光对植株进行光补偿； (4)开花结果前期，应加强棚温调节，要及时通风降温	(1)连阴天； (2)大风； (3)暴雨； (4)冰雹； (5)低温
	秋冬茬幼苗期	最适温度为 22～30 ℃；幼苗生长发育受光照度、日照长短的影响，光照时间为 15～16 h 的条件下，生长旺盛	(1)天气预报可能出现低温时，要利用增温、保温设施，通风时不要让冷风直接吹入； (2)注意天气变化，做好大棚蔬菜的防寒、防冻、通风、透光工作，早揭苫、晚盖苫以延长光照时间； (3)阴雨天气也要拉开草苫透光，利用阴天散光对植株进行光补偿	
	冬春茬种子发芽期	适宜温度为 25～35 ℃；暗处发芽快	(1)天气预报可能出现低温时，要利用增温、保温设施，通风时不要让冷风直接吹入； (2)注意天气变化，做好大棚蔬菜的防寒、防冻、通风、透光工作，早揭苫、晚盖苫以延长光照时间； (3)阴雨天气也要拉开草苫透光，利用阴天散光对植株进行光补偿； (4)出苗后要适当降低苗床温度	
10 月	秋冬茬开花结果期	白天温度为 20～30 ℃；夜间温度为 18～20 ℃；光照强，开花数多，落花数少	(1)天气预报可能出现低温时，要利用增温、保温设施，通风时不要让冷风直接吹入； (2)注意天气变化，做好大棚蔬菜的防寒、防冻、通风、透光工作，早揭苫、晚盖苫以延长光照时间； (3)阴雨天气也要拉开草苫透光，利用阴天散光对植株进行光补偿； (4)开花结果前期，应加强棚温调节，要及时通风降温	(1)连阴天； (2)大风； (3)冰雹； (4)低温
	冬春茬幼苗期	最适温度为 22～30 ℃；幼苗生长发育受光照度、日照长短的影响，光照时间为 15～16 h 的条件下，生长旺盛	(1)天气预报可能出现低温时，要利用增温、保温设施，通风时不要让冷风直接吹入； (2)注意天气变化，做好大棚蔬菜的防寒、防冻、通风、透光工作，早揭苫、晚盖苫以延长光照时间； (3)阴雨天气也要拉开草苫透光，利用阴天散光对植株进行光补偿	

续表

时间	主要发育期	农业气象指标	农事建议	重点关注
11月	秋冬茬、冬春茬开花结果期	白天温度为20～30 ℃;夜间温度为18～20 ℃;光照强,开花数多,落花数少	(1)天气预报可能出现低温时,要利用增温、保温设施,通风时不要让冷风直接吹入; (2)注意天气变化,做好大棚蔬菜的防寒、防冻、通风、透光工作,早揭苫、晚盖苫以延长光照时间; (3)阴雨天气也要拉开草苫透光,利用阴天散光对植株进行光补偿; (4)开花结果前期,应加强棚温调节,要及时通风降温	(1)连阴天; (2)大风; (3)低温; (4)暴雪
12月	早春茬种子发芽期	适宜温度为25～35 ℃;暗处发芽快	(1)天气预报可能出现低温时,要利用增温、保温设施,通风时不要让冷风直接吹入; (2)注意天气变化,做好大棚蔬菜的防寒、防冻、通风、透光工作,早揭苫、晚盖苫以延长光照时间; (3)阴雨天气也要拉开草苫透光,利用阴天散光对植株进行光补偿; (4)出苗后要适当降低苗床温度	(1)连阴天; (2)大风; (3)低温; (4)暴雪
	秋冬茬、冬春茬开花结果期	白天温度为20～30 ℃;夜间温度为18～20 ℃;光照强,开花数多,落花数少	(1)天气预报可能出现低温时,要利用增温、保温设施,通风时不要让冷风直接吹入; (2)注意天气变化,做好大棚蔬菜的防寒、防冻、通风、透光工作,早揭苫、晚盖苫以延长光照时间; (3)阴雨天气也要拉开草苫透光,利用阴天散光对植株进行光补偿; (4)开花结果前期,应加强棚温调节,要及时通风降温	

5.6 菜豆

5.6.1 农业气象指标

山东省冬暖式大棚菜豆越冬茬一般于9月下旬或10月上旬播种,11月下旬至次年的3月下旬为收获期;冬春茬一般于11月下旬至12月上旬播种,3月上旬至5月下旬收获;早春茬一般于2月上旬至3月上旬育苗、3月下旬定植,4月下旬至6月上旬收获;秋冬茬一般于9月上旬播种,10月下旬至次年1月下旬收获。

5.6.1.1 播种育苗期

(1)适宜气象指标

种子发芽的最适温度是20～25 ℃,最低温度是15 ℃(杨仁健 等,2003),最高温度是32 ℃。光照强度35000～45000 lx,日照时长不低于8 h;土壤相对湿度为60%～70%。

从播种至基生叶片展开前,温室内10 cm以内地温白天20～25 ℃,夜间20～15 ℃;棚内气温白天 22～27 ℃，夜间 13～18 ℃，最低温不低于 10 ℃（秦伟 等，2017）。

（2）不利气象指标

低于 15 ℃种子发芽天数延长，在 8～10 ℃以下温度，种子不易或不能发芽（杨仁健 等，2003）。

（3）关键农事活动及指标

播种后苗床温度控制在白天 20～25 ℃，夜间温度控制在 15～18 ℃。若发现幼苗徒长，应降低床温，并控制浇水（胡永军 等，2010d）。

（4）农事建议

为提高棚内温度，保温被要早揭晚盖，延长光照时间。中午前后如果温度过高可适当通风换气。出苗后要及时破膜领苗，以防高温烤苗。

5.6.1.2　幼苗期

（1）适宜气象指标

定植后白天温度控制在 25～30 ℃，夜间温度控制在 15～20 ℃。缓苗后白天温度 22～28 ℃，夜间温度控制在 15～20 ℃。幼苗生长需水量不大，适宜的土壤相对湿度为 60%～70%。

（2）不利气象指标

幼苗长期处于 10～13 ℃的低温条件下，根系生长不良，根瘤不能形成。茎叶生长不良，叶片数减少叶失绿发黄。遇到 0 ℃低温，幼苗会冻死，未出土的种芽也会腐烂。在 30 ℃以上高温条件下，幼苗茎叶生长细弱。花芽分化低于 15 ℃或高于 30 ℃容易出现发育不完全花蕾，增加落花落荚数。土壤含水量过低，根系生长不良，并影响花芽分化和有效花数。

（3）关键农事活动及指标

中午前后适当增加放风时间以降低棚内温度和湿度，确保白天温度不高于 28 ℃，湿度不高于 75%；下午加盖保温被时棚内温度以 20～21 ℃为宜，这样可以确保夜间 10 cm 以内地温不低于 15 ℃，保证花芽的正常分化。

（4）农事建议

幼苗期管理等的重点是控制土壤湿度，适时追肥，及时中耕划锄，培养健壮根系。此一时期要控制浇水量和浇水次数，在管理中做到“不浇花，浇荚”和“干花湿荚”（刘天英 等，2015），防止植株徒长并引起落花落荚。

5.6.1.3　开花结荚期

（1）适宜气象指标

开花结荚期适宜温度：白天为 20～25 ℃，夜间为 15～18 ℃。菜豆在 20 ℃时花芽发育最好，无空节，开花多，授粉好，出荚多（杨仁健 等，2003）。适宜的空气湿度为 80%～90%，土壤相对湿度不低于 60%～70%。

（2）不利气象指标

30～35 ℃以上高温干旱花粉失去生活力，雌蕊受精能力降低，豆荚易变短、畸形，品质下降。10 ℃以下低温受精受阻，结荚数和每荚种子粒数都减少，豆荚生长短而弯曲。

开花结荚期对水分要求严格，此期要求适宜的空气湿度为 80%～90%，土壤相对湿度不低于 60%～70%。空气高温干燥，土壤干旱，花粉败育，授粉不良，花数减少落花落荚率提高，结果时嫩荚生长缓慢、畸形，影响产量和品质。如遇连雨天气，空气湿度过大，土壤积水，根系因缺氧不能正常呼吸，生长不良，吸收磷肥能力下降。花药不能正常破裂，花粉不能发芽，失去授粉能力。雌蕊也因柱头黏液减少不能正常受精，导致落花、落荚增多，降低产量。此外，空气湿度大，土壤水分过多还容易引起菜豆炭疽病、疫病、根腐病的发生。30 ℃以上高温干旱容易引起病畜病和蚜虫的发生。

(3)关键农事活动及指标

草苫早揭晚盖，尽量使植株多见光，延长光照时间。在豆荚坐住前，严格控制温度在 25 ℃以下，确保花芽分化，形成壮棵。在豆荚坐住前一般不浇水，湿度过大会影响正常授粉。连续阴雨雪天气是造成豆荚落花落荚的重要因素，所以在花期采取措施提温降湿。连阴天过后，要逐步增温增光，不要急于全部拉开草帘。菜豆花期要保持干而不旱的状态。

(4)农事建议

此一时期的管理要点为肥水供应、光照和温度调节。当大部分坐住的嫩荚长度达到成熟荚的一半时，要结合浇水施肥，冬季阴冷天气和阴天前不能施肥浇水，以减少病害发生。

5.6.2 主要病虫害

菜豆常见病害主要包括：枯萎病、灰霉病、菌核病、根腐病、炭疽病、绵疫病、锈病、细菌叶斑病、细菌性疫病等(胡永军 等，2010a)。

5.6.2.1 枯萎病

(1)主要危害及发生时段

菜豆枯萎病是菜豆的主要病害之一，发病初期不明显，仅表现植株矮小，生长势弱，到开花结荚才显出症状。开始植株下部叶片变黄叶缘枯萎，但不脱落。若拔出植株解剖后系统观察，可见茎下部及主根上部有黑褐色伤口状稍凹陷。维管束变为暗褐色，中间脊髓枯竭并发白。当维管束全部变褐时，植株死亡。

(2)发生发展适宜条件

该病发生与温湿度有密切关系，发病的最适宜温度是 24～28 ℃，空气相对湿度在 80%。低洼地势，平畦种植，大水漫灌，肥力不足，管理粗放是诱发此病的主要因素。特别是在棚室栽培，减少了病原菌越冬的困难，发病更为突出。

5.6.2.2 灰霉病

(1)主要危害及发生时段

灰霉病在大棚栽培菜豆时危害严重。首先从根茎向上 15 cm 左右处开始出现云纹斑，周围深褐色，斑中部淡棕色至浅黄色，干燥时病斑表皮破裂纤维状，潮湿时病斑上生一层灰毛霉层。从蔓茎分枝处发病也较多见，使分枝处形成小渍斑、凹，继而萎蔫。苗期子叶受害时，水渍状变软下垂，最后子叶边缘出现清晰的白灰霉层，即病原菌的分生孢子梗及分生孢子。结荚期，在菜豆谢花时，湿度大侵染萎蔫的花冠，使菜豆造成落荚。侵染叶片时，出现水渍状 1～2 cm不规则形暗褐色大斑块。

(2)发生发展适宜条件

在适宜温湿度条件下，病原菌产生大量菌核。菌核有较强的抗逆能力，在田间存活很长时间，一旦再遇到适合的温湿度条件，即长出菌丝或孢子梗，直接侵染植株，传播危害。此菌随病株残体、水流、气流以及农具、衣物传播，腐烂的病荚、病叶，败落的病花落在健康部位即可引起发病。

菌丝在4～32 ℃下均可生长，最适温度为13～21 ℃，病菌产生孢子的温度较广，1～28 ℃均可产生孢子，最适温度是21～23 ℃。若有90%以上空气相对湿度，孢子飞散，传播病害。孢子发芽温度5～30 ℃，最适温度是13～29 ℃。孢子萌发需较高的空气相对湿度，空气相对湿度低于90%时，孢子不萌发。病菌侵染一般先削弱寄主病部抵抗力，随后引起腐烂发霉。在冬暖大棚生产，只要具备空气湿度高和20 ℃左右的气温，灰霉病极易流行。

5.6.2.3 菌核病

(1)主要危害及发生时段

该病主要发生在冬暖大棚栽培的菜豆上。发病时，从近地面茎基部或第一分枝处开始受害。初为水浸状，逐渐形成灰白色，皮层组织发干萌裂，呈纤维状。空气相对湿度大时，在茎的病组织中腔部分有黑色菌核。蔓生架菜豆从地表茎基部发病，可以使整株萎蔫死亡。

(2)发生发展适宜条件

菜豆菌核病在比较冷凉潮湿的条件下发生，适宜温度为5～20 ℃，最适温度为15 ℃。子囊萌发的温度范围更广，0～30 ℃均可萌发，而以5～10 ℃最适宜。菌丝生长温度为0～30 ℃，但20 ℃最快。菌核生长要求温度和菌丝一致，但菌核在50 ℃条件下，5 min即死亡。

5.6.2.4 根腐病

(1)主要危害及发生时段

主要危害根部和地下茎基部。开始产生水波状红褐色斑，后来变为暗褐色或黑褐色，稍凹陷，后期病部有时开裂，或呈糟朽状，主根被害腐烂或坏死，侧根稀少，植株矮化，容易拔出，剖视根茎部维管束变褐色或黑褐色，但不向地上部发展(典型症状，区别于枯萎病)。严重时，主根全部腐烂，茎叶枯死。潮湿时，茎基部常生粉红色霉状物。

(2)发生发展适宜条件

该病靠病土、带菌肥料、农具、雨水和灌溉水等传播。从根部或地下茎基部伤口侵入。发病最适温度为24 ℃，空气相对湿度为80%以上。高温多雨，田间积水，湿度大时发病重。如果地下害虫多，密度大，成虫伤口多，利于病菌侵入，施带病残体有机肥，连作发病重。

5.6.2.5 炭疽病

(1)主要危害及发生时段

叶片上病斑多循叶脉与叶柄发展，初生暗褐色多角形小斑，叶脉由褐色变黑色。茎上病斑稍凹陷、龟裂。豆荚上生褐色凹陷斑，潮湿时病斑上产生粉红色黏性物质。

(2)发生发展适宜条件

病菌生长发育最适温度为21～23 ℃，最高温度为30 ℃，最低温度为6 ℃，分生孢子45 ℃经10 min致死。

5.6.2.6 绵疫病

(1)主要危害及发生时段

主要危害豆荚，茎和叶片也被害。在豆荚上初生水浸状圆形或近圆形、黄褐色至暗褐色稍凹陷病斑，边缘不明显，扩大后可蔓延至整个果面，内部褐色腐烂。潮湿时斑面产生白色棉絮状霉。病果落地或残留在枝上，失水变干后形成僵果。叶片病斑圆形，水渍状，有明显轮纹，潮湿时，边缘不明显，斑面产生稀疏的白霉（孢子囊及孢囊梗）；干燥时，病斑边缘明显，不产生白霉。花湿腐，并向嫩茎蔓延，病斑褐色凹陷，其上部枝叶萎蔫下垂，潮湿时，花茎等病部产生白色棉状物（病菌菌丝体及孢子囊）。

（2）发生发展适宜条件

发育最适温度 30 ℃，空气相对湿度在 95%以上菌丝体发育良好。在高温范围内，棚室内的湿度是认定病害发生与否的重要因素。此外，重茬地、地下水位高、排水不良、密植、通风不良，或保护地撤棚膜后遇下雨，或棚膜滴水，造成地面潮湿，均易诱发本病。

5.6.2.7 锈病

（1）主要危害及发生时段

主要危害叶片，在叶片背面出现红褐色小颗粒斑，突起后破裂，散出红褐粉末，严重时豆荚上也产生锈斑点。

（2）发生发展适宜条件

高温、高湿有利发病，通风不良，种植过密，发病重。

5.6.2.8 细菌叶斑病

又称细菌性褐斑病。

（1）主要危害及发生时段

主要危害叶片和豆荚。叶片染病，初在叶面上生红棕色不规则或环形小病斑，叶斑边缘明显，叶背面的叶脉颜色变暗，叶斑扩展后病斑中心变成灰色且容易脱落呈穿孔状。豆荚染病症状与叶片相似，但荚上的斑较叶斑小些。

（2）发生发展适宜条件

病菌发育最适温度为 25～27 ℃，48～49 ℃经 10 min 致死。苗期至结荚期阴雨或降雨天气多，雨后易见此病发生和蔓延。

5.6.2.9 细菌性疫病

（1）主要危害及发生时段

菜豆疫病属细菌性病害。主要危害叶片、茎蔓，豆荚和种子都可受到侵染。叶片染病从叶尖或叶缘开始，又称缘枯病。初呈暗绿色、油渍状小斑点，扩大后呈不规则形，病变部位变褐而干枯、薄而半透明状，周围出现黄色晕圈，并溢出淡黄色菌脓，干燥后呈白色或黄色菌膜。病重时叶上病斑相连，皱缩脱落。茎部发病时，病斑呈红褐色溃疡状条斑，中央凹陷，当病斑围茎 1 周时，便萎蔫死亡。病斑在豆荚上表现是圆形或不规则形，红褐色，最后变为褐色，中央稍凹陷，有淡黄色菌脓，严重时全荚皱缩。种子受害时种皮也出现皱缩。

（2）发生发展适宜条件

菌脓借风雨或昆虫传播，经气孔、水孔或伤口侵入，引起茎、叶发病。气温在 24～32 ℃，叶面有水滴是该病发生的重要温湿条件。在棚室条件下，栽培管理不当，大水漫灌，或肥水不足，偏施氮肥，植株徒长，或密度过大，都易诱发此病。

5.6.3 农业气象周年服务方案

根据设施菜豆生育需求，制定设施菜豆农业气象周年服务方案，见表 5.6。

表 5.6　设施菜豆农业气象周年服务方案

时间	主要发育期	农业气象指标	农事建议	重点关注
1—2 月	越冬茬、秋冬茬开花结荚期	适宜温度为昼温 20～25 ℃，夜间为 15～18 ℃；适宜的空气湿度为 80～90%，土壤相对湿度不低于 60%～70%	(1)天气预报可能出现冻害时，要利用增温、保温设施； (2)天气预报可能出现连续阴雨雪天气时，要采取措施提温降湿，不能施肥浇水，避免豆荚落花落荚； (3)注意天气变化，做好大棚蔬菜的防寒、防冻、通风、透光工作； (4)严格控制空气湿度和土壤湿度	(1)连阴天； (2)大风； (3)低温； (4)暴雪
	冬春茬幼苗期	白天温度为 25～30 ℃，夜间温度控制在 15～20 ℃，适宜的土壤相对湿度为 60%～70%	(1)天气预报可能出现冻害时，要利用增温、保温设施； (2)注意天气变化，做好大棚蔬菜的防寒、防冻、通风、透光工作，保温被要早揭晚盖，延长光照时间，中午适当通风换气； (3)控制浇水量和浇水次数，做到"不浇花，浇荚"和"干花湿荚"，防止植株徒长并引起落花落荚	
	早春茬播种育苗期	温度：20～25 ℃，光照强度 35000～45000 lx，日照时长不低于 8 h；土壤相对湿度为 60%～70%	(1)天气预报可能出现冻害时，要利用增温、保温设施； (2)注意天气变化，做好大棚蔬菜的防寒、防冻、通风、透光工作，保温被要早揭晚盖，延长光照时间，中午适当通风换气； (3)出苗后要及时破膜领苗，以防高温烤苗	
3—4 月	越冬茬、冬春茬开花结荚期	适宜温度为昼温 20～25 ℃，夜间为 15～18 ℃，适宜的空气湿度为 80%～90%，土壤相对湿度不低于 60%～70%	(1)天气预报可能出现冻害时，要利用增温、保温设施； (2)天气预报可能出现连续阴雨天气时，要采取措施提温降湿，不能施肥浇水，避免豆荚落花落荚； (3)注意天气变化，做好大棚蔬菜的防寒、防冻、通风、透光工作； (4)严格控制空气湿度和土壤湿度	(1)连阴天； (2)大风； (3)倒春寒
	早春茬幼苗期	白天温度为 25～30 ℃，夜间温度控制在 15～20 ℃，适宜的土壤相对湿度为 60%～70%	(1)天气预报可能出现冻害时，要利用增温、保温设施； (2)注意天气变化，做好大棚蔬菜的防寒、防冻、通风、透光工作，保温被要早揭晚盖，延长光照时间，中午适当通风换气； (3)控制浇水量和浇水次数，做到"不浇花，浇荚"和"干花湿荚"，防止植株徒长并引起落花落荚	

续表

时间	主要发育期	农业气象指标	农事建议	重点关注
5—6 月	冬春茬、早春茬开花结荚期	适宜温度为昼温 20～25 ℃,夜间为 15～18 ℃,适宜的空气湿度为 80%～90%,土壤相对湿度不低于 60%～70%	(1)天气预报可能出现连续阴雨天气时,要采取措施提温降湿,不能施肥浇水,避免豆荚落花落荚; (2)注意天气变化,做好大棚蔬菜的防寒、防冻、通风、透光工作; (3)严格控制空气湿度和土壤湿度	(1)连阴天; (2)大风; (3)暴雨; (4)冰雹; (5)高温
9 月	越冬茬、秋冬茬播种育苗期	温度:20～25 ℃,光照强度为 35000～45000 lx,日照时长不低于 8 h;土壤相对湿度为 60%～70%	(1)注意天气变化,做好大棚蔬菜的防寒、防冻、通风、透光工作,保温被要早揭晚盖,延长光照时间,中午适当通风换气; (2)出苗后要及时破膜领苗,以防高温烤苗	(1)连阴天; (2)大风; (3)暴雨; (4)冰雹
10 月	越冬茬、秋冬茬幼苗期	白天温度为 25～30 ℃,夜间温度控制在 15～20 ℃,适宜的土壤相对湿度为 60%～70%	(1)天气预报可能出现冻害时,要利用增温、保温设施; (2)注意天气变化,做好大棚蔬菜的防寒、防冻、通风、透光工作,保温被要早揭晚盖,延长光照时间,中午适当通风换气; (3)控制浇水量和浇水次数,做到"不浇花,浇荚"和"干花湿荚",防止植株徒长并引起落花落荚	(1)连阴天; (2)大风
11—12 月	越冬茬、秋冬茬开花结荚期	适宜温度为昼温 20～25 ℃,夜间为 15～18 ℃,适宜的空气湿度为 80%～90%,土壤相对湿度不低于 60%～70%	(1)天气预报可能出现冻害时,要利用增温、保温设施; (2)天气预报可能出现连续阴雨天气时,要采取措施提温降湿,不能施肥浇水,避免豆荚落花落荚; (3)注意天气变化,做好大棚蔬菜的防寒、防冻、通风、透光工作; (4)严格控制空气湿度和土壤湿度	(1)连阴天; (2)大风; (3)寒潮; (4)暴雪
	冬春茬播种育苗期	温度:20～25 ℃,光照强度:35000～45000 lx,日照时长不低于 8 h;土壤相对湿度为 60%～70%	(1)注意天气变化,做好大棚蔬菜的防寒、防冻、通风、透光工作,保温被要早揭晚盖,延长光照时间,中午适当通风换气; (2)出苗后要及时破膜领苗,以防高温烤苗	

5.7 苦瓜

5.7.1 农业气象指标

山东省冬暖式大棚苦瓜冬春茬一般于 9 月中旬至 10 月上旬播种育苗,春节前后上市;早春茬一般利用日光温室在寒冬季节育苗,初春定植于日光温室,将开花结果期安排在温光较好的季节里,一般从 3 月开始上市;秋冬茬一般于 7 月中下旬至 8 月上旬播种育苗,8 月上中旬至 9 月上旬定植,供应初冬和元旦、春节市场(胡永军 等,2010e)。

苦瓜喜温,耐热,不耐寒;短日照作物,喜光;喜湿润,但不耐涝;对土壤肥力要求高。

5.7.1.1　播种育苗期

(1)适宜气象指标

种子发芽的最适温度是30～35 ℃(陈海平 等,2018),在25 ℃左右,约15 d便可育成具有4～5片真叶的幼苗。

(2)不利气象指标

温度在20 ℃以下时,发芽缓慢,13 ℃以下发芽困难(陈泽文,2014)。在15 ℃左右育成具有4～5片真叶的幼苗需要20～30 d。

(3)关键农事活动及指标

出苗至第一片真叶长出,温度宜掌握在18～20 ℃,以利于幼苗粗壮。

(4)农事建议

子叶露出地面时要及时破膜,营养钵育苗的在定植前一周要进行炼苗。

5.7.1.2　幼苗期

(1)适宜气象指标

苦瓜幼苗生长适宜温度在20～25 ℃。

(2)不利气象指标

在10～15 ℃时植株生长缓慢,低于10 ℃,则生长不良,当温度在5 ℃以下时,植株显著受害。

(3)关键农事活动及指标

当棚内温度达到27～30 ℃时,要把揭膜通风。当棚内温度达33 ℃以上时,要加大通风量。阴雨天气空气湿度大,要适当通风。

(4)农事建议

苦瓜喜肥喜湿,在水肥充足条件下产量高、品质好,在施足基肥的基础上,还必须加强肥水管理。苦瓜喜湿润,但不耐涝,缓苗后生长前期可适当控制水分,保持土壤湿润,雨季要及时清沟排水。

苦瓜分枝性强,大棚栽培密度大,更容易产生蔓叶过密,通风透光不良,空耗养分,影响产量及其品质。因此要加强整枝,一般要求整形修剪,但必须逐步剪除基部的老黄叶、病叶、过密枝及病弱枝等,以利于通风透光(李文娟,2018)。

5.7.1.3　开花结果期

(1)适宜气象指标

开花结果期适宜温度范围在20～30 ℃,以25 ℃左右为适宜。15～30 ℃的范围内温度越高,越有利于苦瓜的生育(结果早、产量高、品质好)。开花结果期要求较强的光照,对光照时间长短要求不严格。

(2)不利气象指标

30 ℃以上、15 ℃以下对苦瓜的生长、结果不利,夜间不低于13 ℃～15 ℃,长期低温会发生落花、落果和果实畸形。

(3)关键农事活动及指标

开花结果期如遇到强的低温寒流要加温,在棚内气温低于8 ℃时要采用加温措施,以维持温室内苦瓜要求的最低温度防止出现冻害或寒害。

(4)农事建议

苦瓜喜光、耐热,特别是开花结果时对光照的要求更为严格。如遇连续阴雨天气化瓜加重产量将明显下降。温室栽培主要的光照管理措施是早揭苫、晚盖苫以延长光照时间;经常清扫、刷洗棚膜让光线更多、更好地进入温室内,以提高植株的光合能力。注意阴雨天气也要拉开草苫透光,利用阴天散光对植株的光补偿作用也非常重要。在阴雨天气不能只顾保温而忽略了光照管理。

5.7.2 主要病虫害

5.7.2.1 猝倒病

(1)主要危害及发生时段

苦瓜猝倒病又叫卡脖子、绵腐病。育苗畦中的幼苗,往往造成幼苗成片死亡,导致缺苗断垅,影响用苗计划。苦瓜种子在出土前被侵染发病时,则造成烂种。幼苗发病,茎基部产出水渍状暗色病斑,绕颈扩展后,病斑收缩呈线状而倒伏,在子叶以下病斑出现“卡脖子”现象,倒伏的幼苗在短期内仍保持绿色。当地面潮湿时,病部密生白色绵状霉,轻则死苗,严重时幼苗成片死亡。

(2)发生发展适宜条件

腐霉菌侵染发病的最适温度为15～16 ℃,疫霉菌为16～20 ℃,一般在苗床低温、高湿时最易发病。育苗期遇阴雨天或下雪天,幼苗常发病。通常在苗床管理不善、漏雨或灌水过多,保温不良,造成床内低温、潮湿条件时,病害发展快。

5.7.2.2 立枯病

(1)主要危害及发生时段

病苗茎基部产生椭圆形暗褐色斑,后渐凹陷,病斑绕茎基1周后缢缩。潮湿时,病部有不显著淡褐色蛛丝状霉。病苗初呈萎蔫状,后直立枯死。

(2)发生发展适宜条件

该病为真菌病害,在土壤中或病株残体上越冬。通过雨水、灌溉水、农具、带菌堆肥等传播。在高温(17～28 ℃)高湿条件下利于发病。此外,秧苗过密,通风不良,光照不足,秧苗纤弱时易发病。

5.7.2.3 枯萎病

(1)主要危害及发生时段

苦瓜枯萎病又叫蔓割病、萎蔫病等,主要危害苦瓜的根和根茎部。苦瓜从幼苗至生长后期均可发病,尤以结瓜期发病最重。幼苗发病时,幼茎基部变黄褐色并收缩,而后子叶萎垂。成株发病时,茎基部水浸状腐烂缢缩,后发生纵裂,常流出胶质物,潮湿时病部长出粉红色霉状物(分生孢子),干缩后成麻状。感病初期,表现为白天植株萎蔫,夜间又恢复正常,反复数天后全株萎蔫枯死。也有的在节茎部及节间出现黄褐色条斑,叶片自下而上变黄干枯,切开病茎,可见到维管束变褐色或腐烂。这是菌丝体侵入维管束组织分泌毒素所致,常导致水分输送受阻,引起茎叶萎蔫,最后枯死。

(2)发生发展适宜条件

病菌在4～38 ℃的气温下都能生长发育,最适温度为28～32 ℃,土壤温度达到24～32 ℃时发病很快。凡重茬、施氮肥过多或肥料不够腐熟,或土壤呈酸性的温室,发病重。病菌在土壤中能够存活10年以上。

5.7.2.4 疫病

(1)主要危害及发生时段

主要危害果实,一般现在接触地面或者靠近地面部分发生黄褐色水浸状病斑,病斑迅速扩大,稍凹陷,潮湿时表面密生白色绵状霉,病瓜腐烂发臭。叶上病斑黄褐色,受潮后长出白霉并腐烂,蔓上病菌开始为暗绿色,后扩大湿润变软,其上部枯萎。

(2)发生发展适宜条件

病原菌致病的适宜温度为27～31 ℃,通常在7—9月发生。果实进入成长期时浇大水,土壤含水量增高,容易引起发病。

5.7.2.5 炭疽病

(1)主要危害及发生时段

苦瓜炭疽病主要发生在植株开始衰老的中后期,被害部位主要是叶、茎和果实。如果环境条件适宜,苦瓜苗也能发病。

叶片感病时,最初出现水浸状纺锤形或圆形斑点,叶片干枯呈黑色,外围有一紫黑色圈,似同心轮纹状。干燥时,病斑中央破裂,叶提前脱落。果实发病初期,表皮出现暗绿色油状斑点,病斑扩大后呈圆形或椭圆形凹陷,呈暗褐色或黑褐色;当空气潮湿时,中部产生粉红色分生孢子,严重时致使全果收缩腐烂。

(2)发生发展适宜条件

病菌在6～32 ℃的气温下均能生长发育,最适温度为22～27 ℃,平均气温达18 ℃以上便开始发病。气温在23 ℃、空气相对湿度在85%～95%时,病害流行严重。所以此病在高温多雨季节、重茬、植株过密、生长弱的条件下发病重。

5.7.2.6 霜霉病

(1)主要危害及发生时段

苦瓜霜霉病又叫跑马干、黑毛。该病主要危害苦瓜的叶片,特别在结瓜期发病严重。一般病菌从叶片的气孔侵入,最初在叶片上产生水浸状淡黄色小斑点,扩大后受叶脉限制呈多角形斑,黄褐色,潮湿时病斑背面长出灰色至紫黑色霉(孢子囊),遇连阴雨则病叶腐烂,如遇晴天则干枯易碎,一般从下往上发展,病重时全株枯死。

(2)发生发展适宜条件

发病与温室内空气湿度、温度有密切关系。春季当气温回升达到15 ℃,温室内空气相对湿度达85%以上时,便开始发病。一般产生孢子囊的最适温度为15～19 ℃,萌发最适温度为22 ℃;气温为20 ℃时,潜育期只有4～5 d。多雨潮湿、忽晴忽雨、昼夜温差大的天气,最有利于病害蔓延。平均气温高于30 ℃,或低于10 ℃,病害很少发生。

5.7.2.7 白粉病

(1)主要危害及发生时段

白粉病在苦瓜植株上普遍发生,主要发生于叶片上,其次为叶柄和蔓。先在植株下部叶片的正面或背面长出小圆形的粉状霉斑,逐渐扩大、厚密,不久连成一片。发病后期使整个叶片布满白粉,后变灰白色,最后使整个叶片变成黄褐色干枯。病害多从中下部叶片开始发生,以后逐渐向上部叶片蔓延。

(2)发生发展适宜条件

该病在田间流行的温度为16～24 ℃。对湿度的适应范围广，当空气相对湿度在45%～75%时发病快，超过95%时显著抑制病情发展。一般在雨量偏少的年份发病轻。遇到连阴天、闷热天气时病害发展迅速。在植株长势弱或徒长的情况下，也容易发生白粉病。

5.7.2.8　斑点病

(1)主要危害及发生时段

该病主要危害苦瓜叶片，叶片出现近圆形褐色小斑，后扩大为椭圆形至不定形，色亦转呈灰褐色至灰白色，严重时病斑汇合，致叶片局部干枯。潮湿时斑面呈现小黑点即病原菌分生孢子器，斑面常易破裂或穿孔。

(2)发生发展适宜条件

日光温室内周年都种植苦瓜，病菌越冬期不明显。分生孢子借浇水传播，进行初侵染和再侵染，高温多湿的天气有利本病发生，连作或偏施过施氮肥的温室发病重。

5.7.3　农业气象周年服务方案

根据设施苦瓜生育需求，制定设施苦瓜农业气象周年服务方案，见表5.7。

表5.7　设施苦瓜农业气象周年服务方案

时间	主要发育期	农业气象指标	农事建议	重点关注
1—2月	秋冬茬、冬春茬开花结果期	适宜温度范围在20～30 ℃；要求较强的光照，对光照时间长短要求不严格	(1)天气预报可能出现低温寒流时，要利用增温、保温设施； (2)注意天气变化，做好大棚蔬菜的防寒、防冻、通风、透光工作，早揭苫、晚盖苫以延长光照时间； (3)阴雨天气也要拉开草苫透光，利用阴天散光对植株进行光补偿	(1)连阴天； (2)大风； (3)低温； (4)暴雪
	早春茬播种育苗期	最适温度为30～35 ℃	(1)天气预报可能出现低温寒流时，要利用增温、保温设施； (2)注意天气变化，做好大棚蔬菜的防寒、防冻、通风、透光工作； (3)子叶露出地面时要及时破膜，营养钵育苗的在定植前一周要进行炼苗	
3—4月	冬春茬、早春茬开花结果期	适宜温度范围在20～30 ℃；要求较强的光照，对光照时间长短要求不严格	(1)天气预报可能出现低温寒流时，要利用增温、保温设施； (2)注意天气变化，做好大棚蔬菜的防寒、防冻、通风、透光工作，早揭苫、晚盖苫以延长光照时间； (3)阴雨天气也要拉开草苫透光，利用阴天散光对植株进行光补偿	(1)连阴天； (2)大风； (3)倒春寒
5—6月	早春茬开花结果期	适宜温度范围在20～30 ℃；要求较强的光照，对光照时间长短要求不严格	(1)注意天气变化，做好大棚蔬菜的防寒、防冻、通风、透光工作，早揭苫、晚盖苫以延长光照时间； (2)阴雨天气也要拉开草苫透光，利用阴天散光对植株进行光补偿	(1)连阴天； (2)大风； (3)暴雨； (4)冰雹

续表

时间	主要发育期	农业气象指标	农事建议	重点关注
7—8 月	秋冬茬播种育苗期	最适温度为 30～35 ℃	(1)注意天气变化,做好大棚蔬菜的通风、透光工作,早揭苫、晚盖苫以延长光照时间; (2)子叶露出地面时要及时破膜,营养钵育苗的在定植前 1 周要进行炼苗	(1)连阴天; (2)大风; (3)暴雨
9—10 月	秋冬茬幼苗期	适宜温度为 20～25 ℃	(1)天气预报可能出现低温寒流时,要利用增温、保温设施; (2)注意天气变化,做好大棚蔬菜的防寒、防冻、通风、透光工作,高温时通风,早揭苫、晚盖苫以延长光照时间; (3)阴雨天气空气湿度大,要适当通风	(1)连阴天; (2)大风; (3)暴雨; (4)冰雹; (5)低温
	冬春茬播种育苗期	最适温度为 30～35 ℃	(1)天气预报可能出现低温寒流时,要利用增温、保温设施; (2)注意天气变化,做好大棚蔬菜的防寒、防冻、通风、透光工作; (3)子叶露出地面时要及时破膜,营养钵育苗的在定植前一周要进行炼苗	
11—12 月	秋冬茬开花结果期	适宜温度在 20～30 ℃; 要求较强的光照,对光照时间长短要求不严格	(1)天气预报可能出现低温寒流时,要利用增温、保温设施; (2)注意天气变化,做好大棚蔬菜的防寒、防冻、通风、透光工作,早揭苫、晚盖苫以延长光照时间; (3)阴雨天气也要拉开草苫透光,利用阴天散光对植株进行光补偿	(1)连阴天; (2)大风; (3)低温; (4)暴雪
	冬春茬幼苗期	适宜温度为 20～25 ℃	(1)天气预报可能出现低温寒流时,要利用增温、保温设施; (2)注意天气变化,做好大棚蔬菜的防寒、防冻、通风、透光工作,高温时通风,早揭苫、晚盖苫以延长光照时间; (3)阴雨天气空气湿度大,要适当通风	(1)连阴天; (2)大风; (3)低温; (4)暴雪

5.8　丝瓜

5.8.1　农业气象指标

山东省日光温室秋冬茬丝瓜多在 7 月末至 8 月中下旬播种,8—9 月定植,9—10 月开始上市;冬春茬丝瓜一般在 9 月下旬开始育苗,10 月下旬定植,12 月下旬开始进入结瓜盛期;早春茬一般在 12 月上中旬开始育苗,次年 1 月中下旬定植,4 月采收上市,采收期 7 个月以上。

5.8.1.1　育苗期

(1)适宜气象指标

①温度:从播种至开始出苗,苗床温度为 25～30 ℃;从出苗至破心,白天为 20～22 ℃,夜

间为 12～15 ℃;从破心至定植前 7～10 d,白天为 20～25 ℃,夜间为 13～15 ℃;定植前 7～10 d,白天为 15～20 ℃,夜间为 10～12 ℃。

②湿度:基质相对湿度一般在 60%～100%。

(2)关键农事活动及指标

夏季育苗,通过盖遮阳网等方法,使苗床的最高温度控制在 35 ℃以内,短时间不超过 40 ℃。冬季育苗,可通过铺地热线、日光温室内加盖小拱棚等措施,使苗床的夜温不低于 10 ℃,短时间内不低于 8 ℃。

5.8.1.2 苗期

(1)适宜气象指标

①温度:白天为 20～28 ℃,夜间为 12～18 ℃。地温为 18～20 ℃。

②湿度:空气和土壤相对湿度均在 80%左右最为适宜。缓苗期空气相对湿度保持在 80%以上。

(2)不利气象指标

夜间温度低于 12 ℃会使瓜苗生理失调,导致生长缓慢或停止生长。

(3)关键农事活动及指标

定植后注意提高温室内的温度,白天保持 33 ℃左右,夜间保持 17 ℃左右,按此温度保持 2～3 d,促进丝瓜快速生根、缓苗,缓苗后再进入正常管理。缓苗期当棚内温度超过 32 ℃时,应将棚顶通风口拉开,切忌通底风,以免植株失水萎蔫,甚至枯死。

5.8.1.3 开花结果期

(1)适宜气象指标

白天温度为 25～30 ℃,夜间温度为 15～20 ℃。最高不超过 32 ℃,短时最低气温不低于 10 ℃。

(2)不利气象指标

晴天中午温室内气温高于 40 ℃,植株代谢作用、光合作用停止,无干物质生成。如果时间过长,植株局部会受到热害,甚至导致整株死亡。

(3)关键农事活动及指标

上午气温升至 28 ℃时开始通风排湿,下午气温降至 20 ℃左右时关闭风口。温室内每天光照时间不少于 8 h。

5.8.2 主要病虫害

设施丝瓜常见的病虫害有:霜霉病、疫病、炭疽病、轮纹斑病、绵腐病、灰霉病、白粉病等(马光瑞 等,2010)。

5.8.2.1 霜霉病

(1)主要危害及发生时段

丝瓜霜霉病主要危害叶片,发病初期在叶片正面出现不规则的褐黄色斑,逐渐扩展成多角形黄褐色病斑,湿度大时,病斑背面长白灰黑色霉层,后期斑连片整叶枯死。

(2)发生发展适宜气象条件

病菌萌发的适宜温度是 15～20 ℃,最适合的侵入温度是 16～22 ℃。温度高于 30 ℃时,病菌很难侵入;42 ℃以上时,病菌停止活动而死亡。空气相对湿度在 85%以上时有利于发病。

5.8.2.2　疫病

(1)主要危害及发生时段

丝瓜疫病主要危害果实,茎蔓或叶片也受害。近地面的果实先发病,出现水浸状暗绿色圆形斑,扩展后呈暗褐色,病部凹陷,由此向果面四周作水渍状浸润,上面生出灰白色霉状物。湿度大时,病瓜迅速软化腐烂。茎蔓染病部初呈水渍状,扩展后整段软化湿腐,病部以上的茎叶萎蔫枯死。叶片染病,病斑呈黄褐色,湿度大时生出白色霉层腐烂。苗期染病,幼苗根茎部呈水渍状湿腐。

(2)发生发展适宜气象条件

适宜的发病温度为27～31 ℃,最高温度为37 ℃,最低温度为9 ℃。

5.8.2.3　炭疽病

(1)主要危害及发生时段

丝瓜炭疽病主要危害叶片、叶柄、茎蔓及果实,苗期至成株期均可受害。

(2)发生发展适宜气象条件

病菌孢子萌发最适温度为22～27 ℃,病菌生长最适温度为24 ℃;30 ℃以上,10 ℃以下停止生长。空气相对湿度为87%～98%时易发病,以空气相对湿度95%以上发病最重,空气相对湿度低于54%则不发病。

5.8.2.4　轮纹斑病

(1)主要危害及发生时段

丝瓜轮纹斑病主要危害叶片、病部初呈水渍状褐色斑,边缘呈波纹状,若干个波纹形成同心轮纹状,病斑四周褪绿或出现黄色区,湿度大时表面现污灰色菌丝,后变为橄榄色,有时病斑上可见黑色小粒点,即病菌分生孢子器。

(2)发生发展适宜气象条件

气温为27～28 ℃,湿度大或干湿与冷热变化大时易发病。

5.8.2.5　绵腐病

(1)主要危害及发生时段

丝瓜绵腐病主要危害果实。一般多是植株下部,尤其是接触地面的果实发病。

(2)发生发展适宜气象条件

发病适宜温度为27～28 ℃,空气相对湿度为95%以上。

5.8.2.6　灰霉病

(1)主要危害及发生时段

丝瓜灰霉病在成株期发病,主要危害果实,也可危害叶片和茎。如果病花、病果落在叶片和茎上,则引起叶片和茎发病。叶片病斑呈"V"形,有轮纹,后期也生灰霉。茎主要在节上发病,病部表面灰白色,密生灰霉,当病斑绕茎一圈后,茎蔓折断,其上部萎蔫,整株死亡。

(2)发生发展适宜气象条件

发病适宜温度为20 ℃左右。空气相对湿度70%时,病害开始发生;空气相对湿度达90%以上时,发病严重。

5.8.2.7　白粉病

(1)主要危害及发生时段

丝瓜白粉病俗称"挂白灰",是设施丝瓜栽培中的重要病害之一,从苗期至收获期均可发生，最适感病生育期在成株期至采收期。主要危害叶片，叶柄、茎次之，果最轻。病害由植株下部往上发展。白粉后期可变成灰白色或红褐色，严重时植株枯死。

(2)发生发展适宜气象条件

适宜发病的温度范围为 10～35 ℃；最适发病环境日平均温度为 20～25 ℃，空气相对湿度为 45%～95%。

5.8.3 农业气象周年服务方案

根据设施丝瓜生育需求，制定设施丝瓜农业气象周年服务方案，见表 5.8。

表 5.8 设施丝瓜农业气象周年服务方案

时间	主要发育期	农业气象指标	农事建议	重点关注
1月	秋冬茬采收期、冬春茬开花结果期	气温白天为 25～30 ℃，夜间为 15～20 ℃；最高不超过 32 ℃，短时最低气温不低于 10 ℃	(1)上午气温升至 28 ℃时开始通风排湿，下午气温降至 20 ℃左右时关闭风口； (2)温室内每天光照时间不少于 8 h； (3)天气预报可能出现冻害时，要利用增温、保温设施	(1)连阴天； (2)大风； (3)低温； (4)暴雪
	早春茬定植、苗期	气温白天为 20～28 ℃，夜间为 12～18 ℃；地温为 18～20 ℃；空气和土壤相对湿度均在 80%左右最为适宜；缓苗期空气相对湿度保持在 80%以上	(1)定植后注意提高温室内的温度，白天保持 33 ℃左右，夜间保持 17 ℃左右，按此温度保持 2～3 d，促进丝瓜快速生根、缓苗，缓苗后再进入正常管理； (2)缓苗期当棚内温度超过 32 ℃时，应将棚顶通风口拉开，切忌通底风，以免植株失水萎蔫，甚至枯死	
2—3 月	秋冬茬、冬春茬结果采收期 早春茬开花结果期	气温白天为 25～30 ℃，夜间为 15～20 ℃；最高不超过32 ℃，短时最低气温不低于 10 ℃	(1)上午气温升至 28 ℃时开始通风排湿，下午气温降至 20 ℃左右时关闭风口； (2)温室内每天光照时间不少于 8 h； (3)随时注意天气变化，做好大棚蔬菜的防寒、防冻、防风工作	(1)连阴天； (2)大风； (3)低温； (4)暴雪
4—6 月	结果、采收期	气温白天为 25～30 ℃，夜间为 15～20 ℃；最高不超过 32 ℃，短时最低气温不低于 10 ℃	(1)上午气温升至 28 ℃时开始通风排湿，下午气温降至 20 ℃左右时关闭风口； (2)温室内每天光照时间不少于 8 h； (3)随着气温升高，应加强棚温调节，要及时通风降温，防止出现高温高湿的小气候，以免发生病害	(1)连阴天； (2)大风； (3)高温
7—8 月	秋冬茬育苗期	从播种至开始出苗，苗床温度为 25～30 ℃；从出苗至破心，白天为 20～22 ℃，夜间为 12～15 ℃；从破心至定植前 7～10 d，白天为 20～25 ℃，夜间为 13～15 ℃；定植前 7～10 d，白天为 15～20 ℃，夜间为 10～12 ℃；基质相对湿度一般在 60%～100%	(1)夏季育苗，通过盖遮阳网等方法，使苗床的最高温度控制在 35 ℃以内，短时间不超过 40 ℃； (2)出苗后温度不能过高，以防止幼苗过于徒长	(1)连阴天； (2)大风； (3)暴雨； (4)高温

续表

时间	主要发育期	农业气象指标	农事建议	重点关注
9 月	秋冬茬定植、苗期	气温白天为 20～28 ℃，夜间为 12～18 ℃；地温为 18～20 ℃。空气和土壤相对湿度均在 80%左右最为适宜；缓苗期空气相对湿度保持在 80%以上	(1)定植后注意提高温室内的温度，白天保持 33 ℃左右，夜间保持 17 ℃左右，按此温度保持 2～3 d，促进丝瓜快速生根、缓苗，缓苗后再进入正常管理； (2)缓苗期当棚内温度超过 32 ℃时，应将棚顶通风口拉开，切忌通底风，以免植株失水萎蔫，甚至枯死	(1)连阴天； (2)大风； (3)暴雨
	冬春茬育苗期	从播种至开始出苗，苗床温度为 25～30 ℃；从出苗至破心，白天为 20～22 ℃，夜间为 12～15 ℃；从破心至定植前 7～10 d，白天为 20～25 ℃，夜间为 13～15 ℃；定植前 7～10 d，白天为 15～20 ℃，夜间为 10～12 ℃；基质相对湿度一般在 60%～100%	(1)育苗期间要防腐防烟熏、防徒长，培育壮苗； (2)若遇阴天，转晴后要及时通风，以免出现畦温过高，发生烤苗现象	
10 月	秋冬茬开花结果、采收期	气温白天为 25～30 ℃，夜间为 15～20 ℃；最高不超过 32 ℃，短时最低气温不低于 10 ℃	(1)上午气温升至 28 ℃时开始通风排湿，下午气温降至 20 ℃左右时关闭风口； (2)温室内每天光照时间不少于 8 h； (3)随着气温升高，应加强棚温调节，要及时通风降温，防止出现高温高湿的小气候，以免发生病害	(1)连阴天； (2)大风
	冬春茬定植、苗期	气温白天为 20～28 ℃，夜间为 12～18 ℃；地温为 18～20 ℃。空气和土壤相对湿度均在 80%左右最为适宜；缓苗期空气相对湿度保持在 80%以上	(1)定植后注意提高温室内的温度，白天保持在 33 ℃左右，夜间保持在 17 ℃左右，按此温度保持 2～3 d，促进丝瓜快速生根、缓苗，缓苗后再进入正常管理； (2)缓苗期当棚内温度超过 32 ℃时，应将棚顶通风口拉开，切忌通底风，以免植株失水萎蔫，甚至枯死	
11 月	秋冬茬结果采收期	气温白天为 25～30 ℃，夜间为 15～20 ℃；最高不超过 32 ℃，短时最低气温不低于 10 ℃	(1)上午气温升至 28 ℃时开始通风排湿，下午气温降至 20 ℃左右时关闭风口； (2)温室内每天光照时间不少于 8 h； (3)随着气温升高，应加强棚温调节，要及时通风降温，防止出现高温高湿的小气候，以免发生病害	(1)连阴天； (2)大风； (3)寒潮
	冬春茬苗期、开花结果期			
12 月	秋冬茬、冬春茬结果采收期	气温白天为 25～30 ℃，夜间为 15～20 ℃；最高不超过32 ℃，短时最低气温不低于 10 ℃	(1)上午气温升至 28 ℃时开始通风排湿，下午气温降至 20 ℃左右时关闭风口； (2)温室内每天光照时间不少于 8 h； (3)随着气温升高，应加强棚温调节，要及时通风降温，防止出现高温高湿的小气候，以免发生病害	(1)连阴天； (2)大风； (3)寒潮； (4)暴雪

续表

时间	主要发育期	农业气象指标	农事建议	重点关注
12月	早春茬育苗期	从播种至开始出苗，苗床温度为25～30 ℃；从出苗至破心，白天为20～22 ℃，夜间为12～15 ℃；从破心至定植前7～10 d，白天为20～25 ℃，夜间为13～15 ℃；定植前7～10 d，白天为15～20 ℃，夜间为10～12 ℃；基质相对湿度一般在60%～100%	冬季育苗，可通过铺地热线、日光温室内加盖小拱棚等措施，使苗床的夜温不低于10 ℃，短时间内不低于8 ℃	

5.9 西瓜

5.9.1 农业气象指标

日光温室西瓜主要有秋冬茬、越冬茬、冬春茬、早春茬等几个茬次。全生育期在100～120 d(王久兴 等，2010)，整个发育阶段可分为育苗期、定植缓苗期、伸蔓期、开花授粉期、坐瓜期、膨瓜期、成熟期。

5.9.1.1 育苗期

(1)适宜气象指标

普通二倍体西瓜种子发芽的适宜温度为25～32 ℃，以30～32 ℃发芽最快。无籽西瓜(三倍体西瓜)种子发芽所需适宜温度比普通二倍体西瓜高2～3 ℃。

(2)不利气象指标

播种期气温低于15 ℃或高于40 ℃，种子不发芽，根系不能正常发育；温度<5 ℃幼苗受冻。

(3)关键农事活动及指标

①播种至出苗期：要求土壤湿润且通气性好，土壤温度较高。苗床的土壤温度应保持在白天25～32 ℃，夜间18～23 ℃，最低不低于14 ℃。要注意防范低温，必要时进行多层覆盖。

②出苗至现真叶期：要求充足的光照，比出苗期稍低的温度。这一时期幼苗的下胚轴对光照、温度十分敏感，弱光、高温极易导致幼苗徒长。因此，此期间的床内温度应控制在白天20～22 ℃，夜间15～17 ℃，进行低温炼苗，防止徒长。注意苗床适当通风，保温覆盖物要早揭晚盖，尽量延长光照时间。

③二至三片真叶期：这一时期幼苗叶芽和花芽同时分化，管理上应适当抑制地上部生长，促进根系发育。夜温较低有利于雌花形成，因而管理上要注意通风，早揭晚盖不透明覆盖保温物，延长光照时间。苗床内温度白天保持在20～28 ℃，夜间保持在12～18 ℃。当中午苗床内大部分幼苗出现萎蔫现象时，可选择晴暖天气的10时前后，向苗床洒浇1次30～35 ℃的温水。

④定植前炼苗期：定植前5～7 d开始，要逐渐地延长白天的通风时间，加大通风量，使苗

床温度逐渐降低,但夜间短时间最低温度不可低于 10 ℃。不再浇水,一直推迟至定植前 2～3 d才浇水。通过低温干旱炼苗,使其具有定植后适应日光温室环境的能力。

⑤嫁接后管理:嫁接后 1 周内的适宜温度是:白天 25～30 ℃,最高不超过 32 ℃;夜间 20 ℃以上,最低不低于 15 ℃。温度过高时,嫁接苗上的接穗容易萎蔫枯死;温度过低时,接口愈合不良,成活率也较低。1 周后,嫁接苗基本成活,可放宽温度范围,白天温度为 24～32 ℃,夜间温度为 12～15 ℃,最低不低于 8 ℃。

(4)农事建议

注意生炉升温、放风排湿、适度拉苫透光。

5.9.1.2　定植缓苗期

(1)适宜气象指标

西瓜喜光照,达到 8 万～10 万 lx 强光照也能忍耐,但如果光照强度在 0.4 万 lx 以下,则生长不良。要求 50%～60%的空气相对湿度,耐空气相对湿度 50%以下的干燥环境,高于 80%容易发病。从定植到缓苗这段时间,要求较短、较强的光照和较高的温度。缓苗期不需遮阴,需要 4 万～5 万 lx 的较强光照。

西瓜喜高温,能耐 45 ℃气温,低于 13 ℃生长不良。一般适宜的白天气温保持在 25～35 ℃,夜间气温保持在 14 ℃以上,地温为 14～28 ℃,即白天地温不高于 28 ℃,夜间地温不低于14 ℃。

(2)不利气象指标

该时期温室西瓜的不利气象因素主要为光照弱、光照时间短、温度低、空气湿度高。光照强度在 0.4 万 lx 以下生长不良,每天光照时间不低于 8 h;空气相对湿度高于 80%时,容易发病;气温低于 13 ℃时,生长不良。

(3)关键农事活动及指标

根据温度情况适当通风调节空气湿度,尽量保证少通风,只有在中午室内气温达 40 ℃以上时,进行短时间通风降温,使温室内温度控制在:白天气温为 24～32 ℃,夜间气温不低于 15 ℃,昼夜温差为 10～12 ℃;白天地温为 22～26 ℃,夜间稳定在 14 ℃以上;白天空气湿度保持在 50%～60%,夜间保持在 80%左右。管理上要注意增强光照强度、延长光照时间,加强采光增温和覆盖保温,提高气温和地温。

(4)农事建议

①定植前,要注意提前扣棚烘提地温。定植覆土要浅,浇水不要太大。

②要选晴暖天气浇缓苗水,浇水后注意放风,浇水前后注意喷洒杀菌剂。遇冷空气要生炉升温。

5.9.1.3　伸蔓至开花授粉期

(1)适宜气象指标

授粉期温度为 15(夜)～32 ℃(昼),适宜温度为 20～28 ℃;授粉后温度掌握在 15(夜)～35 ℃(昼)。空气相对湿度在 50%～60%适宜。每日光照时间控制在 8～9 h。

(2)不利气象指标

开花期光照少或连阴雨>3 d,雌花不能正常膨大,后期光照不足,果肉着色不良,品质下降。气温低于 15 ℃花期管不伸长;低于 11 ℃影响受精;高于 38 ℃影响坐果;空气相对湿度高于80%容易发病。

(3)关键农事活动及指标

白天可根据温度情况适当揭开双层浮膜，增加光照。白天外界气温达到22～25 ℃时，棚温超过30 ℃，大棚适当放风，夜间再全部盖好。随着外温的升高和蔓的伸长，浮膜可只盖单层，当棚内夜间温度稳定在15 ℃以上时，可把浮膜全部撤除，并逐渐加大大棚白天的放风量和放风时间，使棚内空气相对湿度保持在50%～60%为宜。为保持适宜的空气湿度，要选择好天气进行灌溉，灌溉后要加大通风量，排除棚内湿度。

(4)农事建议

①在伸蔓整枝前撤跨度1 m的拱棚。

②一般选择上午授粉，晴天最好在08—10时，阴天最好在10—12时。

③授粉期每天温度超过32 ℃时，要通风。

④一般不喷药。

⑤授粉完毕，撤3 m拱棚。

⑥授粉5～6 d以后，开始疏瓜。

5.9.1.4　坐瓜至成熟期

(1)适宜气象条件

温度为15(夜)～38 ℃(昼)(有籽西瓜为35 ℃，无籽西瓜为38 ℃)。棚内温度不低于7 ℃。空气相对湿度在50%～60%为宜。

(2)不利气象指标

夜间棚内温度不低于15 ℃，否则坐瓜不良；空气相对湿度高于80%时，容易发病。

(3)关键农事活动及指标

坐果时，棚内温度白天保持在30 ℃，夜间保持在15～20 ℃，昼夜温差为10～15 ℃，使营养生长和生殖生长相协调。

瓜开始膨大后，要求高温，白天气温为30～32 ℃，夜间为15～25 ℃，地温为25～28 ℃。

瓜定型后，白天气温可达35～38 ℃，利于及早成熟。

果实成熟前需要较高的温度和较大的昼夜温差，有利于果实膨大和含糖量提高，但白天不应超过35 ℃。当夜间温度在18 ℃以上时，将棚边掀开，昼夜通风，增大昼夜温差。

棚内空气相对湿度以保持在50%～60%为宜，为保持适宜的空气湿度，要选择好天气进行灌溉，灌溉后要加大通风量，排除棚内湿度。

(4)农事建议

①要注意预防“倒春寒”。

②搞好膨瓜期浇水追肥，选晴好天气浇水，一般要浇2水，浇水后注意放风。

③坐瓜25 d后，不能浇水。

5.9.2　主要病虫害

5.9.2.1　立枯病

此病在低温潮湿环境易发，在西瓜苗期有发生，病菌在15 ℃左右的温度环境中繁殖较快，30 ℃以上繁殖受到抑制。土壤温度为10 ℃左右不利瓜苗生长，而此菌能活动，故易发病。一般在3月下旬至4月上旬，连日阴雨并有寒流，发病较多。

5.9.2.2　白粉病

病菌借气流传播到寄主叶片上进行侵染。分生孢子寿命短，在 26 ℃条件下只能存活9 h，30 ℃以上或－1 ℃以下很快失去活力。

5.9.2.3　白绢病

病原菌核条件适宜时萌发产生菌丝，从植株茎基部或根部侵入，潜育期为 3～10 d，出现中心病株后，地表菌丝向四周蔓延。病原发育的最适温度为 32～33 ℃。发病的最适温度为 30 ℃，特别是高温、时晴时雨利于菌核萌发。连作地、酸性土壤或沙土地发病重。

5.9.2.4　褐色腐败病

最适发病温度为 25～30 ℃。在 24 ℃左右、高湿条件下发病较重。排水不畅的地块及酸性土壤易发病。另外，果实直接接触地面时也容易发病。

5.9.2.5　菌核病

菌核萌发的最适温度为 15 ℃，在 5～10 ℃条件下，子囊盘可释放出大量子囊孢子，进行传播蔓延。一般空气相对湿度高于 80%有利于菌丝生长，保护地栽培一般早春或晚秋易发病。

5.9.2.6　蔓枯病

病菌喜温暖和高湿环境，温度为 20～25 ℃、空气相对湿度为 85%以上、土壤湿度大时易发病。茎基部发病与土壤含水量有关，土壤湿度大或田间积水易发病。

5.9.2.7　西瓜霜霉病

霜霉病的发生与植株周围的温湿度关系非常密切，发病最适温度为 20～24 ℃，叶面有水膜时容易侵入。在湿度高、温度较低、通风不良时很易发生，且发展很快。

5.9.2.8　炭疽病

气温为 20～24 ℃，空气相对湿度为 90%～95%适于其发病。气温高于 28 ℃，空气相对湿度低于 54%，发病轻或不发病。地势低洼、排水不良，或氮肥过多、通风不良、重茬地发病重。重病田或雨后收获的西瓜在贮运过程中也发病。

5.9.2.9　疫病

病菌发病温度为 5～37 ℃，20～30 ℃为最适温度。在西瓜栽培季节，温度都能满足发病要求，发病的迟早或轻重与湿度的关系最为密切，故多雨的年份和高温高湿的季节，最有利于疫病的发生流行。

5.9.3　农业气象周年服务方案

根据设施西瓜生育需求，制定设施西瓜农业气象周年服务方案，见表 5.9。

表 5.9　设施西瓜农业气象周年服务方案

时间	主要发育期	农业气象指标	农事建议	重点关注
11 月下旬至 12 月中旬	育苗期	温度：15～35 ℃；气温低于 15 ℃或高于 40 ℃，种子不发芽，根系不能正常发育；温度<5 ℃幼苗受冻	注意生炉升温、放风排湿、适度拉苫透光	大风、雾霾、连阴天、低温霜冻；易发根结线虫病、猝倒病、炭疽病、疫病、立枯病、红蜘蛛、蚜虫

续表

时间	主要发育期	农业气象指标	农事建议	重点关注
12月下旬至次年1月中旬	定植至缓苗期	白天气温保持在25～35 ℃，夜间保持在14 ℃以上；地温为14～28 ℃，棚内地温低于7 ℃，幼苗受冻；缓苗期温度要高，白天最高温度可达40 ℃	(1)定植前，要注意提前扣棚烘提地温，定植覆土要浅，浇水不要太大； (2)要选晴暖天气浇缓苗水，浇水后注意放风，浇水前后注意喷洒杀菌剂，遇冷空气要生炉升温	大风、暴雪、连阴天、低温冻害、雾霾； 易发根结线虫、炭疽病、疫病、红蜘蛛、蚜虫
1月下旬至3月上旬	伸蔓至开花授粉期	授粉期温度为15(夜)～32 ℃(昼)，适宜温度为20～28 ℃；授粉后温度掌握在15(夜)～35 ℃(昼)。空气相对湿度50%～60%为适宜；每日光照时间控制在8～9 h； 气温低于15 ℃花期管不伸长；低于11 ℃影响受精；高于38 ℃影响坐果；空气相对湿度高于80%容易发病	(1)在伸蔓整枝前撤跨度1 m的拱棚； (2)授粉时一般选择上午授粉，晴天最好在08—10时，阴天在10—12时； (3)授粉期每天温度超过32 ℃时要通风； (4)一般不喷药； (5)授粉完毕撤3 m拱棚； (6)授粉5～6 d以后，开始疏瓜	大风、暴雪、连阴天、低温冻害； 幼瓜期炭疽病、病毒病、细菌性叶枯病
3月中旬至5月下旬	坐瓜至成熟期	温度为15(夜)～38 ℃(昼)(有籽西瓜为35 ℃，无籽西瓜为38 ℃)；棚内温度不低于7 ℃；空气相对湿度在50%～60%为宜；夜间棚温不低于15 ℃，否则坐瓜不良；空气相对湿度高于80%容易发病	(1)要注意预防"倒春寒"； (2)搞好膨瓜期浇水追肥，选晴好天气浇水，一般要浇2水，浇水后注意放风； (3)坐瓜25 d后，不能浇水	低温冻害、大风、连阴天

5.10　芹菜

5.10.1　农业气象指标

芹菜是耐寒性蔬菜，山东省秋冬季日光温室芹菜栽培分为秋延后芹菜和越冬芹菜。秋延后芹菜一般在7月上旬至8月上旬播种，8月中旬至10月下旬定植，一般都在年内收获。越冬芹菜在8月中旬播种，9月定植，除11月中下旬至12月上中旬收获一部分外，一般可推迟到次年1—2月收获。

5.10.1.1　育苗期

(1)适宜气象指标

种子发芽最适温度为15～20 ℃。

(2)不利气象指标

温度低于15 ℃或高于25 ℃会降低发芽率或延迟发芽时间。当温度降到4 ℃以下或高到30 ℃以上时，不能发芽。

(3)关键农事活动及指标

秋延后芹菜播种时正值高温季节，播种后在畦面盖遮阳网降温保墒，出苗后再搭棚遮阴育苗，荫棚上盖遮阳网，中午避免阳光直射。

5.10.1.2　幼苗期

(1)适宜气象指标

幼苗期适宜温度为18～20 ℃。能耐－5 ℃的低温。

(2)不利气象指标

温度超过22 ℃时，芹菜纤维多、品质差；超过26 ℃停止生长；低于10 ℃生长缓慢；3 ℃左右停止生长，0 ℃以下会发生冻害。

(3)关键农事活动及指标

定植初期白天温度保持在20～25 ℃，夜间保持在10～15 ℃。缓苗前，每隔2～3 d浇水1次，缓苗后，白天温度在18～22 ℃，夜间在8 ℃以上，适当控制浇水，进行蹲苗。

5.10.1.3　营养生长期

(1)适宜气象指标

适宜温度为18～20 ℃。

(2)不利气象指标

温度高于22 ℃时，芹菜纤维多、品质差；高于26 ℃停止生长；温度高于20 ℃易发生病害；高于28 ℃植株生长受到限制，植株老化，品质下降。低于10 ℃生长缓慢；3 ℃左右停止生长，0 ℃以下会发生冻害。

(3)关键农事活动及指标

天气转冷时，及时盖膜。盖膜初期，注意通风，白天温度保持在15～20 ℃，夜间保持在8～10 ℃，随气温下降，加盖草苫。寒冷季节视天气情况，及时揭盖草苫，使设施内白天温度保持在7～10 ℃，夜间保持在2 ℃以上。

5.10.2　主要病虫害

芹菜常见的病虫害有：斑枯病、软腐病、早疫病、菌核病等。

5.10.2.1　斑枯病

(1)主要危害及发生时段

芹菜斑枯病主要危害叶片，也可危害叶柄和茎。叶片初生淡褐色油浸状小斑，边缘明显，后扩大为圆形，边缘褐色，中央淡褐色到灰褐色，病斑上生许多小黑点，病斑外有黄色晕圈。

(2)发生发展适宜气象条件

低温高湿有利于病害发生和流行，气温为20～25 ℃、空气相对湿度为90%时，发病重。

5.10.2.2　软腐病

(1)主要危害及发生时段

芹菜软腐病主要危害叶柄基部，是日光温室芹菜生产中常见病害之一，多发生在芹菜移栽缓苗期或缓苗后的生产初期。一般先从柔嫩多汁的叶柄基部开始发病。发病初，病斑淡褐色，水渍状，纺锤形或不规则形，稍凹陷，迅速扩展后内部组织呈黑褐色腐烂，有恶臭，最后残留表皮。

(2)发生发展适宜气象条件

适宜发病的温度范围为2～40 ℃；最适发病环境温度为25～32 ℃，空气相对湿度为90%以上。

5.10.2.3　早疫病

(1)主要危害及发生时段

芹菜早疫病在苗期到成株期均可发生,主要危害叶片,叶柄和茎也可染病。染病初期产生黄绿色水渍状斑点,后发展为圆形、椭圆形或不规则形灰褐色斑,稍凹陷。

(2)发生发展适宜气象条件

病菌的发育适宜温度为 25～30 ℃,最适宜分生孢子萌发、侵染的适宜温度 28 ℃,相对湿度在 90%以上。

5.10.2.4　菌核病

(1)主要危害及发生时段

芹菜全生育期均可发病,危害芹菜茎和叶柄。从茎或叶柄基部开始出现褐色水渍状软腐,湿度大时病部生有棉絮状白色菌丝,病组织逐渐腐烂,无异味,后期形成黑色鼠粪状菌核。棚内低温、通风不良、湿度大、种植过密都易于发病。最适感病的生育期为植株生长中后期。

(2)发生发展适宜气象条件

宜发病温度范围为 0～30 ℃;最适发病环境温度为 15～25 ℃、相对湿度高于 90%。

5.10.3　农业气象周年服务方案

根据设施芹菜生育需求,制定设施芹菜农业气象周年服务方案,见表 5.10。

表 5.10　设施芹菜农业气象周年服务方案

时间	主要发育期	农业气象指标	农事建议	重点关注
1—2 月	营养生长至收获期	适宜温度为 18～20 ℃,高于 22 ℃时芹菜纤维多、品质差;高于 26 ℃停止生长;温度高于 20 ℃易发生病害;高于 28 ℃植株生长受到限制,植株老化,品质下降。低于 10 ℃生长缓慢;3 ℃左右停止生长,0 ℃以下会发生冻害	随气温下降,加盖草苫。寒冷季节视天气情况,及时揭盖草苫,使设施内白天温度保持在 7～10 ℃,夜间保持在 2 ℃以上	(1)连阴天; (2)大风; (3)低温; (4)暴雪
7 月	秋延后芹菜播种育苗期	种子发芽适宜温度为 15～20 ℃,低于 15 ℃或高于 25 ℃会降低发芽率或延迟发芽时间;当温度降到 4 ℃以下或高到 30 ℃以上时,不能发芽	秋延后芹菜播种时正值高温季节,播种后在畦面盖遮阳网降温保墒,出苗后再搭棚遮阴育苗,荫棚上盖遮阳网,中午避免阳光直射	(1)连阴天; (2)大风; (3)暴雨; (4)高温
8 月	秋延后芹菜定植、幼苗期	幼苗期适宜温度为 18～20 ℃,超过 22 ℃时芹菜纤维多、品质差;超过 26 ℃停止生长	(1)定植初期保持白天温度在 20～25 ℃,夜间温度在 10～15 ℃; (2)缓苗前,每隔 2～3 d 浇水 1 次; (3)缓苗后,白天温度在 18～22 ℃,夜间温度在 8 ℃以上,适当控制浇水,进行蹲苗	(1)连阴天; (2)大风; (3)暴雨
	越冬芹菜播种育苗期	种子发芽适宜温度为 15～20 ℃,低于 15 ℃或高于 25 ℃会降低发芽率或延迟发芽时间;当温度降到 4 ℃以下或高到 30 ℃以上时,不能发芽	遇高温天气时,播种后在畦面盖遮阳网降温保墒,出苗后再搭棚遮阴育苗,荫棚上盖遮阳网,中午避免阳光直射	

续表

时间	主要发育期	农业气象指标	农事建议	重点关注
9—10 月	秋延后芹菜幼苗期；越冬芹菜定植、幼苗期	幼苗期适宜温度为 18～20 ℃，超过 22 ℃时芹菜纤维多、品质差；超过 26 ℃停止生长	(1)定植初期温度保持白天为 20～25 ℃，夜间为 10～15 ℃； (2)缓苗前，每隔 2～3 d 浇水 1 次； (3)缓苗后，白天温度为 18～22 ℃，夜间温度为 8 ℃以上，适当控制浇水，进行蹲苗	(1)连阴天； (2)大风
11 月	秋延后芹菜营养生长期	适宜温度为 18～20 ℃，高于 22 ℃时，芹菜纤维多、品质差；高于 26 ℃停止生长；温度高于 20 ℃易发生病害；高于 28 ℃植株生长受到限制，植株老化，品质下降；低于 10 ℃生长缓慢；3 ℃左右停止生长，0 ℃以下会发生冻害	(1)天气转冷时，及时盖膜。盖膜初期，注意通风，白天温度保持在 15～20 ℃，夜间为 8～10 ℃，随气温下降，加盖草苫； (2)寒冷季节视天气情况，及时揭盖草苫，使设施内白天温度保持在 7～10 ℃，夜间为 2 ℃以上	(1)连阴天； (2)大风； (3)寒潮
	越冬芹菜幼苗期	幼苗期适宜温度为 18～20 ℃，超过 22 ℃时芹菜纤维多、品质差；超过 26 ℃停止生长	(1)定植初期温度保持白天为 20～25 ℃，夜间为 10～15 ℃； (2)缓苗前，每隔 2～3 d 浇水 1 次； (3)缓苗后，白天温度保持在 18～22 ℃，夜间为 8 ℃以上，适当控制浇水，进行蹲苗	
12 月	秋延后芹菜营养生长至收获期；越冬芹菜营养生长期	适宜温度为 18～20 ℃，高于 22 ℃时，芹菜纤维多、品质差；高于 26 ℃停止生长；温度高于 20 ℃易发生病害；高于28 ℃植株生长受到限制，植株老化，品质下降；低于 10 ℃生长缓慢；3 ℃左右停止生长，0 ℃以下会发生冻害	(1)天气转冷时，及时盖膜。盖膜初期，注意通风，白天温度保持在 15～20 ℃，夜间为 8～10 ℃，随气温下降，加盖草苫； (2)寒冷季节视天气情况，及时揭盖草苫，使设施内白天温度保持在 7～10 ℃，夜间为 2 ℃以上	(1)连阴天； (2)大风； (3)寒潮； (4)暴雪

5.11　大樱桃

5.11.1　农业气象指标

设施大樱桃从 2 月初花芽萌动，经过开花、抽梢、果实发育、花芽分化、落叶，11 月中旬进入休眠，全年可分为萌芽开花期、新梢生长与果实发育期、成熟期、营养积累与花芽分化期、落叶休眠期。山东设施大樱桃一般于 12 月下旬扣棚，次年 2 月上旬萌芽开花，4 月上旬成熟，5 月收起棚膜，11 月上旬落叶休眠。常见的农业气象灾害主要有干旱、大风、连阴雨、暴雨等。

5.11.1.1　萌芽和开花

(1)适宜气象指标

当日平均气温为 10 ℃左右时，花芽开始萌动；日平均气温达到 15 ℃左右开始开花，开花适宜温度为 18～19 ℃；空气相对湿度为 50%～60%(袁静 等，2013)。

(2)不利气象指标(此期的主要气象灾害是寒潮、大风、连阴天、暴雪)

①温度：开花期如果遇到寒潮天气，棚外气温急剧下降，导致棚内温度随之下降，尤其是晚上下降幅度更大，严重影响花蕾，最低气温为−2～−1 ℃时，花器开始受冻（陈妍 等，2020）。

②暴雪：此期如果遇到 10 mm 以上暴雪天气，容易压垮大棚，冻伤花芽，造成重大损失。

③风力：出现 8 级以上大风，容易刮坏薄膜，造成降温，损伤花蕾。

④连阴天：出现连阴天，光照不足、气温较低、湿度居高不下，易诱发病害。

(3)关键农事活动及指标

①在寒潮天气来临前，及时生火升温，加盖草苫，保持棚温。

②在暴雪来临前要及时加固棚体，备好吹雪、除雪工具，及时清除棚膜积雪。

③在遇有大风天气来临前，要及时加固棚体、绷紧压膜线，防止大风刮坏棚膜。

④遇有连阴雨雪天气，要密切注意棚内温湿度，采取各种降湿措施，防止棚内湿度过高。

5.11.1.2 新梢生长与果实发育期

新梢生长：一般比花芽萌动期晚 5～7 d，叶芽萌发后约有 7 d 是新梢初生长期。开花期间，新梢基本停止生长。花谢后再转入迅速生长期。以后当果实发育进入成熟前的迅速膨大期，新梢则停止生长。果实成熟采收后，对于生长势比较强的树，新梢又一次迅速生长，到秋季还能长出秋梢。生长势比较弱的树，只有春稍一次生长。

果实发育：樱桃属核果类，果实的生长发育期较短，从开花到果实成熟需要 35～55 d。大樱桃的果实发育过程表现为 3 个阶段：第一阶段为第一次迅速生长期，从谢花至硬核前；第二阶段为硬核和胚发育期；第三阶段为第二次迅速生长期，自硬核至果实成熟。

(1)适宜气象指标

适宜温度为 16～20 ℃；适宜空气相对湿度条件为 50%～60%（赵洪润 等，2017）。

(2)不利气象指标（此期的主要气象灾害是大风、低温冻害、干旱）

大风寒潮天气对大樱桃造成影响，气温降至 4 ℃幼果停止生长。

(3)关键农事活动及指标

遇旱时及时浇水，当土壤重量含水率低于 11%时，要及时浇水补墒。

密切关注天气预报，遇到大风寒潮天气要积极预防，采取保温措施减轻危害。

5.11.1.3 成熟期

(1)适宜气象指标

适宜温度为 20～25 ℃。

(2)关键农事活动及指标

浇水时要小水慢灌，避免一次灌水过多；合理密植和科学修剪，减少冠层郁闭；地面铺设反光膜减少园内湿度，最大限度减轻裂果发生。

5.11.1.4 营养积累与花芽分化期（设施外生长）

(1)适宜气象指标

适宜温度为 20～25 ℃。

(2)不利气象指标（此期的主要气象灾害是大风、暴雨、高温）

①风力：此期遭遇 8 级以上大风（强对流或台风天气）往往会将樱桃树吹倒，造成损失（张成祥 等，2019）（数据来源于灾情调查）。

②降水：此期大樱桃在设施外生长，如果遇上降水量在 50 mm 以上的暴雨或大暴雨天气（尤其是台风），极易造成果园内涝，维持时间较长，就会造成樱桃树根周围缺氧，阻碍树根呼吸，影响水分和营养物质吸收，导致叶片凋萎甚至死树，大樱桃暴雨灾害等级指标见表 5.11。

表 5.11　大樱桃暴雨灾害等级指标　　单位：mm

时段	轻	重	严重
营养积累和花芽分化期	$50 \leqslant R \leqslant 100$	$100 \leqslant R \leqslant 250$	$R \geqslant 250$

③高温：温度过高会影响一部分樱桃品种花芽分化，来年产生双子果。气温超过 30 ℃时，双子果比例上升；气温超过 35 ℃时，双子果比例显著上升，甚至达到 50%（张序 等，2013）。

(3)关键农事活动及指标

①暴雨后及时做好果园排水，防止渍涝呕根。

②建园时尽量选择地势较高平坦处，避开低洼区。

③出现 35 ℃以上高温天气时，注意采取遮阴、喷水、灌水等措施，降低双子果发生率。

5.11.1.5　落叶休眠期（11 月上旬至次年 3 月下旬）

当达到一定需冷量后，开始扣棚，山东设施大樱桃一般于 12 月下旬扣棚。

(1)适宜气象指标

1 月最低气温≥－18 ℃；0～7.2 ℃的需冷量为 1200～1440 h（袁静 等，2013）。

(2)不利气象指标（此期的主要气象灾害是寒潮、干旱、大风）

①气温：大樱桃不耐低温，冬季如果出现强寒潮天气，温度低于－18 ℃就会出现冻害（崔兆韵 等，2007）。

②水分：冬春季如果长期不降雨，土壤相对含水量低，一方面影响樱桃萌芽，另一方面更容易出现抽条现象。

③风力：严冬或早春遇到大风，容易造成枝条抽干、诱发流胶病。

(3)关键农事活动及指标

引种大樱桃时要关注当地气候特征，尤其要注意常年极端最低气温值，寒冷地区不宜引种，最低气温在－18 ℃以下谨慎引种，避免损失。

多种措施预防抽条：冬季大风易造成抽条，要加强采果后管理，增强树势，提高抵抗力。还可采取：

①建防风障，减轻大风危害。

②用稻草、麦秸秆缠绑在枝条上，加树盘覆草可以提高地温，减少水分蒸发，增强树体抗寒越冬能力。

③涂猪油，猪油成本低，取材方便，用其涂抹枝干可减少水分蒸发，起到防范作用。

饱灌冬水，早灌春水。11 月上旬灌足 1 次冬前水，树体可在越冬前贮存大量水分，减缓冬季水分的消耗；在次年 2 月下旬至 3 月上旬灌水，以便提高土壤湿度，促进土壤提前解冻，利于樱桃根系活动，及时补充树体内水分的亏缺，预防抽条的发生。

5.11.2　主要病虫害

5.11.2.1　樱桃褐斑病

又名叶片穿孔病，是樱桃最主要的叶片病害。发病初期形成针头大的褐色小斑点，最后病斑干缩，穿孔脱落。其病菌以菌丝体或子囊壳在被害叶片上越冬，次年孢子分散侵染。山东一般5—6月即可发病，7—8月发病最重。发病的轻重与树势强弱、年中雨量的多少、立地条件等有关。树势弱、雨量多而频、地势低洼、排水不良、树冠郁闭的果园发病重；反之则轻，见表5.12。

表5.12 大樱桃褐斑病发病指标

时段	轻	重
营养积累和花芽分化期(7—8月)	250 mm≤降水量≤300 mm， 24 ℃≤气温≤26 ℃	300 mm≤降水量≤400 mm， 气温≥26 ℃

5.11.2.2 细菌性穿孔病

一种细菌性病害。主要危害叶片，也危害枝稍和果实。叶片受害，初呈半透明水渍状褐色小点；后扩大成圆形、多角形或不规则形病斑。呈紫褐色或灰褐色，随后病斑干枯，脱落穿孔。

病菌在落叶或枝条上越冬，借风雨或昆虫传播。次年一般5月间叶片开始发病。春夏雨季或多雾发病重，果园通风透光差，排水不良，肥力不足，树势弱，或偏施氮肥园，病害亦重。潜育期(自侵染至发病)的长短与气温高低和树势强弱有关；适宜发病温度为20～28 ℃，25～26 ℃时，潜伏期仅为4～5 d。

5.11.2.3 枝干干腐病

多发生在主干和大枝上。初时病斑暗褐色，病皮坚硬，常渗出茶褐色黏液。后病部干缩凹陷，周缘开裂，表面密生小黑点，严重时引起全枝或全树枯死。

病菌以菌丝、分生孢子器和子囊壳在病枝上越冬。分生孢子器和子囊壳借风雨传播，5—10月都可发生，以前期为重。树势弱者发病重。

5.11.2.4 流胶病

樱桃树上最常见病害之一。罹病果树自春季开始，在枝干伤口处以及枝杈夹皮处溢出树胶，病部稍肿，皮层及木质部变腐朽，腐生其他杂菌，导致树势日衰，严重时枝干枯死。

流胶病的发病机理还不清楚。发病原因主要有果园地势低洼、土壤黏重、排水不良、通透性不佳、根系发育不良、施肥不当、上年度结果量大、土壤酸性太重、雨水多或干旱缺水、树龄大、树势衰弱。同时与真菌、细菌有关，如细菌性穿孔病、干腐病、褐斑病；根部病害如根癌病、腐烂病引起流胶病；机械伤、虫害多导致枝干伤口多，如过度修剪，害虫金龟子、红颈天牛、桑白介壳虫等，另外，日灼、霜冻害也会引起流胶病的发生。流胶病在5月中旬至6月下旬和8月上旬至9月下旬为高发阶段。病菌在病部越冬，条件适宜时借助雨水传播，从寄主皮孔或伤口侵入，引起发病。

5.11.2.5 根癌病

根癌病为一种细菌性病害。主要发生在根茎处，有时也发生在侧根上；此病是一种慢性病，病树生长缓慢，树势衰弱，抗性降低，渐至死亡。土壤湿度大，有利于发病。

5.11.2.6 花腐病

樱桃花腐病是一种叫茶花腐菌引起的真菌病害，也叫樱桃花期褐腐病。主要发病部位是樱桃花朵和果实，叶片上、枝梢上也能发病。在山东地区，樱桃树主要是表现在花朵上和果实上,病原菌喜欢低温高湿的环境,尤其是在温度低于0 ℃的时候,病原菌出现的概率很大,病原菌会分生出孢子菌,孢子菌通过园区的空气,雨水进行传播,然后侵害到樱桃树上,造成前期花朵受到侵害,见表5.13。

表5.13 大樱桃花腐病发病指标

时段	轻	重
萌芽开花期	60%≤空气湿度≤70% −2 ℃≤平均气温≤0 ℃	空气湿度≥80% −4 ℃≤气温≤−2 ℃

5.11.2.7 桃红颈天牛

危害樱桃的常见害虫。以幼虫蛀食枝干,引起流胶,削弱树势。严重时,造成大枝以至整株死亡。

幼虫在蛀孔道内越冬,2～3年完成1代。老熟幼虫在蛀道内化蛹。6—7月羽化为成虫,产卵于主干和主枝基部的翘皮裂缝中。孵化的幼虫当年只在树皮下蛀食加害,第二年开始蛀入木质部,锯末状的红褐色虫粪从蛀孔处排出。

5.11.2.8 苹果透翅蛾

又名旋皮虫、粗皮虫、小透羽。以幼虫在枝干皮层蛀食,蛀道内充满赤褐色液体,时有外流,蛀孔处堆积赤褐色细小粪便,引起树体流胶,树势衰弱。

该虫每年1代,以幼虫在被害部皮层下作薄茧越冬。来年春树萌动后继续蛀害皮层。在山东一般5月中下旬老熟幼虫作茧化蛹。6—7月羽化成虫。成虫在枝干伤疤和粗皮裂缝间产卵。7月孵化,幼虫钻入枝干皮层危害,10月后越冬。

5.11.2.9 金龟子类

危害樱桃的主要有苹毛金龟子和黑绒金龟子。它们啃食花蕾、花器、嫩枝、幼芽,有的还危害根系。

苹毛金龟子成虫有假死性,无趋光性。每年发生1代,以成虫在土中越冬。当日平均温度达9～10 ℃时,即开始出土,5月成虫入土产卵,8月化蛹,9月开始羽化成虫,成虫当年不出土。

黑绒金龟子有假死性和趋光性,也是每年1代,以成虫在土中越冬,当候平均温度超过10 ℃时,便大量出土,6月产卵,8—9月化蛹。

5.11.2.10 梨小食心虫

简称梨小,又名东方果蛀蛾、桃折心虫,俗称蛀虫、黑膏药。属鳞翅目,小卷夜蛾科。最初幼虫在果实浅处危害,周围易变黑。果内蛀道直向果心,果肉、种子被害处留有虫粪,果面有较大脱果孔。虫果易腐烂脱落。幼虫危害新梢时,多从新梢顶端2～3片嫩叶的叶柄基部蛀入新梢髓部,并往下蛀食,新梢逐渐萎蔫,蛀空处有虫粪排出,并流胶,随后新梢干枯脱落。

山东地区为4～5代;各地都以老熟幼虫在枝、干、根茎部粗裂皮缝里,树下落叶、土里结茧越冬。各世代有重叠现象。成虫傍晚活动,喜食糖醋液和烂果液。寄主复杂,有转移危害习性(王丽,2021)。

5.11.3 农业气象周年服务方案

根据设施大樱桃生育需求，制定设施大樱桃农业气象周年服务方案，见表5.14。

表5.14 设施大樱桃农业气象周年服务方案

时间	发育期	农业气象指标	农事建议	重点关注
11月上旬至次年1月	落叶休眠期	冬季极端低温高于－18 ℃；0～7.2 ℃需冷量1140～1440 h	(1)秋冬清理果园，刮除老翘皮，剪除死枝和病虫枝，减少病虫源。(2)喷施石硫合剂杀菌剂。(3)秋后冬季合理修剪，拉枝整形；(4)冬季施足基肥。(5)根据需冷量满足情况适时扣棚	关注强寒潮及大风天气
2月	萌芽开花期	日平均气温达到15 ℃左右，开始开花，开花适宜气温为18～19 ℃，低于－1.1 ℃花就会受冻；空气湿度为50%～60%	(1)此期以保持合理棚温为第一要务，注意天气变化，采取生火、加盖草苫、覆盖薄膜和启闭风眼等措施，做好保温、控温工作，促进开花授粉；(2)低温寡照天气，密切注意棚内湿度，通过开闭风眼、控制浇水、覆地膜等措施保持合理湿度，减轻花腐病发生；(3)及时放置蜂箱，帮助授粉	关注寒潮大风和连阴雨雪天气
3月上旬至4月上旬	新梢生长及果实发育期	白天适宜温度为20～22 ℃；夜间为10～12 ℃；空气相对湿度控制在50%～60%	(1)合理控制棚内温湿度，适时浇水，合理使用生长调节剂等措施，减少生理落果，促进果实膨大；(2)加强叶斑病、金龟子等病虫害监测防治	关注气温低于4 ℃及连阴雨等天气
4月中下旬	成熟期	白天适宜温度为22～25 ℃；夜间为12～15 ℃	成熟前后保持土壤墒情和空气湿度相对稳定，遇旱时不宜大水漫灌，防止水分供应过急过足，减少裂果	关注土壤墒情和连阴雨天气
5—10月	营养积累与花芽分化期	适宜温度为22～25 ℃	遇有高温天气及时采取遮阴、浇水、喷水等降温措施，减少双子果发生率	6月、7月关注气温超过30 ℃，尤其是超过35 ℃的高温天气

参考文献

安徽省气象局,2012. 茶树冻害气象指标:DB34/T 1591—2012[OL]. [2012-03-23]. http://www.cmastd.cn/standardView.jspx? id=128.

北京农业大学,等,1992. 果树昆虫学[M]. 北京:农业出版社.

北京农业大学农业气象专业,1984. 农业气象学[M]. 北京:科学出版社.

蔡烈伟,2014. 茶树栽培技术[M]. 北京:中国农业社出版.

曹尚银,侯乐峰,2013. 中国果树志石榴卷[M]. 北京:中国林业出版社.

车升国,徐伟,段冰冰,等,2019. 鲁西南黄泛区葡萄白粉病发生与防治措施[J]. 果农之友(3):39-40,51.

陈海平,宋丽,徐向东,等,2018. 冬季大棚苦瓜高效栽培技术[J]. 上海蔬菜,160(3):41-42.

陈杰,杨久文,宋文锦,等,2017. 营口市鲅鱼圈区葡萄生育期气象条件及主要气象灾害防御[J]. 现代农业科技(1):226,228.

陈妍,张春秀,2020. 乐都大樱桃灾害指标研究[J]. 农业技术与装备(12):151-154.

陈运其,2017. 鸭梨生长后期管理要点[N]. 山东科技报,7-28(2).

陈泽文,2014. 设施大棚苦瓜高产栽培技术[J]. 西北园艺(蔬菜)(2):52-53.

成仿云,李嘉珏,陈德忠,等,2005. 中国紫斑牡丹[M]. 北京:中国园林出版社.

初秀勇,李勇,丁信忠,等,2011. 莱阳梨的新发现[M]. 烟台:黄海数字出版社.

崔兆韵,王新,王炎,郝兰春,等,2007. 泰安大樱桃农业气象灾害分析[J]. 山东林业科技(3):38-39.

戴洪义,姜润丽,等,1994. 莱阳梨花期晚霜冻害情况调查[M]. 烟台果树(2):30-31.

邓孟珂,李捷,田晨,2016. 茄子棚式栽培的气象条件分析及灾害防御对策[J]. 现代农业科技 (11):264-266.

丁诺,1990. 棉花[M]. 济南:山东科学技术出版社.

丁锡强,孙衍晓,高峰,等,2009. 烟台市大樱桃生产的气象条件利弊分析及对策研究[J]. 河北农业科学,13(11):19-22.

丁晓东,丁莉华,王风明,等,2004. 冀西山区仁用杏霜害的预防措施[J]. 现代农村科技(1):29-29.

董海鹰,李德萍,郭丽娜,等,2013. 大泽山优质葡萄气候生态适宜性分析[J]. 山东气象,33(2):16-19.

董金皋,2007. 农业植物病理学 2 版[M]. 北京:中国农业出版社.

董智强,李曼华,李楠,等,2020. 山东夏玉米土壤干旱阈值研究与影响评价[J]. 中国农业科学,53(21):4376-4387.

杜厚林,2008. 大棚樱桃扣棚后温湿气的调控措施[J]. 烟台果树(1):44-45.

费琼,2017. 苹果锈果病、果锈病、锈病的快速鉴别与防治[J]. 河北果树(4):11-12.

冯秀藻,陶炳炎,1991. 农业气象学原理[M]. 北京:气象出版社.

冯玉增,李战鸿,赵艳丽,等,2002. 石榴冻害的发生与气温变化的关系[J]. 林业科技开发(2):19-21.

符丽珍,党攀峰,2019. 葡萄白腐病发生规律与防治措施[J]. 西北园艺(果树)(3):33-34.

付学池,马国春,李燕,等,2018. 葡萄灰霉病的发生规律及绿色防控技术[J]. 果农之友(3):26-27.

高勇,董克锋,岳清华,等,2016. 不同物候期蓝莓主要农事技术及注意事项[J]. 中国园艺文摘,32(8):2.

高志民,王莲英,2002. 有效积温与牡丹催花研究初报[J]. 中国园林(2):86-88.

葛增利,2008. 种植樱桃该如何应对自然灾害[J]. 农业知识:瓜果菜(11):11-11.

顾勇,2017. 葡萄炭疽病的发生原因及防治措施[J]. 中国农业信息,13:84-85.

管凌云,赖靖邦,刘涛,等,2017. 兴国县葡萄生长期的气象条件[J]. 江西农业 (23):58-59.

郭俊英,2018.蓝莓优质高效生产技术[M].北京:中国科学技术出版社.
郭书普,2010.新版果树病虫害防治彩色图鉴[M].北京:中国农业大学出版社.
韩慧君,郭朝山,1993.种棉致富诀窍[M]. 北京:气象出版社.
韩颖娟,张磊,卫建国,等,2011. 宁夏酿酒葡萄生育期气象条件及管理措施综述[J],中国农业气象(32),108-112.
侯双双,张进,韩淑梅,等,2019.三都县水晶葡萄气候品质认证研究[J].山地农业生物学报,38(5):47-52.
胡波,韩勇,胡奇,等,2017.单栋玻璃温室草莓温光湿等环境指标的调控技术[J].农业工程技术,37(28):59-61.
胡定东,贾在强,2004.用积温界定章丘大葱最佳播种期[J].山东气象(1):25.
胡定东,孙军德,贾在强,2001.章丘大葱高产气象条件分析[J].山东气象(4):21-23.
胡容,2016. 樱桃主要气象灾害指标及防御措施[J]. 农业与技术,36(20):238.
胡永军,刘春香,2010a.菜豆大棚安全高效栽培技术[M].北京:化学工业出版社.
胡永军,张锡玉,2010b.寿光菜农日光温室辣椒高效栽培[M].北京:金盾出版社.
胡永军,赵明会,刘银炜,2010c.寿光菜农日光温室苦瓜高效栽培[M].北京:金盾出版社.
胡永军,赵小宁,2010d.黄瓜大棚安全高效栽培技术[M].北京:化学工业出版社.
胡永军,赵小宁,2010e.寿光菜农日光温室茄子高效栽培[M].北京:金盾出版社.
黄寿波,金志凤.2010.茶树优质高产栽培与气象[M].北京:气象出版社.
江胜国,徐建斌,金红梅,等,2010.大别山区生姜栽培中气象灾害与高产对策[J].中国蔬菜(19):47-49.
姜国庆,谢国仁,王亚洲,等,2017. 苹果锈病的识别及防治方法[J].现代农村科技(2):42.
蒋荷,曹莎,王丽君,等,2012. 黄瓜枯萎病研究进展及其综合防治[J].中国植保导刊,32(11):13-17.
李爱巧,2020.鸭梨的种植技术[J].中国果菜,40(1):78-80.
李惠明,2012.蔬菜病虫害诊断与防治实用手册[M].上海:上海科学技术出版社.
李嘉钰,1999.中国牡丹与芍药[M].北京:中国林业出版社.
李嘉钰,张西方,赵孝庆,等,2011.中国牡丹[M].北京:中国大百科全书出版社.
李静,王晓峰,郭宏学,等,2009.宁城地区气象要素与烤烟种植的分析[J].内蒙古农业科技(3):72-73.
李良民,郭庆宏,等,2015.沾化冬枣花期管理技术要点[J].落叶果树,46(1):62.
李荣富,梁莉,2003. 杏树花期冻害及防御措施[J].北方农业学报(4):35-36.
李瑞萍,2006.葡萄产量与气象条件的关系[J].山西农业科学,34(3):40-42.
李文娟,2018.大棚苦瓜栽培技术[J].农民致富之友(8):164-164.
李文巧,夏明安,严树斌,等,2015. 勉县大樱桃主要气象灾害指标及防御措施[J]. 陕西气象(5):46-47.
李新运,张林泉.1993.鲁西北棉花雹灾损失监测信息系统研究[J].自然灾害学报(3):47-52.
李亚东,郭修武,张冰冰,2012.浆果栽培学[M].北京:中国农业出版社.
李亚东,刘海广,唐雪东,2014.蓝莓栽培图解手册[M].北京:中国农业出版社.
李占俊,2018.沾化冬枣主要虫害及综合防治措施[J].中国果菜,38(6):66-68.
李兆玉,2016.凤丹牡丹[M].北京:北京时代华文书局.
李倬,贺龄萱,2005.茶与气象[M].北京:气象出版社.
梁轶,王景红,邸永强,等,2015. 陕西苹果果区冰雹灾害分布特征及风险区划[J].灾害学,30(1):135-140.
刘宝生,2010.冬枣病虫害防治[M].天津:天津科技翻译出版公司.
刘春涛,魏明明,郭丽娜,2018a.气象要素对青岛崂山茶叶产量影响分析[J].中低纬山地气象,42(1):57-60,80.
刘春涛,李华,宋超,等,2018b.青岛崂山茶叶产量年景预报方法研究[J].中国农学通报,34(13):131-136.
刘春涛,刘彬,徐晓亮,等,2018c.茶树晚霜冻害等级标准的应用与探讨[J].中国茶叶,40(12):34-36.
刘春涛,刘彬,宋春燕,等,2019. 崂山区茶树冻害原因及防御措施[J].农技服务,36(4):63-65.

刘金利，崔丽贤，乐文全，等，2014. 梨树害虫的发生与防治[J]. 河北果树(6)：25.

刘璐，王景红，张焘，2014. 基于灾情数据的陕西富士系苹果高温热害指标修订研究[J]. 干旱地区农业研究，32(2)：29-32.

刘天英，管学东，张伟杰，2015. 棚室菜豆高产高效栽培关键技术[J]. 中国园艺文摘(11)：156-158.

刘伟，刘艳丽，焦慧亮，等，2017. 乌兰布和沙区酿酒葡萄赤霞珠春霜冻指标试验研究[J]. 农技服务，14(34)：12-13.

刘西存，2011. 绿色食品蔬菜病虫害防治图谱 瓜类[M]. 北京：阳光出版社.

刘学海，2020. 鲁丽苹果免袋早期丰产栽培技术[J]. 果农之友(10)：14-16.

刘学海，李殿运 李欣，等，2021. 早中熟苹果品种"鲁丽"无袋化栽培技术[J]. 果树资源学报，2(2)：51-53.

刘勇，杨明凤，张玲，等，2018. 石河子垦区机采棉病虫害发生的气象条件及综合防治技术[J]. 棉花科学，40(5)：34-36.

龙兴桂，冯殿齐，2020. 中国现代果树栽培[M]. 北京：中国农业出版社.

娄伟平，孙科 . 2013. 浙江茶叶气象[M]. 北京：气象出版社.

吕爱丽，霍治国，杨建莹，2018. 吕梁山南部乡宁县酿酒葡萄种植的气候适应性分析[J]. 中国农业气象，39(1)：34-45.

吕家强，石金柱，1990. 棉花增产栽培技术[M]. 济南：山东科学技术出版社.

马光瑞，胡永军，吕从海，2010. 寿光菜农日光温室丝瓜高效栽培[M]. 北京：金盾出版社.

马丽娜，千怀遂，李明霞，等，2012. 山东省棉花温度适宜度变化趋势[J]. 山东农业科学，44(6)：65-69.

马晓凤，2019. 黄瓜枯萎病综合防控[J]. 西北园艺(综合)(5)：51-52.

毛留喜，魏丽，2015a. 特色农业气象服务手册[M]. 北京：气象出版社.

毛留喜，魏丽，王文峰，等，2015b. 大宗作物气象服务手册[M]. 北京：气象出版社.

孟繁佳，盖玉辉，宫玉东，等，2005. 莱阳梨的栽培技术[J]. 农民科技培训(1)：26-27.

孟战雄，王生源，2015. 苹果轮纹病和苹果炭疽病的识别与防治[J]. 安徽农学通报，21(24)：89-90.

欧阳海，郑步忠，王雪娥，等，1990. 农业气候学[M]. 北京：气象出版社.

秦伟，陈昆，刘颖颖，等，2017. 菜豆日光温室高产高效栽培技术[J]. 安徽农学通报，13(23)：67-68.

秦贤汉，戚鹤年，1989. 棉花栽培二百题[M]. 北京：农业出版社

青海省气象局，2018. 气象灾害分级指标：DB63/T372—2018[OL]. [2018-06-20]. http://www.cmastd.cn/standardView.jspx?id=2947.

全国农业气象标准化技术委员会，2017. 农田渍涝气象等级：GB/T 32752—2016[S]. 北京：中国标准出版社.

全国农业气象标准化技术委员会，2019. 小麦干热风灾害等级：QX/T 82—2019[S]. 北京：气象出版社.

全国气候与气候变化标准化技术委员会，2017a. 气象干旱等级：GB/T 20481—2017[S]. 北京：中国标准出版社.

全国气候与气候变化标准化技术委员会，2017b. 富士系苹果花期冻害等级：QX/T 392—2017[S]. 北京：气象出版社.

全国气象防灾减灾标准化技术委员会，2012a. 风力等级：GB/T 28591—2012[S]. 北京：中国标准出版社.

全国气象防灾减灾标准化技术委员会，2012b. 冰雹等级：GB/T 27957—2011[S]. 北京：中国标准出版社.

全国原产地域产品标准化工作组，2008. 地理标志产品 沾化冬枣：GB/T 18846—2008[S]. 北京：中国标准出版社.

任清盛，于广霞，2003. 山东省生姜姜瘟病发病规律及综合防治技术[J]. 西北园艺(9)：39-40.

荣存良，2014. 陈集山药高产优质栽培技术[M]. 济南：黄河出版社.

山东省农业标准化技术委员会，2014. 山东小麦气象灾害预警指标：DB37/T 2525—2014[OL]. [2014-09-08]. http://www.doc88.com/p-0107884931065.html.

山东省质量技术监督局，2009. 新城细毛山药生产技术规程：DB37/T1399—2009[OL]. [2009-12-14]. http://www.csres.com/s.jsp?keyword=DB37%2FT1399-2009&submit12=%B1%EA%D7%BC%CB%D1%CB%F7&xx=on&wss=on&zf=on&fz=on&pageSize=25&pageNum=1&SortIndex=

1&WayIndex=0&nowUrl=

山西省气象局，2018. 葡萄冻害气象等级划分：DB14/T 1646—2018[OL]. [2018-04-10]. http://www.cmastd.cn/standardView.jspx? id=2860.

石春华，2013. 茶树病虫害绿色防控技术彩图详解[M]. 北京：中国农业出版社.

石春华，2017. 浙江茶树病虫害绿色防控技术[J]. 中国茶叶，11：36-37.

史春彦，张前东，2016. 长清茶树生长气候条件分析及影响[J]. 中国农学通报，32(32)：158-163.

斯迪，1999. 适宜杏树生长的气象条件[J]. 内蒙古林业(9)：30.

沈雪峰，陈勇，2014. 花生高效栽培[M]. 北京：机械工业出版社.

宋迎波，王建林，杨霏云，2006. 粮食安全气象服务[M]. 北京：气象出版社.

苏振甲，2015. 影响山东省乐陵金丝小枣生产各生育期的主要气象条件分析和主要气象灾害及应对措施[J]. 北京农业(2)：190-190.

孙衍晓，2009. 蓬莱葡萄全生育期气象条件分析[J]. 安徽农业科学，37(13)：5934-5936.

汪耀辉，张剑锋，闫小亚，2019. 甘肃天水苹果斑点落叶病的发生与防治[J]. 西北园艺(果树)(6)：24-25.

王波，2019. 浅谈樱桃主要病虫害综合防治技术[J]. 农民致富之友，594(1)：74.

王惠娟，陶远胜，徐巧初，等，2006. 江西烤烟生产中的气象灾害及其防御对策[J]. 江西农业学报，18(3)：122-124.

王景红，2010. 果树气象服务基础[M]. 北京：气象出版社.

王久兴，齐福高，王一红，等，2010. 图说西瓜栽培关键技术[M]. 北京：中国农业出版社.

王丽，2021. 樱桃主要病虫害防治分析[J]. 现代农业研究(3)：121-122.

王莲英，1986. 牡丹品种花芽形态分化观察及花型成因分析[J]. 园艺学报，13(2)：203-207.

王莲英，袁涛，2017. 唐山世园会牡丹芍药专题展论文集[C]：北京：中国林业出版社.

王培娟，唐俊贤，金志凤，等，2021. 中国茶树春霜冻害研究进展[J]. 应用气象学报，32(2)：129-145.

王琪珍，王西磊，卜庆雷，2006. 莱芜生姜优质高产的气象条件分析[J]. 气象(12)：102-106.

王琪珍，王承军，卜庆雷，2007. 莱芜姜瘟病的发生与防治研究[J]. 安徽农学通报(18)：183-184.

王倩，2019. 苹果褐斑病发生规律与防治措施[J]. 西北园艺(综合)(3)：53-54.

王善芳，刘桂才，崔建云，等，2006. 冬暖式大棚内茄子栽培气象条件分析[J]. 贵州气象(4)：23-25.

王少敏，王宏伟，董放，2018. 梨栽培新品种新技术[M]. 济南：山东科学技术出版社.

王田利，2018. 苹果黑星病的发生及防治[J]. 果农之友 (10)：27，44.

王学众，张桂海，王学颖，2020. 廊坊市日光温室草莓栽培技术[J]. 园艺与种苗，40(3)：25-26，60.

王镇恒，1999. 茶树生态学(第一版)[M]. 北京：中国农业出版社.

王忠敏，1991. 牡丹周年开花的基本原理与技术措施[J]. 中国园林，7(2)：48-54.

魏野畴，符崇梅，张付平，2015. 日光温室蔬菜花卉病虫草害彩色图谱[M]. 兰州：甘肃科学技术出版社.

温嘉伟，2007. 葱紫斑病重要流行环节及综合防治技术的初步研究[D]. 吉林：吉林农业大学.

温庆文，钟霞，刘晓霞，等，2018. 棚室黄瓜灰霉病的绿色防控技术[J]. 长江蔬菜(5)：53-55.

吴建梅，孙金森，2010. 诸城市黄烟生产气候条件分析[J]. 现代农业科技(22)：315.

吴晓军，2020. 梨黑星病和黑斑病的发生规律与防治办法[J]. 现代农村科技(10)：29.

肖万里，姚翠华，2010. 番茄大棚安全高效栽培技术[M]. 北京：化学工业出版社.

信乃诠，1999. 中国农业气象学[M]. 北京：农业出版社.

信志红，慈敦伟，李美，等，2020. 滨海盐碱地花生地膜覆盖迟播增效技术[C]//农业气象适用技术汇编. 北京：中国气象局应急减灾与公共服务司.

信志红，慈敦伟，张洪卫，等，2021. 黄河三角洲盐碱地高产最佳播种期探究[J]. 中国农业气象，42(2)：134-145.

闫文涛，岳强，冀志蕊，等，2019. 苹果斑点落叶病的诊断与防治实用技术[J]. 果树实用技术与信息(10)：

29-30.

杨霏云，郑秋红，罗蒋梅，等，2015. 实用农业气象指标汇编[M]. 北京：气象出版社.

杨建莹，霍治国，王培娟，等，2021. 中国北方苹果干旱等级指标构建及危险性评价[J]. 应用气象学报，32(1)：25-37.

杨侃侃，刘晓虹，陈宸，等，2019. 黄瓜枯萎病研究进展[J]. 湖南农业科学(6)：121-124.

杨仁健，宋晓晖，朱宝疆，等，2003. 菜豆对环境条件的需求标准[J]. 黑龙江科技信息(3)：26.

易明辉，1990. 气象学与农业气象学[M]. 北京：农业出版社.

于强波，2017. 设施蓝莓优质丰产栽培技术[M]. 北京：化学工业出版社.

喻衡，1980. 菏泽牡丹[M]. 济南：山东科学技术出版社.

喻衡，1989. 牡丹花[M]. 上海：上海科学出版社.

袁洪丰，刘长江，2016. 葡萄霜霉病防治技术[J]. 河北果树(5)：49.

袁静，郑学山，崔建云，等，2013. 山东潍坊温室大樱桃栽培气象适用技术[C]//农业气象适用技术选编. 北京：中国气象局应急减灾与公共服务司.

岳彦桥，2018. 苹果锈病的识别与防治技术[J]. 中国林副特产(2)：52，54.

张成祥，杨恩海，郭法东，等，2019. 2019 年临朐县大棚樱桃花腐病偏重发生的天气原因及分析[J]. 现代农业科技(14)：123-125.

张国红，劳春雷，2011. 黄瓜疫病的发生与防治[J]. 农民致富之友(6)：33.

张金萍，2016. 黄瓜灰霉病防治技术[J]. 现代农村科技(6)：27.

张路生，刘航，刘京涛，等，2009. 沾化冬枣病虫害种类调查[J]. 中国森林病虫，28(6)：20-23.

张序，张福兴，孙庆田，等，2013. 甜樱桃畸形果的成因及防治措施[J]. 中国果菜(9)：32.

张永红，葛徽衍，2005. 陕西棉花气象灾害 40 年气候变化特征分析[A]//中国棉花学会. 中国棉花学会 2005 年年会暨青年棉花学术研讨会论文汇编[C]. 中国棉花学会：中国农学会棉花分会：3.

张玉星，2005. 果树栽培学各论-北方本[M]. 北京：中国农业出版社.

赵德婉，徐坤，艾希珍，等，2005. 生姜高产栽培[M]. 北京：金盾出版社.

赵洪润，姚超，陈小霞，等，2017. 泰安大樱桃种植气象条件分析[J]. 安徽农业科学(7)：170-171.

赵永飞，祝国栋，任卫国，等，2019. 北方落叶梨树主要病虫害的发生与防治[J]. 现代农业科技(24)：89-90.

赵勇，王洪江，宋佩东，等，2015. 气象因子对山杏结实率影响研究[J]. 防护林科技(6)：72-73.

浙江农业大学，山东农业大学，等，1986. 果树病理学[M]. 上海：上海科学技术出版社.

浙江省气象标准化技术委员会，2020. 茶树越冬期冻害等级划分指南：DB 33/T 2259—2020[OL]. [2020-06-15]. http://www.cmastd.cn/standardView.jspx? id=3420.

浙江省气象局，2017. 茶树高温热害等级：DB 33/T 2034—2017[OL]. [2017-07-07]. http://www.cmastd.cn/standardView.jspx? id=2435.

郑科，强俊龙，2018. 苹果褐斑病的发生与防治[J]. 果树实用技术与信息(11)：29-31.

中共日照市委农工办，2018. 日照绿茶[M]. 济南. 齐鲁电子音像出版社.

中国气象局，1993a. 农业气象观测规范(上卷)[M]. 北京：气象出版社.

中国气象局，1993b. 农业气象观测规范(下卷)[M]. 北京：气象出版社.

中国气象局，2006. 生态气象监测指标体系(试行). 农田生态系统.

中国气象局政策法规司，2007. 小麦干旱灾害等级：QX/T 81—2007[S]. 北京：气象出版社.

周吉生，周中磊，2019. 苹果炭疽病及其防治技术[J]. 北方果树(3)：37-38.

朱秀红，2007. 日照茶树种植气候条件分析[J]. 中国农业气象，28：160-161.

朱秀红，马品印，王军，2008. 日照地区茶树冻害气候原因分析估[J]. 中国茶叶，2：28-29.

朱秀红，袁洪刚，郑海涛，2012. 近 45 年山东茶树气候冻害原因分析[J]. 中国茶叶，3：11-13.

庄晚芳，莫强，刘祖生，等，1995. 茶树栽培学[M]. 北京：农业出版社.